스피노자의 뇌

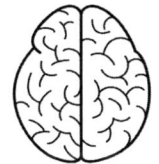

LOOKING FOR SPINOZA : Joy, Sorrow And The Feeling Brain
by Antonio Damasio

Copyright © 2003 by Antonio Damasio
All rights reserved.

Korean Translation Copyright © 2007 by ScienceBooks Co., Ltd.
Korean translation edition is published by arrangement with Carlisle & Company through EYA.
이 책의 한국어 판 저작권은 EYA를 통해 Carlisle & Company와 독점 계약한 (주)사이언스북스에 있습니다.
저작권법에 의해 한국 내에서 보호를 받는 저작물이므로 무단 전재와 무단 복제를 금합니다.

사이언스 클래식 9

스피노자의 뇌

기쁨, 슬픔, 느낌의 뇌과학

안토니오 다마지오

임지원 옮김
김종성 감수

Looking for Spinoza

차례

1장· 느낌 속으로 — 7
2장· 욕구와 정서 — 37
3장· 느낌 — 101
4장· 느낌, 그 이후 — 161
5장· 몸과 뇌, 마음 — 211
6장· 스피노자를 방문하다 — 257
7장· 거기 누구인가 — 313

감사의 말 ___ 343
부록 I ___ 347
부록 II ___ 353
주(註) ___ 357
용어 사전 ___ 397
추천의 글 ___ 403
옮긴이의 글 ___ 411
찾아보기 ___ 417

1장 · 느낌 속으로

'느낌' 속으로

고통과 쾌락, 그리고 그 사이에 존재하는 온갖 느낌(feeling)들은 우리 마음의 토대를 이루고 있다. 우리를 둘러싼 사물과 사건의 심상, 그리고 그것을 묘사하는 단어와 문장의 이미지들이 지치고 피로한 우리의 주의를 온통 갉아먹고 있는 탓에 우리는 이 단순한 사실을 종종 잊어버린다. 그러나 가지각색의 정서(emotion)와 그와 관련된 상태에 대한 느낌은 분명 그곳에 자리 잡고 있다. 이것은 마치 끝도 없고 쉼도 없는, 단지 우리가 잠들었을 때만 멈추는, 가장 보편적인 선율의 허밍과도 같다. 우리의 마음이 기쁨으로 충만할 때 이 허밍은 소리 높여 부르는 환희의 찬가가 되고, 슬픔에 사로잡혔을 때에는 비장한 진혼곡이 된다.*

느낌이 이처럼 항상 어디에서나 우리 곁에 존재한다는 점을 생각해 볼 때, 느낌의 과학적 의미——느낌이란 무엇이며, 어떻게 작용하고, 어떤 의미를 갖는지——가 이미 오래전에 명료하게 규명되었으리라고 생각하는 사람도 있을 것이다. 그러나 실상은 그렇지 않다. 우리가 묘사할 수 있는 모든 정신 현상 가운데에서 느낌, 그리고 느낌의 필수 성분인 통증과 쾌락은 생물학적, 특히 신경생물학적으로 가장 알려지지 않은 대상이다. 수많은 선진 사회에서 거의 뻔뻔스러울 만큼 느낌을 조작하고 있음을 생각해 볼 때, 이 사실은 더욱더 나를 어리둥절하게 한다. 우리 사회는 알코올, 각종 약물, 식품, 섹스, 가상 섹스 등 좋은 느낌을 주는 모든 종류의 수단과, 사회적·종교적 경험을 이용해 느낌을 조작하는 데 엄청난 노력과 자원을 바치고 있다. 많은 사람들이 약이나 음료, 온천, 육체적·정신적 운동 등으로 느낌을 치유하고 있지만, 일반 대중이나 과학자 어느 누구도 생물학적으로 느낌의 정체가 무엇인지 정확히 파악하지 못하고 있다.

    내가 느낌에 대해서 믿어 왔던 사실들을 생각해 보면 이러한 상황이 그다지 놀라운 것은 아니다. 느낌에 대한 나의 신념 대부분은 틀린 것이었다. 예를 들어서 나는 느낌이란 정확하게 규정할 수 있는 것이 아니라고 생각했다. 우리가 보고, 듣고, 만질 수 있는 구체적인 실체와 달리, 느낌은 손에 잡히지 않고 포착할 수도 없는 것이라고 믿었다. 뇌가 어떻게 마음을 만들어 내는지 숙고하기 시작했을 때에도 나는 느낌이 과학적 담론의 경계 바깥에 있다는 확고한 조언을 그

---

* 느낌이라는 말은 일차적으로 정서 또는 관련 현상 속에서 다양한 형태로 변형되어 나타나는 통증이나 쾌락의 경험을 의미한다. 한편 느낌은 우리가 어떤 사물의 모양이나 질감을 감상할 때의 촉감이라는 의미로도 자주 사용된다. 이 책에서는 특별하게 명시하지 않는 한, 느낌은 언제나 전자의 의미로 사용된다.

대로 받아들였다. 과학자들은 뇌가 어떻게 사람을 움직이게 하는지 연구할 수 있었다. 또한 시각을 비롯한 감각 지각 과정을 연구하고 어떻게 사고가 통합되는지 알아낼 수 있었다. 또는 우리의 뇌가 어떻게 특정 개념을 배우고 기억하는지 연구할 수 있었고, 심지어 다양한 사물과 사건에 대한 정서적 반응을 연구할 수도 있었다. 그러나 느낌은 그런 식으로 연구할 수 없었다. 느낌은, 통증과 쾌락, 그리고 그 사이에 존재하는 무수히 많은 우리의 느낌은 영원히 수수께끼로 남을 것이라고 생각했다. 왜냐하면 느낌은 개인적이며 접근할 수 없는 것이기 때문이었다. 느낌이 어느 곳에서 어떻게 일어나는지 설명하는 것은 불가능했다. 단순히 말해서, 느낌의 이면에 무엇이 있는지 아무도 볼 수 없었던 것이다.

의식과 마찬가지로 느낌은 과학의 경계 저편에 놓여 있었다. 신경과학이 행여 어떤 정신적인 문제를 설명해 낼까 봐 전전긍긍하는 신경과학의 반대자들이 아니라 바로 신경과학자들 스스로가 느낌을 과학의 문 바깥으로 내팽개쳤다. 그들은 도저히 뛰어넘을 수 없는 한계의 장벽을 둘러놓았다. 나는 그러한 신경과학자들의 생각을 그대로 믿었다. 수년 동안 내가 탐구했던 다양한 주제에서 느낌이 완전히 배제되었다는 사실이 그것을 입증한다. 그와 같은 믿음이 부당한 것이며, 느낌의 신경생물학이 시각이나 기억의 신경생물학만큼이나 과학적으로 연구할 수 있는 대상이라는 사실을 내가 깨닫기까지는 상당한 시간이 흘러야 했다. 그러나 결국 나는 깨닫게 되었다. 나에게 이런 새로운 시각을 부여해 준 사람은 다름 아닌 내 눈앞에 있는 환자들이었다. 그들의 신경학적 증상은 나로 하여금 그들의 상태를 탐구하지 않을 수 없게 만들었다.

예를 들어서 이런 경우를 한번 생각해 보자. 뇌의 어느 한 부분에 손상을 입는 바람에 연민이나 부끄러움을 느껴야 할 상황에서 그와 같은 감정을 느끼지 못하게 된 환자가 있다. 그런데 그는 기쁨과 슬픔, 공포 등과 같은 감정은 질병을 앓기 전과 마찬가지로 느낄 수 있다. 이러한 환자를 본다면 당신은 잠시 생각에 잠기게 되지 않을까? 아니면 뇌의 다른 부위에 손상을 입어서 두려움을 느껴야 마땅한 상황에서 두려움을 느끼지 못하는 환자는 어떨까? 이 환자의 경우에는 연민은 여전히 느낄 수 있다. 이것이 바로 희생자——환자든 환자를 지켜보는 사람이든——에게 바닥을 알 수 없는 깊은 구렁텅이와 같이 느껴지는 신경 질환의 잔혹함이다. 그러나 이 질환에 수술칼을 댐으로써 우리는 한 가지 보상을 얻을 수 있다. 즉 신경 질환은 인간의 정상적인 뇌 활동을 비틀고 쥐어뜯음으로써 깊은 요새 속에 들어앉은 뇌와 마음의 신비로운 성으로 들어갈 수 있는 유일한 길을 열어 준다. 그리고 이것은 종종 섬뜩할 만큼의 정확성을 보여 준다.

신경 질환 환자들이나 그와 유사한 상태의 사람들을 살펴봄으로써 우리는 다음과 같은 흥미로운 가설을 제기할 수 있다. 첫째, 손상된 뇌 부위에 따라 각기 다른 종류의 느낌이 억제될 수 있다. 뇌 회로의 특정 부분이 손상되면, 특정 종류의 심적 사건 역시 사라진다는 것이다. 둘째, 각각의 느낌은 서로 다른 뇌 시스템의 통제를 받는다. 뇌의 해부학적 구조 가운데 어느 한 부분이 손상된다고 해서 모든 종류의 느낌이 일시에 사라지지는 않는다는 것이다. 셋째, 환자가 어떤 정서를 표현하는 능력을 상실하면, 그에 해당하는 느낌을 경험하는 능력 역시 잃어버린다. 그렇지만 그 역은 성립하지 않는다. 특정 느낌을 경험하는 능력을 잃어버린 환자들도 그에 해당되는 정서를 표현할 수는 있다. 그렇다면 이렇게 볼 수 있지 않을까? 즉 느낌과 정서는 쌍둥이이지만 정서가 먼저 태어나고 느낌이 그에 뒤따라 태어났으며, 느낌은 영원히, 마치 그림자처럼 정서의 뒤를 쫓는다. 느낌과 정서는 서로 매우 비슷하고 또 함께 일어나는 것처럼 보이지만, 실제로는 정서가 느낌보다 선행하는 듯하다. 이와 같은 특이 관계에 대한 지식은 우리에게 느낌에 대하여 탐구해 나갈 수 있는 창을 제공해 준다.

인간 뇌의 해부학적 구조와 활동에 대한 이미지를 얻을 수 있게 해 주는 뇌 주사(走査, scanning) 기술의 도움을 받아 이 가설은 검증될 수 있었다. 나는 동료들과 함께 처음에는 신경 질환 환자들을 대상으로, 다음에는 정상인들을 대상으로 한 단계, 한 단계씩 느낌의 뇌 지도를 그려 나갔다. 사고(思考)로 인해 정서 상태가 촉발되고 이어서 느낌이 생겨나는 일련의 메커니즘을 명료하게 밝히는 것이 우리의 목적이었다.[1]

정서와 느낌은 나의 두 전작에서 매우 중요하면서도 각기 다른 역할을 수행했다. 『데카르트의 오류(Descartes' Error)』에서 나는 정서와 느낌이 의사 결정에 어떤 영향을 미치는지 고찰했다. 『사건에 대한 느낌(The Feeling of What Happens)』에서는 느낌과 정서가 자아를 형성하는 과정에서 어떤 역할을 하는지 기술했다. 지금 이 책에서는 느낌 그 자체에 초점을 맞추고 있다. 느낌이란 무엇인지, 어떤 기능을 하는지에 대해서 말이다. 이 책에서 논의하는 대부분의 증거는 전작을 쓸 당시에는 나오지 않았다. 또한 지금은 이전에 비해서 느낌을 이해하기 위한 좀 더 확고한 기반이 마련된 상태이다. 신경과 의사이자 신경과학자로서, 느낌을 늘 사용하는 사람으로서, 느낌 및 느낌과 관련된 현상의 본질과, 이것이 인간에게 갖는 중요성의 발달 과정을 보고하는 것이 내가 이 책을 쓰는 주목적이다.

느낌에 대한 현재 나의 견해를 한마디로 요약하자면, 우리의 몸과 마음에서 일어나는 느낌은 우리가 건강하고 편안한 상태인지 아니면 곤란하고 괴로운 상태인지를 표현해 준다. 느낌은 단순히 정서에 덧붙은 장식물이 아니다. 내키는 대로 간직하거나 집어던져 버릴 수 있는 것이 아니라는 말이다. 느낌은 생명체 내부의 생명의 상태를 드러내 주는 것이다. 글자 그대로 느낌이라는 장막을 들추어 보면 생명체의 내면 상태가 고스란히 드러난다. 줄타기와도 같은 아슬아슬한 생명의 현상에서 대부분의 느낌은 균형에 도달하기 위한 고군분투의 표현이다. 균형을 이루기 위한 절묘한 조정과 수정 없이 너무 많은 실수가 벌어진다면 생명 조절 행위 전체가 완전히 무너져 버릴 것이다. 인간 존재의 왜소함과 위대함을 동시에 드러내 줄 수 있는 것이 있다면, 그것은 바로 느낌이다.

마음이 과연 어떻게 출현하게 되는지, 그 문제 자체가 이제 모습을 드러내고 있다. 수많은 신체 활동들을 전담하고 있는 뇌의 여러 부위들이 조화롭게 작용함에 따라서 신체 전체의 활동은 신경 지도의 형태로 묘사된다. 이 생생한 지도는 활동하고 있는 생명을 표현하는, 복합적이면서 항상 변화하는 그림이다. 이 생명의 초상화를 그려낼 수 있도록 뇌에 신호를 전달하는 화학적·신경적 통로 역시 그림이 그려지는 화폭처럼 각각의 정해진 활동을 전담하도록 되어 있다. 느낌이 어떻게 생성되는지, 그 신비의 장막이 이제 조금씩 벗겨지기 시작했다.

느낌을 이해하는 것이 호기심 충족을 넘어 과연 어떤 가치가 있는지에 대해 의문을 제기하는 것은 합리적인 일이다. 나는 여러 가지 이유에서 가치가 있다고 생각한다. 느낌과 그에 선행하는 정서의 신경생물학을 밝히는 것은 인간 존재를 이해하기 위한 핵심 문제인 심신 문제(mind-body problem)에 대한 우리의 견해를 확립하는 데 도움을 준다. 즉 어떻게 사고가 정서를 유발하고, 신체에 속하는 현상인 정서가 다시 사고의 영역에 속한 느낌으로 어떻게 이어지는지 탐구하는 작업은 빈틈없이 서로 얽히고 엮인 하나의 인간 존재가 몸과 마음이라는 뚜렷하게 구분되는 두 가지 형태로 발현되는 현상을 이해하는 데에 큰 도움을 준다.

한편 이와 같은 노력은 또 다른 실용적인 보상을 가져다준다. 느낌, 그리고 느낌과 밀접하게 연관된 정서의 생물학을 규명하는 것은 우울, 통증, 약물 남용 등과 같은 인간 고통의 주요 원인들을 효과적으로 치료하는 데에도 도움을 줄 것이다. 뿐만 아니라 느낌이 무엇인지, 어떻게 작용하고 그 의미는 무엇인지를 이해하는 것은 인간 존재에 대한 견해, 즉 인간관을 구성하는 데 필수적이다. 다가올 미래의 인간관은 현재의 인간관보다 더욱 명확할 것이며, 사회과학과 인지과학과 생물학의 진보를 반영하게 될 것이다. 그와 같은 인간관이 어떤 실용적인 쓰임새가 있는지 의심스러운가? 인류의 흥망성쇠는 상당 부분 새롭게 정립된 인간관이 민중과 민중의 삶을 통치하는 원리와 정책 속에 어떻게 구현되는가 하는 점에 달려 있다. 그리고 정서와 느낌의 신경생물학을 이해하는 것은 인간의 고통을 줄이고 행복을 증진할 수 있는 원리와 정책을 만들어 내는 데 핵심적인 요소이다. 실제로 이 새로운 지식은 인간 존재에 대한 종교적 해석과 세속적 해석 사이의 해결되지 않은 긴장을 다루는 방식에도 시사하는 바가 있다.

이 책을 쓰는 주목적을 대략 설명했으니 이제 인간 느낌의 본질과 중요성을 다루고자 하는 이 책의 제목으로 왜 스피노자를 거론했는지 이야기할 때이다. 내가 철학자도 아니고, 이 책이 스피노자의 철학에 대한 책도 아닌만큼, "왜 스피노자인가?"라는 질문을 던지는 것은 지극히 당연한 일이다. 이에 대해 간단히 대답하자면, 인간의 정서와 느낌에 관한 모든 논의에 스피노자가 전적으로 관련되어 있기 때문이다. 스피노자는 충동(drive), 동기(motivation), 정서, 느낌—스피노자가 통틀어 감정(affect)이라고 부른 것—을 인간성의 중심으로 보았다. 인간 존재를 이해하고 인간의 삶을 좀 더 개선하는 방법을 제안하려고 한 스피노자에게 기쁨과 슬픔은 두 가지 두드러진 개념이었다.

좀 더 긴 설명은 개인적인 이야기가 될 것이다.

헤이그

1999년 12월 1일, 데스인데스 호텔의 친절한 현관 안내인은 강력히 주장했다.

"이런 날씨에 걷는 것은 무리입니다. 제가 차를 잡아 드리겠어요. 바람이 아주 심합니다. 거의 허리케인 수준인데요? 저기 깃발 나부끼는 것을 좀 보십시오."

맞는 말이었다. 깃발은 날개라도 단 듯 세차게 펄럭이고, 구름은 동쪽으로, 동쪽으로 마치 경주라도 벌이듯 빠르게 날아가고 있었다. 비록 헤이그에서 대사관저가 밀집해 있는 이 거리 전체를 날려 버릴 것 같은 바람이었지만 나는 그의 만류를 일축했다. 나는 걷고 싶다고, 괜찮을 테니 걱정하지 말라고 그에게 말했다. 게다가 구름 사이로 보이는 하늘은 얼마나 아름다웠던가? 현관 안내인은 내가 어디로 갈 작정인지 전혀 알지 못했다. 그리고 나도 말할 생각이 없었다. 그가 뭐라고 생각하겠는가?

비는 거의 그쳤고 바람은 약간의 의지만 있으면 극복할 만했다. 나는 실제로 내 머릿속에 있는 지도를 따라 빠르게 걸었다. 데스인데스 호텔 앞의 산책길이 끝나는 곳에서 오른쪽으로 접어들자 오래된 궁전과 마우리츠하우스 왕립 미술관이 보였다. 미술관 앞에는 렘브란트의 얼굴이 커다랗게 걸려 있었다.(미술관에서는 렘브란트의 자화상 회고전이 열리고 있었다.) 미술관 앞 광장을 지나자 길에는 거의 인적이 끊겼다. 이곳은 도심이고, 때는 평일이었는데도 말이다. 아마도 실내에 머물라는 경고가 있었던 모양이다. 나에게는 더욱 좋은 일이었다. 덕택에 나는 인파를 헤치느라 힘겹게 애쓰지 않고도 스파위에 도착할 수 있었다. 뉴처치에 이르자 길은 완전히 낯설어졌고 나는 잠시 멈춰서서 망설였다. 그러나 선택은 분명해 보였다. 나는 야코프스트라트에서 오른쪽으로 돌고 다시 바건스트라트에서 왼쪽으로 돌았다. 그런 다음 스틸레베르카데에서 다시 오른쪽으로 접어들었다. 5분 후 나는 파빌운스흐라흐트에 도착해 72~74번지에서 멈춰 섰다.

집의 전경은 내가 머릿속에 그려왔던 것과 흡사했다. 세 개의 커다란 창문이 나 있는 3층짜리 그 작은 건물은 운하 도시에서 흔히 볼 수 있는 평범한 집이었다. 호화롭다기보다는 수수하다는 표현이 어울릴 것이다. 집은 잘 보존되어 있어서, 17세기에도 지금과 비슷한 모습이었으리라고 짐작케 했다. 창

문은 모두 닫혀 있었고 사람의 기척은 찾을 수 없었다. 칠이 잘된 문 또한 굳게 닫혀 있었는데, 그 옆에는 반짝이는 청동 종이 틀 안에 매

달려 있었다. 그리고 그 테두리에 '스피노자의 집(SPINOZAHUIS)'이라는 글씨가 아로새겨져 있었다. 나는 결연히, 그러나 별 희망은 갖지 않은 채 초인종을 눌러 보았다. 안에서는 아무 소리도 들리지 않았고 커튼도 움직이지 않았다. 사실 이전에 전화를 걸었을 때도 아무도 받지 않았다. 스피노자의 집은 대중을 거부한 채 굳게 닫혀 있었다.

이 집은 스피노자가 짧은 생애의 마지막 7년을 보내고 1677년 사망한 곳이다. 이 집으로 옮겨 올 때 가져온 『신학 정치론(Theologico-Political Treatise)』은 이곳에서 익명으로 출간되었다. 이곳에서 완성된 『에티카』는 그의 사후에 익명이나 다름없는 상태로 출간되었다.

이날 집 안을 둘러볼 수 있으리라는 희망을 가질 수는 없었지만, 그렇다고 완전히 허탕을 친 것은 아니었다. 도로의 중앙선을 가르는 공간에 뜻밖에 도시적인 조경으로 꾸며진 작은 정원이 있었는데, 그곳에서 다름 아닌 스피노자를 발견한 것이다. 바람에 실려 온 나뭇잎으로 반쯤 가려진 채 단단한 청동의 불멸 속에서 그는 사색에 잠긴 듯 조용히 앉아 있었다. 소란스러운 기상 상태에 전혀 방해받지 않은 채, 그는 행복해 보였다. 그도 그럴 것이 살아생전 이보다 더 거친 풍파를 겪어 낸 그가 아닌가?

지난 몇 년간 나는 스피노자를 찾아다녔다. 때로는 책에서, 때로는 어떤 공간에서 그를 찾고자 했다. 그것이 바로 내가 여기 이 집 앞에 있는 이유이다. 독자들도 의아하겠지만 과연 묘한 호기심이었고 결코 계획하지 않았던 일이었다. 내가 스피노자를 찾아 나서게 된 것은 많은 부분 우연에 기인한다. 나는 청소년기에 처음 스피노자를 읽었다. 종교나 정치에 관한 스피노자의 저서를 읽기에 더할 나위 없이 좋은 시기였다. 그러나 그의 사상이 내게 오래도록 깊은 인상을 남기기는 했어도 당시 스피노자에 대한 나의 존경심은 막연한 것이었다. 그는 매혹적이면서 동시에 가까이 다가가기 어렵게 느껴졌다. 그 이후로는 스피노자에 대해 별로 생각을 하지 않았다. 특히 그가 나의 연구와 관련이 있을 것이라고는 전혀 생각하지 못했다. 나는 그저 스피노자의 사상을 조금씩 알고 있는 정도였다. 그런데 스피노자가 남긴 구절 가운데 내가 오래도록 소중히 간직해 오고 있는 게 하나 있었다. 자아의 개념과 관련된 이 말은 『에티카』에 수록되어 있다. 스피노자가 다시 나의 삶에 들어오게 된 것은 내가 그 구절을 인용하려고 마음먹고 정확한 표현과 문맥을 확인하기 위해 책을 집어 들었을 때였다. 나는 그 구절을 찾아내고는 고개를 끄덕였다. 과연 그 구절은 내가 벽에 붙여 놓았던, 누렇게 바랜 쪽지 속의 문장과 일치했다. 나는 그 부분을 전후로 책을 계속해서 읽어 나갔다. 읽기를 멈출 수가 없었던 것이다. 스피노자는 여전히 같은 모습으로 머물러 있었지만 나는 달랐다. 예전에는 이해할 수 없다고 생각했던 내용이 이제는 친숙하게 느껴졌다. 기묘할 만큼 친숙했다. 사실 내 연구의 몇몇 측면에서는 상당히 깊은 관계를 보이기까지 했다. 그렇다고 스피노자의 모든 측면을 내가 인정하고 공감하게 된 것은 아니었다. 몇몇 구절은 여전히 애매했고 여러 차례 읽은 후에도 그 의미가 분명하게 다가오지 않는 모순이나 대립점도 있었다. 여전히 나는 어리둥절했고 심지어 화가 나기도 했다. 그러나 좋든 나쁘든 간에 대부분 그의 생각에 유쾌하게 동조하는 나를 발견할 수 있었다. 마치 스피노자의 책을 몇 장 읽고는 마치 등 뒤에서 회오리바람이 불어 대기라도 하듯 쭉쭉 읽어 나갈 수밖에 없었다고 고백한, 버나드 맬러머드(Bernard Malamud, 1914~1986년)의 『수리공(The Fixer)』(맬러머드는 뉴욕 브루클린의 가난한 유대인 가정에서 태어나 유대인에 대한 차별과 박해를 담은 작품들을 남겼다. 1966년 발표된 『수리공』은 제정 러시아 시대 키예프에서 단지 유대인이라는 이유로 투옥되어 고난을 겪는 수리공의 이야기를 담고 있다.—옮긴이)에 나오는 인물과도 같은 심정이었다.

"(이 책에 들어 있는) 모든 말을 이해할 수는 없었다. 그렇지만 그와 같은 생각을 접한다면 누구나 마녀의 요술 빗자루를 타고 붕 떠오르는 느낌을 받을 것이다."[2]

스피노자는 과학자로서 무엇보다 나의 마음을 빼앗고 있는 문제들—정서와 느낌의 본질, 마음과 몸의 관계—을 다루고 있었다. 이 주제는 과거에 많은 사상가들을 사로잡았던 것이기도 하다. 그러나 나의 눈에는 스피노자야말로 이러한 문제에 대해 오늘날의 연구자들이 내놓고 있는 해답을 예측한 것으로 보였다. 그것은 정말 놀라운 일이다.

예를 들어 스피노자는 "사랑이란 다름 아니라 외부의 원인에 대한 관념(idea)에 동반하는 즐거운 상태, 기쁨일 뿐이다."라고 말했다. 그는 느낌이라는 절차를 정서의 원인이 되는 대상의 개념을 떠올리는 절차와 명확하게 구분해 냈다.[3] 기쁨과 기쁨을 일으키는 대상은 별개라는 것이다. 물론 기쁨과 슬픔은 결국에는 그와 같은 느낌을 일으키는 대상과 함께 우리의 마음에 들어온다. 그러나 이들은 애초에, 우리 몸 안에서 서로 분리되어 있는 작업이었다. 스피노자는 현대 과학이 입증해 낸 기능적 배열을 설명했다. 즉 살아 있는 생물은 서로 다른 사물과 사건에 정서적으로 반응하는 능력을 갖추도록 설계되어 있으며, 느낌의 패턴이 이 반응을 뒤따르고, 쾌락과 통증 및 그 변이체들이 느낌의 필수 요소라는 것이다.

스피노자는 또한 감정(affect)의 힘은 매우 강력해서, 해로운 감정

──비합리적인 정념──을 극복하는 것은 오로지 이보다 더 강력한 긍정적인 감정, 즉 이성이 촉발한 감정을 통해서만 가능하다고 주장했다. 감정은 "오직 그보다 더 강력한 상반된 감정으로만 억제되거나 중화될 수 있다."[4] 다시 말해서 스피노자는 부정적 정서와 싸울 때 그보다 더욱 강한 정서, 이성과 지적 노력을 통해 만들어진 긍정적인 정서를 가지고 맞서라고 우리에게 권고한 것이다. 그의 생각의 핵심은 순수한 이성 자체가 아니라 이성으로 유도된 정서가 동반될 때 열정을 억누르는 것이 가능하다는 것이다. 이것은 결코 쉽게 성취할 수 있는 것이 아니다. 그러나 스피노자는 쉬운 것에는 별 가치를 두지 않았다.

내가 논의하고자 하는 매우 중요한 내용은, 마음과 몸이 동일한 실체의 평행하는 속성들(표현들이라고도 불린다.)이라는 그의 개념이다.[5] 최소한 마음과 몸을 서로 다른 실체의 바탕 위에 놓지 않음으로써 스피노자는 심신 문제에 대하여 그의 시대에 우세했던 견해에 반대되는 시각을 내놓았다. 서로 일치하고 부합하는 사상들의 바다에서 그의 의견만이 외딴섬처럼 홀로 우뚝 솟아 있었다. 그러나 더욱 흥미로운 것은 인간의 마음이 몸의 관념이라는 그의 주장이다.[6] 이 주장은 매우 주목할 만한 가능성을 제기한다. 스피노자는 마음과 몸이라는 형태로 표현되는 자연적 메커니즘 뒤에 있는 원리를 직관적으로 이해하고 있었던 것 같다. 나중에 자세히 논의하겠지만 나는 심적 절차가 신체에 대한 뇌 속의 지도, 즉 정서와 느낌을 만들어 내는 사건에 대한 반응을 표현하는 신경 패턴의 집합체에 기초를 두고 있다고 확신한다. 스피노자가 남긴 이 말을 마주하고 그 가능한 의미에 대해 생각하는 것만큼 기분 좋은 일은 다시없을 것이다.

이것만으로도 스피노자에게 관심이 쏠리기에 충분했다. 그러나 나의 관심을 부추겨 준 다른 요소들도 있었다. 스피노자의 견해에 따르면, 모든 생물은 자연스럽게, 그리고 필연적으로, 자신의 존재를 보존하기 위해 노력한다. 그와 같은 필연적인 노력은 그것의 현실적 본질을 구성한다. 생물은 생존을 위해서 자신의 생명 현상을 조절할 수 있는 능력을 획득하게 된다. 그리고 역시 자연스럽게도 생물은 자신의 기능을 '보다 완전한 상태'로 끌어올리기 위해 노력한다. 그 상태가 바로 스피노자가 기쁨(joy)이라고 불렀던 것이다. 이 모든 노력과 경향은 무의식적으로 작용한다.

건조하고 꾸밈없는 문장을 통해 들여다본 스피노자는 어둠 속에서 두 세기 후 윌리엄 제임스나 클로드 베르나르, 지그문트 프로이트 등이 추구하게 될 생명의 조절 현상에 대한 뼈대를 주워 모으고 있었다. 뿐만 아니라 자연의 합목적적 설계라는 개념을 부정하고, 몸과 마음이 다양한 종에 걸쳐서 다양한 유형으로 조합될 수 있는 구성 요소라고 생각함으로써, 스피노자는 찰스 다윈의 진화론적 사상과도 양립할 수 있다.

이와 같이 스피노자는 인간 본성에 대한 새로운 개념으로 무장하고서 선과 악, 자유와 구원 같은 개념을 감정이나 생명의 조절 등과 연결한다. 스피노자는, 우리의 사회적·개인적 행위를 통치하는 기준은 인간성에 대한 더욱 깊이 있는 지식을 기반으로 형성되어야 한다고 주장했다. 그리고 이 인간성은 우리 안의 신 또는 자연과 접촉하고 있다.

스피노자의 사상은 우리 문화의 일부이다. 그러나 내가 아는 한 오늘날 마음의 생물학을 이해하고자 노력하는 과학자들은 스피노자를 거의 참조하지 않는다.[7] 이러한 사실 자체도 흥미롭다. 스피노자는 유명세에 비해 제대로 알려지지 않은 사상가이다. 어떤 경우에 스피노자는 마치 신비스러운 광휘를 내뿜으며 무(無)에서 홀로 솟아오른 것처럼 보인다. 그러나 그러한 인상은 사실은 잘못된 것이다. 비록 그의 사상은 독창적이지만 그는 많은 면에서 그가 속한 시대의 지적 자산의 일부였다. 그는 또한 갑작스럽게 역사 속으로 사라져 간 듯한 인상을 남긴다. 이것 역시 또 다른 오해이다. 그의 금지된 주장의 정수 가운데 일부는 계몽 운동의 근간에서 찾아볼 수 있으며, 계몽 운동을 넘어서서 그의 사후 한 세기 동안 곳곳에서 찾아볼 수 있다.[8] 잘 알려지지 않은 유명 인사라는 스피노자의 처지는 어쩌면 그가 당대에 일으켰던 물의 때문이라고 설명할 수도 있다. 이 책의 뒷부분(6장)에서 보게 되겠지만 그의 저서는 이단으로 간주되어 수십 년간 판매 금지를 당했다. 이와 같은 공격은 스피노자를 숭배하는 사람들이 공개적으로 그의 사상을 논의하려는 시도를 무력화했다. 그리하여 사상가의 업적에 뒤따르는 지적 영예의 연속성도 중단되었고, 그 결과 그의 사상 중 일부는 다른 이들에게 도용되기도 했다. 그러나 이러한 상황은 왜 괴테나 워즈워스 같은 사람들이 스피노자를 추켜세우기 시작한 후에도 여전히 그가 유명하면서도 잘 알려지지 않은 사람으로 남을 수밖에 없었는지를 설명하지 못한다. 사람들이 스피노자를 이해하기 쉽지 않기 때문이라는 것이 아마도 좀 더 정확한 설명일 것이다.

　스피노자를 이해하기가 다소 어려운 이유는 아마 스피노자가 여러 가지 모습을 하고 있기 때문이라는 사실에서 출발할 것이다. 가장 접근하기 쉬운 그의 첫 번째 모습은 급진적인 종교학자로서의 스피노자이다. 그는 당대의 교회와 의견을 달리했고, 신에 대한 새로운 개념을 내놓았으며, 인간의 구원을 위한 새로운 길을 제시했다. 그 다음은 정치학자로서의 스피노자이다. 그는 책임 있고 행복한 시민들로 구성된 이상적인 민주 국가를 묘사했다. 가장 접근하기 어려운 세 번째 스피노자는 과학적 사실을 이용하는 철학자이다. 그는 기하학적 증명 방법과 직관을 이용해서 우주와 인간 존재에 대한 개념을 형성해 나갔다.

이 세 가지 모습의 스피노자와 그들의 상호 연관성만 해도 스피노자가 얼마나 복잡한 인물인지 보여 주고 있다. 그런데 또 네 번째의 스피노자가 있다. 바로 원(原)생물학자(protobiologist)로서의 스피노자이다. 우리는 스피노자가 내세운 셀 수 없이 많은 명제, 공리, 증명, 보조 정리와 주석의 이면에서 생물학자적 사상가의 면모를 찾아볼 수 있다. 정서와 감정에 대한 과학적 발견과 숙고가 스피노자가 주장하고자 했던 사실과 일치한다는 가정에 입각하여, 내가 이 책을 쓰는 두 번째 목적은 이 가장 알려지지 않은 스피노자의 모습을 오늘날 신경과학과 상응하는 측면에 연결하는 것임을 밝힌다. 그러나 다시금 강조하건대 이 책은 스피노자의 철학에 대한 책이 아니다. 나는 생물학과 관련되지 않은 스피노자의 사상에 대해서는 거론할 생각이 없다. 나의 목적은 좀 더 소박한 것이다. 철학의 가치 가운데 하나는 철학의 역사가 시작된 이래로 철학이 과학을 예시해 왔다는 점이다. 한편 그에 대한 보답으로 과학은 철학의 역사적 노력을 알아보고 인정하는 데 이바지해 왔다.

스피노자를 찾아서

인간의 마음에 대한 스피노자의 숙고는 인간 조건에 대한 더욱 광범위한 관심에서 비롯된 것이지만, 그의 생각은 현대의 신경생물학과 관련이 깊다. 스피노자를 궁극적으로 사로잡았던 문제는 인간 존재와 자연의 관계였다. 그는 이 관계를 밝혀냄으로써 인간 구원에 대한 현실적인 수단을 제시할 수 있기를 바랐다. 그 수단의 일부는 개인적인 것으로서 자신에 대한 스스로의 통제이다. 한편 그 수단의 다른 측면은 사회적·정치적 기구가 개인에게 제공할 수 있는 특정 형태의 도움에 의존한다. 그의 사상은 아리스토텔레스를 잇고 있지만 더욱 확고하게 생물학적 토대에 발을 딛고 있다. 스피노자는 마치 한 손으로는 개인적 행복과 집단적 행복 간의 관계를 그러모으고 다른 손으로는 인간의 구원과 국가의 구조를 다루어 나갔던 것처럼 보인다. 존 스튜어트 밀보다 훨씬 전에 말이다. 적어도 스피노자 사상이 미친 사회적 영향에 대해서는 많은 사람들이 상당히 긍정적으로 인정하고 있다.[9]

스피노자는 발언의 자유를 그 특징으로 하는 이상적인 민주 국가를 제시했다. ─ "모든 사람들로 하여금 원하는 것을 생각하고 생각한 것을 말하게 하라."고 그는 말했다.[10] ─ 그는 국가와 교회의 분리, 그리고 시민들의 행복과 조화로운 정부를 촉진할 수 있는 관대한 사회 계약을 주장했다. 스피노자는 미국의 독립 선언문이나 수정 헌법 1조(First Amendment, 애초에 만들어진 헌법에 국민의 자유와 기본권을 보장하는 내용을 첨가하는 식으로 헌법 개정이 이루어졌는데, 최초의 수정 헌법에서는 표현의 자유에 관해 명시하고 있다.─옮긴이)가 나타나기 한 세기 전에 이와 같은 제안을 내놓았다. 스피노자가 이러한 혁명적 노력의 한 부분으로서 현대 생물학의 일면 또한 내다보았다는 사실은 더욱 흥미롭다.

심신 문제에 대하여 대부분의 동시대인들과는 근본적으로 반대되었지만 300여 년 후의 사람들과는 놀랍도록 일치하는 견해를 내놓은 이 사람은 대체 누구인가? 대체 어떤 상황이 그와 같이 시대와 상반된 정신을 만들어 냈을까? 이 질문에 답하기 위해서 우리는 또 다른 스피노자, 서로 다른 세 개의 이름——벤투(Bento), 바루흐(Baruch), 베네딕투스(Benedictus)——을 가진 남자에 대해 고려해야 할 것이다. 용감한 동시에 조심스럽고, 타협하지 않는 동시에 융통성 있고, 거만하면서 겸손하고, 초연하면서 온화하고, 찬탄을 자아내면서도 눈에 거슬리고, 관찰 가능하고 구체적인 사실에 천착하면서도 동시에 뻔뻔스러울 만큼 영적(靈的)인 사람이 바로 그이다. 자신의 사적 감정을 결코 글에 드러낸 일이 없으며 심지어 문체에조차 사적인 느낌을 싣지 않은 자가 그이다. 그의 모습은 오직 수천 가지 간접적인 단서로부터 재구성해 낼 수밖에 없다.

나는 나 자신도 거의 의식하지 못한 채로 신비로운 업적의 배후에 있는 그 사람을 찾기 시작했다. 나는 그저 상상 속에서 그를 만나 약간의 담소를 나누고 『에티카』에 그의 친필 사인을 받고 싶었다. 그의 흔적을 찾아 나섰던 나의 여정과 그의 삶의 이야기를 전하는 것이 이 책을 쓰는 세 번째 목적이다.

스피노자는 1632년, 문자 그대로 네덜란드의 황금기에 번영하는 도시 암스테르담에서 태어났다. 그해에 스피노자의 생가와 얼마 떨어지지 않은 곳에서 23세의 렘브란트 판 레인(Rembrandt van Rijn)은 처음으로 자신에게 명성을 안겨 준 「툴프 박사의 해부학 강의(The Anatomy Lesson of Dr. Tulp)」라는 작품을 그렸다. 정치가이자 시인이었고 오라녜 공

(Prince of Orange)의 비서관이자 존 던(John Donne)의 친구였던 렘브란트의 후원자 콘스탄테인 하위헌스(Constantijn Huygens)는 얼마 전 모든 시대에 걸쳐서 가장 저명한 천문학자이자 물리학자인 크리스티안 하위헌스(Christiaan Huygens)의 아버지가 된 참이었다. 당시의 선도적인 철학자인 르네 데카르트는 32세였으며, 역시 암스테르담의 프린센흐라호트에 살면서 인간의 본성에 대한 자신의 새로운 견해가 네덜란드와 다른 나라에서 어떻게 받아들여질지 걱정하고 있었다. 그는 곧 어린 크리스티안 하위헌스에게 대수학을 가르치게 되었다. 사이먼 샤마(Simon Schama)의 적절한 표현을 빌자면 스피노자는 지적으로나 재정적으로나 처치 곤란할 만큼 부유했던 시대에 태어났다.[1]

벤투는 스피노자가 태어났을 때 그의 부모가 지어 준 이름이다. 스피노자의 부모인 미겔(Miguel)과 아나 데보라(Hana Debora)는 암스테르담으로 이주해서 정착한 포르투갈 출신의 세파르디 유대인(Sephardic Jews, 유럽의 유대인들은 게르만 지역에 살던 아슈케나지(Ashkenazic) 유대인과 스페인과 포르투갈에 살던 세파르디 유대인으로 나뉘는데, 1500년대 후반에 네덜란드는 포르투갈의 수많은 세파르디 유대인들을 받아들였다.—옮긴이)이었다. 그가 암스테르담의 부유한 유대인 상인 및 학자들의 공동체에서 자라나면서 유대 교회에서나 친구들 사이에서 불렸던 이름이 바루흐이다. 베네딕투스는 그가 24세 되던 해 유대 교회에서 추방당한 후 스스로 붙인 이름이다. 스피노자는 암스테르담의 안락한 고향집을 버리고 조용하면서 계획적인 일탈을 시작했다. 그리고 그 일탈의 종착역이 바로 이곳 파빌운스흐라호트이다.

포르투갈 어 이름인 벤투, 히브리 어 이름인 바루흐, 라틴 어 이름인 베네딕투스는 모두 '축복받은(blessed)'이라는 뜻이다. 그래서 이 이름들이 뭐가 어쨌다고? 나는 이 이름들이 상당히 많은 의미를 담고 있다고 말하고자 한다. 겉으로 보기에는 동일하지만 각각의 이름 이면에 있는 개념은 완전히 달랐다.

조심하라!

집 안에 들어가야 했다. 그러나 문은 굳게 잠겨 있었고 내가 할 수 있는 일은 그저 근처에 정박시켜 놓은 거룻배에서 누군가 나타나서 집으로 걸어 들어가 스피노자의 안부를 묻는 장면을 상상하는 것뿐이었다.(당시 파빌운스흐라흐트는 거대한 운하였다. 그러나 훗날 암스테르담과 베네치아의 다른 많은 운하들과 마찬가지로 흙으로 메워져 도로로 변했다.) 방문객이 문을 두드리면 이 집의 주인이자 화가인 판 데르 스페이크(Van der Spijk)가 문을 연다. 그는 상냥하게 방문객을 문 옆의 두 개의 창문 뒤에 있는 그의 작업실로 인도하고 그곳에서 잠시 기다리라고 말한다. 그런 다음 하숙인인 스피노자에게 가서 방문객이 와 있다고 말할 것이다.

스피노자의 방은 3층에 있다. 그러면 스피노자는 경사가 매우 가팔라서 내려갈 때마다 다리가 후들거리기 십상인 악명 높은 네덜란드 특유의 나선형 계단을 밟고 아래로 내려올 것이다. 스피노자는 우아한 이달고(hidalgo, 하급 귀족의 신분—옮긴이) 복장을 하고 있을 것이다. 아주 새것도 아니고 너무 낡은 것도 아닌, 깨끗하게 손질된 옷들——풀을 빳빳이 먹인 흰 옷깃, 검은 반바지, 검은 가죽 조끼, 그리고 낙타털로 만든 검은 재킷——이 균형을 이루며 그의 몸을 감싸고 있다. 발에는 커다란 은제 버클이 달린 검은 가죽 신발을 신고 손에는 아마도 가파른 계단을 내려오는 데 도움이 되었을 나무 지팡이를 들고 있을 것이다. 스피노자는 항상 검은 가죽 구두를 고집했다. 커다란 검은 눈이 명석하게 빛나는, 깨끗이 손질된 조화로운 얼굴이 그의 외양을 지배했으리라. 그는 머리카락도, 긴 눈썹도 검은색이었다. 그는 황갈색 피부에 중간 정도의 키, 가느다란 뼈대를 가진 남자였다.

스피노자는 정중하고 상냥한 태도로, 그러나 시간을 낭비하지 않으려고 단도직입적으로 방문객의 용건을 물을 것이다. 이 인심 좋은 스승은 낮 시간 동안 광학에서 정치학, 종교적 신념에 이르기까지 온갖 주제들을 가지고 방문객을 즐겁게 만들어 줄 수 있다. 방문객에게는 차를 대접할 것이다. 판 데르 스페이크는 조용히, 거의 쥐 죽은 듯한 침묵 속에서, 그러나 유쾌한 위엄을 가지고 계속 그림을 그려 나간다. 그의 원기 왕성한 일곱 명의 아이들은 집 뒷마당으로 자리를 비켜 줄 것이다. 그리고 판 데르 스페이크의 부인은 바느질이나 부엌일을 하고 있다. 모든 정경이 마치 한 폭의 그림 같다.

스피노자는 파이프 담배를 피울 것이다. 그는 질문에 대하여 숙고하고, 대답을 한다. 하루가 저무는 동안 담배 냄새가 테레빈유의 냄새와 경쟁했다. 셀 수 없이 많은 방문객들이 스피노자를 찾았다. 판 데르 스페이크의 이웃과 친척들에서부터 열성적인 젊은 남학생들과 감수성이 예민한 젊은 여성들, 고트프리트 라이프니츠(Gottfried Leibniz, 뉴턴과 독립적으로 미적분법을 발명했고, 수학뿐만 아니라 철학, 자연과학, 법학, 신학, 언어학 분야에서 위대한 업적을 남긴 독일 출신의 천재. 1676년 말년을 보낸 하노버로 가는 도중 스피노자와 회견한 것으로 알려져 있다.—옮긴이)와 크리스티안 하위헌스, 갓 설립된 영국 왕립학회의 회장 헨리 올덴버그(Henry Oldenburg) 등이 방문객에 포함되었다. 남아 있는 서신으로 미루어 볼 때, 스피노자는 단순한 민초들에게는 자애로운 모습을 보인 반면 동료라고 할 수 있는 사람들에게는 까다로운 모습을 보인 듯하다. 분명 그는 멍청하지만 겸손한 사람들은 쉽게 참아 낼 수 있었지만 그렇지 않은 사람에게는 참을성을 발휘하지 못한 듯했다.

나는 또한 그의 장례식 행렬을 머리에 그려 볼 수 있었다. 1677년 2월 25일, 역시 온통 회색으로 찌푸린 날씨 속에서 스피노자의 소박한 관이 나가고 있다. 판 데르 스페이크 가족이 그 뒤를 따르고, 수많은 저명인사들을 실은 여섯 대의 마차 역시 행렬을 뒤따르고 있었다. 행렬은 고작 몇 분 거리에 있는 뉴처치 쪽으로 천천히 나아갔다. 나는 상상 속의 행렬을 따라 그 길을 걸어갔다. 나는 스피노자의 무덤이 교회의 구내 묘지에 있다는 사실을 알고 있었다. 그의 살아생전의 집을 보았으니, 이제 사후의 집도 보아야 하지 않겠는가?

교회 구내를 둘러싸고 있는 여러 개의 문은 모두 열려 있었다. 이곳에는 묘지라고 할 만한 것이 거의 없었다. 키 큰 나무들 사이로 관목과 풀과 이끼, 그리고 진흙으로 덮인 길만이 보일 뿐이었다. 예상했던 곳에서 나는 스피노자의 무덤을 찾을 수 있었다. 교회 건물 뒤편, 남동쪽 방향에 지면과 같은 높이의 납작한 석판이 놓여 있고, 비바람에 씻긴 장식 없는 비석이 세로로 세워져 있었다. 비문에는 무덤의 주인이 누구인지 알려 주는 글 이외에 'CAUTE!'라는 말이 새겨져 있었다. 이것은 라틴 어로 '조심하라!'라는 의미이다. 실제로 무덤 안에 스피노자의 시신이 존재하지 않는다는 사실을, 스피노자가 죽은 후 얼마 되지 않아 교회 건물 안에 놓여 있던 그의 시신이 누군가에게 도난되었다는 사실을 돌이켜보면 이것은 섬뜩한 조언이 아닐 수 없다. 스피노자는 모든 사람들이 자신이 원하는 것을 생각하고, 자신이 생각한 것을 말할 수 있어야 한다고 우리에게 말했지만 그가 꿈꾸던 세상은 그리 빨리 오지 않았다. 적어도 그때까지는 오지 않았다. 조심하라. 말과 글에 신중하라. 그렇지 않으면 글자 그대로 뼈도 추리지 못하리라.

스피노자는 실제로 자신의 서신에 caute라는 단어를 사용했다. 장미꽃 그림 바로 아래에 이 단어를 활자체로 써넣었던 것이다. 그의 인생의 마지막 10년 동안 그의 말들은 정말로 장미 아래에 (sub rosa, '은밀히' 또는 '비밀스럽게'라는 의미가 있다.—옮긴이) 감추어져 있게 되었다. 그는 『신학 정치론』을 펴낼 때 가공의 인물을 출판인으로 내세우고 발행 도시(함부르크)도 실제와는 다르게 박아 넣었다. 저자를

소개하는 난은 비워 두었다. 그러한 노력이 무색하게, 게다가 네덜란드 어도 아닌 라틴 어로 썼는데도, 네덜란드 정부는 1674년 이 책의 유통을 금지시켰다. 그리고 쉽게 예상할 수 있듯, 이 책은 바티칸의 위험한 책 목록에 오르게 되었다. 교회는 이 책을 종교 조직 및 정치 권력 구조에 대한 정면 공격으로 간주했던 것이다. 그 사건이 있은 후 당연한 일이겠지만 스피노자는 아예 출판 자체를 그만두었다. 그가 사망할 당시 그의 마지막 원고는 그의 책상 서랍 속에 들어 있었다. 다행히 판 데르 스페이크는 자신이 할 일을 잘 알고 있었다. 그는 책상째 배에 실어 암스테르담에 있는 스피노자의 진짜 출판인인 존 리우어르츠(John Rieuwertz)에게 보냈다. 그의 사후 원고들—많이 수정된 『에티카』, 『히브리 어 문법(Hebrew Grammar)』, 미완인 상태의 『정치론(Political Treatise)』 제2판, 『지성 개선론(Essay on the Improvement of the Understanding)』—은 같은 해 후반에 익명으로 출간되었다. 네

덜란드를 지적 관용의 천국으로 묘사할 때 우리는 이 점을 기억해야 할 것이다. 네덜란드가 지적 관용의 천국이었던 것은 틀림없는 사실이지만, 관용에도 한계는 있었다.

스피노자의 일생 대부분 동안 네덜란드는 공화국이었다. 그리고 스피노자가 성인이 되었을 때에는 국무장관인 얀 더빗(Jan De Witt, 네덜란드의 정치가. 1653년 실질적인 공화국 최고 지도자인 국무장관 자리에 올라 뛰어난 외교적 수완으로 오랜 기간 스페인령(領)이었던 네덜란드를 프랑스의 침략으로부터 보호했다. 그러나 1672년 영국과 동맹한 루이 14세가 네덜란드로 침입하자 실각하여 오라녜 공 빌럼 1세가 네덜란드 통령에 오르게 되었고, 더빗은 그해 8월 20일에 그의 형 코르넬리위스와 함께 헤이그에서 폭도들에게 살해되었다.―옮긴이)이 정치 세계를 지배하고 있었다. 더빗은 야심만만하고 전제적이었지만 한편으로 계몽된 사람이었다. 그가 스피노자를 얼마나 잘 알았는지는 확실하지 않다. 그러나 그가 스피노자를 알고 있었으며 『신학 정치론』이 논란을 불러일으켰을 때 더욱 보수적인 칼뱅파 정치가들의 분노를 억눌렀던 것은 분명하다. 1670년 이래로 더빗이 『신학 정치론』을 가지고 있었던 것도 사실이다. 그가 스피노자에게 정치 및 종교적 문제에 대해 조언을 구했고 스피노자는 더빗이 자신에게 보여준 존경심에 흡족해 했다는 소문이 전해지기도 한다. 설사 그 소문이 진실이 아니라고 하더라도 더빗이 스피노자의 정치 사상에 관심이 있었으며 적어도 그의 종교관에 공감했던 것만은 의심할 여지가 없다. 더빗 덕택에 스피노자는 보호받는다는 느낌을 가졌을 만하다.

그런데 이 모든 상황은 1672년에 이르러 갑자기 끝나 버렸다. 네덜란드 황금기의 가장 어두운 순간 중 하나라고 할 만한 때가 도래한 것이다. 정치적으로 불안정했던 이 시대에 더빗과 그의 형은 폭도들에게 암살당하고 말았다. 당시 벌어지고 있던 프랑스와의 전쟁에서 더빗 형제가 네덜란드의 대의를 배반했다는 잘못된 의심 때문이었다. 폭도들이 더빗 형제를 교수대로 끌고 오면서 하도 몽둥이질을 하고 칼로 찔러, 교수대에 도착했을 때는 그들의 목을 매달 필요조차 없었다. 폭도들은 시신의 옷을 벗기고 푸줏간의 소, 돼지처럼 거꾸로 매달아 사지를 찢었다. 살 조각은 기념품으로 사람들에게 판매되었으며, 사람들은 그것을 날것으로, 또는 익혀서 먹었다. 욕지기 나는 축제 분위기였다. 이 모든 사건은 내가 서 있던 곳에서 그리 멀지 않은 곳에서 일어났다. 스피노자의 집에서 말 그대로 한 모퉁이만 돌아서면 나오는 곳이었다. 이때가 아마 스피노자의 인생 중 가장 어두운 시기였을 것이다. 당시 많은 사상가와 정치인들 역시 충격을 받았다. 라이프니츠는 완전히 겁에 질렸고, 평소 침착하기 그지없는 하위헌스 역시 마찬가지였다. 안전한 파리에 있었는데도 말이다. 그러나 스피노자는 사정이 달랐다. 이제 스피노자는 끝장이었다. 그의 보호막이 사라졌다. 사람들의 야만적인 행동은 인간 본성의 수치스러운 최악의 일면을 보여 주었고, 스피노자는 애써 유지해 오던 평정심을 잃어버렸다. 그는 '야만의 극치'라고 쓴 팻말을 준비했다. 그리고 그 팻말을 더빗의 시신 주변에다 세워 둘 작정이었다. 다행히도 판 데르 스페이크의 지혜가 그를 막았다. 판 데르 스페이크는 문을 걸어 잠그고 열쇠를 감춰 버렸고, 그리하여 스피노자가 집을 나서서 급작스러운 죽음을 맞는 일을 방지할 수 있었다. 스피노자는 공개적으로 울었다. 그가 사람들 앞에서 우는 모습을 보인 일은 그때가 처음이자 마지막이었다고 한다. 또 다른 사람들은 다스릴 수 없는 감정 때문에 고통을 겪는 스피노자의 모습을 보았다. 그가 머물렀던 지적으로 안전한 항구는 이제 사라져 버린 것이다.

스피노자의 무덤을 한 번 더 둘러보는 나에게 데카르트의 무덤의 비문이 떠올랐다. 데카르트가 손수 준비한 그 비문은 다음과 같았다. "잘 숨었고 잘 살았던 사람."[12] 부분적으로 동시대인인 이 두 사람의 죽음 사이에 가로놓인 세월은 고작 27년이다.(데카르트는 1650년에 죽었다.) 두 사람 모두 생의 대부분을 네덜란드라는 낙원에서 보냈다. 스피노자에게는 운명이었고 데카르트에게는 선택이었다. 데카르트는 학문을 시작한 초기에 그의 사상이 가톨릭 교회와 그의 고국인 프랑스의 왕정과 마찰을 빚을 것이라고 예상했다. 그리하여 그는 조용히 프랑스를 떠나 네덜란드에 정착했다. 그러나 결국 두 사람 모두 숨고 가장하고, 데카르트의 경우 자신의 사상을 다소간 왜곡할 수밖에 없었다. 그 이유는 분명해 보인다. 스피노자가 태어난 이듬해인 1633년, 갈릴레이는 로마의 종교 재판소에서 심문을 받고 가택 연금을 당하게 된다. 같은 해 데카르트는 『인간론(Treatise of Man)』의 출간을 보류한다. 그러나 여전히 인간 본성에 대한 그의 견해를 맹렬하게 공격하는 이들에 맞서야 했다. 1642년 그는 초기의 사상과 대조적으로, 썩어 버리는 육체와 분리되는 불멸의 영혼이라는 가정을 내세웠다. 아마도 추가 공격을 예방하고자 하는 선제 조치가 아니었을까 싶다. 만일 그것이 그의 의도였다면 그 전략은 궁극적으로 잘 맞아떨어졌다. 하지만 그의 생전에는 별 효과를 보지 못했다. 그는 결국 극히 불경스러운 인물인 크리스티나 여왕(재위 1632~1654년, 스웨덴의 30년 전쟁을 종식시켰으며 학문과 예술에 관심이 많아 많은 학자와 예술가를 후원하고 수도 스톡홀름에 문화적 황금 시대를 가져온 스웨덴의 여왕—옮긴이)의 스승이 되기 위해 스웨덴으로 떠났다. 그리고 스톡홀름에서 첫 번째 겨울을 나지 못하고 54세로 죽고 말았다. 그들과 다른 시대에 살고 있다는 사실을 우리는 감사히 여겨야 마땅할 것이다. 한편으로 이토록 힘들게 얻은 권리를 위협당한다고 생각해 보는 것만으로도 진저리가 나지 않을 수 없다. 아마 '조심하라!'라는 말은 여전히 유효할 것이다.

교회를 떠나면서 나는 문득 스피노자가 기묘한 장소를 자신의 묘지로 택했다는 데 생각이 미쳤다. 유대인으로 태어난 스피노자가 왜 강력한 신교 교회 곁 묘지에 묻혔을까? 이 문제는 스피노자의 다른 모든 측면과 마찬가지로 복잡하다. 그가 이곳에 묻힌 이유는 아마도 그가 동료 유대인으로부터 파문을 당했고, 그 결과 자동으로 그리스도교인이 되었기 때문이라고 생각된다. 그는 분명 아우더르케르크의 유대인 묘지에는 묻힐 수 없는 처지였다. 그러나 실제로 그는 이곳에 존재하지 않는다. 그것은 아마도 그가 개신교이든 가톨릭이든 진정한 의미의 그리스도교인인 적이 없었기 때문일 것이다. 많은 사람들이 스피노자를 무신론자라고 생각한다. 그리고 그 모든 사실들은 얼마나 잘 들어맞는가? 스피노자의 신은 유대교의 신도 그리스도교의 신도 아니었다. 스피노자의 신은 어느 곳에나 있고, 말을 걸지도 않고 기도에 응답하지도 않으며, 우주의 모든 입자 하나하나에 존재하며, 시작도 없고 끝도 없는 존재였다. 묻혀 있으면서 또한 묻혀 있지 않고, 유대인이면서 유대인이 아니고, 포르투갈 사람이면서 포르투갈 사람이 아니고, 네덜란드 사람이되 실제로 네덜란드 사람이 아닌 스피노자는 어느 곳에도 속하지 않으면서 또한 모든 곳에 속하는 사람이었다.

데스인데스 호텔에 도착하자 현관 안내인은 무사히 살아 돌아온 나를 보고 얼굴이 환해졌다. 나는 참을 수가 없었다. 나는 그에게 내가 스피노자를 찾고 있으며 방금 그의 집에 다녀오는 길이라고 말했다. 이 강건한 모습의 네덜란드 인은 화들짝 놀랐다. 그는 어리둥절해 하며 머뭇거리더니 잠시 후 말했다.

"저, 그러니까…… 철학자인 스피노자 말입니까?"

오, 그래. 그는 스피노자를 알고 있다! 뭐니뭐니해도 네덜란드는 지구상에서 가장 교육 수준이 높은 곳 중 하나이다. 그러나 그는 스피노자가 이곳 헤이그에서 인생의 마지막 시기를 보냈고, 이곳에서 가장 중요한 작품을 남겼으며, 또한 이곳에서 죽고 이곳에 묻혔다는 ─진짜로 묻힌 것은 아니지만─ 사실은 전혀 알지 못했다. 그리고 호텔에서 고작 12블록 떨어진 곳에 그를 기념하는 집과 조상(彫像)과 무덤이 있다는 사실도 전혀 모르고 있었다. 아닌 게 아니라 그 사실을 아는 사람들은 그리 많지 않다. "요즘은 스피노자에 대해서 이야기하는 사람이 별로 없는걸요."라고 그 친절한 현관 안내인은 말했다.

파빌운스흐라흐트에서

이틀 후 나는 다시 파빌운스흐라흐트 72번지에 갔다. 이번에는 나를 초청해 준 고마운 분의 도움으로 집 안에 들어가 볼 수 있었다. 이날은 날씨가 더욱 나빴다. 허리케인 같은 것이 북해에서 불어오고 있었다.

판 데르 스페이크의 작업실은 바깥보다 약간 더 따뜻할까 말까 했고 확실히 바깥보다 더 어두웠다. 회색과 초록색의 감상은 아직도 내 마음속에 남아 있다. 그것은 기억 속에 집어넣기도 쉽고 기억 속에서 다시 불러 내기도 쉬운 작은 공간이었다. 머릿속에서 그 방의 가구를 하나하나 재배치하고 불을 켜고 난로를 지폈다. 이 비좁은 무대에서 스피노자와 판 데르 스페이크가 움직이는 모습을 상상하기에 충분할 만큼 나는 오랫동안 그곳에 앉아 있었다. 그리고 이 방을 어떻게 장식해도 스피노자에게 걸맞은 편안한 살롱으로 탈바꿈시킬 방법이 없겠다고 결론 내렸다. 이 방이 보여 준 것은 절제의 교훈이었다. 이 작은 공간에서 스피노자는 라이프니츠와 하위헌스를 비롯한 수많은 방문객들을 맞아들였다. 이 작은 공간에서 스피노자는 식사를 하고 ─너무 일에 몰두해서 먹는 것을 잊어버린 때를 제외하고─ 판 데르 스페이크의 아내와 시끌벅적한 그들의 자녀들과 대화를 나누었다. 또한 이 작은 공간에서 그는 더빗의 암살 소식을 듣고 완전히 무너져 내렸다.

스피노자는 어떻게 이 감금 상태를 견뎌 냈을까? 의심할 여지 없이 그의 마음은 무한히 뻗어 나가 자유로운 세상에서 내달렸을 것이다. 그 세상은 바로 같은 때 스피노자보다 고작 여섯 살 적지만 스피노자보다 30년을 더 살 운명을 타고난 루이 14세가 수행원들을 이끌고 거닐었던 베르사유 궁전과 그 정원보다도 더욱 정교하고 아름다운 세상이었을 것이다.

한 사람의 두뇌는 하늘보다도 넓어서 한 사람의 훌륭한 지능을 담고 거기에 보태 온 세상을 담을 수 있다는 에밀리 디킨슨의 말이 맞다. 심지어 나의 마음조차도 지금 다른 곳에 있다. 어디냐고? 정확히 이 책 안에 있다.

2장 · 욕구와 정서

셰익스피어를 믿어라

세상만사 무엇이든 셰익스피어의 작품 속에 이미 다 들어 있다는 이야기는 언제든지 믿어도 좋다. 『리처드 2세(*Richard II*)』의 끝 부분에 이르러 왕좌에서 쫓겨나 곧 감옥에 갈 운명에 처한 리처드는 자신도 모르게 볼링브로크(리처드 2세의 신하로, 왕의 명령으로 추방당했으나 다시 영국으로 돌아와 잇따른 과오와 실정으로 기반을 잃은 리처드 2세를 폐위하고 왕위에 오른 인물—옮긴이)에게 정서와 느낌이라는 두 개념의 차이점을 이야기한다.[1] 그는 거울을 가져오라고 한 후 거울 속 자신의 얼굴을, 황폐해지고 처참해진 얼굴을 들여다보았다. 그러더니 이렇게 말했다. 얼굴에 나타난 '외면적 비탄'은 '단지 보이지 않는 슬픔의 그림자' 일 뿐이다. 이 슬픔은 '고통스러운 영혼 속에서 조용히 부풀어 오른다.' 또한 이 슬픔은 '모두 내면에 존재한다.' 이 몇 줄의 시구를 통해서 셰익스피어는 겉보기에는 통합되어 하나인 것처럼 보이는 감정이라는 절차, 우리가 무심코 별 생각 없이 정서 또는 느낌이라고 부르는 것들이 실제로는 각각으로 분해될 수 있다고 선언한 것이다.

느낌의 정체를 밝히는 데 쓰일 나의 전략은 이러한 구별에 기댄다. 정서라는 말의 일반적인 의미가 느낌의 개념까지도 아우르는 경향이 있다는 것은 사실이다. 그러나 정서에서 시작되어 느낌에서 끝나는 복잡한 사슬을 이해하고자 하는 시도에서 우리는 그 절차에 대한 원칙에 입각한 구분, 즉 공개적으로 드러나는 부분과 사적으로 남아 있는 부분의 구분으로부터 도움을 얻을 수 있을 것이다. 이 책의 목적에 비추어 나는 전자를 정서, 그리고 후자를 느낌이라고 부를 것이다. 이것은 내가 앞서 제시한 두 개념의 의미와 일치한다. 독자들 역시 이와 같은 단어와 개념 선택에 따라 줄 것을 부탁한다. 그렇게 함으로써 우리는 그 근간에 놓여 있는 생물학적 측면의 일부를 파헤칠 수 있을 것이다. 3장의 끝 부분에서 나는 느낌과 정서를 다시 제자리로 돌려놓을 것을 약속한다.[2]

그렇다면 이 책의 맥락에서 정서는 행위(act) 또는 움직임이다. 정서 중 상당수는 공개적이어서, 얼굴 표정, 목소리, 특정 행동에 드러나는 정서를 다른 사람들이 볼 수 있다. 좀 더 확실하게 해 두자면, 정서 중 일부는 맨눈으로는 볼 수 없지만, 현재의 과학적 탐지 수단, 예컨대 호르몬 분석이나 전기생리학적 파동 패턴을 관찰함으로써 포착할 수 있다. 한편 느낌은 모든 심상이 그렇듯 언제나 안에 숨어 있어 그 소유자를 제외한 어떤 사람도 볼 수가 없다. 다시 말해 느낌은 생물의 뇌 속에서 일어나는 가장 사적인 현상이다.

정서는 몸이라는 무대 위에서 연기한다. 한편 느낌의 무대는 마음이다.³ 곧 보게 되겠지만 정서 및 정서의 근간이 되는 관련 반응들은 생명 활동을 조절하는 기본 메커니즘이다. 느낌 역시 생명 조절에 이바지하지만 좀 더 높은 수준에서 작용한다. 생명의 역사에서 정서 및 관련 반응은 느낌보다 먼저 나타났던 것 같다. 정서 및 정서와 관련된 현상은 느낌을 이루는 기초이자, 우리 마음의 토대를 형성하는 심적 사건이면서 우리가 밝혀내고자 하는 대상이다.

정서와 느낌은 연속적인 절차 속에서 서로 너무나 밀접하게 관련되어 있기 때문에 우리는 그 둘을 하나로 생각하는 경향이 있다. 그러나 정상적인 상황에서 우리는 그 연속적인 절차로부터 다른 조각들을 찾아낼 수 있다. 또한 인지신경과학이라는 현미경을 통해 그 조각들을 분리해 낼 수 있다. 맨눈으로, 그리고 과학적 도구를 이용한 추적을 통해서 연구자는 정서를 구성하는 행동을 객관적으로 조사할 수 있다. 실제로 느낌이라는 절차의 전조는 연구가 가능하다. 정서와 느낌을 서로 다른 연구 대상으로 변모시키는 것은 과연 우리가 어떻게 느끼는지를 알아내는 데 도움을 준다.

이 장의 목표는 정서를 촉발하고 수행하는 뇌와 신체의 메커니즘을 설명하는 것이다. 그리고 정서를 일으키는 상황이 아니라 내면의 '정서의 기구(machinery of emotion)'에 초점을 맞추고자 한다. 정서를 규명함으로써 어떻게 느낌이 생겨나는지 이해할 수 있게 되리라고 나는 기대한다.

느낌에 선행하는 정서

정서가 느낌에 선행한다는 사실을 논의하면서 나는 여러분에게 셰익스피어가 리처드의 대사에서 애매하게 남겨 놓은 부분에 주목할 것을 촉구한다. 애매한 부분이란 '그림자'라는 말과 정서와 느낌이 서로 다른 것이며 느낌이 정서에 선행한다는 말이다. 겉으로 드러나는 비탄은 보이지 않는 슬픔의 그림자라고 리처드는 말했다. 다시 말해서 주된 대상(principal object)——슬픔의 느낌——의 거울상이라는 것이다. 마치 연극의 주역인 리처드의 얼굴을 비추는 거울 속의 영상처럼 말이다. 이러한 애매한 생각은 사람들의 자연스러운 직관 속에서 잘 울려 퍼진다. 우리는 내면에 숨겨진 것이 밖으로 표현되는 것의 원천이라고 생각하는 경향을 가지고 있다. 게다가 마음이 관여하는 경우에 느낌이야말로 정말로 중요하게 여겨지는 것이다. "중요한 것은 그것이다."라고 리처드는 자신의 보이지 않는 슬픔에 대해서 이야기하고 우리는 이에 동의한다. 우리는 실제로 느낌을 통해서 고통스러워 하거나 기뻐한다. 좁은 범위로 볼 때 정서는 외형일 뿐이다. 그러나 '주된'이라는 것이 '먼저'인 것도 아니고 '원인인' 것도 아니다. 느낌이 주된 것이라는 사실은 느낌이 어떻게 일어나는지를 더욱 불분명하게 만들고, 어떤 방식으로든 느낌이 먼저 일어나고 그 뒤를 이어 정서가 표현된다는 시각을 유리하게 만들었다. 그러한 시각은 잘못된 것이며 비난받아 마땅하다. 그러한 생각은 느낌에 대한 그럴듯한 신경생물학적 설명의 등장을 지연시킨 책임을 적어도 부분적으로 지고 있기 때문이다.

대체로 느낌은 밖으로 나타나는 정서의 그림자와 같다는 사실이 드러났다. 셰익스피어에게는 송구스러운 노릇이지만 리처드는 사실 이렇게 말했어야 옳다.

"아, 어쩌면 이 외면적 비탄이 나의 고통스러운 영혼의 침묵 속에 보이지 않는, 그리고 참을 수 없는 그림자를 던진단 말인가?"(제임스

조이스가 『율리시스(*Ulysses*)』에서 "셰익스피어는 모든 균형을 잃어버린 마음들이 행복하게 뛰어 노는 사냥터이다."라고 한 말이 떠오른다.)[4]

그렇다면 이쯤에서 왜 정서가 느낌보다 앞서는지 질문해 보는 것이 타당할 듯싶다. 그 대답은 간단하다. 우리에게 정서가 먼저 유발되고 느낌이 뒤따르는 이유는 진화 과정에서 정서가 먼저 생겨났고 그 다음 느낌이 생겨났기 때문이다. 정서는 생명체의 생존을 촉진하고 그럼으로써 진화 과정에서 우세할 수 있도록 만들어 주는 간단한 반응에서 비롯되었다.

간단히 말해서 조물주는 자신이 보존하기를 원하는 생명체를 먼저 영리하게 만들었던 것 같다. 생명체가 창조적·지적 능력 비슷한 것을 갖추기 훨씬 전에, 사실은 뇌가 생겨나기도 훨씬 이전에 자연은 생명체를 매우 정확하면서 동시에 매우 불확실하도록 설계한 것처럼 보인다.

어떤 설계도가 있어서 자연이 그 도면대로 작동하는 것이 아니고 화가나 엔지니어의 의사 결정 과정과 같이 결정되는 것도 아니라는 사실을 우리는 알고 있다. 그렇지만 이러한 이미지는 나름대로 시사하는 바가 있다. 단순한 아메바에서 사람에 이르기까지 살아 있는 모든 생명체는 **자동으로** 자신의 문제를 해결할 수 있도록 설계된 도구를 가지고 태어난다. 이에 대한 적절한 추론 따위는 필요하지 않다. 해결할 문제란 무엇인가? 에너지의 원천을 찾고, 에너지를 자신의 신체에 편입시키고 전환하며, 생명 활동이 가능하도록 내부의 화학적 균형을 유지시키고, 닳고 낡아 버린 신체 부분을 수리함으로써 생명체의 구조를 유지·보수하고, 병이나 물리적 상해를 일으킬 외부의 요인으로부터 신체를 방어하는 것이다. 이와 같은 생명체의 조절과 조절받은 삶의 상태를 한마디로 표현한 말이 바로 항상성(homeostasis)이다.[5]

 진화 과정에서 선천적이고 자동적인 생명 관리 장치인 항상성 기구는 점점 더 정교해졌다. 항상성 체계의 가장 낮은 단계에서 우리는 개체 전체가 어떤 대상에 접근하거나 그것을 회피하거나, 또는 활동이 증대되거나 감소하거나 아예 사라지는 것과 같은 단순한 반응을 찾아볼 수 있다. 한편 항상성 체계의 위로 올라가면서는 경쟁적 반응이나 협동적 반응 등을 발견할 것이다.[6] 우리는 항상성 기구를 여러 개의 가지를 가진 거대한 나무라고 상상해 볼 수 있다. 각 가지들은 자동으로 생명을 조절하는 임무를 띠고 있다. 다세포 동물의 경우 그 나무가 어떤 모습일지, 맨 아래의 중심에서 가장 가까운 가지부터 살펴보도록 하자.

 가장 아래에 있는 가지들은 다음과 같다.
 • 대사 작용: 체내 화학적 균형을 유지하기 위한 화학적 · 기계적 요소들이 여기에 포함된다(예를 들어, 호르몬 분비; 소화와 관련된 근육 수축 등). 이와 같은 반응은 심박과 혈압(체내의 혈류를 적절히 분배하는 데 필수적인 요소), 체내 환경(혈액 및 세포 사이에 흐르는 액체)의 산-염기도 조절, 생물이 움직이고 화학적 효소를 만들고 신체 구조를 보수하고 새롭게 하는 데 필요한 에너지원인 단백질, 지질, 탄수화물의 저장과 이용 등을 통제한다.
 • 기본 반사: 생명체가 소음이나 감촉에 대한 반응으로 나타내는 놀람 반사(startle reflex, 감촉이나 예기치 않은 움직임에 대한 반응으로 갑자기 무의식적으로 일어나는 움직임 또는 위험한 상황에서 신체나 신체의 일부를 물러나게 하는 자동적인 보호 동작을 말한다.—옮긴이), 또는 생명체를 고열이나 추위를 피해 달아나게 하고 빛으로 향하게 하는 굴성(tropism, 식물체의 일부가 자극원에

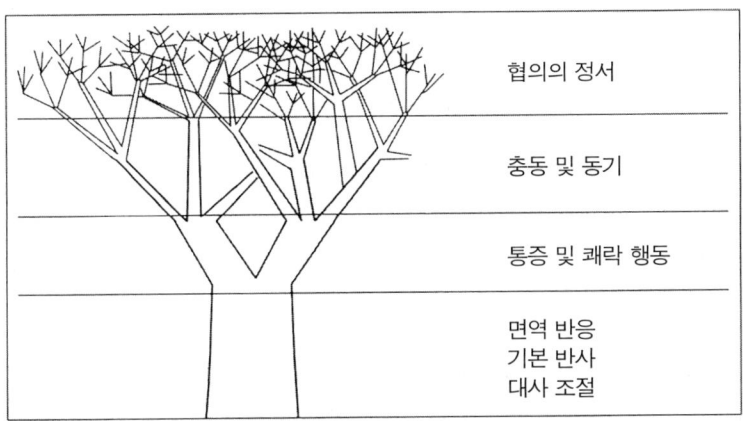

그림 2.1 단순한 단계부터 복잡한 단계까지의 자동적 항상성 조절

대하여 일정한 방향으로 굽는 성질—옮긴이)과 주성(taxis, 외부의 자극을 받을 때 자동으로 이루어지는 무의식적이고 방향성이 있는 생물의 행동. 특히 동물이 자극원을 향하거나 피해서 움직이는 운동—옮긴이) 등의 현상이 여기에 포함된다.

• 면역계: 면역계는 외부에서 침투하는 바이러스, 세균, 기생충, 독성 화학 물질 들을 막기 위해 만들어졌다. 그런데 신기하게도 면역계는 우리 신체의 건강한 세포 안에 있는 정상 분자까지도 공격할 수 있다. 죽어 가는 세포에서 그와 같은 물질(예를 들어 히알루론(hyaluron)이나 글루타메이트(glutamate)의 분해 산물)이 체액으로 흘러나오면 생명체는 위험해질 수 있다. 간단히 말해서 면역계는 생명체가 외부나 내부의 공격을 받을 때 그에 대항하는 최전방이라고 할 수 있다.

중간 단계의 가지들은 다음과 같다.

• 일반적으로 쾌락(또는 보상)이나 통증(또는 처벌)이라는 개념과 관련되어 있는 행동: 생명체 전체가 특정 사물이나 상황에 접근하거나

그것을 회피하는 반응이 여기에 포함된다. 느낄 수 있고 느낌을 표현할 수 있는 사람의 경우, 그러한 반응은 고통스럽다거나 즐겁다거나, 보상적이라거나 처벌적이라고 말할 수 있다. 예를 들어서 신체 조직에 기능 이상이 있거나 곧 손상을 입게 될 상황이 벌어지면—예를 들어 국부 화상을 입거나 병원균에 감염되는 경우—해당 부위의 세포들은 통각 수용성(nociceptive, '통증을 나타내다' 라는 의미) 화학 신호를 방출한다. 그에 응하여 생물은 자동으로 통증 행동(pain behavior) 또는 아픔 행동(sickness behavior)을 보인다. 분명하게 식별할 수도 있고 알아채기 어려울 수도 있는 여러 신체 반응이 하나의 꾸러미로 묶여 나타난다. 이것은 자연이 자동으로 손상에 대응하는 방식이다. 문제의 원인이 외부에 있고 식별 가능할 때, 신체 전체나 신체의 일부를 원인이 되는 대상으로부터 뒤로 물러나게 하는 것도 그와 같은 활동 중 하나이다. 또는 이상이 발생한 신체 부위를 보호하는 활동(다친 손을 다른 손으로 잡거나 팔로 가슴이나 배를 끌어안는 행동)도 여기에 포함된다. 놀라움과 통증을 나타내는 얼굴 표정도 역시 그러한 활동의 일부이다. 한편 맨눈으로는 볼 수 없는 면역계가 수행하는 일련의 반응도 있다. 이러한 면역계 반응으로는 특정 종류의 백혈구들을 증가시켜 위험에 처한 신체 부위로 그 세포들을 급파하고 시토카인(cytokine, 면역 세포들이 면역 반응을 일으키도록 신호를 보내는 데 사용하는 단백질—옮긴이)과 같은 화학 물질을 생산해서 생명체가 처한 문제에 맞서는 것(침입한 미생물을 물리치고 손상된 조직을 복구하는 것)을 돕는 활동이 있다. 이러한 활동의 전체적인 효과와 생성에 관련된 화학 신호는 우리가 **통증**이라고 부르는 경험의 기반이 된다.

뇌는 신체 기능이 좋은 상태에서도 신체에 문제가 일어났을 때 반응하는 것과 동일한 방식으로 반응한다. 우리 신체가 아무런 장애 없이 손쉽게 에너지를 변환해서 사용하고 원활하게 작동하는 경우에는 특유의 행동이 나타난다. 다른 사람에게 접근하려는 행동이 촉진되고, 신체가 이완되며, 신체 골격이 당당하게 펴지고, 자신감과 행복함이 얼굴 표정에 드러나게 된다. 또한 통증이나 질병에 대한 반응으로 분비되는 화학 물질과 마찬가지로 눈에 보이지 않는 특정 종류의 화학 물질—예를 들어 엔도르핀(endorphin)—이 생성된다. 이와 같은 활동의 전체적인 효과와 생성에 관련된 화학 신호는 우리가 쾌락이라고 부르는 경험의 기반이 된다.

통증 또는 쾌락은 많은 원인에 따라 생겨난다. 일부 신체 기능의 사소한 결함 여부, 대사 조절의 적절한 정도, 또는 생명체를 손상시키거나 보호하는 외부의 사건들이 그 원인이 될 수 있다. 그러나 통증 또는 쾌락을 경험하는 것이 **통증 또는 쾌락 행동의 원인이 될 수는 없**다. 또한 그와 같은 행동이 꼭 일어날 필요가 있는 것도 아니다. 다음에 보게 되겠지만 아주 단순한 생명체도 정서적 행동의 일부를 보일 수 있다. 그러나 그 생물이 이러한 행동을 느낄 가능성은 지극히 낮거나 전무하다.

한 단계 더 높은 수준에 있는 것은 다음과 같다.
• 다양한 충동 및 동기: 주요한 예로서 배고픔, 목마름, 호기심, 탐구, 놀이, 성행위 등이 있다. 스피노자는 이들을 한데 묶어 욕구(appetite)라는 적절한 용어로 나타냈다. 그리고 의식이 있는 개인이 그 욕구를 인식하고 있을 경우, 욕망(desire)이라는 또 다른 용어를 사용해서 세밀하게 구분했다. 욕구라는 말은 특정 충동에 사로잡힌 생명체의 행동 상태를 일컫는다. 욕망은 그와 같은 욕구를 가지고 있다는 의식적 느낌과 그 욕구의 궁극적 실현 또는 좌절을 말한다. 이와

같은 스피노자의 구분은 이 장의 시작 부분에서 논의한 정서와 느낌의 구분과 일맥상통한다. 분명 인간은 욕구와 욕망을 모두 가지고 있고, 이 두 가지는 정서와 느낌의 경우와 마찬가지로 매끄럽고 밀접하게 서로 연결되어 있다.

맨 위 단계에 가깝지만 최상위 단계는 아닌 요소들로는 다음과 같은 것들이 있다.
- 협의(狹義)의 정서(emotion-proper): 이것은 자동화된 생명 조절 현상의 주인공과도 같은 것이다. 기쁨과 슬픔과 공포에서 자랑스러움과 부끄러움과 공감에 이르기까지 좁은 의미의 정서를 말한다. 그렇다면 맨 위에는 무엇이 있느냐고 묻는다면, 그 답은 바로 '느낌'이다. 느낌에 대해서는 다음 장에서 다루게 될 것이다.

유전자는 우리가 태어나는 순간부터 이 모든 도구들이 활발하게 작동할 것을 보장한다. 이 과정에서 학습은 거의 또는 전혀 개입하지 않는다. 물론 연속된 생명 활동의 과정에서 각 도구들이 언제 작동하느냐를 결정하는 데 학습은 중요한 역할을 한다. 반응이 복잡하면 복잡할수록 이 사실은 더욱더 잘 들어맞는다. 울음과 흐느낌을 구성하는 일련의 반응들은 태어나자마자 작동하도록 준비되어 있고 실제로 즉시 작동한다. 그런데 살아가면서 우리가 우는 이유는 우리의 경험에 따라서 달라진다. 이 모든 반응은 자동적이고 일반적으로 정형화되어 있으며 특정 상황에 맞추어 나타난다.(학습은 이 정형화된 틀의 실행을 조절할 수 있다. 웃음이나 울음은 서로 다른 상황에서 각기 다르게 나타날 수 있다. 이것은 마치 소나타의 한 악절을 구성하는 악보가 서로 다른 방식으로 연주될 수 있는 것과 마찬가지이다.) 이 모든 반응은 직접적이든 간접적이든 생명 활동을 조절하고 생존을 촉진하는 것을 목표로 한다. 쾌락 및 통증 행동, 충동, 동기, 협의의 정서를 모두 아울러 때때로 광의의 정서라고 일컫기도 한다. 이 모든 요소들의 공통 형태와 공유하는 목적을 고려해 볼 때 합리적이고 타당한 정의이다.[7]

자연은 단순히 생존이라는 축복뿐만 아니라 그 이상의 뒷궁리를 하고 있는 듯하다. 타고난 생명 활동의 조절 기구는 삶과 죽음 사이의 이도저도 아닌 어중간한 상태를 지향하지 않는다. 어정쩡하게 살아 있는 상태 이상의 것, 즉 사고하는 풍요로운 생물인 우리 인간이 건강(wellness) 또는 안녕(well-being)이라고 부르는 것을 제공하는 것이 항상성의 목표이다.

항상성 절차의 총합은 매 순간마다 우리 신체의 모든 세포 안에서 우리의 생명을 통치한다. 이 통치는 간단한 과정을 통해서 일어난다. 첫째, 한 생물 개체의 환경 — 내부 환경이든 외부 환경이든 — 에서 무엇인가가 변화한다. 둘째, 이러한 변화는 생물의 삶의 경로를 바꾸어 놓을 수 있는 잠재력을 가지고 있다.(그것은 생물의 본래 상태를 깨뜨리려는 위협일 수도 있고, 생물의 향상 가능성일 수도 있다.) 셋째, 생물은 그 변화를 감지하고 그에 따라 자기 보존 및 효율적 기능에 가장 이로운 상황을 만들기 위해 활동한다. 모든 반응이 이러한 과정에 따라 일어나며, 그 결과 생명체가 처한 내부 및 외부의 환경을 **가늠**(appraise)하여 그에 따라 행동하도록 하는 수단이다. 그들은 문제점이나 기회를 감지하고, 활동을 통해 문제점을 제거하거나 기회를 향해 다가간다. 나중에 우리는 심지어 슬픔이나 사랑, 죄의식과 같은 '협의의 정서'에도 이와 같은 과정이 남아 있다는 사실을 보게 될 것이다. 비록 가늠하는 절차 및 반응의 복잡한 정도는 진화 과정에서 그와 같은 정서를 형성해 온 각각의 반응과 비교할 때 크게 증가하지만 말이다.

긍정적인 방향으로 조절된 생명의 상태에 도달하고자 하는 끊임없는 시도는 우리 존재의 심오하고도 결정적인 부분인 것이 분명하다. 실제로 이것은 각 존재가 자신을 보존하기 위하여 기울이는 가차없는 노력(코나투스, conatus)에 대해 묘사할 때 스피노자가 직관한 우리 존재의 첫 번째 현실이다. 분투(striving), 노력(endeavor), 그리고 경향(tendency)이라는 말은 스피노자가 『에티카』 3부의 명제 6, 7, 8에서 사용한 코나투스에 가장 근접한 단어들일 것이다. 스피노자 스스로의 설명에 따르면, "각각의 개체는 스스로의 힘으로 가능한 경우에 자신의 존재를 계속 유지하고자 노력한다." 또한 "각각의 개체가 자신의 존재를 유지하고자 노력하는 것은 다름 아닌 개체의 본질이다." 오늘날의 시각에서 해석해 볼 때 스피노자의 개념은, 살아 있는 생명체가 생존을 위협하는 수많은 기이한 것들에 맞서 자신의 구조와 기능의 일관성을 유지하도록 만들어졌음을 암시한다.

코나투스는 위험과 가능성 속에서 자기 자신을 보존해 나가고자 하는 원동력과 수많은 신체의 부분들을 하나로 유지시켜 주는 수많은 자기 보존 활동을 모두 포함한다. 생명체가 성장하고, 각 부분을 구성하는 물질이 새로워지고, 나이를 먹음에 따라서 생명체의 몸은 변형(transform)을 겪게 되지만, 코나투스는 그 생명체를 계속해서 동일한 개체로 유지시켜 주고 동일한 구조적 설계를 존중한다.

그렇다면 스피노자의 코나투스를 현대 생물학 용어로 어떻게 표현할 수 있을까? 코나투스는 생명체가 신체 내부의 조건이나 외부 환경의 조건에 직면했을 때 생존과 안녕을 추구하도록 만드는 생물의 뇌 회로에 자리 잡고 있는 경향의 총합이라고 할 수 있다. 다음 장에서 우리는 넓은 범위의 코나투스 활동이 어떻게 화학적으로, 신경적으로 뇌에 전달되는지 보게 될 것이다. 혈액으로 운반된 화학 분

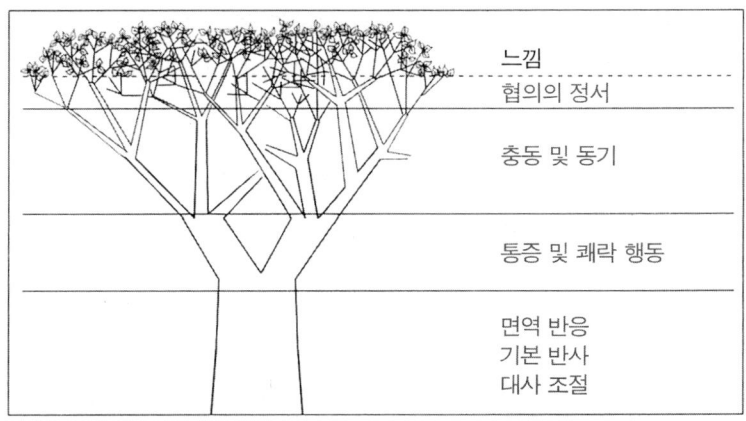

그림 2.2 느낌은 항상성 조절의 새로운 단계를 형성한다. 느낌은 항상성 조절의 모든 단계를 심적으로 표현한 것이다.

자, 신경 통로를 통해 전달되는 전기화학적 신호에 따라 그러한 작업이 수행된다. 수많은 생명 활동이 그와 같은 방법으로 뇌에 신호로 전달되고 그곳에서 뇌의 특정 부위에 존재하는, 신경세포의 회로로 만들어지는 수많은 지도에 표현된다. 이 시점에서 우리는 생명 조절 나무의 맨 꼭대기 가지에 도달하게 되었다. 바로 느낌이 만들어지기 시작하는 단계이다.

포개 넣기 원리

항상성을 보장하는 일련의 조절 반응에 대해 조사함에 따라 우리는 흥미로운 조직 체계를 발견할 수 있었다. 이 체계는 단순한 반응의 일부가 좀 더 복잡한 반응들에 편입되는 식으로 조직되어 있다. 다시 말해 단순한 것을 복잡한 것 속에 포개 넣는 식(nesting principle)

이다. 면역 기구와 대사 조절 기구의 일부는 통증 및 쾌락 행동 기구에 포함된다. 한편 통증 및 쾌락 행동 기구의 일부는 충동 및 동기 기구에 포함된다.(다시 말해서 충동 및 동기 기구의 대부분은 대사 조절을 중심축으로 하여 전개되며, 모든 충동 및 동기 기구는 통증 및 쾌락과 관계되어 있다.) 그리고 모든 이전 단계 ─ 반사, 면역 반응, 대사 조절, 통증 및 쾌락 행동, 충동 ─ 기구의 일부는 협의의 정서 기구에 편입되어 있다. 뒤에서 보게 되겠지만 협의의 정서 각 층 역시 이와 동일한 원리로 조립되어 있다. 이 체계는 러시아 인형을 포개 넣는 것과 똑같지는 않다. 큰 부분이 그것이 감싸고 있는 작은 부분을 단순히 확대한 것과는 다르기 때문이다. 자연은 그런 식으로 딱 맞아떨어지지는 않는다. 그러나 '포개 넣기' 원리는 유효하다. 우리가 논의한 각각의 서로 다른 조절 반응들은 특정 목적을 위해 맨 처음부터 다시 만들어진, 완전히 서로 다른 절차가 아니다. 오히려 각 반응은 좀 더 단순한 하부 절차의 부분들과 조각들을 땜질하여 만들어졌다고 말할 수 있다. 이 모든 반응들은 동일한 전체 목표 ─ 생존과 안녕 ─ 를 추구하고 있으나 새로 땜질해 만들어진 반응은 부차적으로 생존과 안녕에 필수적인 새로운 문제에 초점을 맞추고 있다. 각각의 새로운 문제의 해결은 전체 목표를 달성하는 데 꼭 필요하다.

이 모든 반응들의 전체적인 이미지는 단순한 일직선 체계로 나타낼 수 없다. 수많은 층을 가진 높은 빌딩이라는 은유만이 어느 정도 생물학적 진실을 포착할 수 있을 것이다. 존재의 거대한 사슬(the Great Chain of being)이라는 이미지 역시 적절하지 않다. 그보다는 점점 자라나는, 키 큰 줄기에서 수많은 가지들이 뻗어 나오고 또다시 가지들이 뻗어 나와 뿌리와 쌍방향 의사소통을 유지하는 커다란 나무의 이미지가 더욱 적합할 것이다. 진화의 역사는 모두 그 나무 위에 씌어졌다.

정서와 관련된 반응에 덧붙임:
단순한 항상성 조절에서 협의의 정서에 이르기까지

우리가 논의해 온 조절 반응 중 일부는 주위 환경의 사물이나 상황——잠재적으로 위험한 상황 또는 먹이 확보나 짝짓기의 가능성——에 대한 반응이다. 그러나 어떤 반응은 생명체 체내의 사물 또는 상황에 대한 반응이다. 예를 들어 에너지를 생산하는 데 필요한 영양소가 부족해지면 배고픔이라는 욕구 행동을 일으켜 음식을 찾게 한다. 짝을 찾는 행동을 촉발하는 호르몬 변화도 여기에 포함된다. 반응의 범위는 공포나 분노처럼 뚜렷이 눈에 보이는 정서를 포함할 뿐만 아니라 충동, 동기, 통증 및 쾌락과 관련된 행동 역시 포함한다. 이들은 모두 생명체 안에서 일어난다. 바깥세상과 분명히 경계 지어진 생명체의 몸, 생명 활동이 진행되는 무대에서 말이다. 이 모든 반응들은 직·간접적으로 분명한 목적을 드러낸다. 그 목적은 생명체의 체내 경제 활동이 원활하게 이루어지게 하는 것이다. 특정 화학물질의 양은 특정 범위를 벗어나지 않도록 유지되어야 한다. 체온 역시 좁은 범위 내에서 유지되어야 한다. 또한 생명체는 에너지원을 마련해야 한다. 호기심과 탐험의 전략이 에너지원을 찾아내는 데 사용될 것이다. 그리고 일단 에너지원을 찾아내면 그것을 신체 내로 통합시켜야 한다. 말 그대로 몸 안으로 가져다 놓아야 한다는 것이다. 그리고 즉각 소비하거나 저장하기 위해서 그 형태를 변환시켜야 한다. 그 다음 이 변환 과정에서 생겨난 찌꺼기를 제거해야 한다. 한편으로 닳고 못 쓰게 된 조직을 유지·보수하여 생명체의 몸을 원래대로 유지시켜 주어야 한다.

심지어 협의의 정서——혐오, 공포, 행복, 슬픔, 공감, 부끄러움

——역시 생명체가 위험을 물리치고 주어진 기회를 이용하는 것을 도움으로써 생명 조절에 직접적으로 관여하거나 사회적 관계를 촉진함으로써 간접적으로 관여한다. 그렇다고 해서 정서가 일어나는 순간마다 생존과 안녕을 촉진한다는 말은 아니다. 생존과 안녕을 촉진하는 데에서 각각의 정서는 서로 다른 잠재력을 가지고 있으며, 정서가 일어나게 된 배경과 그 정서의 강도 역시 정서가 특정 상황에서 가질 잠재력에 큰 영향을 준다. 그러나 현재의 인간 조건에서 일부 정서가 적응성이 없다고 해서 이로운 생명 조절에 이바지한 그들의 진화적 역할을 부정할 수는 없다. 현대 사회에서 분노는 대부분 역효과를 낸다. 슬픔도 마찬가지이다. 혐오증은 주요 장애로 간주된다. 그러나 적절한 상황에서 공포나 분노가 얼마나 많은 생명을 구해 왔는지를 생각해 보라. 이와 같은 반응이 진화 과정에서 우세할 수 있었던 것은 그 반응들이 저절로 생존을 지원했기 때문일 것이다. 그리고 그것은 지금도 유효하다. 그렇기 때문에 그와 같은 정서가 인간이나 동물의 일상에서 일부로 남아 있게 된 것이다.

실용적인 측면에서 정서의 생물학을 이해하고, 각각의 정서들이 가지고 있는 가치가 오늘날 인간을 둘러싼 환경에 따라 크게 달라진다는 점을 이해하는 것은 인간의 행동을 이해하는 데 커다란 이점을 제공한다. 예를 들어서 우리는 일부 정서가 우리에게 매우 형편없는 조언자라는 점을 깨닫고 그러한 정서를 억누르거나 그 정서가 가져올 결과를 감소시키는 방법에 대해서 생각해 볼 수 있을 것이다. 예를 들어서 인종적·문화적 편견을 이끌어 내는 반응은 부분적으로는 진화적 맥락에서 설명될 수 있다. 즉 다른 이들에게서 나와 다른 점을 감지하도록 되어 있는 사회적 느낌이 저절로 전개되기 때문에 그와 같은 현상이 나타나는 것이다. 이 다른 점은 위험이나 위협의 신호일 수 있고, 그 결과 우리로부터 회피나 공격을 이끌어 낸다. 이와 같은 반응은 원시 부족 사회에서는 나름대로의 목표를 달성하기에는 유용했을지 모르지만 오늘날에는 적절치 못할뿐더러 더 이상 유용하지도 않게 되었다. 우리의 뇌는 오랜 옛날에 지금과 매우 다른 배경에서 만들어졌던 기구들을 지금도 여전히 지니고 있다. 또한 우리는 그와 같은 반응을 무시하는 법을 배울 수 있고 다른 이들에게도 역시 무시하도록 권할 수 있다.

단순한 생물의 정서

단순한 생물이 정서적 반응을 보인다는 증거는 무엇일까? 단세포 생물인 짚신벌레를 상상해 보자. 생물 전체가 몸이고, 뇌도 없고 마음도 없는 이 동물은 물속의 어떤 위험—뽀족한 바늘이나 너무 높은 진동, 너무 높거나 낮은 온도 등—을 피해서 빠르게 헤엄친다. 또는 영양 성분의 화학적 농도 차에 따라서 영양을 섭취할 수 있는 곳을 찾아 빠르게 헤엄쳐 간다. 이 단순한 생물은 특정 위험 신호—급격한 온도 변화, 지나친 진동, 세포막을 터뜨릴 수 있는 뽀족한 물체와의 접촉—를 감지하고 더욱 안전하고 조용하고 기후가 온화한 곳으로 움직이는 반응을 보이도록 설계되어 있다. 그와 마찬가지로 에너지 공급 및 화학 균형을 위해 필요한 화학 분자의 존재를 감지하면 마치 푸른 초원을 찾아 이동하는 사슴들처럼 그곳으로 이동한다. 내가 지금 묘사한, 뇌가 없는 이 생물에게서 일어나는 사건은 이미 우리 인간이 가지고 있는 정서라는 절차의 정수를 담고 있다. 그 정수란 바로 우리에게 회피나 도피 또는 확신과 접근을 권고하는 사건이나 사물을 감지하는 것이다. 이와 같은 방식으로 반응하는 능력은 학습을 통해 얻어지지 않는다. 짚신벌레의 학교에서는 별로 배우는 것이 없을 테니까. 이런 반응은 겉보기에는 간단하지만 실제로는 상당히 복잡하며, 뇌가 없는 짚신벌레의 체내에 존재하는 관련 기구에서 유전자를 통해 일어나는 것이다. 이것은 자연이 이미 오래전부터 생명체가 누구에게 물어보거나 생각하지 않고도 자신의 생명을 자동으로 조절하고 유지할 수 있도록 하는 수단을 부여해 왔음을 보여 준다.

당연한 이야기겠지만, 설사 보잘것없는 뇌라고 하더라도 뇌가 있다면 생존에 도움이 된다. 짚신벌레보다 좀 더 위험한 환경에 놓여 있는 생명체일 경우에 특히 그러하다. 작은 파리를 생각해 보자. 파리는 신경계는 있지만 척추는 없는 동물이다. 여러분은 파리를 몹시 화나게 만들 수 있다. 파리채를 계속 휘두르면서 파리를 잡으려고 하는데 잡지 못하는 경우를 생각해 보자. 파리는 여러분 주위를 윙윙거리며 맴돌고 죽기 살기로 초음속 급강하를 선보이며 파리채의 마지막 일격을 피하고자 할 것이다. 한편 여러분은 파리를 행복하게 만들 수도 있다. 파리에게 설탕을 먹여 보라. 맛좋은 음식을 먹은 것에 대한 반응으로 파리의 동작이 느려지고 몸을 둥그렇게 움츠리는 것을 볼 수 있을 것이다. 만일 파리를 아찔할 정도로 행복하게 만들고 싶다면 술을 주어 보라. 없는 이야기를 만들어 내고 있는 것이 아니다. 팀 툴리(Tim Tully)와 얼라이크 허벌라인(Ulrike Heberlein)이 노랑초파리(*Drosophila melanogaster*)를 대상으로 이와 같은 실험을 실시한 적이 있다.[8] 파리들을 에탄올 증기에 노출시키자 우리가 술을 마셨을 때와 마찬가지로 파리는 몸의 중심을 잡지 못했다. 그리고 기분 좋게 취한 상태로 비틀거리며 기어가다가 마치 술주정뱅이가 가로등 기둥에 부딪혀 넘어지듯 시험관에 부딪혀 넘어져 버렸다. 파리들은 정서를 가지고 있다. 비록 파리가 그와 같은 정서에 대하여 숙고하는 것은 고사하고 그 정서를 느낀다고 주장하지는 않겠지만 말이다. 그리고 파리처럼 작은 생물의 생명 조절 현상이 그토록 복잡하다는 데 회의적인 사람이 있다면 랠프 그린스펀(Ralph Greenspan)과 그의 동료들이 설명한 파리의 수면 메커니즘을 확인해 보라고 권하고 싶다.[9] 작은 파리 역시 사람의 낮밤 주기에 해당하는 주기를 보이는 것으로 나타났다. 활발하게 활동하는 시기와 재충전을 위한 수면기가 교대로 나타나고, 심지어 사람들이 시차에 적응하지 못할 때 느끼는 것과 같은 수면 박탈 반응을 보이기도 했다. 파리 역시 우리 인간처럼 잠이 필요한 것이다.

아니면 연체동물의 일종인 아플리시아 칼리포르니카(*Aplysia californica*)의 경우를 생각해 보자. 아플리시아 칼리포르니카의 몸을 살짝 건드리면 이 동물은 움츠러들면서 쏙 들어가 버린다. 이때 아플리시아 칼리포르니카의 혈압이 올라가고 심박이 빨라진다. 이 반응은 사람으로 치자면 공포라는 반응의 중요한 요소로 인식될 것이다. 아플리시아 칼리포르니카에게 정서가 있을까? 그렇다. 그렇다면 느낌은? 아마도 없을 것이다.[10]

이들 가운데 신중하게 생각해서 이런 반응을 만들어 내는 개체는 하나도 없다. 또한 그러한 반응이 일어나는 각각 사례에 대한 예민한 직감으로 반응을 하나하나 **구성해** 내는 것도 아니다. 생물은 반사적·자동적으로 정형화된 방식으로 반응한다. 마치 옷 고르는 데 별 취미가 없는 사람이 무심히 마네킹에게 입혀 놓은 위아래 한 벌의 옷을 고르듯이, 생물은 즉각 사용할 수 있는 한 벌의 반응을 골라잡아 이용하고 지나쳐 버린다. 이와 같은 반응을 반사라고 부르는 것은 적절치 못하다. 왜냐하면 고전적인 의미에서의 반사는 단순한 반응인데, 위에서 나타나는 반응들은 일련의 반사들을 모아 놓은 복잡한 꾸러미(package)이기 때문이다. 여러 개의 요소로 이루어졌다는 점과 그 요소들 간의 조정이 이루어진다는 점이 정서와 관련된 반응을 반사 반응과 구분시켜 준다. 이것들을 반사 반응의 집합체라고 부르는 것이 적절할 것이다. 이들 가운데 일부는 매우 정교하게 이루어지고 또한 이들 모두 매우 잘 조정되고 있다. 그럼으로써 생물은 특정 문제를 효과적으로 해결할 수 있다.

협의의 정서

지금까지 정서는 오래된 전통에 따라서 다양한 범주로 분류되어 왔다. 비록 그 분류와 각 범주에 붙은 꼬리표가 명백히 부적절하다고 해도 지금 이 시점에서 우리가 가진 지식 수준으로는 그보다 나은 대안이 없는 형편이다. 우리의 지식이 쌓여 감에 따라서 꼬리표와 분류체계가 변화하게 될 가능성이 높다. 그동안 우리는 그저 각 범주 간의 경계가 구멍투성이라는 사실만 기억하도록 하자. 한동안 나는 협의의 정서를 배경 정서(background emotion), 일차적 정서(primary emotion), 사회적 정서(social emotion)의 세 층으로 분류하는 것이 편리하다는 사실을 발견했다.

용어 자체가 암시하는 바와 같이 배경 정서는 개인의 행동에서 특별히 두드러지게 나타나지 않는다. 하지만 이것은 몹시 중요하다. 당신은 그동안 이 배경 정서에 별로 주의를 기울이지 않았을 수도 있다. 그러나 만일 당신이 처음 만난 사람에게서 열정이나 활력 같은 것을 정확하게 감지해 낸다거나, 당신의 친구나 동료들의 불쾌나 흥분 상태 또는 날카롭거나 고요한 상태를 제대로 진단해 내곤 한다면, 당신은 배경 정서를 읽는 훌륭한 능력을 가지고 있는 것이다. 정말로 뛰어난 능력을 가지고 있는 사람은 상대방이 한마디도 꺼내기 전에 그의 배경 정서를 진단해 낼 수도 있다. 상대방의 팔다리의 움직임이나 그 밖의 몸짓 등을 관찰한 후 평가하는 것이다. 몸짓이 얼마나 강렬한가? 얼마나 정확한가? 얼마나 큰가? 얼마나 빈번한가? 그리고 얼굴 표정은 어떠한가? 그리고 상대방이 말을 꺼내면 단순히 단어들의 사전적 의미를 파악하는 것이 아니라 그 목소리의 음조와 운율에 귀를 기울인다.

배경 정서는 기분(mood)과는 조금 다르다. 기분은 좀 더 긴 시간 동안, 적어도 몇 시간에서 며칠 단위로 정서를 떠받치는 것이다. "피터가 기분이 좋지 않다."라고 말할 때의 그 기분 말이다. 기분은 또한 같은 정서가 반복해서 나타날 때 그것을 일컫기도 한다. 예를 들어 착실한 소녀인 제인이 "뚜렷한 이유 없이 자제심을 잃어버렸다."라고 말할 때에도 적용된다.

내가 이 개념을 생각해 냈을 때,[11] 나는 배경 정서가 이전에 논의한 포개 넣기 원리에 따라서 좀 더 단순한 조절 반응(예를 들어 기본적 항상성 절차, 통증 및 쾌락 행동, 욕구 등)의 특정 조합이 전개된 결과라고 생각하기 시작했다. 배경 정서는 우리 삶의 매 순간 그와 같은 조절 활동이 펼쳐지고 교차되면서 나타나는 복합적인 표현이다. 배경 정서는, 동시에 일어나는 몇 가지 조절 과정들이 생명체라는 거대한 운동장에서 만나 벌이는 경기의 예측할 수 없는 결과라고 나는 상상한다. 여기에는 체내에서 어떤 요구가 발생하거나 충족됨에 따라, 또는 다른 정서나 욕구 또는 지적 계산을 통해 평가되고 다루어지는 외부의 상황에 따라 수정되는 대사 조절 작용도 포함된다. 이처럼 여러 조절 활동이 한데 뒤섞여 들끓어 나온, 영원히 변화하는 결과가 바로 좋거나 나쁘거나 그 중간 어딘가에 있는 우리 존재의 상태이다. "느낌이 어떠한가?"라는 질문을 받으면 우리는 이 '존재의 상태'를 참고하여 대답한다.

배경 정서에 기여하지 않는 조절 반응이 있는지, 또는 예컨대 낙담이나 열성과 같은 배경 정서에 어떤 조절 반응이 가장 빈번하게 영향을 주는지, 또는 기질이나 건강 상태가 어떻게 배경 정서와 상호작용하는지 등과 같은 질문이 적절한 질문일 것이다. 간단한 대답은 아직 잘 모른다는 것이다. 그 대답을 얻기 위해 필요한 연구는 아직 진행되지 않았다.

일차적(또는 기본적) 정서는 좀 더 규정하기 쉽다. 왜냐하면 두드러진 특정 정서들을 이 범주에 묶어 두는 전통이 확립되어 있기 때문이다.

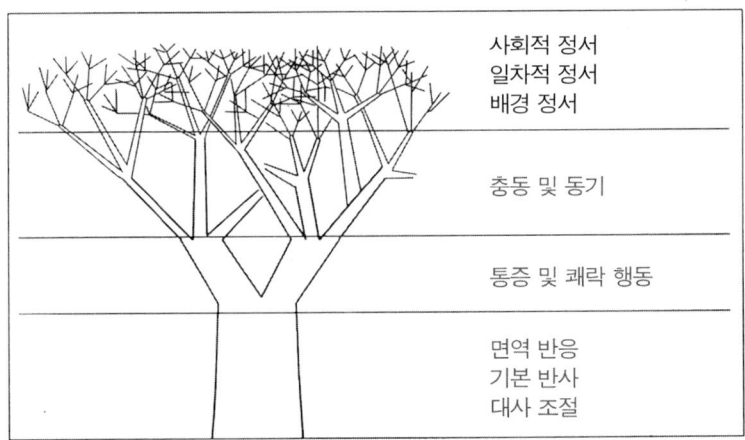

그림 2.3 적어도 세 가지 협의의 정서가 있는데, 배경 정서, 일차적 정서, 사회적 정서가 바로 그것이다. 포개 넣기 원리가 여기에도 적용된다. 예를 들어 사회적 정서는 일차적 정서와 배경 정서 반응의 일부를 포함한다.

종종 열거되는 항목들은 두려움, 분노, 혐오, 놀람, 슬픔, 행복 등이다. 우리가 정서라고 말할 때 가장 먼저 떠오르는 정서들이 바로 이 범주에 해당된다. 이와 같은 정서들이 중심적인 자리를 차지하는 데에는 그럴 만한 이유가 있다. 이 정서들은 모든 문화에 걸쳐서 인간에게서 쉽게 식별할 수 있으며 인간이 아닌 다른 종의 동물들에게서도 찾아볼 수 있다.[12] 정서를 일으키는 상황과 정서를 규정하는 행동 유형 역시 모든 문화와 종에 걸쳐 상당한 정도의 일관성을 보인다. 그러므로 정서의 신경생물학에 대한 우리의 지식은 대부분 이 일차적 정서에 대한 연구에서 얻어 낸 것이다. 특히 공포에 대한 연구가 대다수를 차지하고 있는 것으로 드러났다.[13] 앨프리드 히치콕이 예언했을 법한 이야기지만, 공포가 정서 연구 분야에서 선두를 달리고 있으며, 혐오,[14] 슬픔과 행복[15] 역시 괄목할 만한 행보를 보이고 있다.

사회적 정서는 동정, 당혹감, 수치, 가책, 긍지, 질투, 부러움, 감사, 동경, 분노, 경멸 등을 포함한다. 사회적 정서에도 역시 포개 넣기 원리가 적용된다. 일차적 정서에서 찾아볼 수 있는 요소들과 더불어 모든 조절 반응들이 다양한 형태의 조합으로서 사회적 정서의 하부 구성 요소(subcomponent)를 이루고 있음을 확인할 수 있다. 낮은 단계의 요소가 포개 넣는 식으로 높은 단계에 편입되는 것이 분명하다. '경멸'이라는 사회적 정서의 경우에 '혐오'를 드러내는 얼굴 표정이 나타난다는 점을 생각해 보라. 혐오는 잠재적으로 독성을 가진 음식에 대한 자동적이고 유익한 거부 반응과 관련된 일차적 정서이다. 심지어 경멸이나 도덕적으로 격분할 만한 상황을 묘사할 때 '구역질이 난다.'고 묘사하기도 한다. 역시 포개 넣기의 예이다. 통증과 쾌락이라는 요소도 비록 일차적 정서에 비해 포착하기 어렵기는 하지만 역시 사회적 정서의 표면 아래에 분명히 존재한다.

우리는 뇌가 어떻게 사회적 정서를 촉발하고 실행하는지에 대해 이제 막 이해하기 시작했다. 그런데 '사회적'이라는 말이 당연한 듯이 인간 사회나 문화라는 개념을 연상시키기 때문에 사회적 정서가 결코 인간에게만 한정되는 것이 아니라는 사실을 인지해 둘 필요가 있다. 주위를 둘러보면 침팬지, 개코원숭이, 기타 원숭이, 돌고래, 사자, 늑대, 그리고 물론 당신의 개나 고양이에게서 사회적 정서의 예를 찾아볼 수 있다. 그 예는 풍부하다. 서열이 높은 원숭이가 자랑스럽게 활보하는 모습, 마찬가지로 서열이 높은 유인원이나 늑대 우두머리의 글자 그대로 왕과 같은 태도, 다툼에서 밀려나 영토를 뺏기거나 먹이를 먹는 순서에서 뒤로 밀리게 된 원숭이가 보이는 수치심, 상처를 입어 고통스러워 하는 코끼리에게 동정심을 보이는 다른 코끼리, 해서는 안 되는 짓을 저지른 후에 개가 보이는 당혹감 등이 그 일부이다.[16]

이 어떤 동물도 누구에게 배워서 정서를 드러내지는 않을 것이다. 따라서 사회적 정서를 드러내는 경향은 생물의 뇌에 깊이 뿌리를 내리고 있으면서 적절한 상황을 맞닥뜨리면 전개되는 것이라고 볼 수 있다. 언어나 문화적 도구 없이도 이와 같은 정교한 행동을 가능하게 해 주는 것은 특정 종의 유전체(genome)에 부여된 특별한 재능임이 틀림없다. 이것은 일반적으로 타고난 자동적인 생명 조절 기구의 일부라고 할 수 있다. 우리가 앞서 논의한 생명 조절 기구들과 하등 다를 것이 없다.

그렇다면 이와 같은 정서들이 엄격한 의미에서 선천적인 것이며 대사 조절과 마찬가지로 태어나자마자 즉시 활동에 들어갈 수 있다는 말인가? 정서의 종류에 따라 다르다는 것이 이 질문에 대한 답이 될 것이다. 어떤 경우에는 엄격한 의미에서 선천적이라고 할 수 있고, 어떤 경우에는 최소한의 정도의 환경에 대한 적절한 노출이 필요하다. 로버트 힌데(Robert Hinde)의 공포에 관한 연구는 사회적 정서의 성격을 규명하는 데 도움을 주는 좋은 지침이다. 힌데의 관찰 결과에 따르면, 원숭이가 뱀에게 보이는 타고난 공포심은 뱀에 대한 노출뿐만 아니라 뱀을 보고 두려워하는 어미 원숭이의 표정에 노출된 후에야 비로소 발현된다는 것이다. 이 노출은 단 한 번이면 충분하다. 그러나 이 단 한 번의 노출이 없으면 선천적 행동은 발현되지 않는다.[17] 이와 비슷한 상황이 사회적 정서에도 적용된다. 매우 어린 영장류들이 놀이를 하는 동안 지배와 복종의 양식이 확립되는 것도 그 하나의 예라고 할 수 있다.

사회적 행동은 교육의 산물이라는 확신 속에서 자라난 사람이라면 누구든지 문화를 가지고 있지 않은 하등 동물이 지적인 사회적 행동을 보일 수 있다는 사실을 받아들이기 어려울 것이다. 그러나 그들은 분명 지적인 사회적 행동을 보일 수 있다. 다시 한번 강조컨대 우리를 감탄시키는 데는 그다지 대단한 뇌가 필요한 것이 아니다. 보잘것없는 벌레인 예쁜꼬마선충(*Caenorhabditis elegans*)은 정확히 302개의 신경세포와 5,000개의 신경세포 간 연결점을 가지고 있다.(사람의 경우에 수십억 개의 신경세포와 수조 개의 연결점을 가지고 있다.) 이 섹시한(이들은 암수한몸이다!) 작은 동물은 풍부한 먹이와 스트레스가 별로 없는 환경에 둘러싸여 있을 때는 혼자서 살아가며 먹이를 섭취한다. 그러나 먹이가 부족해지고 주위 환경에 해로운 냄새가 존재할 경우 ─ 당신이 작은 벌레의 삶을 영위하며 오직 코로써 세상과 연결되어 있다고 상상해 보라. 이것이야말로 중대한 위협이 아니겠는가? ─ 벌레들은 한곳에 모여들어 집단적으로 먹이를 섭취한다. 오직 이와 같은 불리한 환경에서만 그러한 행동이 나타나는 것이다.[18] 매우 원시적인 단계이기는 하지만 원대한 잠재 효과를 지닌 이와 같은 행동은 안전을 위해 여럿이 뭉치는 행동, 협동의 힘, 내핍 생활, 이타주의, 심지어 초기 상태의 노동 조합 등 수많은 흥미로운 사회적 개념의 전조를 보이고 있다. 여러분은 이 모든 행동을 인간이 발명해 낸 것이라고 생각하는가? 꿀벌에 대해서 생각해 보자. 벌집을 중심으로 사회를 이루고 살아가는 이 작은 동물은 9만 5000개의 신경세포를 가지고 있다. 그것이 바로 그들의 뇌이다.

그와 같은 사회적 정서는 사회적 조절(social regulation)이라는 복잡한 문화적 메커니즘을 발달시키는 역할을 수행했을 가능성이 높다(4장 참조). 그리고 인간의 사회적 정서 반응 가운데 일부는 반응하는 사람이나 관찰하는 사람들이 즉각 알아챌 수 있는 자극이 존재하지 않는 상황에서도 유발된다. 사회적 지배 및 의존을 드러내는 것이 하나의 예이다. 스포츠, 정치, 직장에서 벌어지는 인간 행동의 기이하고 우스꽝스러운 면들을 생각해 보라. 그와 같은 반응의 관찰자나 반응을 나타내는 주체에게 일부 행동은 뚜렷한 동기 없이 나타나는 것으로 보인다. 왜냐하면 그 행동들은 선천적이고 무의식적인 자기 보존 기구에 뿌리를 두고 있기 때문이다.

그런데 우리가 보이는 신비로운 정서적 반응은 이것만이 아니다. 무의식적 기원을 갖고 있으며 개인의 발달 과정에서의 학습에 따라 형성되는 또 다른 종류의 반응이 있다. 우리가 살아가면서 신중하게 습득하는, 사람, 집단, 사물, 활동, 장소 등에 대한 호감 또는 혐오감의 인식 및 표현이 그것이다. 흥미롭게도 비의도적이고 무의식적인 이 두 종류—하나는 선천적이고 또 다른 하나는 학습된—의 반응은 우리의 무의식이라는 깊이를 알 수 없는 심연에서 서로 관계를 맺고 있다. 어쩌면 이 두 반응의 무의식적 상호 작용은 각각 선천적으로 타고난 것과 의식의 뒤편에서 습득한 것이 미치는 다양한 영향을 연구하는 데 일생을 바쳤던 다윈과 프로이트가 남긴 두 갈래의 지적 유산의 교차를 알리는 것일지도 모른다.[19]

화학적 항상성에서부터 협의의 정서에 이르기까지 생명 조절 현상은 언제나 직·간접적으로 생물의 존재 보존 및 건강과 관련되어 있다. 이 모든 현상들은 환경에 적응하여 신체 상태가 수정되는 것과 관련되어 있으며, 궁극적으로 신체 상태에 대한 뇌 지도에 변화를 일으킨다. 그런데 이 지도가 바로 느낌의 기초를 이룬다. 이때, 단순한 반응을 복잡한 반응 속에 포개 넣음으로써 조절의 목적이 계층의 상위에 머무르게 된다. 목적은 변치 않는 반면, 복잡성은 다양해지는 것이다. 협의의 정서는 분명 반사보다 복잡하다. 또한 협의의 정서를 촉발하는 자극이나 반응의 목표 역시 다양하고, 이 절차를 개시하는 정확한 상황과 특정 목표 역시 각기 다르다.

예를 들어 배고픔과 목마름은 단순한 욕구이다. 원인이 되는 대상——음식이나 물로부터 얻어지는 에너지나 생존에 필수적인 어떤 능력의 감소——은 대개의 경우 신체 내부에 있다. 그러나 그에 뒤따르는 행동은 부족한 물질을 찾거나 주위를 탐색하고 감각을 이용해서 찾아낸 물질을 판별하는 등 외부 환경에 초점을 맞추고 있다. 이것은 공포나 분노와 같은 협의의 정서에서도 크게 다르지 않다. 이 경우에도 역시 특정 대상이 일련의 적응 행동을 촉발한다. 그러나 이때 공포와 분노를 일으키는 대상은 거의 항상 외부에 있으며(설사 그 대상이 우리의 뇌에 있는 기억이나 상상이 불러일으킨 것이라고 하더라도 그것은 외부의 사물을 대표하는 것이다.), 매우 다양한 대상이 협의의 정서를 촉발할 수 있도록 설계되어 있다.(많은 종류의 신체적 자극, 진화에 따라서 고정된 반응, 연상 학습된 반응 등이 공포를 유발할 수 있다.) 배고픔과 목마름을 일으키는 요인은 많은 경우에 내부에 있다.(물론 주인공들이 즐겁게 먹고 마시는 장면이 나오는 프랑스 영화를 보면서 배고픔을 느낄 수도 있지만.) 또한 적어도 인간이 아닌 동물의 경우에 어떤 충동—이를테면 성욕—은 계절이나 생리 주기 등에 따라서 나타나기도 한다. 그러나 정서는 언제나 나타날 수 있고 오랜 시간에 걸쳐 유지될 수 있다.

우리는 또한 다양한 조절 반응의 계층 간의 흥미로운 상호 작용을 발견할 수 있다. 협의의 정서는 욕구에 영향을 주고, 욕구는 협의의 정서에 영향을 준다. 예를 들어 공포라는 정서는 식욕이나 성욕을 억제한다. 슬픔이나 혐오도 마찬가지이다. 반면 행복은 식욕과 성욕을 모두 촉진한다. 한편 충동—예컨대, 배고픔, 목마름, 성욕—의 충족은 행복감을 불러일으킨다. 그러나 이와 같은 욕구가 충족되지 않으면 분노, 절망, 슬픔 등을 일으킬 수 있다. 또한 앞서 언급한 바와 같이 정서의 배경으로 항상성 조절이나 충동과 같은 적응 반응이 항상 펼쳐져 있어서 오랫동안 지속되는 기분을 규정하는 데 영향을 준다. 그런데 이와 같은 서로 다른 수준의 조절 반응을 어느 정도 떨어진 거리에서 응시하게 되면 그들이 보이는 놀라운 형식의 유사성에 충격을 받게 될 것이다.[20]

우리의 지식에 따르면, 자신의 생존을 위해서 정서를 겉으로 드러내도록 설계되어 있는 생물 가운데 대부분은 그와 같은 정서를 가지고 있다는 것을 자각하지 못할뿐더러 그와 같은 정서를 느끼지도 못한다. 그들은 단지 환경에서 오는 자극을 탐지하고 그에 대한 정서를 보일 뿐이다. 그것을 위해 필요한 것은 단순한 지각 기구—정서적으로 유효한 자극을 걸러 내고 그에 따라 정서를 보일 수 있는 수단——뿐이다. 이 생물들은 아마도 우리가 느끼는 것과 같은 식으로 느끼지 못할 것이다. 물론 이것은 가정일 뿐이다. 그러나 다음 장에서 제시될, 느끼기 위해서 무엇이 필요한지에 대한 우리의 논의가 이 가정을 정당화해 줄 것이다. 단순한 생물은 정서적 반응이 일어났을 때 나타나는 신체의 변화를 감각 지도(sensory map)의 형태로 그려 내고 그 결과로 느낌을 발생시킬 수 있는 뇌 구조가 결핍되어 있다. 또한 이들은 욕망이나 근심의 기초가 되는 모의(模擬) 신체 변화를 표상(represent)할 수 있는 뇌가 결핍되어 있다.

위에서 언급한 조절 반응들은 그 반응을 보이는 생물에게 유리한 것으로 보인다. 그리고 반응의 원인——반응을 촉발한 사물 또는 상황——은 그 반응이 생물의 생존이나 안녕에 미치는 영향에 따라서 '좋은 것' 또는 '나쁜 것'으로 판별할 수 있다. 그러나 짚신벌레나 파리, 다람쥐 등은 그 '좋은 것'을 위해 또는 '나쁜 것'에 대항해 행동하는 것은 고사하고 자신이 처한 상황이 좋은지 나쁜지도 알지 못할 것이 분명하다. 또한 우리 인간 역시도 신체 내부 환경의 pH 균형을 잡아 나갈 때, 또는 우리 주위의 특정 대상에 대하여 행복이나 공포의 반응을 보일 때, '좋은 것'을 위해서나 '나쁜 것'에 대항해 행동하는 것이 아니다. 생물들은 자신에게 '좋은' 결과로 이끌리게끔 되어 있다. 때로는 행복 반응에서와 같이 직접적으로 좋은 결과를 향하기도 하고, 때로는 공포 반응에서처럼 애초에는 나쁜 것을 피하기 위해 시작되었지만 결과적으로 좋은 것을 향하는 경우도 있다. 4장에서 다시금 이 점에 대해 논의하겠지만, 생물은 반응을 만들어 내겠다고 결정하는 일 없이도, 심지어 반응의 전개를 느끼지 않고서도 스스로 좋은 결과로 이끄는 유익한 반응을 만들어 낼 수 있다. 그리고 그와 같은 반응의 구성으로 미루어 보아, 반응이 일어나게 되면 생물은 특정 기간 동안 더욱 높거나 더욱 낮은 생리적 균형 상태를 향하여 움직이게 된다.

나는 두 가지 이유에서 인류에게 축하를 보내고자 한다. 첫째, 인간의 경우에 어떤 상황에서 이 자동적인 반응이 일단 신경계에 지도화되면 그것이 즐거움이든 고통이든 궁극적으로 느낌이라고 할 수 있는 조건을 창조해 낸다. 이것이야말로 인간의 영광과 비극의 참된 원천이라고 할 수 있을 것이다. 다음 이유는 이것이다. 우리 인간은 특정 대상과 특정 정서 간의 관계를 자각하고 어떤 대상과 상황을 우리의 환경에 허락하느냐, 그리고 어떤 대상과 환경에 우리의 시간과 관심을 쏟아 붓느냐를 결정함으로써, 고의로 자신의 정서를 조절하고자 노력할 수 있다. 적어도 어느 정도까지는 말이다. 예를 들어 우리는 상업 방송을 보지 않기로 결정하고 지성인의 집에서 상업 방송을 영원히 추방하자고 촉구할 수도 있다. 특정 정서를 일으키는 특정 대상과의 상호 작용을 통제함으로써 우리는 우리의 생명 절차에 대하여 어느 정도 통제력을 행사할 수 있고 우리 자신을 좀 더 높거나 낮은 조화 상태로 이끌 수 있다. 이것은 바로 스피노자가 바랐던 것이다. 우리는 실제로 정서적 기구의 전제적 자동성과 무심함을 억누르고 뛰어넘을 수 있다. 흥미롭게도 인간은 이미 오래전에 이와 같은 가능성을 발견했다. 그 생리학적 기반에 대해서는 알지 못한 채로 말이다. 인류가 몇 세기 동안 자신을 둘러싸고 있는 환경, 그리고 그 환경과 자신의 관계를 변형시켜 온 사회적·종교적 개념을 따를 때, 우리가 무엇을 읽고 누구와 어울릴지를 결정할 때, 운동과 식이 요법 등의 건강 프로그램을 실행할 때, 바로 그와 같은 가능성을 적용하는 것이다.

협의의 정서를 포함한 조절 반응들이 치명적으로, 불가피하게 정형화되어 있다는 것은 정확한 설명이 되지 못할 것이다. '아래에 있는 가지'와 연관되어 있는 일부 반응은 정형화되어 있을 수 있다. 심장 기능 문제라든가 위험 앞에서 도망치는 것과 같은 문제에서 자연의 지혜에 개입하고자 하는 사람은 없을 것이다. 그러나 '위에 있는 가지'의 반응은 어느 정도 변형될 수 있다. 우리는 반응을 일으키는 자극에 대한 노출을 조절할 수 있다. 우리는 일생에 걸쳐서 어떤 반응에 대한 '브레이크'를 조절하는 방법을 배울 수도 있다. 우리는 단순히 의지력을 이용해서 스스로를 억제할 수도 있다. 이따금씩은 말이다.

정의 형태의 가설

나는 여기에 다양한 종류의 정서를 고려해서 협의의 정서에 대한 연구 가설(working hypothesis)을 정의의 형태로 제시하고자 한다.

1. 행복, 슬픔, 부끄러움, 공감과 같은 협의의 정서는 뚜렷하게 구분되는 유형을 형성하는 화학적·신경적 반응의 복합체이다.
2. 정상적인 뇌가 정서적으로 유효한 자극(emotionally competent stimulus, ECS)을 감지하면 반응이 생성된다. 실제로 존재하거나 기억 속에서 떠오르는 사물이나 사건이 정서를 촉발할 경우, 그것을 ECS라고 한다. 이 반응은 자동적이다.
3. 뇌는 특정 ECS에 특정 활동 레퍼토리를 가지고 반응하도록 진화되어 왔다. 그러나 ECS의 범위는 진화에 따른 자극에만 국한되지 않는다. 일생을 통해서 학습된 많은 자극 역시 여기에 포함된다.

4. 이와 같은 반응의 즉각적인 결과는 몸의 상태의 일시적 변화, 그리고 몸의 상태를 지도로 나타내고 사고를 지지하는 뇌 구조 상태의 변화이다.

5. 반응의 직·간접적 목표, 궁극적인 목표는 생명체 자신의 생존과 안녕에 도움이 되는 환경을 조성하는 것이다.[21]

비록 절차의 각 단계를 따로 떼어 내 중요성을 고찰하는 것은 새롭고 파격적인 방법일지 모르지만 정서적 반응의 고전적 요소들은 이 정의 안에 포함되어 있다. 절차는 정서적으로 유효한 자극을 탐지하는 가늠 및 평가 단계에서 시작된다. 나의 관심은 심적 절차 가운데에서 자극이 탐지된 후 어떤 일이 일어나느냐, 즉 가늠 단계의 마지막 부분에 초점을 맞추고 있다. 당연한 이야기겠지만 나는 정서에서 느낌으로 이어지는 주기에서 정서 다음에 오는 느낌이라는 단계 역시 정서의 정의에서 배제하고자 한다.

어쩌면 기능적 순수함을 위해서 가늠 단계 역시 배제되어야 한다고 주장할 수도 있다. 가늠 단계는 정서를 이끌어 내는 절차이지 정서 자체는 아니라는 것이다. 그러나 가늠 단계를 과감하게 삭제하는 것은 정서적으로 유효한 자극과 우리의 신체 기능과 사고에 심원한 변화를 일으킬 수 있는 일련의 반응들 사이의 지적인 연결 고리라는 정서의 참된 가치를 밝혀 주기보다는 오히려 애매모호하게 만들 수 있다. 가늠 단계를 배제하는 것은 또한 정서라는 현상을 생물학적으로 묘사할 때 가늠 단계 없는 정서는 의미 없는 사건이라는 인상을 줄 수도 있다. 또한 정서가 얼마나 완벽하고 놀라울 만큼의 지적인 능력을 가지고 있는지, 우리의 문제를 해결하는 데 얼마나 강력한 힘을 발휘할 수 있는지 깨닫기 어렵게 될 것이다.[22]

정서를 담당하는 뇌의 기구

정서는 뇌와 마음이 생명체 내부와 외부의 환경을 평가하고 그에 따라 반응하고 적응해 나갈 수 있는 자연적 도구를 제공한다. 실제로 많은 경우에서 우리는 정서를 일으키는 대상을 의식적으로 평가할 수 있다. 이 경우에 '평가'라는 표현은 매우 적절하다고 볼 수 있다. 어떤 대상의 존재뿐만 아니라 그 대상이 다른 대상과 맺고 있는 관계, 과거와의 관계까지도 처리 대상이 된다. 그와 같은 상황에서 정서에 관여하는 장치가 자연스럽게 평가 작업에 동참한다. 심지어 우리는 정서적 반응을 조절할 수도 있다. 실제로 발달 단계의 핵심적인 교육 목표 중 하나는 정서를 유발하는 대상과 정서적 반응 사이에 의식적인 평가 단계를 끼워 넣는 것이다. 그렇게 함으로써 우리는 자연스러운 정서적 반응의 형태를 주어진 문화의 요구 사항에 맞추어 구성해 나가게 된다. 이 모든 것은 사실이다. 그러나 내 주장의 요지는 상황을 평가하는 것은 차치하고 원인이 되는 대상을 의식적으로 분석하지 않고도 정서가 발생할 수 있다는 것이다. 다양한 상황에서 정서가 일어날 수 있다.

정서적으로 유효한 자극에 대한 의식적인 지식 없이 정서적 반응이 일어난 경우에도 생명체가 상황을 가늠한 결과가 반영된다고 할 수 있다. 그 과정이 생명체 자신에게 분명하게 드러나지 않는다고 하더라도 문제가 되지 않는다. '가늠'이라는 개념은 너무도 당연하게 글자 그대로 의식적인 '평가'를 의미하는 것으로 받아들여지고 있기 때문에 상황을 감지하고 그에 따라 자동적으로 반응하는 것이 별로 중요하지 않은 생물학적 성취인 것처럼 여겨지곤 한다.

인간 발달의 역사에서 중요한 측면 중 하나는 우리의 뇌를 둘러싼 대부분의 대상들이 약하거나 강하고, 좋거나 나쁘고, 의식적이거나 무의식적인 각 종류의 정서를 어떻게 촉발할 수 있는가 하는 것이다. 이와 같은 정서적 촉발은 진화 과정에서 고착된 것도 있고 그렇지 않은 것도 있다. 그렇지 않은 경우는 각 개인의 경험을 통해서 정서적으로 유효한 대상이 그의 뇌에 결부되는 것이다. 예를 들어서 어린 시절 여러분에게 엄청난 공포심을 불러일으킨 집이 있다고 하자. 오늘날 여러분이 다시 그 집을 방문한다면 역시나 불편한 느낌을 갖게 될 것이다. 이 경우 동일한 주위 환경에서 과거에 강렬한 부정적 정서를 느낀 적이 있다는 것 이외의 다른 원인을 찾아볼 수 없다. 심지어 같은 집이 아니라 어딘가 비슷한 집만 보아도 그와 유사한 불안감을 느낄 수도 있다. 이 경우에도 역시 여러분의 뇌에 아로새겨진 그와 비슷한 대상과 상황에 대한 기록 이외에는 다른 이유가 있을 수 없다.

우리 뇌는 특정 종류의 집을 보고 불쾌감을 느끼도록 만들어지지 않았다. 그러나 삶의 경험에 따라서 우리 뇌는 그와 같은 집을 단 한 번 느낀 적이 있는 불쾌감과 연관시키게 된 것이다. 불쾌감의 원인이 집 자체와는 관련이 없다고 하더라도 상관없다. 집 자체는 그저 공범 관계이거나 무고한 방관자일 수도 있다. 여러분은 단순히 특정 종류의 집에 대해서 불편함을 느끼도록, 아니면 그 이유도 알지 못한 채 어떤 종류의 집을 싫어하도록 조건화된 것이다. 또는 정확하게 동일한 메커니즘을 통해서 특정 종류의 집에 대해서 편안한 느낌을 가질 수도 있다. 완벽하게 정상적이고 평범한, 좋고 싫음에 대한 판단이 이러한 방식으로 생겨난다. 그러나 한편으로 정상적이지도 않고 평범하지도 않은 공포증 역시 같은 메커니즘을 통해서 생겨날 수 있다. 좌우간 책을 쓸 정도로 나이를 먹다 보면 이 세상에 정서적으로 중립적인 것이 하나도 없게 된다. 한 발 양보해서 거의 없다고 할 수 있다. 대상에 대한 정서적 구분은 단계의 구분이라고 할 수 있다. 어떤 대상은 약하고 포착하기조차 어려운 정서적 반응을 불러일으키고, 어떤 대상은 강렬한 정서적 반응을 불러일으킨다. 그리고 그 사이에 무수히 많은 단계가 존재한다. 우리는 심지어 정서적 학습이 일어나는 데 필요한 분자 및 세포 수준의 메커니즘에 대해서도 파헤치기 시작하고 있다.[23]

복잡한 생물은 각 개인 또는 개체가 처한 환경과 조화를 이루도록 정서의 실행을 조절하는 방법을 배운다. 그리고 여기에서 가늠이나 평가와 같은 용어가 가장 적절하게 사용되고 있다. 정서적 조절 장치는 생명체의 의식적 숙고 없이도 정서적 표현의 강도를 조절할 수 있다. 간단한 예가 여기 있다. 우스운 이야기를 두 번째로 들었을 때, 격식을 차린 저녁 식사 자리인지, 복도에서 누군가를 우연히 마주친 상황인지, 추수감사절 만찬에서 가까운 친구와 환담하는 자리인지 등, 그 순간의 사회적 상황에 따라서 당신의 미소 또는 웃음의 양상은 상당히 달라질 것이다. 여러분이 제대로 양육되었다면 굳이 상황에 대해서 **생각할** 필요조차 없다. 자동으로 조절이 이루어지기 때문이다. 조절 장치의 일부는 실제로 생명체 스스로의 판단을 반영하며 정서를 수정하거나 심지어 억제하고자 하는 결과를 일으킬 수도 있다. 존경할 만한 이유에서부터 경멸할 만한 이유에 이르기까지 수많은 이유들 때문에 당신은 당신의 동료 또는 협상 상대자가 방금 내뱉은 말이 불러일으킨 혐오 또는 환희의 정서를 감추고 싶을지도 모른다. 상황에 대한 의식적인 지식과 당신의 행동이 미래에 가져올 결과에 대한 자각은 정서의 자연스러운 표현을 억제하도록 만들 수도 있다. 그러나 나이가 들어서는 그와 같은 노력을 피하도록 하라. 그것은 에너지를 매우 많이 소모하는 일이다.

정서적으로 유효한 대상은 실재하는 존재일 수도 있고 기억으로부터 환기된 것일 수도 있다. 우리는 무의식적으로 조건 형성된 기억이 어떻게 현재의 정서를 불러일으킬 수 있는지 살펴보았다. 그런데 기억 역시도 같은 일을 할 수 있다. 예를 들면 몇 년 전 소스라치게 놀라게 만든 어떤 사건이 기억나서 지금의 당신을 또 한 번 놀라게 만들 수 있다. 갓 만들어진, 현실 속에 실재하는 이미지이든 기억으로부터 되살려 재구성한 이미지이든 그 효과는 동일하다. 그것이 정서적으로 유효한 자극이라면 곧 정서가 뒤따르게 된다. 단지 그 강도에서만 차이가 있을 수 있다. 수많은 연기자들이 연기를 할 때 이른바 정서적 기억을 이용한다. 어떤 경우에 연기자는 공공연히 기억이 이끄는 대로 연기를 하고, 어떤 경우에는 기억이 그의 연기에 포착하기 어려운 형태로 스며들어서 그로 하여금 특정 방식으로 행동하도록 한다. 무엇이든 세심하게 관찰했던 스피노자는 이 점도 그냥 넘어가지 않았다. 그는 "사람은 현재의 사물의 이미지만큼이나 과거나 미래의 사물의 이미지를 통해 쾌락과 고통의 감정을 느낀다."라고 『에티카』 3부 정리 18에 적고 있다.

정서의 촉발과 실행

정서의 출현은 여러 사건으로 이루어진 복잡한 연결 구조에 의존한다. 그 사슬은 정서적으로 유효한 자극의 출현에서 시작된다. 자극, 즉 실재하는 것이거나 기억으로부터 환기된 특정 사물 또는 상황이 우리의 마음으로 들어온다. 알래스카를 여행하다 곰과 마주쳤다고 가정해 보자.(곰을 마주쳤을 때의 공포에 대해 논의한 윌리엄 제임스에게 경의를 표하는 의미에서 이러한 예를 들었다.) 아니면 그리워하는 누군가와의 예기치 않은 만남을 생각해 보라.

신경학적 관점에서 볼 때 정서적으로 유효한 대상에 대한 이미지는 하나 이상의 뇌의 감각 처리 시스템——이를테면 시각 또는 청각 영역——에 나타나야 한다. 이것을 표상(presentation) 단계라고 부르도록 하자. 비록 아주 짧은 순간에 일어난 표상이라고 할지라도 그 자극과 관련된 신호는 뇌의 다른 곳에 있는, 수많은 정서 촉발 부위에 전달된다. 이 부위들은 딱 맞는 열쇠로만 열 수 있는 자물쇠라고 생각할 수 있다. 물론 정서적으로 유효한 자극이 바로 열쇠이다. 자극은 뇌로 하여금 새로운 자물쇠를 만들어 내도록 지시하기보다는 이미 존재하고 있는 자물쇠를 찾는다는 것에 주목하도록 하자. 정서를 촉발하는 부위는 그 이후에 연속적으로 뇌의 다른 부분에 있는 수많은 정서 실행 부위를 활성화한다. 이 부위들은 몸, 그리고 정서-느낌의 절차를 지탱해 주는 뇌의 정서적 상태의 직접적인 원인이다. 궁극적으로 이 절차는 점점 확대되면서 울려 퍼지거나 잦아들어 사라지게 된다. 신경해부학 및 신경생리학적 용어로 말하자면 특정 형상(configuration)의 신경 신호——이를테면 시각 피질에 빠르게 접근하는 위협적인 사물에 해당되는 신경 패턴을 개시하는 신경 신호——가 몇 가지 경로를 통해서 뇌의 몇몇 부위로 동시에 중계됨으로써 이 절차가 시작된다. 신호를 전달받는 뇌의 부위, 이를테면 편도(amygdala)가 특정 형상을 '감지'하게 되면——다시 말해 열쇠가 자물쇠에 딱 맞으면——그에 따라 활성화된다. 그러면 이번에는 이 부위들이 뇌의 다른 부위로 신호 전달을 개시하고, 그 결과 일어나는 단계적 사건들이 정서가 된다.

이와 같은 묘사는 많은 면에서 혈액 내의 항원(예를 들어 바이러스)이 면역 반응(항원을 중화하는 능력이 있는 대량의 항체가 수행하는)을 이끌어 내는 과정에 대한 묘사처럼 들린다. 그럴 만도 한 것이 두 과정은 형식적으로 유사하다. 정서의 경우에 감각계를 통해 제시된 자극이 항원에 해당되는 것이고 정서적 반응이 항체이다. 정서를 촉발하는 뇌의 몇몇 부위에서 '선택(selection)'이 이루어진다. 각 과정이 일어나는 조건 역시 서로 유사한 데가 있다. 전반적인 과정의 윤곽이 같고, 각각의 결과 역시 신체에 이로운 것이다. 자연은 성공적인 해법을 만들어 나가는 과정에서 그다지 독창성을 내세우지 않는 듯싶다. 한 가지 해법이 효과를 거두면 그와 유사한 방법을 계속해서 반복 시도하는 것이다. 이는 마치 할리우드의 영화 제작자들이 한 편의 영화가 성공을 거두면 거듭해서 속편을 만들어 내는 것과 같다.

현재 뇌의 몇몇 구조가 정서 촉발 부위로 확인되었다. 측두엽(temporal lobe, 관자엽) 안쪽 깊은 곳에 있는 편도와 복내측(ventromedial, 배쪽 안쪽) 전전두엽 피질(prefrontal cortex, 앞이마엽 겉질)로 알려진 전두엽(frontal lobe, 이마엽)의 일부, 그리고 전두엽의 또 다른 부위인 보조 운동 영역과 대상 피질(cingulate cortex, 띠이랑 겉질) 등이 여기에 포함된다. 이 외에도 정서를 촉발하는 부위는 더 있지만 이들이 지금까지 가장 잘 알려진 정서 촉발 부위이다. 이 정서 촉발 부위는 우리의 마음에 떠오르는 심상을 지지하는 전기화학적 모형(pattern)과 같은 자연적 자극이나 뇌에 가해지는 전류와 같은 인공적인 자극에 모두 반응한다. 그러나 이 부위들은 언제나 한결같이 정형화된 방식으로 동일한 작업을 반복해서 수행하는 경직된 구조로 보아서는 안 된다. 왜냐하면 수많은 요소들이 이 부위들의 활동을 변화시키고 조절할 수 있기 때문이다. 다시 말하지만, 단순한 심상 또는 뇌에 가해

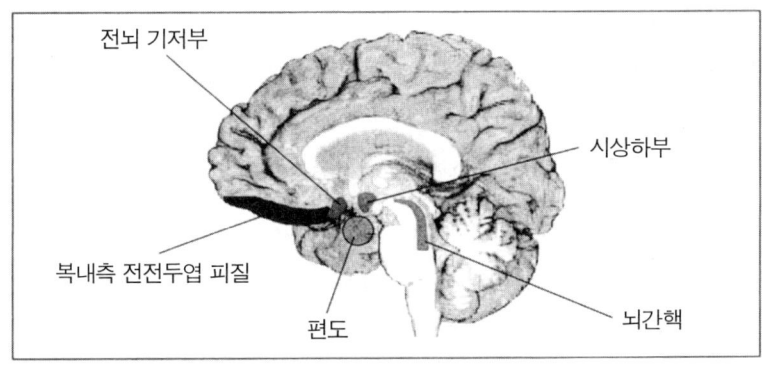

그림 2.4 정서를 촉발하고 실행하는 뇌의 구조를 단순화한 그림이다. 뇌의 다른 부분에서의 활동이 이 부위들 중 한 곳—예를 들어 편도나 복내측 전전두엽 피질의 일부—의 활동을 유도할 때 다양한 종류의 정서가 촉발될 수 있다. 이 부위들 중 어느 것도 스스로 정서를 만들어 낼 수는 없다. 정서가 일어나기 위해서는 이 부위들이 다른 부위—예를 들어 전뇌 기저부, 시상하부, 뇌간 핵—의 후속 활동을 일으켜야 한다. 다른 모든 복잡한 형태의 행동과 마찬가지로 정서는 뇌의 여러 부위들의 조화로운 협력을 통해 일어나는 결과이다.

지는 직접적인 자극 모두 목적을 달성할 수 있다.

동물을 가지고 실시한, 편도에 관한 연구는 매우 중요한 새로운 정보를 제공해 주었다. 그중 조지프 르두(Joseph LeDoux)의 연구가 가장 주목할 만하다. 또한 현대의 뇌 영상 기술은 인간의 편도를 연구하는 것 역시 가능하게 해 주었다. 랠프 아돌프스(Ralph Adolphs)나 레이먼드 돌런(Raymond Dolan)의 연구가 그 예이다.[24] 이와 같은 연구들은 편도가 정서적으로 유효한 시각적·청각적 자극 간의 중요한 경계면이며, 정서, 특히 공포나 분노의 정서를 촉발하는 역할을 한다는 점을 암시한다. 편도가 손상된 환자는 이와 같은 정서를 촉발할 수 없고, 그 결과 그에 해당되는 느낌 역시 가질 수 없다. 공포와 분노에 대한 자물쇠가 사라진 것이나 마찬가지이다. 적어도 정상적인 상황에서는 제대로 작동하는 시각적·청각적 자극에 대한 자물쇠가 말이다. 최근 연구 결과에 따르면, 인간 편도 각각의 신경세포의 신호를 기록했을 때 유쾌한 자극보다는 불쾌한 자극에 대하여 반응하는 신경세포의 비율이 더 높은 것으로 나타났다.[25]

흥미롭게도 정상적인 편도는 우리가 정서적으로 유효한 자극의 존재를 알아차리는지 여부에 관계없이 정서 촉발 기능을 수행한다. 편도가 정서적으로 유효한 자극을 무의식적으로 탐지한다는 증거는 폴 휠런(Paul Whalen)의 연구에서 처음으로 제시되었다. 그가 정서적으로 유효한 자극을 일으키는 대상을 매우 빠른 속도로 정상인들에게 보여 주었을 때 사람들은 자신이 무엇을 보았는지 전혀 알지 못했지만, 그들의 뇌를 주사(走査)해 보면 편도가 활성을 띠는 것으로 나타났다.[26] 아르니 오먼(Arnie Ohman)과 돌런의 최근 연구에 따르면, 정상적인 피험자는 다른 자극이 아닌 어떤 특정 자극(예를 들어 다른 화난 얼굴이 아니라 특정 화난 얼굴)이 어떤 불쾌한 사건과 연관되어 있다는 사실을 자신도 의식하지 못한 채 알고 있는 것으로 나타났다. 기분 나쁜 사건과 연관된 얼굴 표정을 피험자가 알아채지 못하는 상태로 제시했을 때 오른쪽 편도가 활성화되었다. 그러나 다른 얼굴 표정을 같은 방법으로 제시했을 때에는 활성화되지 않았다.[27]

정서적으로 유효한 자극은 매우 빠르게, 선택적인 주의력이 작용하기 전에 인지될 수 있다. 후두엽(occipital lobe, 뒤통수엽)과 두정엽(parietal lobe, 마루엽)의 손상은 시각 장애 영역(자극이 무시되어 감지되지 않는 시각 영역)을 발생시킨다. 그런데 정서적으로 유효한 자극(예를 들어 화난 얼굴이나 행복한 얼굴)은 이 시각 장애 또는 무시의 벽을 뚫고 들어가서 인지된다.[28] 정서 촉발 기구는 정상적인 감각 처리 통로——정상 상태에서는 인지적 평가 절차를 이끌어 내지만 시각적 장애 또는 무시 현상 때문에 무력화된 통로——를 우회하기 때문에 이 자극을 포착할 수 있는 것이다. 이 '우회'라는 생물학적 배치의 가치는 분명하게 드러난다. 개인이 주의를 기울이든 기울이지 않든 간에 정서적으로 유효한 자극은 감지될 수 있다. 그리고 그 다음에 주의 또는 적절한 사고가 그 자극으로 유도될 수 있다.

또 다른 중요한 정서 촉발 부위는 전두엽, 특히 복내측 전전두엽 피질이다. 이 부위는 좀 더 복잡한 자극, 예를 들어서 타고난 것이든 학습된 것이든 사회적 정서를 촉발시키는 사물이나 상황과 같은 자극의 정서적 중요성을 감지하도록 설계되어 있다. 다른 사람이 사고를 당하는 것을 목격했을 때 느끼는 동정(sympathy)은 자신의 개인적인 손실로 인해 환기되는 슬픔과 마찬가지로 이 부위의 중재를 받는다. 어떤 사람의 삶의 경험 중에서 정서적 중요성을 획득하게 된 많은 자극은——앞서 논의한, 불쾌감의 원천이 된 집도 하나의 예라고 볼 수 있다.——이 부위를 통해서 각각의 정서를 촉발한다.

앙투안 베카라(Antoine Bechara), 한나 다마지오(Hanna Damasio), 대니얼 트래넬(Daniel Tranel)과 내가 연구한 내용에 따르면, 전두엽의 손상은 정서적으로 유효한 자극이 사회적인 속성을 가지고 있고 그에 따른 정서적 반응이 당혹감, 가책, 절망과 같은 사회적 정서일 때 그 정서를 드러내 보이는 능력에 변화를 초래한다. 이와 같은 종류의 손상은 정상적인 사회적 행동을 어렵게 만든다.[29]

우리 연구 팀의 최근 연구에서 아돌프스는 유쾌한 정서 및 불쾌한 정서적 내용을 제시했을 때 피험자의 복내측 전전두엽 피질의 신경 세포들이 빠르게, 그리고 각기 다르게 반응한다는 사실을 보여 주었다. 간질 발작 환자의 수술 치료를 위한 평가의 일환으로 실시한 복내측 전전두엽 피질의 단일 세포 기록(single cell recording) 방법에 따르면, 이 부위에 있는 수많은 신경세포, 특히 왼쪽보다 오른쪽 전두엽 피질의 신경세포들이 **불쾌한** 정서를 유도하는 그림에 더욱 극적으로 반응하는 것으로 나타났다. 신경세포들은 자극이 가해진 후 0.12초 만에 반응하기 시작했다. 처음에는 자발적인 점화 패턴이 잠시 중지되었다. 그리고 약간의 잠잠한 간격을 두고서 신경세포들은 더욱 강하고 빈번하게 점화하기 시작했다. 그런데 유쾌한 정서를 일으키는 그림에 대해서는 반응하는 신경세포의 수가 적었고, 불쾌한 자극의 경우에서처럼 멈추었다가 진행하는 패턴을 보이지 않았다.[30] 이와 같은 좌우 불균형은 내가 예상했던 것보다 훨씬 심했다. 그러나 이것은 몇 년 전 리처드 데이비드슨(Richard Davidson)이 제안한 내용과 일치한다. 정상인을 대상으로 한 뇌파 검사 결과를 토대로, 데이비드슨은 오른쪽 전두엽 피질이 왼쪽에 비해서 부정적인 정서에 더욱 많이 관여한다고 주장했다.

정서적 상태를 만들어 내기 위해서는 정서 촉발 부위의 활동이 신경 연결을 통해서 정서 실행 부위로 전달되어야 한다. 지금까지 알려진 정서 실행 부위로는 시상하부, 전뇌(forebrain, 앞뇌) 기저부, 뇌간(brain stem, 뇌줄기) 피개(뒤판) 핵이 있다. 시상하부는 정서를 구성하는 수많은 화학적 반응의 최고 실행 기관이다. 시상하부는 직접적으로, 또는 뇌하수체를 통해서 체내 환경을 변화시키는 화학 물질을 혈액 내로 방출한다. 그 화학 물질은 내장 기관의 기능을 변경시키고 중추신경계 자체에도 영향을 준다. 그 예로서 펩티드인 옥시토신과 바소프레신의 분비는 시상하부 핵에서 뇌하수체 후엽(뒤엽)의 도움을 받아 조절된다. 그런데 수많은 정서적 행동(애착이나 보살핌 등)의 유발

여부는 적절한 시기에 그와 같은 행동의 실행을 명령하는 뇌 구조에서의 이 호르몬들의 존재 여부에 의존한다. 마찬가지로 뇌의 일부 부위에서 신경 활동을 조절하는 도파민이나 세로토닌과 같은 분자가 이용 가능할 때 특정 행동을 유발시킨다. 예를 들어, 보상적이거나 즐겁다고 느껴지는 행동은 특정 영역(뇌간의 복내측 피개부(ventro-tegmental area, 배쪽 뒤판 영역))에서의 도파민 분비와 또 다른 영역(전뇌 기저부의 중격의지핵(nucleus accumbens))에서의 도파민의 이용 가능성에 의존한다. 간단히 말해서 얼굴, 혀, 인두, 후두의 움직임을 조절하는 전뇌와 시상하부 핵, 뇌간 피개의 일부 핵, 뇌간 핵 등이 구애, 도망, 웃음, 울음 등에 관여하는 정서를 규정하는, 단순하고도 복잡한 수많은 궁극적 실행자이다. 우리가 관찰하는 복잡한 일련의 활동들은 위에서 언급한 각 핵들이 동시에, 또는 조화로운 순서에 따라 만들어 내는 절묘한 협응에 따른 것이다. 자크 팬세프(Jaak Panksepp)는 이 실행 절차를 연구하는 데 평생을 바쳤다.[31]

모든 정서에서 동시다발적으로 나타나는 신경 및 화학 반응은 일정 시간 동안 신체 내부 환경, 내장, 근골격계에 일정 유형의 변화를 가져온다. 그 결과로 얼굴 표정, 목소리, 자세, 특정 유형의 행동(달리기, 얼어붙은 듯 꼼짝 않기, 이성에게 구애하기, 자식 돌보기 등)이 나타나게 된다. 심장이나 폐와 같은 내부 장기뿐만 아니라 신체의 화학 역시 동조한다. 정서란 바로 이와 같은 변화와 동요, 또는 신체적인 대격동을 말한다. 동시에 일어나는 명령에 따라서 심상을 만들어 내는 뇌의 영역과 주의를 담당하는 영역 역시 변화하게 된다. 그 결과 대뇌 피질의 어떤 영역은 덜 활발한 데 비해서 어떤 영역은 매우 활발하다.

그림 2.5는 시각적으로 제시된 위협적인 자극이 공포라는 정서를 촉발하고 실행시키는 과정을 가장 단순한 형태로 나타낸 것이다.

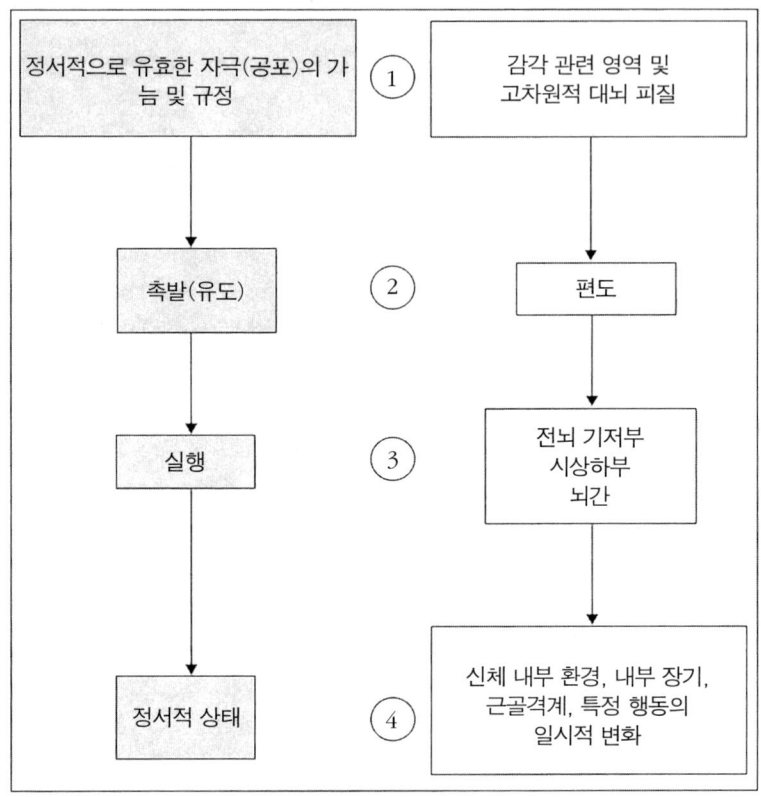

그림 2.5 정서(이 그림에서는 공포) 촉발 및 실행의 주요 단계. 왼쪽의 회색 상자는 절차의 단계(1~3)를 나타낸다. 정서적으로 유효한 자극의 가늠 및 규정에서 시작해서 완전히 만개한 정서적 상태(4)에서 끝난다. 오른쪽 상자는 각 단계에 필수적인 뇌의 영역(1~3)과 이 연쇄적 사건의 생리적 결과를 나타낸다.

정서와 느낌을 이해하기 쉽도록 묘사하기 위해서 나는 정서와 느낌이 하나의 자극에서 시작해서 그 자극과 관련된 느낌의 기질(substrate)을 조성하는 것으로 끝나는 일련의 사슬에 들어맞게끔 단순화했다. 그러나 실제로는 이 절차는 측면으로 뻗어 나가 수많은 평행한 사건의 사슬을 만들어 내고 스스로 증대된다. 그 이유는 정서적으로 유효한 최초의 자극이 많은 경우에서 또 다른 관련된 자극——역시 정서적으로 유효한 자극——을 불러일으키기 때문이다. 시간이 경과함에 따라서 추가된 유효 자극은 동일한 정서의 촉발을 유지시키거나, 정서의 변화를 촉발하거나, 심지어 상충하는 정서를 촉발하기도 한다. 최초의 자극에 대한 정서적 상태의 지속과 그 강도는 계속해서 이루어지는 인지 절차에 달려 있다. 마음의 내용에 따라서 정서적 반응이 추가로 촉발될 수도 있고 제거될 수도 있다. 그 결과, 정서가 유지되거나 심지어 증대될 수도 있고, 아니면 점차로 잦아들어 사라질 수도 있다.

정서는 이중의 궤도를 따라 처리된다. 하나는 정서적 반응을 촉발시키는 심적 내용의 흐름이다. 또 하나는 정서를 구성하고 궁극적으로 느낌을 이끌어 내는 반응 그 자체이다. 이 사슬은 정서의 촉발에서 출발하여 정서의 실행으로 이어지고 뇌의 체성 감각 영역의 적절한 곳에 느낌을 위한 기질을 마련하는 것으로 귀착된다.

그런데 재미있는 것은 이 절차가 느낌을 조합해 내는 단계에 도달하게 되면 다시 심적 영역——정상 상태에서 정서의 전체적인 우회로가 시작되는 생각의 흐름이 있는 곳——으로 되돌아오게 된다는 것이다. 느낌은 정서를 촉발하는 대상이나 사건과 마찬가지로 심적인 것이다. 심적 현상으로서 느낌이 가지고 있는 독특한 측면은 느낌의 원천과 내용이 신체의 실제 상태 또는 뇌의 체성 감각 영역에 지도화된 상태라는 점이다.

우울의 늪에 빠지다

최근에 진행된 몇몇 신경학 관련 연구들이 정서의 실행을 조절하는 기구에 대하여 보다 상세한 고찰을 가능하게 해 주었다. 가장 인상적인 것 중 하나는 파킨슨병 환자인 65세의 여성에게서 얻은 관찰 결과였다. 이 환자의 증상을 경감시키려는 과정에서 정서의 생성 메커니즘과 정서와 느낌의 관계에 대한 통찰을 얻을 수 있으리라고는 아무도 생각하지 못했다.

흔히 일어나는 신경 질환인 파킨슨병은 정상적인 움직임을 어렵게 만드는 질병이다. 마비 대신 근육의 경직과 진전(振顫)이 일어나며, 무엇보다 중요한 것으로 운동을 개시하는 데 어려움을 가져오는 무운동증(akinesia)이 나타난다. 또한 움직임이 느려지는 운동느림증(bradykinesia) 증상을 보인다. 파킨슨병은 예전에는 치료가 불가능했다. 그러나 지난 30여 년 동안 신경 전달 물질인 도파민의 전구체인 레보도파(levodopa)라는 화학 물질을 함유한 약물을 사용함으로써 이 병의 증상을 경감시킬 수 있었다. 마치 당뇨병 환자의 혈액 내에 인슐린이 부족하듯 파킨슨병 환자의 뇌의 회로에는 도파민이 결여되어 있다.(흑색질(substantia nigra)의 치밀 부분(pars compacta)의 도파민을 생성하는 신경세포들이 죽어 버려서 또 다른 뇌의 영역인 기저핵(basal ganglia)에서 도파민을 이용할 수 없게 된 상태이다.) 그런데 불행히도 도파민이 결핍된 뇌의 회로에서 도파민 농도를 증가시키는 약물이 모든 환자에게 도움을 주지는 않는다. 또한 약이 효과를 나타내는 환자의 경우에도 시간이 흐를수록 약효가 사라지거나 약물 때문에 병의 증상 못지않게 심각한 운동 장애가 발생하기도 한다. 그렇기 때문에 파킨슨병의 몇 가지 다른 치료법이 개발되고 있는데, 그중 특히 전도유망한 것이 아주 작은 전극을 파킨슨병에 걸린 환자의 뇌간에 이식시키고 강도는 낮되 주파수는 높은 전류를 흘려 주는 방법이다. 그렇게 함으로써 일부 운동핵의 동작 양상을 변화시킬 수 있다. 놀랍게도 전류를 흘려 주면 증상이 마술처럼 사라진다. 환자는 손을 정확하게 움직일 수 있고 걸음걸이도 아주 정상적이어서 환자를 처음 본 사람이라면 환자가 이전에 문제가 있었다는 사실을 전혀 알아채지 못할 정도다.

전극의 접촉부 위치를 정확하게 잡아 주는 것이 이 치료법의 핵심이다. 외과 의사는 입체 정위 장치를 사용해서 조심스럽게 전극을 뇌간의 일부인 중뇌(midbrain, 중간뇌)로 이동시킨다. 두 개의 길쭉한 모양의 세로로 정렬된 전극을 하나는 뇌간의 왼편에, 또 하나는 오른편에 배치한다. 전극들은 각각 네 개의 접촉부를 가지고 있다. 각각의 접촉부는 서로 2밀리미터씩 떨어져 있으며 전류의 흐름에 따라서 각각 독립적으로 자극을 받을 수 있다. 각 접촉부에 자극을 전달함으로써 원치 않는 증상을 일으키지 않고 치료 효과를 극대화할 수 있는지 확인할 수 있다.

지금부터 여러분에게 들려줄 흥미로운 이야기는 파리에 있는 살페트리에르 병원에 있는 나의 동료 이브 아지드(Yves Agid)가 연구한 한 환자의 사례이다. 환자는 65세 된 여성으로, 오랫동안 파킨슨병 증상을 보여 왔으며, 더 이상 레보도파에 반응하지 않는 상태였다. 그녀는 파킨슨병이 발병하기 전후로 우울증 병력이 전혀 없었으며 심지어 레보도파를 복용하는 사람들에게서 흔히 나타나는 기분의 변화조차도 경험하지 않았다. 그녀 자신이나 가족들에게서 정신과적 병력은 찾아볼 수 없었다.

전극이 제자리에 배치된 후 처음에 그녀는 같은 의료진에게 동일한 시술을 받은 19명의 다른 환자들과 비슷한 양상을 보였다. 전극의 접촉부 가운데 하나가 그녀의 증상을 극적으로 줄여 주는 것으로 나타났다. 그런데 환자의 뇌 왼편에 위치한 네 개의 접촉부 중 하나, 즉 조금 전에 환자의 증상을 상당히 완화시켜 준 접촉부에서 2밀리미터 아래에 위치한 접촉부에 전류가 흘러 들어가자 전혀 예기치 못한 일이 발생했다. 의료진과 대화를 나누고 있던 환자가 갑자기 말을 뚝 끊더니 시선을 아래로 떨어뜨린 다음, 이내 오른쪽으로 돌렸다. 그러고는 약간 오른쪽으로 몸을 기댔다. 그녀는 갑자기 슬픔의 정서를 표현하기 시작했고 몇 초 후에는 울기 시작했다. 눈물이 줄줄 흘러나왔고, 깊은 슬픔과 비참함을 암시하는 몸가짐과 행동을 보이기 시작했다. 그러더니 소리 내어 흐느꼈다. 흐느낌이 계속되자 그녀는 자신이 아주 슬프고 삶에 완전히 지치고 절망한 상태이며, 살아갈 힘이 더 이상 남아 있지 않다고 하소연하기 시작했다. 무슨 일이냐고 묻자 그녀는 다음과 같이 대답했다.

제 자신이 완전히 무너지는 것 같아요. 더 이상 살고 싶지 않습니다. 아무것도 보고 싶지도, 듣고 싶지도, 느끼고 싶지도 않아요. …… 이제 사는 데 진저리가 납니다. 이만하면 됐어요. …… 더 이상 살고 싶지 않아요. 삶에 욕지기가 날 정도라고요. 모든 게 다 쓸데없어요. 소용없는 일이라고요. …… 나는 무가치한 인간이에요. 난 세상이 두려워요. 구석에 숨고 싶어요. …… 나 자신을 생각하면 자꾸 눈물이 납니다. 제게 무슨 희망이 있습니까? 저를 위해 이런 수고를 하지 마세요.

치료를 담당한 의사는 이 갑작스러운 사태가 전류 때문인 것을 깨닫고 전류 공급을 중단시켰다. 전류의 공급이 중단되고 약 90초가 흐른 뒤 환자의 행동은 정상으로 돌아왔다. 흐느낌은 시작할 때와 마찬가지로 끝날 때도 갑작스럽게 끝났다. 순식간에 그녀는 긴장이 풀린 듯한 모습을 보였고 미소를 지었다. 그러고 나서 5분쯤 지나자 그녀는 쾌활하고 심지어 장난기까지 어린 모습을 보였다. 대체 이게 무슨 조화란 말인가? 그녀는 조금 전 끔찍한 기분이 들었는데 그 이유를 알 수 없었다고 말했다. 대체 그녀에게 억제할 수 없는 절망감을 느끼게 한 것은 무엇이란 말인가? 그녀는 관찰자들만큼이나 당혹해 했다.

그러나 그녀의 의문에 대한 답은 아주 명확했다. 전류가 의사들의 의도대로 뇌의 일반적인 운동 조절 부위로 흘러 들어간 대신 특정 종류의 활동을 조절하는 뇌간 핵으로 흘러 들어간 것이다. 그리고 그 활동의 조합이 다름 아닌 슬픔이라는 정서를 만들어 낸 것이다. 그 활동의 레퍼토리에는 울거나 흐느끼는 데 필요한 안면 근육 조직 및 입, 인두, 후두, 횡경막의 운동, 그리고 눈물을 생성하고 내보내는 데 필요한 다양한 활동이 포함된다.

주목할 만한 점은 마치 외부의 스위치가 켜지자 그에 맞추어 내부의 스위치도 켜진 듯한 양상을 보였다는 점이다. 이 전체적인 활동의 레퍼토리는 미리 철저하게 예행 연습을 한 연주처럼 정확하게 제 시간과 장소에 맞추어 등장함으로써 모든 면에서 볼 때 슬픔을 일으킬 만한 생각, 정서적으로 유효한 자극이 진짜로 존재하는 것처럼 나타나게 된다. 물론 그 예기치 않은 사건이 벌어지기 전에 그와 같은 생각은 존재하지 않았으며 심지어 환자는 자발적으로 그와 같은 생각을 하는 경향조차 없었다. 정서와 관련된 생각은 오직 정서가 발생된 이후에 나타난 것이다.

햄릿은 개인적으로 아무런 이유가 없는데도 어떤 정서를 그려 내는 배우의 능력에 대해 놀라움을 표시했다.

"지금 저 배우를 보라. 기가 막히지 않는가? 단지 허구 속에서, 열정의 꿈속에서 자신의 영혼을 상상 속으로 몰아붙여서 스스로 헤쿠바가 되어 얼굴은 창백해지고, 눈에는 눈물이 넘치고, 정신은 산란해지고, 목소리가 갈라지고, …… 그 자신이 완전히 상상 속의 인물이 되어 가고 있다."

배우는 그와 같은 정서를 나타낼 아무런 개인적인 이유가 없다. 그는 단지 헤쿠바라고 하는 극중 인물의 운명에 대해서 이야기할 뿐이었다. 햄릿의 말마따나 "그에게 헤쿠바가 무슨 의미이며, 헤쿠바에게 그가 무슨 상관이 있단 말인가?" 그러나 그 배우는 실제로 슬픈 생각을 그의 마음속에 불러냈고, 그것은 곧 정서를 촉발시켰으며, 배우로서의 기교를 부려 그 정서를 연기했다. 그런데 이 환자의 경우에는 전혀 그러한 상황이 아니었다. 정서가 일어나기 전에 어떤 '상상(conceit)'도 없었다. 그녀의 행동을 유도해 낼 만한 어떤 생각도 존재하지 않았다. 어떤 고통스러운 생각도 그녀의 마음속에 자발적으로 떠오르지 않았으며, 그와 같은 생각을 마음속에 그려 보라는 요청을 받지도 않았다. 놀랄 만큼 복잡하게 표현되는 그녀의 슬픔은 실제로는 그 어떤 것으로부터도 비롯되지 않았다. 그리고 역시 중요한 사실로서, 슬픔의 **표현**이 완전하게 조직되어 진행된 후에 환자는 그 슬픔을 느끼기 시작했다는 것이다. 또 역시 중요한 사실로서, 자신이 슬프다는 사실을 이야기한 후 그녀는 그 슬픔에 걸맞은 생각을 해내기 시작했다. 자신의 질병에 대한 근심, 피로감, 삶에 대한 실망, 절망 등을 말이다.

이 환자에게 일어난 사건의 순서를 보면 슬픔이라는 정서가 먼저 나타나고 슬픔에 대한 느낌이 그 뒤를 따르며, 이때 보통 슬픔이라는 정서를 유발하거나 그와 같은 정서와 동반하는 생각, 우리가 흔히

'슬프다'고 말하는 마음의 상태를 규정하는 생각들이 함께 나타났다. 그런데 자극이 중단되자 슬픔의 표현 역시 점점 수그러들어 사라져 버렸다. 정서가 사라지고 느낌도 사라졌다. 또한 고통스러운 생각들 역시 흩어져 버렸다.

이 보기 드문 신경학적 사례의 중요성은 명백하다. 정상적인 상황에서는 정서가 일어난 후 느낌 및 관련된 생각에 자리를 내주는 속도가 너무나도 빠르기 때문에 이 현상의 적절한 순서를 분석하는 것이 어렵다. 보통 정서의 원인이 되는 생각이 마음에 떠오르고, 그것이 정서를 유발하고, 느낌을 만들어 내고, 동시에 정서와 관련된 생각을 불러일으키며, 이번에는 그 생각이 정서적 상태를 증폭시킨다. 마음에 떠오른 생각은 심지어 추가적인 정서를 일으키는 독립적인 자극으로 작용하기도 한다. 그리하여 진행 중인 정서적 상태를 더욱 강렬하게 만드는 것이다. 정서가 증폭되면 느낌도 더욱 증폭된다. 그리고 주의가 다른 곳으로 전환되거나 이성이 작용할 때까지 이 순환 과정은 계속되는 것이다. 이러한 일련의 현상들——정서를 유발하는 생각, 정서적 행동, 느낌이라는 마음의 현상, 느낌과 일치하는 생각——이 완전히 진행되고 있는 동안에 우리가 자기 관찰을 통해서 어떤 것이 먼저 나타나는지 알아낸다는 것은 무척 어려운 일이다. 이 여성 환자의 사례는 우리가 겹겹이 포개진 현상들을 꿰뚫어 볼 수 있는 기회를 마련해 주었다. 그녀는 슬픔이라는 정서를 갖기 전에 슬픔을 유발할 만한 생각이나 느낌을 전혀 갖지 않았다. 이 증거는 신경적 정서 촉발 메커니즘의 상호 연관적인 자율성을 보여 주는 동시에 느낌이 정서에 의존한다는 사실을 지지해 준다.

이 시점에서 환자의 정서와 느낌이 적절한 자극으로 인해 촉발된 것이 아니라고 한다면, 우리는 왜 이 환자의 뇌가 일반적으로 슬픔을 유발시키는 생각을 떠올렸는지에 대해 의문을 가져 볼 만하다. 그 대답은 아마도 느낌의 정서에 대한 의존성과 인간의 미묘한 기억 메커니즘과 관련되어 있을 것이다. 슬픔이라는 정서가 전개되면, 슬픔에 대한 느낌이 재빨리 그 뒤를 따른다. 그리고 즉시 뇌는 보통 슬픔이라는 정서와 슬픔의 느낌을 일으키는 생각들을 불러일으킨다. 그 이유는 연상 학습(associative learning)을 통해 정서와 생각이 풍부한 쌍방향 연결망으로 연결되었기 때문이다. 특정 생각은 특정 정서를 불러일으키고 반대로 특정 정서는 특정 생각을 불러일으킨다. 절차의 인지적·정서적 수준은 계속해서 이런 방식으로 연결되어 있다. 폴 에크먼(Paul Ekman)과 동료들의 연구에서 나타났듯이, 이 같은 효과는 실험적으로 증명될 수 있다. 에크먼은 피험자들에게 얼굴의 특정 근육을 정해진 순서대로 움직이도록 지시했다. 그 결과 피험자들은 자신도 모르게 행복이나 슬픔, 공포 중 한 가지 표정을 짓게 되었다. 피험자는 자신의 얼굴에 어떤 표정이 나타나는지 알지 못했다. 그들의 마음에는 표현된 정서를 유발할 만한 생각이 존재하지 않았다. 그러나 피험자들은 자신의 얼굴에 나타난 정서에 맞는 느낌을 느끼게 되었다.[32] 이 경우에 일부의 정서 패턴이 먼저 나타난 것이라는 사실에는 의심할 여지가 없다. 정서는 실험자가 조절하는 대로 나타났으며 피험자 때문에 동기 유발된 것이 아니었다. 일부 느낌이 그 뒤를 따랐다. 이 모든 것은 리처드 로저스와 오스카 해머스타인(뮤지컬 「왕과 나」의 작곡가와 작사가—옮긴이)의 지혜에 부합한다. 그들은 애나(그녀는 왕자들과 공주들을 가르치기 위해서 시암 왕국으로 왔다.)의 입을 빌어 유쾌한 곡조를 휘파람으로 불면 두려움이 자신감으로 바뀔 것이라고 말했다.

"이 속임수의 결과는 정말이지 놀랍단다. 내가 두려워하는 사람을 속이고자 할 때 나 자신도 함께 속아 넘어가기 때문이지."

심리적으로 동기 유발된 것이 아닌 '연기된' 정서 역시도 느낌을 유발하는 힘을 지니고 있다. 표정은 느낌을 그려 내고 그와 같은 정서의 표현과 부합하는 것으로 학습된 생각을 불러낸다.

주관적인 관점에서 볼 때, 전극을 활성화했을 때 환자가 나타냈던 상태는 어떤 면에서 우리가 까닭 없이 어떤 기분이나 느낌을 갖게 되는 상황과 흡사하다. 가끔 우리는 특별히 기분이 좋고 희망과 활기가 넘치는데 그 이유는 알 수 없는 때가 있다. 반대로 도대체 이유를 알지 못한 채 기분이 우울하고 신경이 날카로운 적도 있다. 이 경우 아마도 마음을 어지럽히는 생각이나 희망적인 생각은 우리의 의식 영역 바깥에서 작용하는 것으로 보인다. 그러나 그 의식 바깥의 생각은 정서의 기구를 촉발시킬 수 있으며, 그로 인하여 느낌을 일으킬 수 있다. 우리는 그와 같은 정서 상태의 기원을 깨닫게 되기도 하지만 그렇지 못한 경우도 있다. 20세기의 상당 기간 동안 수많은 사람들이 이 무의식적 생각과 그 생각을 만들어 내는 무의식적 갈등에 대해 좀 더 많은 것을 알아내고자 정신분석학자 앞에 놓인 기다란 의자 위로 몰려들었다. 오늘날 많은 사람들은 딱한 호레이쇼의 철학(『햄릿』의 1막 5장에서 아버지의 유령을 만난 햄릿이 친구들에게 유령의 존재를 보여 준 후, 놀란 호레이쇼에게 "호레이쇼, 천상과 지상에는 자네의 철학으로 꿈도 꾸지 못한 많은 것들이 있다네."라고 말했다.—옮긴이)에는 존재하지 않는 많은 생각들이 마음의 천상과 지상에 존재한다는 사실을 받아들이고 있다. 그리고 정서를 일으키는 생각을 식별할 수 없을 때 우리는 설명할 수 없는 정서와 느낌을 맞닥뜨리게 된다. 그러나 다행히도 이러한 정서와 느낌은 그 강도가 약하고 덜 갑작스러운 편이다.

유별난 현상을 보여 준 여성 환자를 담당하고 있던 의사와 연구자들은 이 사례에 대해서 추가 연구를 진행했다.[33] 이 환자에게 이식된 전극의 다른 접촉부에 자극을 전달했을 때는 그와 같은 반응이 나타나지 않았다. 마찬가지로 같은 시술을 받은 다른 19명의 환자들에게서도 그와 같은 현상은 일어나지 않았다. 환자의 동의를 얻어서 실시한 두 차례의 실험을 통해서 의사와 연구자들은 다음 두 가지 사실을 확인하게 되었다. 첫째, 그들이 환자에게 문제의 전극 접촉부를 자극할 것이라고 말한 후 실제로는 다른 전극의 스위치를 켰을 때는 아무런 특이 행동이 나타나지 않았다. 연구자들도 아무런 이상을 발견하지 못했고 환자도 아무런 이상을 보고하지 않았다. 둘째, 예고 없이 문제의 접촉부에 전류를 흘리자 예기치 않게 일어났던 최초의 사건과 같은 상황이 벌어졌다. 이것은 분명 전극의 위치와 전극의 활성이 그와 같은 현상과 밀접하게 관련되어 있다는 증거라고 할 수 있다.

연구자들은 또한 문제의 접촉부를 자극한 후 기능적 영상 연구(양전자 방출 단층 촬영술(positron emission tomography, PET)을 이용)를 실시했다. 이 연구에서 얻은 중요한 사실은 오른쪽 두정엽에 있는 특정 영역의 두드러진 활성화이다. 이 영역은 몸의 상태를 지도화하는 데 관여하며, 특히 몸의 공간적 상태를 주로 담당한다. 따라서 이 영역의 활성화는, 자극을 주었을 때 환자가 끊임없이 호소하는 몸 상태의 두드러진 변화, 구멍 속으로 빠지는 것 같다는 느낌과 관련이 있는 것으로 보인다.

한 명의 환자에게서 얻은 연구 결과의 과학적 가치는 제한적일 수밖에 없다. 이와 같은 증거는 대개 연구의 종착점이 아니라 새로운 가설이나 설명을 도출하는 출발점이라고 볼 수 있다. 그러나 이 사례에서 나타난 증거는 상당히 가치 있는 것이다. 그 증거는 정서와 느낌의 절차가 각 부분으로 분석될 수 있다는 생각을 지지해 주었다. 또한 각 정신적 기능은 뇌의 단일 영역에서 관장하는 것이라는 골상학적(phrenological) 인식 대신 모든 복잡한 정신적 기능은 중추 신경계의 다양한 수준에 걸쳐 있는 뇌의 수많은 영역의 조화로운 참여에 따라 이루어지는 것이라는 인지신경과학의 근본적인 개념을 강화해 주었다.

뇌간 스위치

앞에 묘사한 환자의 경우에 뇌간의 어떤 핵이 정서적 반응을 시작했는지는 명확하지 않다. 문제의 전극 접촉부는 흑색질에 직접 닿아 있는 것으로 보였다. 그러나 전류 자체는 근처의 다른 부위로 흘러 들어갔을 수도 있다. 중추 신경계의 매우 작은 영역인 뇌간은 각기 다른 기능을 담당하는 핵과 신경 회로로 빽빽하게 구성되어 있다. 이 핵들 가운데 일부는 매우 작아서 해부학적으로 극히 작은 변화만 일어나도 자극 흐름의 경로에 중대한 변화를 일으킬 수 있다. 그러나 반응이 중뇌에서 시작되어 정서의 몇몇 구성 요소를 생성하는 데 필요한 다른 핵들을 점차로 끌어들인다는 것은 의심의 여지가 없다. 심지어 동물 실험에서 얻은 사실을 미루어 볼 때 수도관 주위 회색질(periaqueductal gray, PAG)이라는 영역의 핵이 잘 협응된 정서의 생성에 관여하는 것으로 나타났다. 예를 들어서 수도관 주위 회색질에 있는 서로 다른 기둥(column, 같은 기능을 수행하는 신경세포들이 기둥 형태로 모여 있는 구조를 지칭한다.—옮긴이)이 서로 다른 종류의 공포 반응— '투쟁 및 도피'의 행동을 나타내느냐, 얼어붙는 행동을 보이느냐—에 관여한다는 사실을 우리는 알고 있다. 수도관 주위 회색질은 슬픔 반응에 관여하는 것 같기도 하다. 어찌되었든 정서에 관련된 중뇌의 핵 중 하나에서 정서의 최초의 실마리가 시작되고 그 다음 연쇄적으로, 눈에 보이지 않는 화학적 시스템은 말할 것도 없이 얼굴, 발성 기관, 흉강 등 신체의 여러 영역으로 빠르게 퍼져 나간다. 그리고 이러한 변화에 따라서 특정 느낌 상태에 도달하게 된다. 뿐만 아니라 슬픔의 정서와 슬픔의 느낌이 전개되면서 환자는 슬픔과 관련된 생각을 떠올렸다. 이 연쇄적 반응은 대뇌 피질 대신 피질 하부 영역에서 시작되었다. 그러나 그 효과는 비극적 사건에 대해 생각하거나 그와 같은 사건을 목격했을 때 생성되는 효과와 유사하다. 그 시점에 정서를 나타내는 사람을 보게 된다면 아무도 그것이 자연적인 정서-느낌 상태인지, 타고난 배우의 숙련된 연기로 만들어진 정서-느낌 상태인지, 아니면 전기 스위치가 촉발하는 정서-느낌 상태인지 구분할 수 없을 것이다.

웃음보가 터지다

혹시 울음이나 슬픔에만 뭔가 특별한 것이 있지 않을까 생각하는 사람들을 위해 위에서 분석한 것과 동일한 현상이 웃음에서도 나타난다는 사실을 덧붙인다. 그것은 이츠하크 프리드(Itzhak Fried)의 연구에서 드러났다.[34] 위의 사례와 상당히 유사한 상황이었는데 이번에도 의사가 환자의 뇌에 전기 자극을 가하는 도중에 예기치 않은 현상이 발생했다. 단, 뇌에 전기 자극을 가하는 목적은 조금 달랐다. 의사는 더 이상 약물에 반응하지 않는 간질 환자를 치료하기 위해 간질을 일으키는 뇌 부위를 제거하는 수술을 실시할 계획이었다. 그리고 그 일환으로 대뇌 피질의 기능을 지도화했다. 수술을 시작하기 전에 의사는 제거할 뇌 부위를 정확하게 찾아내야 할 뿐만 아니라 제거되어서는 안 될 중요한 기능을 하는 부위, 예를 들어서 말하기와 관련된 영역 등도 역시 정확히 찾아내야 한다. 그 일을 수행하기 위해서 의사는 뇌의 각 영역을 전류로 자극하고 그 결과를 관찰했다. A.K.라는 환자의 특별한 사례에서 의사가 좌반구의 두정엽에 있는 보조 운동 영역(SMA)을 자극하기 시작했다. 그런데 몇몇 인접 부위에 전기 자극을 가할 때마다 환자는 웃음을 터뜨렸다. 다른 부위가 아닌 오직 이 몇몇 특정 부위에서만 그러한 반응을 보였다. 그 웃음은 너무나도 진짜 같고 자연스러워서 옆에 있는 사람들까지 따라 웃게 만들 정도였다. 갑작스럽게 터져 나온 웃음은 전혀 예기치 않은 것이었다. 환자가 우스운 장면을 보거나 우스운 이야기를 들은 것도 아니었고, 그렇다고 스스로 웃음이 나올 만한 재미있는 생각을 한 것도 아니었다. 그런데 아무런 동기가 없는데도 진짜 웃음, 현실적인 웃음이 터져 나온 것이었다. 주목할 만한 것은 앞서 설명했던 울음을 터뜨렸던 환자의 경우와 마찬가지로 아무 이유 없이 시작된 웃음이 진행되자 '즐겁고 유쾌한 느낌'이 뒤따랐다고 한다. 그리고 흥미롭게도 환자에게 전기 자극이 가해졌을 때 환자가 집중하고 있던 대상이, 그것이 무엇이든 간에, 웃음의 원인으로 지목되었다. 예를 들어서 환자가 때마침 말의 사진을 보았다면 그녀는 "말이 너무너무 우습다."라고 말했다. 어떤 경우에는 다름 아닌 연구자가 정서적으로 유효한 자극이 되기도 했다. 환자는 이렇게 말했다. "아, 당신들 왜 그렇게 웃겨요? 그렇게 죽 늘어서서 말이에요."

웃음을 유발하는 뇌의 부위는 그리 넓지 않다. 가로와 세로 각각

2센티미터가량 되는 넓이이다. 그 근처 영역에 전기 자극을 가하면 말을 하지 못하거나 손을 움직이지 못하는 등의 잘 알려진 현상이 나타났다. 그리고 환자가 발작을 일으킬 때에는 전혀 웃음이 나오지 않았다.

앞서 설명한 논리적 틀에서 볼 때, 나는 이 연구에서 식별된 뇌의 부위들을 자극할 경우 웃음에 대한 운동 유형을 생성할 수 있는 뇌간 핵의 활동이 유도될 것이라 믿는다. 정확히 어떤 뇌간 핵들이 관여하고 그들의 활동 순서가 어떻게 되는지는 웃음에 대해서든 울음에 대해서든 명확히 밝혀지지 않았다. 이 연구들을 취합하여 검토해 보면 여러 층으로 이루어진 신경 메커니즘이 정서의 생성 과정에 작용한다는 사실을 어렴풋이 깨달을 수 있다. 정서적으로 유효한 자극을 처리한 다음 피질 부위가 다른 부위의 활동을 촉발함으로써 진짜 정서를 유발한다. 이 다른 부위들은 대부분 피질 하부 영역으로, 궁극적으로 정서의 실행이 이루어지는 영역들을 말한다. 웃음의 경우 최초의 촉발 부위는 내측 및 복측 전전두엽 영역, 즉 보조 운동 영역과 전방 대상 피질 등에 위치하는 것으로 보인다. 한편 울음의 경우 중요한 촉발 부위는 내측 및 복측 전두엽 영역 쪽에 있는 듯하다. 웃음이나 울음 모두 그 주요 실행 부위는 뇌간 핵이다. 우연히도 이 연구에서 밝혀진 증거는 보조 운동 영역이나 전방 대상 피질에 손상을 입은 환자들에 대한 나의 관찰 결과와 일치했다. 그와 같은 환자들은 '자연스러운' 미소—우스운 이야기를 들었을 때 저절로 떠오르는 미소—를 짓는 데 어려움을 느낀다. 그들의 미소는 마치 사진 찍을 때 '김치'라고 말하면서 짓는 가짜 웃음과 비슷하다.[35]

여기에서 논의된 연구들은 정서와 느낌이라는 절차의 단계와 메커니즘—자극을 가늠/평가하고, 그에 따라 정서적으로 유효한 자극을 식별해 내고, 정서를 촉발하고 실행하며, 그에 따른 느낌이 나타나는 것—을 따로 떼어 내 분리할 수 있음을 증명하고 있다. 웃음 연구에서의 인공적인 전기 자극은, 웃음을 일으키는 자극이 그 자극을 처리하고 보조 운동 영역으로 투사하는 뇌 영역들의 활동의 도움으로 자연스럽게 생성해 내는 신경적 결과를 흉내 낸다. 자연스러운 웃음의 경우 자극은 내면에서 온다. 한편 A.K.라는 환자의 경우에 자극은 전극의 끝에서 왔다. 울음을 터뜨린 환자의 경우, 전기적 자극은 좀 더 나중 단계, 즉 정서의 실행 단계 또는 정서 촉발 단계에서 한 걸음 더 나아간 단계에서 관여한 것으로 보인다.

웃다가 울다가

또 다른 종류의 신경학적 사고를 통해 우리는 정서와 관련한 뇌간 스위치의 비밀을 또 한번 들여다볼 기회를 가지게 되었다. 그것은 병적 웃음 또는 울음이라고 알려진 증상과 관계된 것으로서, 신경학의 역사가 시작된 이래로 오랫동안 사람들에게 알려져 왔던 문제이다. 그러나 뇌의 해부학적 구조 및 생리학적 측면에서 이 문제를 설명할 수 있게 된 것은 최근의 일이다. 조지프 파비치(Josef Parvizi)와 스티븐 앤더슨(Steven Anderson), 그리고 나의 협동 연구의 대상이었던 C라는 환자는 이 문제에 대한 완벽한 예증을 제공했다.[36]

C의 뇌간 부근에 경미한 뇌졸중이 일어나자, 처음 그를 담당했던 의사는 C가 운이 좋았다고 생각했다. 뇌간의 뇌졸중 가운데 일부는 치명적이며 목숨을 건지더라도 심각한 장애를 얻게 되는 것이 보통이다. 따라서 환자의 뇌졸중이 약간의 운동 기능 이상을 초래했으며

그 증상도 경감될 가능성이 있다는 것은 분명 좋은 소식이었다. 실제로 환자의 병세는 예상했던 경로를 밟아 나갔다. 그런데 전혀 예상하지 못했고 다루기 녹록치 않은 증상이 나타나 환자와 가족, 의료진을 크게 당황하게 만들었다. C는 아무런 짐작할 만한 원인 없이 갑자기 사람들의 주목을 끌 만큼 울어 대거나 역시 구경거리가 될 만큼 크게 웃음을 터뜨리곤 했다. 급작스러운 웃음이나 울음의 동기는 불분명할 뿐만 아니라 그 정서적 가치 역시 그가 처한 상황의 감정적 흐름과 정반대되는 것이었다. 그의 건강이나 재정 문제에 대한 심각한 논의 도중에 갑자기 글자 그대로 피식 웃음을 터뜨리더니 스스로도 억제하지 못하고 웃어 댔다. 마찬가지로 그는 아무것도 아닌 가벼운 잡담을 나누다가 갑작스럽게 흐느끼곤 했다. 이 경우에도 역시 스스로 그와 같은 반응을 억누를 수 없었다. 어떤 경우에는 웃음과 울음이 거의 쉴 틈 없이 번갈아 가며 터져 나오기도 했다. C가 잠깐 멈추어 숨을 돌리고 이 모든 웃음과 울음이 진짜가 아니며 이와 같은 이상한 행동을 정당화해 줄 어떤 생각도 그의 마음속에 존재하지 않는다는 사실을 설명할 겨를조차 주지 않았다. 당연한 이야기이지만 C의 뇌에는 전류가 연결되어 있지도 않았고 누군가가 스위치를 올리지도 않았다. 그런데 그 결과는 앞서 나타난 사례와 동일했다. 뇌간과 소뇌의 핵으로 이루어진 신경 시스템이 손상되어 C는 적절한 심적 원인 없이 이와 같은 정서를 나타내게 되었고, 그 정서를 통제하는 데에 어려움을 느끼게 되었다. 역시 중요한 사실로서 웃음이나 울음의 폭발이 시작될 무렵에는 행복감이나 슬픔을 느끼지 않았고, 즐거운 생각이나 고민이 되는 생각을 마음에 담아 두지 않았는데도 울음이나 웃음의 끝에는 결국 슬프거나 들뜬 느낌을 갖게 된다. 이번에도 역시 아무런 동기 없이 일어난 정서가 느낌을 생성해 내고 몸의 활동

레퍼토리와 꼭 들어맞는 생각을 불러일으켰던 것이다.

우리가 사회적·인지적 상황에 맞추어 웃음이나 울음을 조절할 수 있도록 해 주는 정교한 메커니즘은 한동안 신비의 대상이었다. 이 환자에 대한 연구는 그 신비의 커튼을 조금이나마 걷어올려서 이 메커니즘을 조절하는 데에 뇌교(pons, 다리뇌)와 소뇌에 있는 핵들이 중요한 역할을 한다는 사실을 보여 주었다. 비슷한 병소를 갖고 있으며 같은 상황에 놓인 다른 환자들에 대한 후속 연구 결과는 이 결론을 더욱 굳건히 해 주었다. 조절 메커니즘은 다음과 같이 상상할 수 있다. 뇌간 안에서 핵과 회로로 이루어진 시스템들의 스위치가 켜지면서 전형적인 웃음 또는 울음을 발생시킨다. 그 다음 소뇌에 있는 또 다른 시스템이 기본적인 웃음과 울음 장치를 조절한다. 이를테면 웃음이나 울음의 문턱(threshold), 그리고 웃음 및 울음의 요소가 되는 일부 행동의 강도나 지속 시간을 변화시킴으로써 조절이 이루어진다.[37] 정상 상황에서 이 시스템은 대뇌 피질의 활동에 영향을 받는다. 대뇌 피질의 몇몇 부분이 한 팀으로 움직이면서 주어진 상황에서 정서적으로 유효한 자극이 특정 종류의 웃음 또는 울음을 많거나 적게 일으키도록 하는 배경을 조성한다. 그러면 이번에는 시스템이 대뇌 피질 자체에 영향을 미친다.

C의 사례는 정서에 선행하는 가늠 절차와 우리가 고려해 왔던 정서의 실행 단계 사이의 상호 작용을 엿볼 기회를 마련해 준다. 가늠 절차는 뒤이어 일어나는 정서적 상태를 조절할 수 있고, 한편 그 정서적 상태로부터 조절을 받기도 한다. C의 경우와 같이 가늠과 실행 절차가 분리될 때 그 결과는 매우 혼란스럽다.

이전의 사례가 행동 및 심적 절차가 다요소(multicomponent) 시스템에 의존한다는 사실을 드러내 주었다면, 이번 사례는 어떻게 그와 같은 절차들이 그들 요소들 간의 복잡한 상호 작용에 의존하는지를 보여 준다. 우리는 단일 '중추(center)'라는 개념으로부터 한참 떨어져 있으며 신경 경로가 단일한 방향으로 작용한다는 생각과도 멀찌감치 떨어져 있다.

활동하는 몸에서 마음으로

이 장에서 우리가 논의한 현상들——협의의 정서, 욕구, 좀 더 단순한 조절 반응——은 몸이라는 무대 위에서 진화에 의해 설계된, 타고나기를 총명한 뇌의 지도에 따라 몸의 관리를 돕기 위한 연기를 펼친다. 스피노자는 직관을 통해서 그와 같은 타고난 신경생물학적 지혜에 도달했으며, 그 직관을 코나투스에 대한 설명에서 다음과 같이 집약했다. 모든 살아 있는 생명체는 의식적으로 알아채지 않고도, 또 스스로 결정하지 않고도 개체 자신을 보존하기 위한 활동을 수행할 수 있다. 간단히 말해서 생명체는 자신이 해결하고자 하는 문제가 무엇인지 알지 못한다는 것이다. 그와 같은 타고난 지혜의 결과가 다시 뇌에 지도로 나타날 때 그것이 바로 우리 마음의 기초가 되는 요소인 느낌이다. 곧 살펴보게 되겠지만 느낌은 궁극적으로 자기 보존을 위한 의도적인 노력과 어떤 식으로 자기 보존을 이룩해 나갈지에 대한 의도적인 선택을 이끌어 나가게 된다. 느낌은 자동적인 반응인 정서를 어느 정도 의지로서 조절할 수 있는 방법의 길을 열어 준다.

진화는 정서와 느낌이라는 뇌의 기구를 순차적으로 조립한 듯하다. 첫 번째가 어떤 사물이나 상황에 부딪혔을 때 그 사물이나 사건에 대한 반응을 만들어 내는 기구, 즉 정서의 기구이다. 두 번째는 반응에 대한, 또는 반응의 결과인 생명체의 상태에 대한 뇌의 지도, 그리고 뒤를 이어 심상을 생성해 내는 기구, 즉 느낌이라는 기구이다.

첫 번째 도구인 정서는 생물로 하여금 삶에 이바지하거나 삶을 위협하는 수많은 상황들—'삶에 이로운' 또는 '삶에 해로운' 상황, 그리고 '삶에 이로운' 또는 '삶에 해로운' 결과—에 대하여 효과적이기는 하지만 별로 창의적이지 못한 방법으로 대처하도록 한다. 두 번째 도구인 느낌은 이롭거나 해로운 상황에 대한 심적 경계를 발하고 주의 및 기억에 지속적인 영향을 줌으로써 정서의 영향을 연장시킨다. 과거에 대한 기억, 상상, 추론 등의 풍요로운 조합 덕택에 느낌은 궁극적으로 통찰을 낳고 새롭고 독특한 반응을 만들어 낼 가능성에 도달하도록 한다.

새로운 도구가 추가될 때 종종 볼 수 있는 것처럼 자연은 정서의 기구를 시작점으로 해서 몇몇 새로운 요소들을 땜질해 붙여 나갔다. 시작점은 정서이다. 그런데 정서의 시작점은 행위(action)이다.

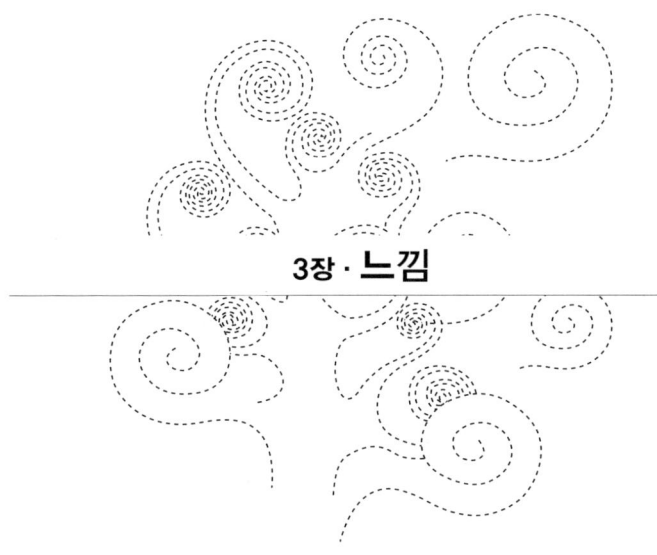

3장 · 느낌

느낌의 정의

　느낌이 무엇인지 설명하기에 앞서서 나는 독자들에게 한 가지 질문을 던지고 싶다. 여러분이 경험한 어떤 느낌—즐거운 것이든 그렇지 않은 것이든, 강렬한 것이든 그렇지 않은 것이든—에 대하여 생각할 때, 여러분은 그 느낌의 내용이 무엇이라고 보는가? 나는 지금 느낌의 원인이 무엇인지, 느낌이 얼마나 강렬한지, 그것이 긍정적인지 부정적인지, 또는 느낌의 뒤를 이어 여러분의 마음속에 떠오른 생각이 무엇인지를 묻는 것이 아니다. 느낌을 구성하는 심적 내용, 성분, 재료가 정말로 무엇인가 하는 것이 나의 질문이다.
　이 사고 실험을 실시하기 위해서 나는 여러분에게 다음과 같이 제안한다. 여러분이 지금 해변의 모래사장 위에 누워 있다고 상상해 보

자. 늦은 오후의 부드러운 햇살이 여러분의 몸을 따뜻하게 데워 주고, 바닷물이 여러분의 발을 휘감는다. 뒤로는 소나무 잎이 부드러운 여름 바람에 살랑대며 흔들리는 소리가 들린다. 기온은 섭씨 25도쯤 되고 하늘에는 구름 한 점 보이지 않는다. 천천히 시간을 들여서 이 경험을 음미하라. 나는 여러분이 끔찍하게 지루해지는 대신 엄청나게 기분이 좋아진다고 가정하겠다.

자, 그렇다면 이제 여러분에게 묻겠다. 그 좋은 기분을 구성하는 것은 무엇인가? 여기 몇 가지 단서가 있다. 아마도 여러분의 피부는 매우 편안한 상태일 것이다. 호흡은 매우 편안한 상태로, 들숨과 날숨 모두 걸림 없이 부드럽게 가슴과 목구멍을 드나든다. 근육 역시 편안하게 이완되어 관절 어느 곳에서도 긴장이 느껴지지 않는다. 몸이 매우 가볍게 느껴질 것이다. 바닥에 몸이 닿아 있는데도 마치 공중에 뜬 것처럼 느껴진다. 여러분 자신을 전체적으로 살펴볼 때 생명의 기구들이 아무런 고장 없이, 고통 없이 완벽하고 원활하게 작동하고 있음을 느낄 수 있을 것이다. 몸을 움직일 에너지가 충만한 상태이지만 어쩐지 조용하게 머무르고 싶은 기분이다. 활동할 수 있는 능력과 활동하고자 하는 경향, 그리고 평온한 상태를 음미하고자 하는 욕구가 역설적인 조합을 이루고 있다. 간단히 말해 우리 몸은 여러 차원에서 각기 다른 느낌을 갖게 된다. 어떤 차원은 상당히 명백해서 실제로 그 위치를 정확하게 식별할 수 있다. 그런데 어떤 차원은 매우 교묘하다. 우리가 고통 없이 행복감을 느낀다고 생각해 보자. 이때 그 현상의 위치는 우리의 몸이지만 그에 대한 감각과 작용은 너무나도 널리 확산되어 있기 때문에 고통 없는 상태가 정확히 우리 몸의 어느 곳에서 일어나는지 묘사하기 어렵다.

그 다음으로 방금 묘사한 존재의 상태에 대한 심적 결과가 있다.

여러분이 그 순간의 순수한 행복 상태에서 주의를 돌릴 수 있게 되면, 여러분의 몸과 직접적으로 관련되지 않은 심적 표상(mental representation)을 강화시킬 수 있게 되고, 그 결과 여러분의 마음이 생각으로 가득 차게 되며, 그 생각의 주제는 새로이 즐거운 느낌의 물결을 만들어 낸다는 사실을 발견하게 될 것이다. 여러분 이 즐거운 일로써 열망해 온 사건들의 영상이 마음속에 떠오르고, 과거의 즐거웠던 장면들 역시 마음속에 펼쳐진다. 또한 마음속에서 여러분이 맡은 배역이 무척 행복한 것임을 깨닫게 될 것이다. 이러한 사고 방식에서는 매우 선명한 이미지들이 끊임없이 솟아올라 흘러넘친다. 이 좋은 느낌에는 두 가지 결과가 나타난다. 하나는 정서에 어울리는 사고의 출현이다. 그리고 또 다른 하나는 사고의 방식, 심적 절차의 양식으로, 이미지 생성의 속도가 증가하고 더욱 풍부한 이미지들이 생겨나는 것을 그 특징으로 한다. 윌리엄 워즈워스가 「틴턴 사원」에서 묘사한 것처럼 "달콤한 느낌이 혈액을 통해서 심장을 따라 느껴질" 것이며, 이러한 감각이 (여러분의) "더욱 순수한 마음속으로 흘러 들어가 고요하게 되살아난다." 당신이 보통 '몸'과 '마음'이라고 부르던 것들이 이 순간 조화롭게 한데 섞이게 된다. 이제 어떤 갈등도 잔잔하게 누그러지고 어떤 대립도 덜 대립적인 듯하다.

나는 그 순간의 즐거운 느낌을 규정하는 것은, 느낌이라는 독자적인 용어로서의 당위성을 부여하고 느낌을 다른 생각들과 구분시켜 주는 것은, 다름 아니라 특정 방식으로 작용하는 신체의 일부 또는 신체 전체의 심적 표상이라고 주장하고자 한다. 좁은 의미에서, 그리고 순수한 의미에서 느낌이라는 단어는 특정 상태의 신체에 대한 관념(idea)이다. 이 정의에서 관념이라는 말을 '사고(thought)' 또는 '지각(perception)'으로 대치할 수 있다. 느낌이 나타내는 현상을 느낌의 원인이 되는 대상, 그리고 느낌의 결과로 나타나는 사고 또는 사고의 방식과 분리시켜서 바라볼 때 느낌의 본질이 눈에 들어오게 될 것이다. 느낌의 내용은 신체의 특정 상태에 대한 표상으로 이루어져 있다.

슬픔의 느낌 또는 다른 어떤 정서에 대한 느낌, 뿐만 아니라 욕구에 대한 느낌, 기타 생명체에서 일어나는 모든 조절 반응에 대한 느낌 역시도 똑같은 방법으로 설명할 수 있다. 이 책에서 사용되는 의미에서의 느낌은 협의의 정서뿐만 아니라 모든 단계의 항상성 반응에서 일어날 수 있다. 느낌은 진행되고 있는 생명의 상태를 마음의 언어로 번역한다. 나는 단순한 것에서 복잡한 것에 이르기까지 각기 다른 항상성 반응의 결과로 나타나는, 뚜렷이 구분되는 '신체의 상태(body way)'가 존재한다고 제안한다. 뿐만 아니라 원인이 되는 대상, 결과로 일어나는 생각, 일치하는 생각의 방식 역시 뚜렷이 구분된다. 예를 들어서 고조된 행복감의 경우에는 이미지가 빠르게 변화하고 짧은 시간 동안만 주의가 계속되는 데 반해, 슬픔의 경우에는 이미지 생성의 속도가 낮아지고 이미지에 대해 극도로 높은 주의가 나타난다. 나는 느낌이 일종의 지각이며 지각을 형성하는 데 가장 필수적인 요소는 뇌의 신체 지도(body map)라고 생각한다. 이 지도는 신체의 일부 또는 신체의 상태를 명시한다. 쾌락과 통증의 변이들은 우리가 느낌이라고 부르는 지각의 일관적인 내용이다.

신체에 대한 지각과 더불어 정서와 조화를 이루는 생각에 대한 지각, 그리고 특정 사고 방식, 심적 절차의 양식에 대한 지각이 있다. 그렇다면 이와 같은 지각은 어떻게 일어나는 것일까? 지각은 우리의 심적 절차의 상위 표상(metarepresentation), 즉 우리 마음의 한 부분이 다른 부분을 표상하는 높은 수준의 절차에 따라 이루어진다. 이 절차가 존재하기에 우리 생각의 속도가 느려지거나 빨라진다는 사실, 또 그 생각에 더 많거나 더 적은 주의를 기울이게 된다는 사실, 또는 생각이 긴밀한 범위에 있거나 서로 멀리 떨어진 대상들과 사건들을 서술하고 있다는 사실 등을 인식할 수 있는 것이다. 느낌에 대한 나의 가설을 잠정적으로 정의하자면 다음과 같다. 느낌은 신체의 특정 상태에 대한 지각인 동시에 사고의 특정 방식, 그리고 특정 주제를 가진 생각에 대한 지각이다. 뇌 지도에 그려진 세부적인 변화들이 축적되어 특정 상태에 이르면 느낌이 나타난다. 또 다른 시각에서 이것을 바라본 예로서 철학자인 수잔 랑어(Suzanne Langer)는 느낌의 출현 순간을 다음과 같이 포착해 냈다. 신경계 일부의 활동이 '결정적인 수준(critical pitch)'에 도달할 때 그 절차가 느껴진다.[1] 그리고 느낌은 진행되고 있는 항상성 절차의 결과이자 연속적인 사슬에서 항상성 절차의 다음 단계에 놓여 있다.

그 가설은 감정의 본질(또는 감정과 구분 짓지 않을 경우에는 정서의 본질)을 특정 감정의 꼬리표와 일치하는 생각들 —— 예컨대 슬픔의 경우에 상실의 상황에 대한 생각들 —— 의 집합체로 보는 견해와 양립할 수 없다. 나는 이러한 시각이 느낌의 개념을 절망적일 정도로 텅 비게 만든다고 생각한다. 만일 느낌이 단순히 특정 주제를 가진 생각들의 묶음이라면 어떻게 느낌과 다른 생각들을 구분할 수 있을까? 느낌이 어떻게 하나의 특별한 심적 절차라는 그 지위를 정당화할 수 있는 기능적 독자성을 유지할 수 있단 말인가? 느낌의 본질은 반응 절차에 있는 신체를 표상하는 생각으로 이루어져 있으며, 그렇기 때문에 느낌이 기능적으로 독자성을 띤다는 것이 나의 의견이다. 느낌에서 그와 같은 본질을 제거해 보라. 그러면 느낌의 개념 역시 사라지게 된다. 느낌의 본질이 사라지면 우리는 더 이상 "행복한 느낌이 든다."고 말할 수 없다. 대신 "행복하다는 생각이 든다."고 말해야 할 것이다. 그러나 이 경우 매우 타당한 질문이 떠오르게 된다. 대체 '행복하다'라는 생각을 만들어 내는 것은 무엇인가? 만일 우리가 쾌락이라고 하는 신체의 특정 상태를 경험하지 못한다면, 그리고 생명의 틀 안에서 '좋거나' '긍정적인' 것을 발견하지 못한다면 우리는 어떤 생각을 행복하다고 간주할 아무런 이유가 없다. 슬픔의 경우에도 마찬가지이다.

내가 볼 때 느낌의 본질을 구성하는 지각의 기원은 분명하다. 신체라는 일반적인 대상과 그 대상의 각 부분은 끊임없이 뇌의 여러 구조에 지도화된다. 지각의 내용 역시 명확하다. 가능한 일정 범위 내에서 신체를 표상하는 지도에 따라 그려진 신체의 상태가 바로 그 내용이다. 예를 들어, 긴장된 근육의 미시적·거시적 구조는 분명 이완된 근육과는 다르다. 심장도 마찬가지여서 박동이 빠를 때도 있고 느릴 때도 있으며, 신체의 다른 기관들 ── 호흡기, 소화기 등 ── 역시 조용히 조화롭게 그 기능을 수행할 때가 있는가 하면, 힘들고 조화가 깨지게 되는 경우도 있다. 무엇보다 중요한 예로, 우리의 생명에 영향을 미치며 그 농도가 매 순간 뇌의 특정 영역에 표상되는 화학 물질 분자들의 혈액 내 조성이 있다. 뇌의 신체 지도에 그려져 있는 이와 같은 신체 구성 요소의 특정 상태가 바로 느낌을 구성하는 지각의 내용이다. 그리고 느낌의 직접적인 기질(substrate)은 신체 각 부분으로부터 신호를 받도록 설계되어 있는 감각 영역에 그려진 신체 상태의 수많은 양상들의 지도이다.

어떤 사람들은 우리가 신체 각 부분의 상태를 의식적으로 인식하지 못한다는 점을 들어 나의 주장에 반대할지도 모른다. 아, 우리는 그 점에 감사해야 한다. 우리는 신체 상태의 일부를 상당히 분명하게 경험하지만, 그 경험이 늘 유쾌한 것은 아니다. 심장 박동 리듬의 교란, 고통스러운 내장의 수축 등을 생각해 보라. 그러나 다른 대부분의 요소에서 우리는 신체 상태를 '복합적인' 형태로 경험한다고 가정한다. 체내 환경의 특정 화학 유형은 활력, 피로, 불쾌 등의 배경 느낌으로 인식된다. 우리는 또한 욕구 또는 갈망으로 이어지는 일단의 행동 변화를 경험한다. 분명 우리는 혈중 포도당 농도가 하한선 아래로 떨어지는 것을 경험하지는 못한다. 그러나 우리는 그 결과를 빠르게 경험하며, 여기에는 특정 행동(예를 들어 음식에 대한 욕구)이 관여한다. 또한 근육이 말을 잘 듣지 않을 때면 우리는 피로를 느낀다.

쾌락과 같은 특정 느낌을 경험한다는 것은 신체가 특정 상태에 있음을 지각하는 것이다. 그리고 어떤 방식으로든 신체를 지각하기 위해서는 감각의 지도가 필요하다. 이 지도를 통해서 신경 패턴이 실증되고, 이 지도에서 심상이 유도된다. 미리 밝혀 두건대 신경 패턴에서 심상이 생겨나는 절차는 완전히 이해되지 않았다.(현재 우리의 이해에는 괴리가 존재하며 그것에 대하여 5장에서 다룰 것이다.) 그러나 현재의 지식만으로 우리는 식별 가능한 기질——느낌의 경우 다양한 뇌의 영역에 있는 몇몇 신체 상태의 지도——과 각 영역 간의 복잡한 상호작용이 이러한 절차를 지지한다고 가정할 수 있다. 이 절차는 뇌의 단일 영역에 위치하지 않는다.

간단히 말해서 느낌을 형성하는 필수 내용은 특정 신체 상태의 지도이다. 느낌의 기질은 신체 상태를 지도화하는 한 무리의 신경 패턴이며, 그것을 통해 신체 상태에 대한 심상이 생겨날 수 있다. 느낌의 본질은 관념——신체에 대한 관념, 특히 신체의 특정 상태에 대한 관념, 신체의 내부와 특정 상황에 대한 관념——이다. 정서에 대한 느낌은 정서적 절차에 따라 동요하는 신체에 대한 관념이다. 그런데 이 책을 읽어 나가면서 보게 되겠지만 이 가설의 결정적인 부분을 구성하는 신체의 지도화는 윌리엄 제임스가 한때 상상했던 것만큼 직접적이지는 않은 듯하다.

느낌에 포함되어 있는 지각 이외의 요소

느낌은 대체로 신체의 특정 상태에 대한 지각으로 구성되어 있다거나 신체의 상태에 대한 지각이 느낌의 본질을 형성한다고 말할 때, '대체로'라든가 '본질'이라는 말에 주의를 기울여야 한다. 그 이유는 우리가 지금까지 논의해 온 느낌에 대한 가설과 정의에서 찾을 수 있다. 많은 상황에서, 특히 느낌을 찬찬히 검토해 볼 만한 시간이 별로 없을 때, 느낌은 '대체로'가 아니라 '전적으로' 신체의 어떤 특정 상태에 대한 지각이다. 그러나 다른 상황에서 느낌은 단지 신체의 어떤 특정 상태에 대한 지각일 뿐만 아니라 그와 더불어 그에 수반하는 마음의 상태——앞서 내가 느낌의 결과의 일부라고 설명한 생각의 방식에 일어난 변화——에 대한 지각이기도 하다. 그와 같은 상황에서 우리는 이러저러한 몸의 이미지뿐만 아니라 동시에 우리 자신의 사고 양식에 대한 이미지를 갖게 된다.

느낌의 특정 상황에서, 아마도 가장 발달된 형태의 느낌인 경우에, 이 절차는 결코 단순하지 않다. 이때 느낌은 느낌의 본질이자 느낌에 독자적인 내용을 부여하는 신체의 상태, 이 필수적인 신체 상태의 지각에 수반되는 변화된 사고 방식, 그 주제와 관련해 느껴지는 정서와 합치하는 생각들을 모두 포함한다. 긍정적인 느낌의 예를 들자면, 그와 같은 경우에 마음은 단순히 편안하고 행복한 존재 상태 이상의 것을 표상한다. 마음은 편안하고 행복한 사고의 상태 역시 표

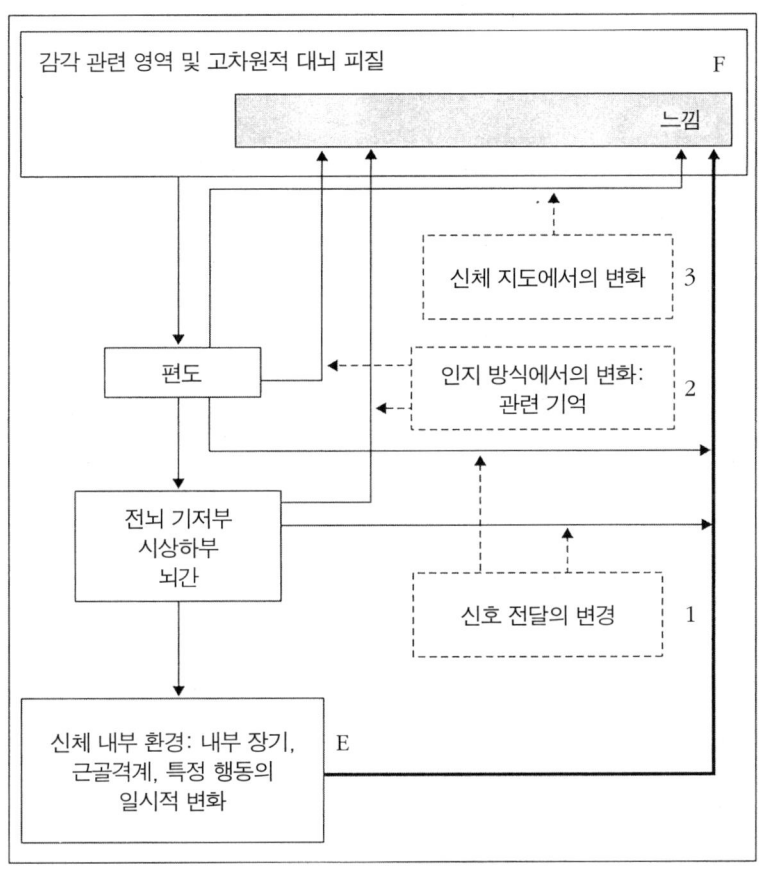

그림 3.1 그림 2.5에 제시된 도표가 연장되어 이제 공포라는 느낌에 이르게 되었다. 신체에서 뇌로 이르는 신호 전달(왼쪽 하단의 상자 E에서 오른쪽 상단의 상자 F로 향하는 바깥쪽 화살표)은 정서의 촉발 및 실행 부위의 영향을 받는다.(상자 1에서 나오는 화살표는 신호 전달의 변경을 가리킨다.) 정서 촉발 및 실행 부위는 또한 인지 방식 및 관련 기억(상자 2)에 변화를 일으키고, 신체 지도(상자 3)를 직접 변화시킴으로써 이 절차에 영향을 준다. 가늠/평가 단계와 최종 적인 느낌 단계가 모두 대뇌 수준의 감각 연상 및 그보다 더 높은 차원의 대뇌 피질에서 일어난다는 점을 주지해야 한다.

상한다. 몸과 마음 모두 조화롭게 작동하고 있다. 그리고 우리의 사고력은 최고 수준에 있거나 최고 수준에 도달할 수 있다. 마찬가지로 슬픔이라는 느낌은 단순히 몸이 아픈 상태 또는 기력이 부족한 상태가 아니다. 많은 경우에서 슬픔은 우리의 사고가 상실에 대한 좁은 범위의 사고 주변에 머물며 그곳에서 빠져 나오지 못하는 비효율적인 상태를 가리키기도 한다.

느낌은 상호 작용하는 지각이다

느낌은 일종의 지각이며, 어떤 면에서 느낌은 다른 종류의 지각과 유사하다. 예를 들어서 시각적 지각은 외부의 대상에 대응하는데, 그 대상의 물리적 속성은 우리의 망막에 영향을 주고 일시적으로 시각 기관의 감각 지도 패턴을 변경시킨다. 느낌 역시 그 절차의 초기에 대응하는 대상을 가지고 있다. 대상의 물리적 속성은 일련의 연쇄적 신호를 촉발시키며, 이 신호들은 뇌에 있는 대상의 지도를 따라 전달된다. 시각적 지각의 경우와 마찬가지로 이 현상은 대상 때문에 일어나기도 하고 내면적인 뇌의 구성 때문에 일어나기도 한다. 그러나 차이점—그리고 그 차이는 사소한 것이 아니다.—은 느낌의 기원이 되는 사건 또는 사물은 외부에 있는 것이 아니라 신체 내부에 있다는 것이다. 느낌은 다른 종류의 지각과 마찬가지로 심적인 것일지도 모른다. 그러나 지도화되는 대상들은 느낌의 주체인 살아 있는 생명체의 일부이자 상태이다.

이 중요한 차이점은 또 다른 두 가지 차이점을 낳는다. 첫째, 느낌은 그 기원이 되는 대상, 즉 신체에 연결될 뿐만 아니라 정서-느낌 주기(emotion-feeling cycle)를 개시한 정서적으로 유효한 대상에도 연결된다. 흥미롭게도 정서적으로 유효한 대상은 느낌의 기원이 되는 대상을 형성하는 역할을 한다. 따라서 우리가 정서나 느낌의 대상이라고 말할 때 어떤 대상을 말하는 것인지 분명히 할 필요가 있다. 이를테면 멋진 바다 경치는 정서적으로 유효한 대상이다. 그리고 그 경치를 바라본 결과로 비롯된 신체 상태가 느낌의 기원에 존재하는 실제 대상이며, 그것이 느낌 상태에서 지각된다.

둘째, 역시 중요한 사항으로서 뇌는 느낌이 전개됨에 따라서 그 대상에 반응할 수 있는 직접적인 수단을 가지고 있다. 왜냐하면 느낌의 기원이 신체 외부가 아닌 내부에 있기 때문이다. 뇌는 자신이 지각하는 바로 그 대상에 직접 작용할 수 있다. 대상의 상태를 변경시킬 수도 있고 대상으로부터 신호가 전달되는 양상을 변경시킬 수도 있다. 기원이 되는 대상과 그 대상에 대한 뇌 지도, 이 둘은 마치 메아리가 울려 퍼지듯 서로에게 영향을 주고받을 수 있다. 이것은 물론 외부 대상에는 통하지 않는 이야기이다. 여러분은 원한다면 피카소의 「게르니카」를 얼마든지 오랫동안 강렬하게, 정서적으로 바라볼 수 있다. 그 그림에서는 조금의 변화도 일어나지 않는다. 다행히도 말이다! 그런데 느낌의 경우 그 대상 자체가 빠르게 변화한다. 어떤 경우에 그 변화는 완전히 새로운 그림을 그리는 것과 유사할 수도 있고 기존의 그림을 변경시키는 것에 가까울 수도 있다.

다시 말해서 느낌은, 특히 기쁨과 슬픔의 느낌은 단순히 수동적인 지각이나 번쩍 하고 지나가는 섬광이 아니다. 그와 같은 느낌이 시작되고 얼마 후—몇 초 또는 몇 분—에 역동적인 신체 반응이 나타난다. 이것은 거의 확실하게 반복적으로 나타나며, 그 다음 또다시 역동적인 지각 활동이 뒤를 따른다. 우리는 그 일련의 변화를 지각하

고 서로 주고받는 상호 작용을 감지한다.²

여기에서 내가 방금 묘사한 내용이 정서 및 정서와 관련된 조절 현상에 대한 느낌에만 적용되며 다른 종류의 느낌에는 적용되지 않을 것이라는 이유를 들어 나의 말에 반대하는 사람이 있을지도 모른다. 그러나 나는 느낌이라는 말의 다른 용도 중 적절한 것은 오직 접촉이라는 활동과 그 결과, 즉 촉각이라는 지각뿐이라고 생각한다. 그리고 우세하게 쓰이는 느낌의 용법의 경우 애초에 합의한 바와 같이 직접적인 고통에서 더할 나위 없는 행복에 이르기까지 모든 느낌은 앞서 논의한 기초적인 조절 반응이나 욕구, 또는 협의의 정서에 대한 느낌이라고 할 수 있다. 우리가 어떤 푸른 색조의 '느낌' 또는 특정 음조의 '느낌'이라고 말할 때에는 실제로 푸른 색조를 보거나 어떤 음을 들었을 때 나타나는 감정적인 느낌(affective feeling)을 일컫는 것이다. 설사 색조나 음조가 일으킨 심미적 동요가 너무나 포착하기 어려운 것이라고 할지라도 말이다.³ 심지어 우리가 느낌의 개념을 오용하는 경우—예를 들어서 "나는 이 문제에 대해서 내가 옳다고 느낀다."라거나 "나는 당신에게 동의할 수 없다고 느낀다."라는 등—에도 우리는 적어도 어렴풋이 특정 사실을 믿거나 특정 견해를 시인하는 생각에 동반되는 감정을 일컫게 된다. 뭔가를 믿거나 시인하는 것은 특정 정서를 불러일으키기 때문이다. 내가 헤아릴 수 있는 범위 내에서 어떤 사물도 사건도, 실재하는 것이든, 기억으로부터 환기된 것이든, 정서적으로 중립적인 것은 거의 없다는 것이 나의 생각이다. 타고난 설계에 따라서든, 학습에 따라서든 우리는 대부분의—아마도 모든—대상에 대해 정서를 가지고 반응하며 그 뒤를 이어 느낌이 나타난다. 설사 아주 포착하기 어려운 느낌, 너무나 미약한 느낌이라고 하더라도 마찬가지이다.

여담: 기억과 욕구의 혼합

아마도 기쁨·슬픔·공포의 경우에는, 물론 신체의 변화를 가지고 설명할 수 있겠지만, 욕망·사랑·긍지의 경우에는 그렇게 설명할 수 없을 것이라는 이야기를 나는 몇 년 동안 들어 왔다. 나는 이와 같은 저항에 언제나 흥미를 느껴 왔으며, 누군가가 나에게 직접 이러한 말을 하면 언제나 같은 어조로 대꾸했다. 대체 왜 안 된다는 말인가? 대화 상대가 여자든 남자든 상관없다. 나는 언제나 같은 사고 실험을 제안한다. 자, 우리가 마음에 드는 이성을 보았을 때를 상기해 보라. 대번에, 몇 초 만에 당신에게 뚜렷한 욕정의 상태를 불러일으키는 이성을 말이다. 그리고 생리학적 측면에서 당신에게 어떤 일이 일어났는지를 찬찬히 생각해 보라. 내가 지금까지 논의한 신경 생물학적 도구를 이용해서 말이다.

욕정을 불러일으킨 대상이 우리의 눈앞에서 눈부시게 자신의 모습을 드러낼 것이다. 어쩌면 전체가 아니라 일부일 수도 있다. 누군가의 발목이 우리의 주의를 사로잡을지도 모른다. 구두의 뒷부분에서 다리로 이어져 치마 아래에서 끝나는 선, 더 이상 눈에 보이지 않고 단지 상상 속에 그려진 모습 말이다.("그녀의 각 부분이 나에게 다가왔다. 구불구불한 고속도로보다 더 많은 그녀의 곡선이 내 눈을 사로잡는다." 영화 「밴드웨건」에서 프레드 아스테어는 그의 애를 태우며 도착한 시드 채리스를 이렇게 묘사한다.) 아니면 셔츠 위로 드러난 목덜미가 욕정을 불러일으킬 수도 있다. 아니, 신체의 일부분이 아니라 태도나 움직이는 방식, 활기, 몸을 앞으로 뻗은 자신감 있는 모습 등일 수도 있다. 그 대상이 무엇이든 욕구 시스템에 발동이 걸리고 적절한 반응이 선택된다. 이 반응을 구성하는 것은 무엇인가? 준비와 자극이다. 욕구 시스템은 포착하기 어렵거나 쉽게 포착할 수 있는 수많은 변화들을 생성한다. 이 변화들은 궁극적으로 욕구를 실현하기 위한 일상적인 준비 과정이다. 물론 문명 사회의 테두리 안에서 이루어지는 만남에서 그 욕구는 결코 실현되지 못할 수도 있다. 어찌되었든, 우리의 체내 환경에 빠른 속도로 화학적 변화가 일어나고, 모호하게 규정된 우리의 소망에 맞추어 심박과 호흡이 변화하고, 혈액의 흐름이 재분배되며, 비록 실제로 실현될 가능성은 적지만 당신이 취하게 될지 모르는 다양한 움직임에 맞추어 근육이 준비 상태에 들어가게 된다. 우리 몸의 근골격계의 긴장이 재배치된다. 실제로 조금 전까지만 하더라도 존재하지 않았던 긴장이 새로이 나타나고 이상한 이완 상태가 나타나기도 한다. 이 모든 것에 더하여 상상이 등장한다. 이제 소망은 더욱 분명해진다. 화학적·신경적 보상 기구가 완전 가동에 들어간다. 그리고 당신의 신체는 궁극적으로 쾌락의 느낌과 관련된 행동의 일부를 전개한다. 이것은 매우 활발하며 또한 뇌에서 신체를 감지하고 인지적 활동을 지지하는 영역에 분명하게 지도화된다. 욕구의 목표에 대한 생각은 기분 좋은 정서를 만들어 내고 그에 따라 기분 좋은 느낌을 낳는다. 이제 욕망이 당신을 온통 사로잡는다.

　욕구, 정서, 느낌의 미묘한 구분은 이 사례에서 분명해진다. 만일 욕구의 목표가 당신에게 허락되고 성취될 수 있는 것이라면 욕구의 충족은 특유의 기쁨의 정서를 만들어 낼 것이다. 그리고 욕망의 느낌은 만족감이라는 느낌으로 바뀌게 될 것이다. 만일 목표를 이루고자 했는데 장애를 만나 좌절된다면 이번에는 분노가 뒤따를 것이다. 한편 절차가 어느 방향으로도 진전되지 않고 그 자리에 한동안 머물게 된다면, 즉 달콤한 백일몽에 갇힌 채 정체된다면 궁극적으로 욕구는 잦아들 것이다. 아, 담배 한 대 생각이 간절하겠지만 부디 참기 바란다. 당신은 누아르 영화의 주인공이 아니다.

그렇다면 배고픔이나 목마름은 성적 욕망과 다를까? 물론 이 경우에는 좀 더 단순하다. 그러나 그 메커니즘 자체는 다르지 않다. 그렇기 때문에 이 세 가지 욕구가 서로 쉽게 섞일 수 있으며 서로 부족한 부분을 보충해 줄 수도 있는 것이다. 가장 큰 차이는 기억에 있다고 생각한다. 성적 욕망의 경우, 배고픔이나 목마름보다 기억의 환기와 영구적으로 재배치된 우리의 개인적 경험이 욕망의 전개에 미치는 영향이 훨씬 크다.(식도락가나 와인 감정가들은 이러한 생각에 동의하지 않겠지만.) 어찌되었든 욕망의 대상과 그 대상과 관련된 수많은 개인적 기억 — 과거의 욕망, 과거의 열망, 실재이든 상상이든 과거의 쾌락 — 사이에 풍부한 상호 작용이 전개된다.

애착이나 낭만적인 사랑 역시 생물학적으로 설명할 수 있을까? 안 될 이유가 없다고 나는 생각한다. 근본적인 메커니즘을 밝히고자 하는 시도가 불필요한 개인의 고유한 경험이나 개인 간의 차이에 연연하지 않는다면 말이다. 우리는 확실히 성관계와 애착을 분리할 수 있다. 우리 몸에서 주기적으로 만들어지는 두 가지 펩티드 호르몬인 옥시토신과 바소프레신이 초원들쥐의 성 행동 및 애착 행동에 어떠한 영향을 미치는지에 관한 흥미로운 연구가 이것을 가능하게 만들어 주었다. 짝짓기 전에 암컷 초원들쥐의 체내에서 옥시토신의 분비를 중단시키면 성 행동에는 이상이 생기지 않지만 짝짓기 상대에 대한 애착을 형성하는 데에는 어려움이 발생한다. 즉 짝짓기는 가능하지만 정절은 기대할 수 없다는 의미이다. 수컷 초원들쥐에게서 바소프레신의 분비를 억제시키면 역시 이와 유사한 결과가 나타난다. 여전히 짝짓기는 일어나지만 정상적인 경우 자신의 짝에게 성실한 초원들쥐 수컷이 자신의 짝에게 애착을 보이지 않으며 결국 짝이나 태어난 새끼를 보호하려고 들지 않는다.⁴ 물론 성관계와 애착은 그 자체로서 낭만적 사랑은 아니다. 그러나 이들은 모두 사랑의 계보에 속한다.⁵

자부심이나 수치심 역시 같은 방식으로 설명할 수 있다. 두 가지 감정은 대부분 신체적 표현과 무관하다고 여겨져 왔다. 그러나 실제로는 무관하지 않다. 자부심으로 환하게 빛나는 사람의 몸가짐과 자세보다 더 확실하게 감정을 드러내는 경우가 또 어디에 있을까? 환하게 빛난다는 것은 정확히 어떤 상태를 말하는 것일까? 세상을 다 담을 듯 크게 뜬 두 눈은 바라보는 대상에 초점을 확실하게 맞추고 있다. 턱은 높이 치켜들고 목과 허리를 꼿꼿이 세우고 가슴은 한껏 공기를 들이마셔 부풀어 있다. 발걸음은 확고하고 자신에 넘친다. 이들은 우리가 눈으로 볼 수 있는 신체 변화의 일부일 뿐이다. 그럼 이번에는 수치심과 부끄러움에 사로잡힌 사람의 신체 변화를 생각해 보자. 분명 자부심과 수치심을 일으키는 정서적으로 유효한 상황은 서로 확연히 다르다. 또한 자부심과 수치심에 동반되는 생각 및 그러한 느낌의 개시에 뒤따라 일어나는 생각은 마치 낮과 밤만큼이나 서로 다르다. 그러나 이 경우에도 우리는 촉발 사건과 그와 조화를 이루는 생각 사이에 존재하는, 뚜렷이 구분되며 지도화할 수 있는 상태를 발견할 수 있다.

그리고 형제애 같은 종류의 사랑도 마찬가지이다. 형제애는 가장 고결하고 큰 보상을 주는 느낌으로서, 각 개인의 정체성을 규정하는 개인 고유의 자서전적 기록의 보관소가 형제애의 조절에 관여한다. 그러나 스피노자가 그토록 분명하게 보여 준 바와 같이 형제애 역시 특정 대상에 대한 생각에서 촉발되는 쾌락——물론 신체의 쾌락이다. 달리 무슨 쾌락이 있는가?——의 기반 위에 존재한다.

뇌 안의 느낌: 새로운 증거들

느낌이 신체 상태에 대한 신경의 지도화(neural mapping)와 관련되어 있다는 생각은 이제 실험으로 입증되고 있다. 최근 우리는 특정 정서에 대한 느낌과 관련된 뇌 활동에 대해 연구했다.[6] 느낌이 일어날 때 신체 각 부분에서 신호를 받아들이고 그것을 가지고 우리의 신체 상태를 지도로 나타내는 뇌의 영역들이 참여할 것이라는 생각이 이 연구를 이끌어 나가는 가설이었다. 중추 신경계의 다양한 수준에 존재하는 이와 같은 영역에는 대상 피질, 두 종류의 체성 감각 피질(somatosensory cortex, 몸감각 겉질)인 뇌섬엽(insula)과 SII(2차 체성 감각 피질), 시상하부, 뇌간 피개의 몇몇 핵 등이 포함된다.

이 가설을 확인하기 위해서 나는 동료인 베카라와 한나 다마지오와 함께 40여 명의 피험자의 협력을 얻어 실험에 착수했다. 피험자들은 고른 성별 분포를 보였고, 신경 질환이나 정신 질환 증상을 가지고 있지 않았으며, 과거에도 관련 병력이 없는 사람들이었다. 우리는 그들에게 연구의 목적이 행복, 슬픔, 공포, 분노라는 네 가지 느낌 중 하나를 경험하는 동안의 뇌 활동을 연구하기 위한 것이라고 설명했다.

연구는 다양한 뇌 영역에서 혈류의 양을 측정하는 PET, 즉 양전자 방출 단층 촬영 기술에 의존했다. 특정 뇌 영역의 혈류량은 그 영역의 신경세포의 대사율과 밀접한 상관관계를 보이며, 대사는 바로 각 영역의 신경세포의 활성 정도를 나타내는 지표이다. 따라서 PET 기술을 이용해서 조사했을 때, 특정 뇌 영역에서 통계적으로 의미 있는 정도로 혈류가 증가하거나 감소하는 것은, 주어진 심적 과제를 수행하는 동안 해당 영역의 신경세포가 특히 활발하거나 활발하지 않음

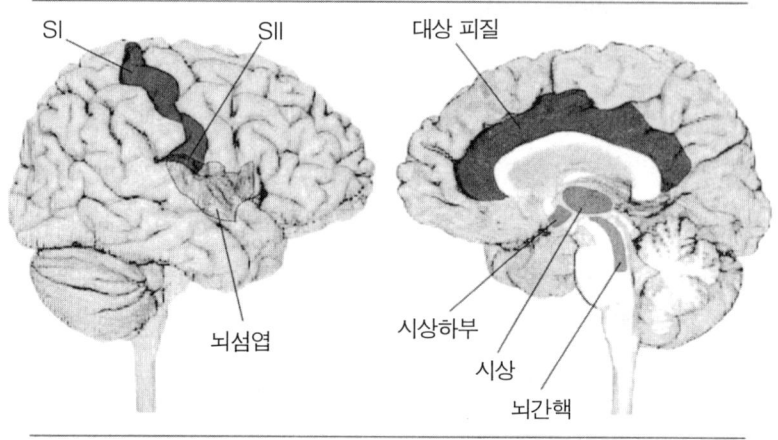

그림 3.2 뇌간에서부터 대뇌 피질에 이르는 주요 체성 감각 영역. 정서에 대한 느낌을 정상적으로 갖기 위해서는 이 영역들이 모두 손상되지 않은 건강한 상태여야 한다. 그러나 각 영역이 정서-느낌 절차에서 수행하는 역할은 각기 다르다. 모든 영역이 중요하지만 일부 영역(뇌섬엽, 대상 피질, 뇌간 핵)은 다른 영역보다 더욱 중요하다. 조용히 숨어 있는 뇌섬엽이 아마도 이 중 가장 중요한 영역인 것으로 보인다.

을 의미한다.

   이 실험의 핵심은 피험자가 느낄 수 있는 정서를 촉발할 방법을 발견하는 것이었다. 우리는 피험자에게 살면서 겪은 경험 중 정서적 일화를 떠올릴 것을 요청했다. 조건은 단지 그 일화가 특별히 강렬하게 정서적일 것, 그리고 행복, 슬픔, 공포, 분노 중 한 가지 감정과 관련이 있어야 한다는 것이었다. 그런 다음 우리는 각 피험자에게 특정 일화에 대해서 매우 세부적인 내용까지 생각해 보고 가능한 모든 상상을 동원해서 과거의 정서가 되도록이면 강렬하게 재현될 수 있도록 하라고 요청했다. 이전에 언급했듯이 이런 종류의 정서적 기억 도구는 일부 연기 기법의 핵심 요소이다. 우리는 이 기법이 우리의 실험에서도 효과를 발휘한다는 사실을 기쁜 마음으로 확인했다. 대부분의 성인 피험자들은 그와 같은 일화를 경험한 일이 있을뿐더러 매우 자세한 세부 사항까지 기억해 내고 그 정서와 느낌을 매우 강렬하게 다시 체험할 수 있었다.

예비 실험 단계에서 우리는 각 피험자가 어떤 정서를 가장 잘 재현해 낼 수 있는지를 결정하고 그 다음 정서가 재현되는 동안 심장 박동이나 피부 전도도(skin conductance) 등의 생리적 요소들을 측정했다. 그런 다음 우리는 실제 실험을 시작했다. 우리는 피험자들에게 정서—이를테면 슬픔—를 재현해 달라고 요청했다. 그러면 그는 조용한 검사실에서 특정 일화를 상상하는 절차를 시작한다. 실제로 정서가 나타나는 순간 작은 손짓으로 신호를 보내라고 피험자에게 지시해 두었다. 그리하여 피험자가 손짓 신호를 보내면 뇌 활동에 대한 데이터를 모으기 시작했다. 이 실험은 정서적으로 유효한 대상을 떠올리고 정서를 촉발하는 단계보다는 실제 느낌이 나타나는 단계에 초점을 맞추도록 설계되었다.

데이터의 분석 결과는 우리의 가설에 큰 뒷받침이 되었다. 엄밀한 의미에서의 신체를 감지하는 영역, 즉 대상 피질, 체성 감각 피질인 뇌섬엽과 SII, 시상하부, 뇌간 피개의 핵은 통계적으로 의미 있는 활성화 및 불활성화 유형을 보인다. 다시 말해 피험자가 느낌을 경험하는 동안 신체 상태를 나타내는 지도에 상당한 변화가 생겼음을 의미한다. 뿐만 아니라 우리가 예상했던 것과 같이 활성화 및 불활성화 유형은 정서에 따라 달랐다. 기쁨이나 슬픔을 느낄 때 우리의 신체가 다른 반응을 보이는 것과 마찬가지로 신체 상태에 대응하는 뇌 지도 역시 달라진다는 것을 보였다.

이와 같은 발견은 여러 가지 면에서 중요하다. 정서를 느끼는 것

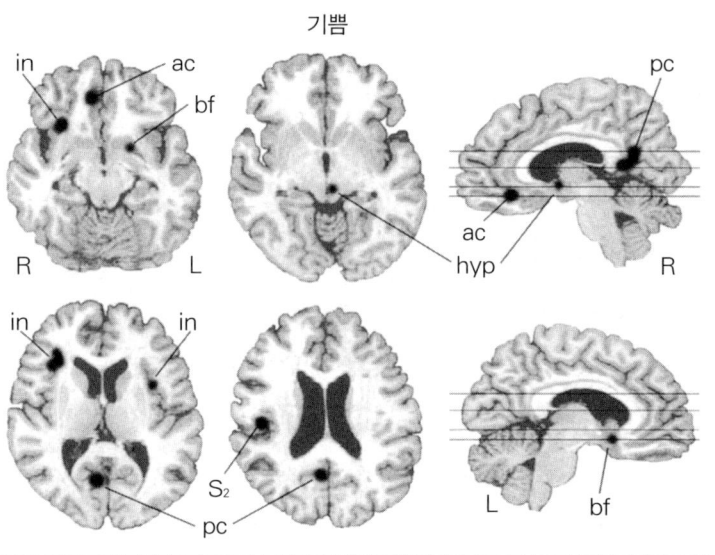

그림 3.3 PET 실험에서 기쁨의 느낌을 느끼는 도중에 활성화된 뇌의 영역. 오른쪽의 그림은 전방 대상(피질)(ac)과 후방 대상(피질)(pc), 시상하부(hyp), 전뇌 기저부(bf)를 우반구(위)와 좌반구(아래)의 중간 부분(내부)에서 바라본 모습이다. 전방 대상(피질)(ac)과 후방 대상(피질)(pc), 시상하부(hyp), 전뇌 기저부(bf)의 활동에 커다란 변화가 나타났다. 중앙과 왼쪽의 네 개의 그림은 축상(axial) (거의 수평에 가까운) 단면의 모습이다. 우반구는 R로, 좌반구는 L로 표시했다. 두 개의 단면에서 좌반구 우반구 모두 뇌섬엽(in) 영역에서 현저한 활성을 보인다는 점을 주목하라. 또한 후방 대상(피질)(pc) 역시 두 단면에서 활성을 나타내고 있다.

이 실제로 신체 상태에 대한 신경 지도의 변화와 관련 있다는 사실을 발견한 것은 기쁜 일이었다. 더욱 중요한 것은 느낌의 신경생물학 연구에서 앞으로 우리가 어느 부분을 살펴보아야 할지 확고한 지침을 얻었다는 점이다. 이 결과는 느낌의 신비의 일부는 신체를 감지하는 뇌 영역의 신경 회로와 그 회로의 생리적·화학적 작용에서 발견될

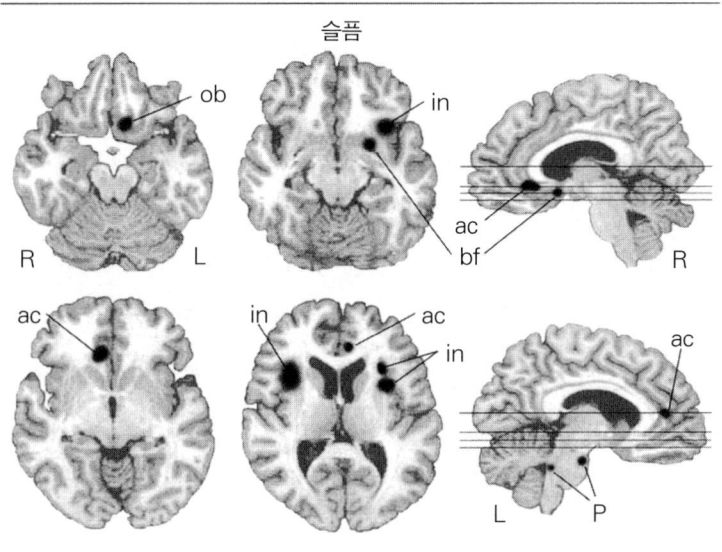

그림 3.4 슬픔에 대하여 실시된 같은 방법의 실험에서 얻은 뇌 지도. 이번에도 하나 이상의 단면에서 양측 반구 모두 뇌섬엽(in)의 상당한 활성이 나타났다. 그런데 그 양상은 기쁨의 경우와 다르다. 그와 같은 현상은 전방 대상(피질)의 현저한 변화에도 적용된다.

수 있음을 확고하게 보여 주었다.

　이 연구는 또한 예기치 않은 반가운 결과를 드러냈다. 피험자의 생리적 반응을 연속적으로 관찰한 결과, 피부 전도도에서의 변화가 느낌이 감지되었다는 신호보다 항상 먼저 나타났던 것이다. 다시 말해서 피험자가 손을 움직여 자신의 경험이 시작되었음을 알리기 전에 정서의 진원이 되는 활동이 명백하게 먼저 나타난 것이다. 비록 우리는 이 문제에 대해서 더 깊이 들여다볼 계획을 세우지 않았지만, 이 실험 결과는 정서적 상태가 먼저 오고 느낌이 그 뒤를 따른다는 가설에 대한 추가 증거를 제공해 주었다.

그리고 사고 절차에 관여하는 대뇌 피질 영역, 즉 전두엽의 외측면 및 극 부분의 상태와 관련된 결과 역시 주목할 만하다. 우리는 다양한 느낌에 관여하는 사고 양식이 어떻게 뇌에서 그 모습을 드러내는지에 대해서는 아직 가설을 세우지 않았다. 그러나 실험의 결과는 두드러진 양상을 보여 주었다. 슬픔을 느낄 때는 전전두엽 피질 영역이 확연하게 불활성화되는 것을 볼 수 있다.(이것은 사고 절차에 관여하는 영역 전체의 활동이 상당히 감소된다는 것을 의미한다.) 반면 행복한 상태일 때는 그와 반대되는 현상이 관찰된다.(해당 영역의 활동이 상당히 증가된다.) 이와 같은 발견은 슬픈 상태에서는 관념화 작용의 빈도가 감소하고 행복한 상태에서는 증가한다는 사실과 잘 들어맞는다.

그 밖의 증거들

자신의 이론에 들어맞는 증거를 발견하는 것은 언제나 즐거운 일이다. 그렇다고 해서 확실한 증거가 나타나기 전에 스스로의 발견에 지나치게 고무되어서는 안 될 것이다. 만일 우리의 실험에서 발견한 체성 감각 영역이 느낌과 관련된 강력한 지표라는 것이 확실한 사실이라면 다른 연구자들 역시 유사한 증거들을 발견해야 이치에 맞을 것이다. 그런데 실제로 수많은 유사 증거가 발표되었다. 임의로 선택된 느낌들을 대상으로 하여 우리와 같은 접근 방법(PET, fMRI 등 기능적 영상화 기법)에 기반을 두고 실행된 연구에서 얻은 증거들이 그것이다.

그중 돌런과 동료들의 연구가 특히 이 경우에 꼭 들어맞는다. 비록 직접 관련이 없는 실험에서 유사한 결과가 도출된 경우도 있지만, 돌런은 정확히 우리와 동일한 연구 주제를 다루고 있다.[7] 피험자가 초콜릿을 먹으면서 즐거움을 느끼든, 낭만적인 사랑의 미친 듯한 느낌을 느끼든, 클리템네스트라(트로이 전쟁의 그리스 연합군 사령관 아가멤논의 아내로 정부와 함께 남편을 살해했다.—옮긴이)와 같은 죄의식을 느끼든, 에로틱한 영화 장면들을 보고 흥분을 느끼든, 우리의 실험에서 목표로 하는 핵심 영역들(예를 들어 뇌섬엽 피질 및 대상 피질)은 모두 상당한 정도의 변화를 보여 주었다. 이 영역들의 활성이 더 높아지거나 낮아지면서 핵심 영역 내에서 다양한 유형이 나타났다. 이것은 느낌의 상태가 이 뇌 영역들의 참여와 관련되어 있다는 생각을 입증해 준다.[8] 물론 관련 정서를 생성하는 영역을 비롯한 다른 영역들도 역시 관여할 것으로 예상된다. 그러나 여기에서 중요한 것은 체성 감각 영역의 활성의 변화가 느낌 상태와 상관 관계를 보인다는 것이다. 이 장의 뒷부분에서 보게 되겠지만, 다양한 종류의 마약을 복용했을 때의 느낌 또는 복용하고자 하는 느낌 역시 동일한 체성 감각 영역과 상당한 정도로 관련되어 있다.

특정 종류의 음악, 커다란 슬픔 또는 기쁨의 느낌, 소름이 끼친다거나 오싹오싹 떨린다거나 전율하는 등의 신체 감각 사이에는 친밀하고도 의미 있는 삼각 관계가 형성된다. 신기한 일이지만 특정 악기, 사람의 목소리, 특정 악곡은 털이 곤두선다든지 덜덜 떨린다든지, 창백해진다든지 하는 일련의 피부 반응을 포함하는 감정 표출 상태를 만들어 낸다.[9] 아마도 앤 블러드(Anne Blood)와 로버트 자토레(Robert Zatorre)가 제시한 결과는 우리의 주장을 가장 효과적으로 설명해 주는 증거라고 할 수 있을 것이다. 그들은 등줄기를 따라 흘러 내려오는 전율을 빚어 내는 음악을 들을 때 얻어지는 유쾌한 상태가 신경적 상태와 어떤 관련을 보이는지 연구하고자 했다.[10] 연구자들은 전율을 불러일으키는 곡조를 들었을 때 현저하게 반응하는 뇌섬엽과 전방 대상 피질에서 그와 같은 상관관계를 발견했다. 뿐만 아니라 활성의 강도는 특정 곡조가 전율을 불러일으키는 정도에 대한 피험자의 보고와 비례하는 것으로 나타났다. 그들은 활성화가 단순히 음악의 존재가 아니라 피험자가 전율을 느낀다고 보고한 곡조와 관련되어 있음을 보여 주었다. 흥미로운 것은 전율을 느끼는 이유가 피험자의 느낌에 따라 변화가 일어난 뇌에 내인성 아편계 물질(endogenous opioid)이 생성되기 때문이라는 사실이다.[11] 이 연구는 또한 즐거운 상태의 이면에서 정서를 드러내는 반응을 생성하는 데 관여하는 영역 ─ 예를 들어 오른쪽 안와 전두엽 피질(orbitofrontal cortex, 눈확이마엽 겉질), 왼쪽 배쪽 선조체(ventral striatum, 배쪽 줄무늬체) ─ 과 즐거운 상태와 음의 상관관계를 갖는 영역 ─ 예를 들어 오른쪽 편도체 ─ 등을 확인해 주었는데, 이것은 많은 면에서 우리의 연구 결과와 일치하는 것이다.

통증을 처리하는 방식에 대한 연구 역시 이 문제와 관련된 통찰을 제공했다. 케네스 케이시(Kenneth Casey)가 수행한 주목할 만한 실험에서 연구자들은 피험자들의 손에 통증을 가하거나(손을 얼음물에 담그도록 했다.) 고통스럽지 않은 진동 자극을 가한 후에 그들의 뇌를 주사했다.[12] 그 결과 고통스러운 상황은 체성 감각 피질(뇌섬엽과 SII)에 현저한 변화를 가져왔다. 진동 자극은 다른 SI(체성 감각 영역)은 활성화했지만 정서에 대한 느낌과 가장 밀접하게 관련된 두 영역인 뇌섬엽과 SII는 활성화하지 않았다. 이 과정이 끝난 후 연구자들은 피험자들에게 펜타닐(fentanyl, 뮤(μ) 아편계 약물 수용체에 작용함으로써 모르핀 효과를 나타내는 약물)을 주고 다시 한 번 뇌를 주사했다. 손에 통증을 준 경우에 펜타닐은 통증과 뇌섬엽과 SII의 활성을 모두 감소시켰다. 진동을 준 경우에 펜타닐의 투여는 진동의 지각과 SI의 활성에 전혀 영향을 미치지 않았다. 이러한 결과는 통증 또는 쾌락과 관련된 느낌과 감촉 또는 진동의 지각과 관련된 '느낌(촉각이라는 의미에서의 느낌)'에 대해서 별개의 생리적 장치가 존재한다는 사실을 어느 정도 확실하게 드러내 준다. 통증 또는 쾌락과 관련된 느낌에는 뇌섬엽과 SII가 강력하게 관련되어 있고, 감촉 또는 진동의 지각과 관련된 '느낌'에는 SI이 관여한다. 다른 문헌에서 나는 발륨(Valium) 같은 약물을 투여했을 때 정서와 통증의 지각에 대한 생리적 지지 장치를 분리시킬 수 있다는 사실을 언급한 일이 있다. 다시 말해서 발륨은 통증에 대한 지각은 그대로 둔 채 통증의 감정적 요소를 제거할 수 있었던 것이다. 그 상황을 간단하게 묘사하자면, 당신은 통증을 '느끼지만' 그에 괘념치 않게 된다.[13]

확증적 증거 추가

목마름에 대한 느낌이 대상 피질과 뇌섬엽 피질의 활성 변화와 현저한 관련을 보인다는 사실이 확실하게 입증되었다.[14] 갈증 상태 자체는 체내 수분 불균형의 감지와 바소프레신이나 앤지오텐신 II과 같은 호르몬의 미묘한 상호 작용에서 기인된다. 그러면 시상하부, 수도관 주위 회색질처럼 갈증 해소 행동을 촉구하는 뇌의 영역이 활성화된다. 갈증 해소 행동에는 고도로 조화된 호르몬 분비와 운동 프로그램 등이 포함되어 있다.[15]

방광을 비우고 싶은 느낌, 또는 비우고 났을 때의 느낌에 대한 묘사는 독자 각자에게 맡기겠다. 남성이든 여성이든 간에 이러한 느낌들은 대상 피질의 변화와 관련되어 있다.[16] 그러나 에로틱한 영화를 보았을 때 느끼는 욕구나 욕망에 대해서는 짚고 넘어갈 점이 있다. 흥분을 느끼게 하는 대상 피질과 뇌섬엽 피질이 이러한 느낌에 크게 관여할 것이라고 우리는 예상할 수 있다. 그런데 안와 전두엽 피질과 선조체 등의 영역 역시 이에 관여한다. 이 영역들은 실제로 흥분이 부풀어 오르도록 만든다. 피험자의 성별에 따른 영향을 살펴볼 때 주목할 만한 차이가 나타나는 영역이 있으니, 그것은 바로 시상하부이다. 남성은 시상하부의 관련성이 매우 높은 데 반해서 여성은 그렇지 않은 것으로 나타났다.[17]

느낌의 기질

1950년대에 데이비드 허블(David Hubel)과 토르스텐 비셀(Torsten Wiesel)이 '시각의 신경적 토대'라는 유명한 연구를 시작했을 때만 해도 1차적 시각 피질 안에 시각적 대상과 관련된 지도를 구성하는 것을 가능하게 만드는 일종의 하부 모듈 조직(submodular organization)을 발견하게 될 것이라고는 아무도 예상하지 못했다.[18] 시각 지도 배후에 있는 장치는 수수께끼였다. 그러나 한편으로 비밀을 파헤치기 위해서 어느 영역을 광범위하게 탐구해야 할지에 대해서는 모두 깨닫고 있었다. 그것은 망막에서 시작해서 시각 피질에 도달하는 경로들과 처리 단계들의 연속된 사슬이었다. 오늘날 느낌이라는 분야에 대해서 생각해 볼 때 많은 면에서 우리가 지금 막 허블과 비셀이 시각 연구를 개시했을 무렵과 유사한 단계에 이르렀음이 분명하다. 최근까지도 많은 과학자들이 체성 감각 기관이 느낌의 결정적인 기질이라는 사실을 받아들이는 데 저항감을 보였다. 이것은 아마도 우리가 정서를 느끼는 것은 우리 몸의 상태를 지각하는 것이라는 윌리엄 제임스의 추론에 대하여 마지막으로 남은 저항일 것이다. 이는 또한 감정적 느낌이 시각이나 청각의 경우와 같은 감각적 토대를 가지고 있지 않을 것이라는 생각과 기묘하게 맞아떨어진다. 그러나 뇌의 병변에 대한 연구나 앞서 언급한 것과 같이 최근 이루어진 기능성 영상 연구는 이러한 생각을 결정적으로 바꾸어 놓았다. 그렇다. 과연 체성 감각 영역은 분명히 느낌의 절차에 관여하고 있는 것으로 나타났다. 또한 체성 감각 피질의 핵심 조직인 뇌섬엽이 다른 어떤 구조보다 중요한 역할을 수행하는 것으로 나타났다. SII, SI, 대상 피질 역시 느낌의 절차에 관여하지만 제각기 다른 수준에서 개입한다. 여러 가지 이유로 인하여 나는 뇌섬엽의 역할이 가장 핵심적이라고 생각한다.

위의 사실들은 두 종류의 증거를 하나로 묶어 주고 있다. 느낌의 상태를 내성적으로 분석하면 느낌이 체성 감각적 절차에 의존할 수밖에 없다는 추론을 이끌어 내게 된다. 신경 영상화 기술로 얻어 낸 증거를 보면 우리가 방금 고찰한 바와 같이 실제로 느낌이 일어날 때 뇌섬엽과 같은 뇌의 구조가 다르게 반응한다.[19]

그러나 이러한 결론을 더욱 강력하게 지지하는 또 다른 증거가 있다. 신체 내부에서 뇌로 정보를 전달하는 말초 신경 섬유와 신경 경로는 우리가 한때 생각했던 것처럼 감촉에 대한 정보를 받아들이는 뇌의 피질(1차적 체성 감각 피질인 SI)에서 끝나지 않는다. 대신 이 경로들은 이 경로들을 전담하는 뇌섬엽 피질 자체에서 끝난다. 이곳은 바로 정서에 대한 느낌에 따라 활동이 영향을 받았던 그 영역이다.[20]

신경생리학자이자 신경해부학자인 크레이그(A. D. Craig)가 매우 중요한 증거를 발견했으나 그 증거는 초기의 신경생리학에서 간과되었고 전통적으로 신경학의 교과서에서 부정되었다. 그 개념은 바로 우

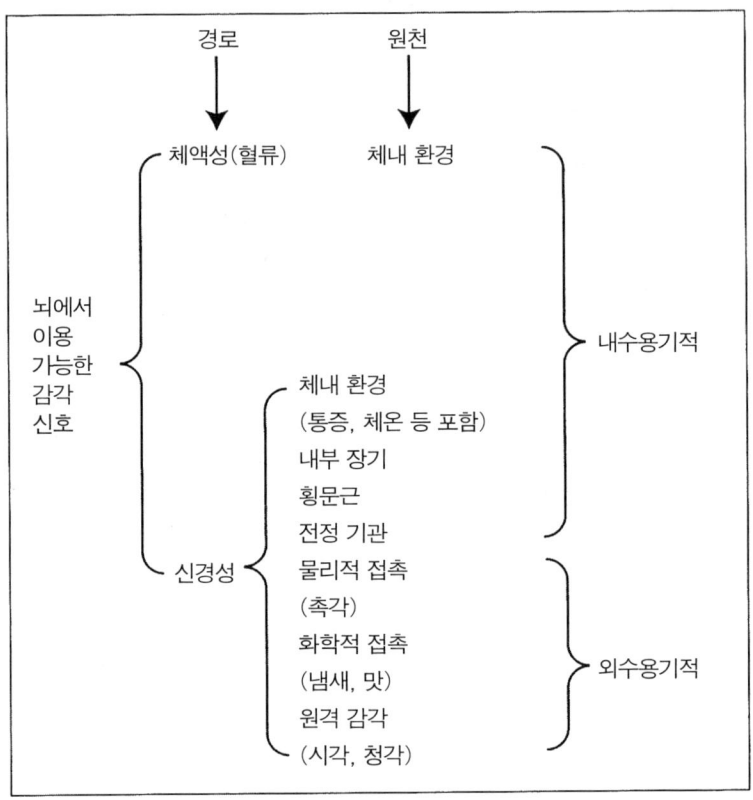

그림 3.5A 뇌에서 받아들이는 감각 신호의 주요 경로. 체액성 경로와 신경성 경로라는 두 가지 전달 경로가 존재한다. 체액성 경로의 경우, 혈액을 통해 운반된 화학 분자가 시상하부나 최하 구역과 같은 뇌실 주위 기관에 있는 신경 감지기를 직접 활성화한다. 신경성 경로의 경우 전기화학적 신호가 신경 경로를 통해서 전해진다. 한 신경세포의 세포체에서 점화된 신호가 시냅스를 건너서 다른 신경세포의 축삭으로 전해지는 방식이다. 이러한 신호들의 원천은 두 가지, 즉 외부 세계(외수용기적 신호)와 신체 내부 세계(내수용기적 신호)이다. 정서는 대체로 신체 내부 세계의 변화라고 볼 수 있다. 따라서 정서의 느낌의 토대를 이루는 감각 신호는 대체로 내수용기적 신호라고 볼 수 있다. 내수용기적 신호의 주된 원천은 내장 기관과 내부 환경(internal milieu)이다. 그러나 근골격계 및 전정 기관의 상태에 관련된 신호 역시 이에 관여한다.[22]

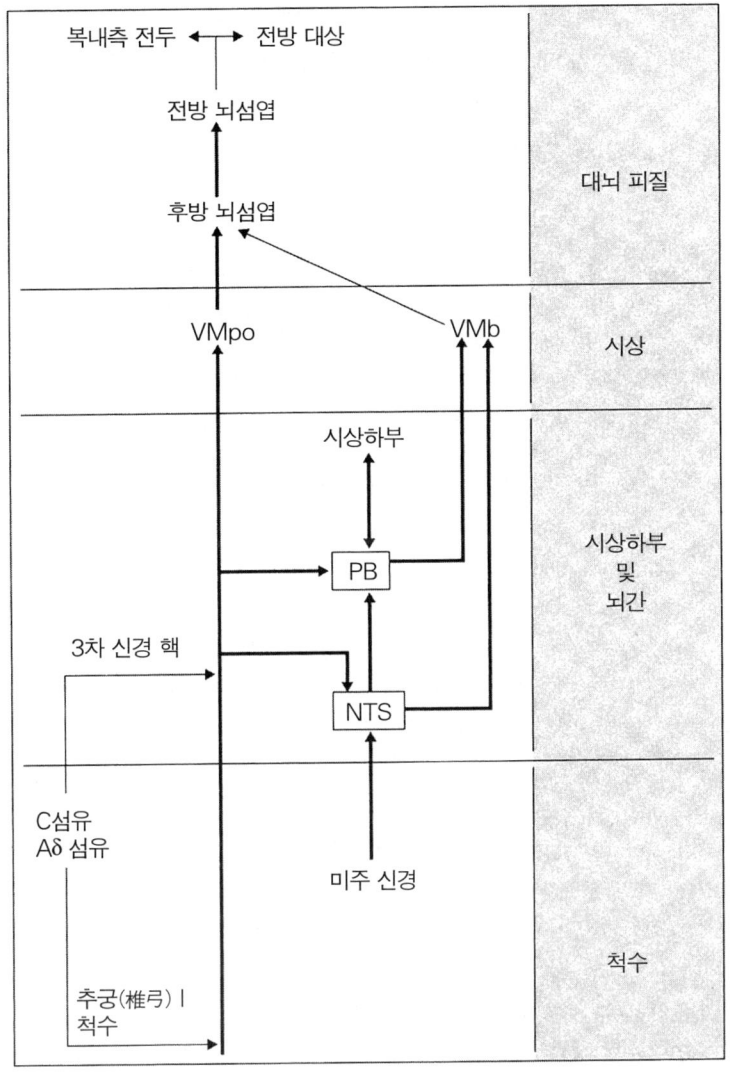

그림 3.5B 신체에서 뇌로 전달되는 신호. 위 그림은 신체 내부 환경과 내부 장기의 신호를 뇌로 전달하는 데에서 필수적인 경로를 나타낸 것이다. 중요한 신호의 상당 부분은 척수와 뇌간의 3차 신경 핵을 통해서 전달된다. 말초 신경 섬유인 C형 및 Aδ형 섬유(전달 속도가 느린 가느다란 무수 신경)가 전달해 준 정보는 척수의 모든 단계에서 '추궁 I(척수의 회색질 뒤쪽의 뿔(horn) 부분과 3차 신

리가 체내의 감각, 즉 내수용기성(interoceptive) 감각에 부지불식간에 관여하고 있다는 것이다.[21] 다시 말해서 이론과 기능적 영상화 연구에서 느낌과 관련이 있다고 제시된 영역이 실제로 느낌의 내용을 표현할 것으로 생각되는 신호들의 수용체인 것으로 드러난 것이다. 느낌의 내용이란 무엇인가? 통증 상태, 체온, 홍조, 가려움, 간지러움, 떨림, 내부 장기 및 생식기의 감각, 혈관 및 다른 장기의 평활근의 상태, 국부적 pH, 포도당, 삼투질 농도, 염증성 물질의 존재 등이다. 여러 관점에서 볼 때 체성 감각 영역은 느낌의 중요한 기질이라고 추정된다. 그리고 뇌섬엽 피질이 특히 축이 되는 영역인 듯하다. 이러한 개념은 이제 더 이상 가설이라고 보기 어렵다. 이것은 앞으로 좀

경 핵의 꼬리 부분에 해당되는 영역)' 에서 중추 신경계로 보내진다. 이 정보들은 말 그대로 우리의 전신 구석구석에서 온 것으로 다양한 요소들과 관련되어 있다. 그 요소는 동맥의 평활근 수축 상태, 신체 국부의 혈액 흐름의 양, 국부의 체온, 각 조직에 중요한 손상을 일으킬 수 있는 화학 물질의 존재, pH, 산소, 이산화탄소의 농도 등을 포함한다. 이 모든 정보들은 시상에 있는 전담 핵(VMpo)으로 전달되었다가 그 다음에는 후방 및 전방 뇌섬엽의 신경 지도에 도달한다. 그러면 뇌섬엽은 복내측 전전두엽 피질이나 전방 대상 피질로 신호를 보낸다. 한편 정보는 시상으로 가는 길에 고립로 핵(nucleus tractus solitarius, NTS)에 들러 이곳에서도 이용 가능하게 된다. NTS는 미주 신경(척수를 거쳐 전달되는, 대부분의 내부 장기들이 보내 오는 신호들의 주요 경로)으로부터 신호를 받아서 완방핵(parabrachial nucleus, PB, 팔곁핵)과 시상하부로 보낸다. 한편 PB와 NTS는 뇌섬엽으로도 신호를 보내는데, 이때는 다른 시상핵(thalamic nucleus, VMb)을 통해서 전달한다. 흥미로운 것은 신체 운동이나 공간에서의 신체의 위치에 관련된 신호의 전달은 완전히 다른 경로를 통해 이루어진다는 것이다. 이러한 신호를 운반하는 말초 신경 섬유들(Aβ)은 두껍고 매우 빠른 속도로 신호를 전달한다는 점이다. 신체 운동에 관여하는 척수 및 3차 신경 핵, 그리고 시상 중계 핵(thalamic relay nucleus)과 최종적으로 신호가 도달하는 피질 영역(SI) 역시 차이를 보인다.

더 정교하고 세밀한 느낌의 신경생물학을 밝혀 나가기 위한 새로운 연구가 진행될 수 있는 토대이다.

느낌을 갖기 위한 조건

느낌을 가능하게 하는 기본적인 절차를 발견하고자 하는 시도에서 우리는 다음과 같은 점을 고려하게 되었다. 첫째, 느낌을 가질 수 있는 개체는 신체뿐만 아니라 신체 내부를 표상할 수단을 가진 생명체여야 한다. 비교적 복잡한 생물인 식물을 생각해 보자. 식물은 분명히 살아 있고 몸을 가지고 있지만 몸의 각 부분과 그 부분의 상태를 지도화하여 나타낼 수 있는 우리의 뇌와 같은 수단을 가지고 있지 않다. 식물은 수많은 자극—빛, 열, 물, 영양분—에 반응한다. 식물을 가꾸는 데 조예가 있는 사람들 중 일부는 식물이 다정한 격려의 말에도 반응한다고 믿는다. 그러나 아마도 식물에게는 느낌을 자각할 수 있는 가능성이 없는 것으로 보인다. 그리하여 느낌을 가질 수 있는 첫 번째 필요 조건은 신경계의 존재로 귀결된다.

둘째, 신경계는 신체 구조 및 신체의 상태를 지도로 나타낼 수 있어야 한다. 또한 그 지도에 나타난 신경 패턴을 심적 패턴 또는 심상으로 전환시킬 수 있어야 한다. 이러한 절차가 없다면 신경계는 느낌의 기질인 신체 변화의 지도를 작성할 수는 있지만 우리가 느낌이라고 하는 개념에는 도달할 수 없을 것이다(5장 참조).

셋째, 전통적인 의미에서의 느낌이 생겨나려면 느낌의 내용이 주체에게 알려져야 한다. 다시 말해서 의식이 필요하다. 느낌과 의식 간의 관계는 상당히 미묘하다. 단순하게 말하자면 의식이 없다면 우리는 느낄 수 없다. 그런데 느낌 그 자체가 의식의 생성 절차에 기여한다. 그리고 의식이 없다면 우리는 아무것도 알 수 없다. 이러한 어려움에서 빠져 나오는 길은 느낌이라는 절차가 여러 층으로 이루어지고 또한 가지를 치고 있다는 사실을 깨닫는 것이다. 느낌을 생성할 때의 필수 단계 중 일부는 한편으로 원시 자아(protoself)를 생성하는 데도 필수적이다. 그런데 자아와 궁극적으로 의식의 생성이 바로 이 원시 자아에 의존한다. 그러나 일부 단계들은 느낌의 토대인 항상성 변화에 특이적이다. 다시 말해서 특정 대상에 특이적이다.

넷째, 느낌의 첫 번째 기질을 형성하는 뇌의 지도는 바로 이 뇌의 다른 부분의 명령에 따라 실행되는 신체 상태의 패턴을 보여 주는 것이다. 다시 말해서 느낌을 가진 생물의 뇌는 정서나 욕구를 가지고 어떤 사건이나 사물에 반응하면서 그에 해당되는 느낌을 환기시키는 신체 상태를 만들어 내는 것이다. 따라서 느낄 수 있는 생물의 뇌는 이중 역할을 하는 셈이다. 신체 지도를 제공하기 위해서는 확실히 뇌가 필요하다. 그런데 그 이전에 특정 정서적 신체 상태, 궁극적으로 지도화되어 느낌을 생성할 신체 상태를 명령하고 실행하기 위해서도 뇌가 필요하다.

이와 같은 상황은 진화 과정에서 왜 느낌이라는 것이 생성되었을까 하는 질문을 불러일으킨다. 느낌이 생겨난 것은 신체 상태를 표상하는 뇌의 지도가 존재했기 때문이다. 이와 같은 지도가 생길 수 있었던 것은 뇌의 신체 조절을 위해 신체 상태의 지도가 필요했기 때문이다. 신체 조절이란 정서적 반응이 전개되는 동안에 신체 상태에 수정을 가하는 것을 말한다. 이것은 느낌이 단순히 신체, 그리고 신체를 표상할 수 있는 뇌의 존재에 의존하는 것이 아니라 뇌의 생명 조절 기구의 존재, 정서나 욕구와 같은 반응을 일으키는 메커니즘의 존재에 의존한다는 것을 의미한다. 이와 같은 정서를 관장하는 뇌의 장치가 이미 존재하고 있지 않다면, 느낌에는 아무것도 흥미로울 것이 없다. 다시 한 번 강조하건대, 출발점에는 정서 및 정서를 떠받치고 있는 요소들이 있다. 느낌은 수동적인 절차가 아니다.

신체 상태 대 신체 지도

지금까지 제시한 내용은 충분히 이해할 수 있을 정도로 간단하다. 그러나 이제 좀 더 복잡한 문제로 들어가야 한다. 먼저 논의하고자 하는 내용의 배경으로서 두 가지 사항을 제시하고자 한다.

우리의 가설은 무엇에 대한 느낌이든지 간에 느낌은 뇌의 체성 감각 영역의 활동에 기초를 두고 있다는 것이다. 만일 체성 감각 영역이 없다면 우리는 아무것도 느낄 수 없을 것이다. 뇌의 핵심적 시각 영역을 제거하면 아무것도 볼 수 없는 것과 같다. 우리가 경험하는 느낌은 뇌의 체성 감각 영역을 통해서 오는 것이다. 어쩌면 너무나 당연한 이야기처럼 들릴지도 모르지만 우리는 비교적 최근까지만 하더라도 과학이 느낌을 어떤 뇌 시스템에도 지정하는 것을 신중하게 피하고자 했다는 점을 상기해야만 한다. 느낌은 뇌 안에, 또는 뇌 주변에 안개처럼 모호하게 떠돌고 있었던 셈이다. 그러나 이제 잠재적인 장소가 등장했으며, 이것은 모든 사람들의 주의를 끌 만하다. 왜냐하면 타당하면서도 아직 검증되지 않았기 때문이다. 많은 경우에 체성 감각 영역은 신체에서 일어난 일을 정확하게 지도화한다. 그러나 항상 그렇지는 않다. 왜냐하면 지도화 영역의 활동이나 이 영역으로 들어오는 신호가 특정 방식으로 변경될 수 있기 때문이다. 이제 지도화된 유형은 충실성을 잃게 되었다. 그렇다면 이와 같은 사실이 우리가 신체를 감지하는 뇌에 지도화된 것을 느낀다는 나의 생각을 부정하는 것일까? 그렇지 않다. 여기에 대해서는 곧 논의할 것이다.

두 번째 문제는 느낌이란 정서로 인해 변화된 실제 신체의 상태에 대한 지각이라고 주장한 제임스에 관한 것이다. 제임스의 통찰력 있는 추론이 공격당하고 20세기 동안 배척받았던 이유 가운데 하나는, 느낌을 실제 신체 상태에 대한 지각에 의존하도록 만든다면, 느낌이라는 절차가 일어나는 시간이 지연될 것이고, 그 결과, 절차가 비효율적으로 된다는 이유 때문이었다. 실제로 신체 변화가 일어나고 그 변화를 지도화하는 데에는 시간이 걸린다. 그런데 실제로 느낌이 일어나기 위해서도 시간이 걸린다. 기쁨이나 슬픔에 대한 심적 경험은 비교적 긴 지속 시간을 갖는다. 그리고 이러한 심적 경험이 방금 논의한 신체의 변화 절차보다 더 빨리 이루어진다는 증거는 전혀 없다. 오히려 최근의 증거에 따르면 느낌은 몇 초에 걸쳐서 일어나며, 보통 2~20초가량 걸리는 것으로 나타났다.[23] 그러나 제임스의 주장에 대한 반론에도 새겨들을 부분이 있다. 만일 시스템이 정확히 제임스가 생각한 대로 작동된다면 항상 최선의 결과를 가져오지 못할 수도 있다. 그리하여 나는 중대한 단서를 붙인 대안을 내놓았다. 느낌은 반드시 **실제의 신체 상태**로부터 일어나는 것은 아니다. 물론 그럴 수도 있기는 하다. 대신 느낌은 어떤 주어진 순간 뇌의 체성 감각 영역에 구성되는 **실제의 지도**에서 비롯된다. 이 두 가지 사항을 염두에 두고서 이제 느낌 시스템이 어떻게 구성되고 작동하는지에 대한 나의 견해에 대하여 논의하도록 하자.

실제 신체 상태와 모방된 신체 상태

　우리 삶의 어느 순간이든지 뇌의 체성 감각 영역은 신체로부터 신호를 받아서 그것을 가지고 진행되고 있는 신체의 상태에 대한 지도를 구성한다. 우리는 이 지도를 신체의 모든 부분에서 뇌의 체성 감각 영역으로 보내는 편지라고 상상할 수 있다. 그런데 이 명쾌하고 선명한 그림을 흐리게 만드는 것은 오직 뇌의 다른 영역들이 이 체성 감각 영역으로 들어오는 신호에 직접 간섭하거나 체성 감각 영역의 활동 자체에 직접 간섭할 수 있다는 사실이다. 이와 같은 간섭의 결과는 무엇보다 흥미롭다. 우리 몸에 어떤 일이 일어나고 있는지 알려 주는 정보의 출처는 단 하나이다. 바로 주어진 순간에 뇌의 체성 감각 영역에서 나타나는 활동의 패턴이 그것이다. 따라서 이 메커니즘에 개재되는 어떤 간섭도 실제로 신체에서 일어나는 일에 대한 거짓된 지도를 만들게 될 것임이 분명하다.

자연 무통증(Natural Analgesia)

　우리의 뇌가 통증을 느끼도록 하는 신체 신호를 걸러 낸다는 사실에서 '거짓(false)' 신체 지도의 좋은 예를 찾아볼 수 있다. 뇌는 중심적 신체 지도에서 통증을 경험하도록 만드는 활동 패턴을 효과적으로 제거한다. 이와 같은 '거짓' 표상이 진화 과정에서 우세하게 된 사실에 대해서 우리는 설득력 있는 이유를 찾을 수 있다. 위험을 마주하고 도망치려고 할 때, 위험의 원인으로부터 비롯된 통증(예를 들어 맹수에게 물린 아픔)이나 도망치는 과정에서 비롯된 통증(예를 들어 격렬한 달리기 또는 장애물 때문에 다쳐서 생긴 아픔)을 느끼지 않는 쪽이 더 도움이 된다.

이제 우리는 이러한 통증 신호의 억제가 어떻게 일어나는지에 대한 상세한 증거를 가지고 있다. 수도관 주위 회색질이라고 하는 뇌간 피개 부분의 핵이 보통의 경우에 조직 손상의 신호를 전달해서 통증을 느끼도록 하는 신경 경로에 메시지를 보낸다. 그러면 이 메시지는 이 경로에서 신호가 전달되는 것을 막는다.[24] 이처럼 신호가 걸러진 결과, 우리는 '거짓' 신체 지도를 얻게 된다. 이 절차가 신체와 연관되어 있다는 사실에 대해서는 물론 의심할 여지가 없다. 느낌이 신체 신호의 언어에 의존하고 있다는 사실은 아직 확고하다. 단지 뇌의 현명한 개입이 없다면 우리가 실제로 느끼는 것이 달라졌을 수도 있으리라는 것이다. 이와 같은 뇌의 개입의 효과는 다량의 아스피린이나 모르핀을 투여했을 때나 국소 마취를 했을 때와 같은 것이다. 차이점은 단지 뇌가 그 주인을 위해서 스스로 그와 같은 일을 한 것이고 자연스럽게 이루어진 일이라는 사실뿐이다. 우연히도 모르핀이라는 비유는 특히 적절하다. 왜냐하면 뇌의 개입 방법 가운데 하나는 자연적으로 체내에서 생성된 모르핀 유사 물질을 사용하는 것이기 때문이다. 모르핀 유사 물질은 엔도르핀을 포함한 아편계 물질 펩티드로 이들은 우리의 체내에서 만들어지기 때문에 '내인성(endogenous)'이라고 부른다. 이러한 물질에는 엔도르핀 외에도 엔도모르핀(endor-morphine), 엔케팔린(enkephalin), 다이노르핀(dynorphin) 등이 있다. 이 분자들은 뇌의 특정 영역에 있는 특정 신경세포의 특이적 수용체에 결합한다. 즉 때에 따라서 자연은 우리가 필요한 경우에 마치 의사가 통증 때문에 괴로워하는 환자에게 투여하는 것과 같은 진통제를 투여하는 셈이다.

이와 같은 메커니즘을 우리 주위에서 얼마든지 찾아볼 수 있다.

예를 들어서 강연자나 배우의 경우를 상기해 보자. 몸이 아픈 상황에서 강연이나 연기를 해야 하는 경우 이상하게도 일단 무대에 오르면 최악의 신체 증상이 사라지는 것을 그들은 경험한다. 오래된 지혜는 이런 기적적인 변화를 강연자나 배우의 체내에서 일어나는 '아드레날린 러시(adrenalin rush)' 현상 덕으로 돌렸다. 이 현상에 화학 물질이 관여하고 있다는 생각 자체는 실로 지혜롭다고 하겠지만 이 설명은 그 화학 물질이 어디에 작용하는지는 말해 주지 않는다. 또한 왜 이러한 작용이 바람직한 효과를 나타내는지도 설명하지 못한다. 나는 매우 손쉽게 일어나는 현재의 신체 지도의 변형으로 인해 그러한 상황이 만들어진 것이라고 믿는다. 변형이 일어나려면 몇몇 신경적 메시지가 필요하며, 실제로 특정 화학 분자들이 관여한다. 그러나 아마도 아드레날린이 주역은 아닐 것이다. 전쟁터에서 싸우고 있는 병사들의 뇌에서도 통증과 공포를 그려 내는 신체 지도의 변형이 일어날 것이다. 그와 같은 변형이 없다면 아마 영웅다운 행위는 일어나기 어려울 것이다. 이 훌륭한 특질이 우리 뇌의 목록에 추가되지 않았더라면 분만이라는 행위 역시 진화 과정에서 중단되고 그보다 덜 고통스러운 번식 방법이 자리를 잡게 되었을 것이다.

나는 널리 알려진 정신병리학적 증상 중 일부가 이 훌륭한 메커니즘을 상당한 정도로 무력화할 수 있다고 추측한다. 환자가 신체 일부의 감각을 느끼지 못하거나 움직이지 못하도록 하는 이른바 히스테리 또는 전환 장애(conversion reaction, 심리적 갈등이 신체 증상으로 전환되는 증상으로, 신체 조직 자체의 신경과 근육 장치가 정상적인데도 근육 조직이나 감각 기관의 기능이 손상된 경우. 흔히 팔이나 다리의 부분적 마비나 완전한 마비가 일어난다. 히스테리는 전환과 같은 반응을 지칭하는 초기의 용어이다.―옮긴이)는 현재의 신체 지도에 나타난, 일시적이지만 격렬한 변화 때문인 것으로 보인다. 몇몇 신체형 정신 장애(somatoform psychiatric disorder, 정신적 원인이 신체 증상의 형태로 발병하는 경우—옮긴이)는 이와 같은 방법으로 설명할 수 있다. 이에 더하여, 이 메커니즘에 약간의 변형이 일어난다면 한때 우리의 삶에서 크나큰 고통을 유발하던 사건을 떠올리는 것이 억제될 수도 있다.

감정 이입

한편 뇌는 내부적으로 특정 정서적 신체 상태를 모방할 수 있다. 공감(sympathy)이라는 정서를 감정 이입(empathy)이라는 느낌으로 전환시키는 절차에서 그 예를 찾아볼 수 있다. 예를 들어서 누군가가 끔찍한 사고를 당해 심한 부상을 입었다는 이야기를 들었다고 생각해 보자. 그 순간 여러분은 어쩌면 쿡쿡 쑤시는 듯한 통증을 느낄지도 모른다. 여러분의 마음이 부상당한 사람의 통증을 거울처럼 비추는 것이다. 여러분은 마치 여러분 자신이 사고의 희생자가 된 듯 느낄 것이고, 이러한 느낌은 사고의 심한 정도, 부상당한 사람에 대하여 당신이 들은 정보에 따라 더 클 수도 있고 작을 수도 있다. 이와 같은 종류의 느낌은 내가 '모방 신체 고리(as-if-body loop)'라고 불렀던 다양한 메커니즘을 통해 생성되는 것으로 추정된다. 이 메커니즘은 진행 중인 신체 지도의 신속한 변형을 구성하는 뇌의 내부 자극과 관련되어 있다. 예를 들어 전전두엽/전운동(premotor) 피질과 같은 특정 뇌의 영역이 뇌의 체성 감각 영역에 직접 신호를 보냄으로써 이와 같은 메커니즘이 이루어진다. 최근 이러한 기능을 담당하는 신경세포의 존재와 그 위치가 확인되었다. 어떤 사람의 뇌에서 이 신경세포들은 타인의 운동을 표상하고 뇌의 감각 운동 구조에 신호를 보내서 해당 운동이 시뮬레이션 상황에서 '시연(preview)'되거나 실제로 실행

되도록 할 수 있다. 이 신경세포들은 원숭이와 인간의 전두엽 피질에 존재하며 '거울 신경세포(mirror neuron)'로 알려져 있다.[25] 나는 『데카르트의 오류』에서 숙고한 바 있는 모방 신체 고리 메커니즘이 이 다양한 메커니즘들에 의존하고 있다고 믿는다.

체성 감각 영역에서 이루어지는 직접적인 신체 상태의 모방은 신체에서 오는 신호들을 걸러 내는 것과 다를 것이 없다. 두 경우 모두 뇌는 그 순간 신체의 현실을 그대로 반영하지 않는 신체 지도를 만들어 낸다. 뇌는 뇌로 들어오는 신체의 신호를 마치 점토처럼 주물러서 뇌의 체성 감각 영역에 특정 신체 상태를 빚어 낸다. 그럴 경우 느낌은 '진짜' 신체 상태가 아니라 '거짓' 구성에 기초하게 된다.

아돌프스가 최근에 수행한 연구는 신체 상태를 모방하는 문제에 대하여 직접적으로 다루고 있다.[26] 연구의 목적은 감정 이입의 토대를 탐구하는 것이었고, 대뇌 피질의 다양한 부위에 신경학적 손상을 입은 환자 100여 명이 이 실험에 참여했다. 이들이 수행한 과제는 감정 이입 반응에 필요한 절차를 요구했다. 연구자들은 각 피험자에게 미지의 인물이 특정 정서를 드러내는 표정을 짓고 있는 사진을 제시했다. 그리고 피험자는 사진 속의 인물이 무엇을 느끼고 있는지 대답해야 했다. 연구자들은 피험자들에게 자신이 사진 속의 인물이 되었다고 상상하고 그 사람의 마음의 상태가 어떨지 추측해 보라고 했다. 대뇌 피질의 체성 감각 영역이 손상된 환자는 과제를 제대로 수행하지 못하리라는 것이 실험의 가설이었다.

대부분의 환자들이 정상인과 똑같이 과제를 쉽게 수행했다. 단 두 집단의 환자들만이 과제 수행 능력의 손상을 보였다. 첫 번째 집단의 경우에는 쉽게 예측할 수 있는 결과였다. 그들은 시각 연합 피질(visual association cortex), 특히 배쪽 후두측두(ventral occipito-temporal, 뒤통수관자엽) 영역의 오른쪽 시각 피질이 손상된 환자들이다. 뇌의 이 부분은 시각적 구성을 인식하는 데 결정적으로 중요한 영역이다. 이 부위가 손상될 경우 비록 일반적인 의미에서 사진을 볼 수 있지만 사진 속의 얼굴 표정을 통합된 방식으로 지각하지 못한다.

또 다른 환자 집단은 특히 인상적이었다. 이들은 뇌의 우반구에 위치한 오른쪽 체성 감각 피질, 즉 뇌섬엽, SII, SI 영역이 전반적으로 손상된 환자들이었다. 이 부위는 뇌가 가장 높은 수준의 통합된 신체 상태 지도를 완성하는 곳이다. 이 영역이 없다면 뇌가 다른 신체 상태를 효과적으로 모방하는 것이 불가능하다. 이 경우 다양한 종류의 신체 상태의 주제가 펼쳐질 무대가 뇌에 존재하지 않는 셈이다.

그런데 좌반구의 해당 영역이 동일한 기능을 가지고 있지 않다는 점은 매우 중요한 생리학적 의미를 갖는다. 왼쪽의 체성 감각 복합체에 손상을 입은 환자들은 감정 이입 과제를 정상적으로 수행했다. 이것은 또한 오른쪽 체성 감각 피질이 신체 지도를 통합하는 데 우위를 차지하고 있다는 사실을 뒷받침하는 또 하나의 발견이다. 또한 이 영역의 손상이 일관적으로 정서 및 느낌의 결핍이나 질병 인식 불능증(anosognosia, 신체의 결손을 자각하고 지각하는 능력이 결여된 상태. 일반적으로 뇌 우반구의 손상에 수반되는 증상으로 한쪽의 마비를 수반하지만 다른 뇌 병변에 따라서도 일어날 수 있다.—옮긴이)과 무시 증후군(neglect, 기본적인 감각 장애나 운동 장애가 없는 상태에서 뇌 병변 반대쪽에 의미 있는 자극을 제시했을 때 이 자극을 감지하지 못하거나 반응을 하지 않는 증상—옮긴이)과 같은 증상을 일으키는 이유이다. 이러한 현상은 현재의 신체 상태에 대한 개념의 부족에 기인한다.[27] 우뇌와 좌뇌의 체성 감각 피질의 기능이 불균형한 것은 아마도 왼쪽의 체성 감각 피질이 언어 기능에 주로 관여하기 때문인 것으로 보인다.

우리의 가설을 뒷받침하는 또 다른 증거가 정상인들을 대상으로 한 연구에서 제시되었다. 피험자에게 특정 정서를 묘사하는 사진을 보여 주자, 피험자들의 얼굴 근육들이 즉각 미세하게 활성화되었다. 활성화는 사진에 묘사된 정서적 표정을 만드는 데 필요한 방식으로 일어났다. 피험자들은 자신의 근육의 움직임을 깨닫지 못했으나 얼굴 전체에 분포된 전극이 근전도적(electromyographic) 변화를 포착해 냈다.[28]

요약하자면 체성 감각 영역은 '실제' 신체 상태뿐만 아니라 다양한 종류의 '거짓' 신체 상태—예를 들어 '모방된' 신체 상태, 걸러진 신체 상태 등—들이 '연기'를 펼칠 수 있는 무대이다. 동물과 인간을 대상으로 하여 최근 수행된 거울 신경세포에 대한 연구 결과에 따르면 '모방된' 신체 상태를 생성하는 명령은 아마도 다양한 전전두엽 피질에서 나오는 것으로 보인다.

신체 상태에 대한 환각

뇌는 우리로 하여금 다양한 방법을 통해서 특정 신체 상태를 환각적으로 느끼게 한다. 우리는 어떻게 그와 같은 가능성이 진화 단계에서 시작될 수 있는지 상상해 볼 수 있다. 처음에 뇌는 단지 신체 상태를 올바르게 나타내는 지도를 생성했을 것이다. 그 다음 다른 가능성들이 떠올랐을 것이다. 예를 들어서 통증이 극심해질 때 뇌가 일시적으로 신체의 지도를 제거하는 것이다. 그 다음 아마도 실제로 존재하지 않는 통증의 상태를 모방하는 일이 나타났을 것이다. 이 새로운 가능성들이 나름대로의 이점을 분명히 드러내고 이러한 이점을 가진 개체들이 번성함에 따라서 가능성은 점차로 우세하게 되었을 것이다. 자연이 부여한 다른 많은 귀중한 특질들과 마찬가지로 병적 변이는 이러한 가능성이 가진 값진 용도를 타락시킬 수 있다. 이는 마치 히스테리나 다른 유사한 증상에서 보는 것과 마찬가지이다.

이 메커니즘의 또 다른 실질적인 가치는 바로 속도이다. 뇌는 매우 빠른 속도로 신체 지도를 변형시킬 수 있다. 예를 들어 짧은 유수 축삭(myelinated axon, 말이집 축삭)이 전전두엽 피질에서 고작 몇 센티미터 떨어진 뇌섬엽의 체성 감각 피질로 신호를 전달할 때는 매우 짧은 시간, 즉 10분의 1초 단위나 그 이하의 시간이 걸린다. 한편 뇌가 신체에 변화를 일으키는 데 걸리는 시간은 초 단위이다. 뇌가 길이가 길고 많은 경우에 수초로 둘러싸이지 않은 무수축삭(unmyelinated axon, 민말이집 축삭)을 통해 뇌에서 수십 센티미터 떨어진 신체 부위에 신호를 보내는 데에는 약 1초 정도가 걸린다. 또한 호르몬이 혈액 중으로 방출되어 후속 효과를 생성하는 데 걸리는 시간 역시 이와 같은 초 단위이다. 아마도 이것은 많은 경우에 우리가 느낌과 느낌을 불러일으키는 생각, 그리고 느낌의 결과로 일어나는 생각 간의 미묘한 시간적 관계를 감지할 수 있는 이유일 것이다. '모방된' 신체 메커니즘의 빠른 속도는 생각과 생각을 통해 촉발된 느낌을 시간적으로 매우 가깝게 배치한다. 느낌이 실제 신체 변화에 의존하는 경우보다 훨씬 가깝게 말이다.

그런데 지금 설명한 환각 작용은 신체 내부에 관련된 감각 기관 이외의 곳에서 일어날 경우에는 적응성이 없다는 사실을 유념해야 한다. 시각적 환각은 매우 파괴적이며 청각적 환각 역시 마찬가지이다. 이러한 환각에는 아무런 이점이 없으며, 이러한 환각에 시달리는 신경 질환자나 정신 질환자들은 환각을 전혀 즐거운 경험으로 여기지 않는다. 간질 환자가 경험할 수 있는 후각이나 미각의 환각 역시 마찬가지이다. 그러나 신체 상태에 대한 환각은 위에서 제시한 몇몇 정신병리학적 증상을 제외하고는 정상적인 마음의 값진 자원이다.

느낌의 화학 물질

오늘날 사람들은 누구나 이른바 기분을 전환시키는 약물이 슬프고 부적당한 느낌을 만족감이나 자신감으로 바꾸어 준다는 사실을 알고 있다. 그러나 항우울제 프로작(Prozac)이 나오기 훨씬 전에도 다양한 향정신성 의약품과 더불어 알코올, 마취제, 진통제 등이 느낌이 화학 물질에 따라서 변화될 수 있음을 보여 주었다.

이 모든 화학 물질들의 작용이 분자 수준의 설계에 따른 것임은 당연한 이야기이다. 그렇다면 대체 이 화학 물질들이 어떻게 주목할 만한 효과를 생성해 내는 것일까? 그에 대한 대답은 대개의 경우 화학 물질의 분자가 특정 뇌 영역에 있는 특정 신경세포에 작용해서 원하는 결과를 생성한다는 것이다. 그런데 신경생물학적 메커니즘의 관점에서 볼 때 이러한 설명은 많은 면에서 마치 마술과 같은 것이다. 트리스탄과 이졸데는 사랑의 묘약을 마시자마자 사랑에 빠져 버렸다. 그런데 왜 X라는 화학 물질이 Y라는 뇌 영역에 있는 신경세포에 부착되면 모든 근심이 사라지고 사랑을 느끼게 되는지는 분명하지 않다. 청소년기의 남성이 폭력적이고 과도한 성적 흥미를 가질 수 있는 이유가 신선한 테스토스테론이 철철 뿜어져 나오기 때문이라고 설명하는 것이 무슨 가치가 있을까? 여기에는 테스토스테론 분자와 청소년의 행동 사이의 기능적 수준의 설명이 빠져 있다.

이 설명이 불완전한 것은 느낌 상태의 실질적인 기원——느낌의 심적 본질——이 신경생물학적으로 개념화되지 못했기 때문이다. 분자 수준의 설명은 수수께끼의 일부를 푸는 데 도움을 주지만 우리가 정말로 원하는 설명에는 도달하지 못한다. 어떤 물질이 신체 기관 내에서 일으키는 분자 수준의 메커니즘은 느낌을 변경시키는 절차의 연쇄 고리를 개시하는 것은 설명하지만 궁극적으로 느낌을 형성하는 절차는 설명하지 못한다. 어떤 물질 때문에 어느 특정 신경 기능이 변경되어 느낌이 변화하는지에 대하여 거의 아무런 설명도 하지 못한다. 또한 그러한 기능을 지지하는 시스템이 무엇인지도 알 수 없다. 우리는 특정 화학 분자가 부착되는 것으로 보이는 신경세포 수용체의 위치를 안다.(예를 들어서 우리는 뮤(μ) 아편계 물질 수용체가 대상 피질 같은 뇌 영역에 존재한다는 사실을 알고 있다. 그리고 내인성 및 외인성 아편계 물질은 이 수용체에 결합함으로써 효과를 나타낸다는 사실을 알고 있다.[29]) 우리는 분자가 수용체에 결합하면 그 수용체를 가지고 있는 신경세포의 작용에 변화가 생긴다는 사실을 알고 있다. 따라서 특정 피질 신경세포의 뮤 수용체에 아편계 물질이 결합함으로써 뇌간의 복측 피개부의 신경세포가 활성화되어 전뇌 기저부의 중격의지핵과 같은 뇌 구조의 도파민 방출을 활성화한다. 그러면 수많은 보상적 행동이 일어나고 즐거운 느낌이 생겨나게 된다.[30] 그런데 이러한 느낌의 기초를 생성하는 신경 패턴이 앞서 언급한 영역에서만 일어나는 것은 아니다. 아마도 실제로 느낌을 '구성하는' 패턴이 그 신경세포들에서 일어나는 것은 전혀 아닐 것이다. 모든 가능성을 검토해 볼 때 주요 신경 패턴, 느낌의 상태를 일으키는 가장 유력한 신경 패턴은 다른 곳——뇌 섬엽과 같은 체성 감각 영역——에서 일어나는 것으로 보인다. 이는 화학 분자의 직접적인 영향을 받은 신경세포들의 활동의 결과이다.

내가 정립한 이와 같은 틀 안에서 우리는 느낌의 변화를 초래한 절차를 규명하고 약물의 활동이 일어나는 중심적인 장소를 밝혀낼 수 있다. 만일 느낌이 진행 중인 신체 상태의 수많은 측면을 지도화하는 신경 패턴으로부터 생겨나는 것이라면, 기분을 변화시키는 화학 물질이 그와 같은 체성 감각 지도의 패턴을 변화시킴으로써 마술을 일으키는 것이라고 말하는 것은 매우 소극적인 가설이라고 볼 수 있을 것이다. 화학 물질이 체성 감각 지도의 패턴을 변화시키는 방법에는 세 가지 서로 다른 메커니즘이 있는데, 이들은 따로따로 또는 연합해서 효과를 발휘한다. 첫째, 신체로부터의 신호 전달에 개입한다. 둘째, 신체 지도 내에 특정 활동 유형을 만들어 낸다. 셋째, 신체 상태 자체를 변화시킨다. 약물의 교묘한 책략은 이 모든 메커니즘에 영향을 미칠 수 있다.

약물이 유도하는 다양한 행복감

다양한 경로에서 얻어 낸 증거들이 느낌을 생성하는 기초로서의 뇌의 체성 감각 지도의 중요성을 가리키고 있다. 위에서 언급한 바와 같이 정상적인 느낌에 대한 자기 관찰적 분석 결과는 느낌이 전개되는 동안 다양한 신체 변화가 일어난다는 개념을 분명하게 뒷받침하고 있다. 또한 앞서 논의한 다양한 기능적 영상 실험 결과 역시 체성 감각 영역의 활동 유형의 변화가 느낌과 관련되어 있음을 보여 주었다. 또 다른 흥미로운 증거의 원천은 명백히 강렬한 행복감을 느끼기 위해서 약물을 복용하는 약물 중독자의 내성적 분석이다. 약물 중독자가 직접 이야기하는 내용에 따르면 약물로 도취감을 느끼는 동안 신체 상태의 변화가 느껴진다. 여기 몇몇 전형적인 예가 있다.

몸에 힘이 넘치는 것 같고 한편으로는 완전히 긴장이 풀린 듯한 느낌입니다.

마치 온몸의 모든 세포와 뼈들이 기뻐서 날뛰는 듯한 느낌이에요.

약간 마취된 듯한 기분이 들고……, 온몸이 얼얼하면서 또 따뜻한 기분이에요.

마치 온몸으로 오르가슴을 느끼는 기분이랍니다.

온몸에 온기가 스며들어요.

(약물을 복용한 후) 뜨거운 물에 몸을 담그면 어찌나 기분이 좋은지 아무 말도 할 수 없다고요.

마치 머리가 터져 버릴 듯한 기분입니다. …… 기분 좋은 온기와 강렬한 이완감이 느껴지지요.

정사를 나눈 후 긴장이 풀린 느낌과 비슷해요. 하지만 그보다 훨씬 좋지요.

온몸으로 느끼는 도취감이랄까요?

온몸이 완전히 감각을 잃은 듯하답니다.

마치 세상에서 가장 따뜻하고 포근하고 기분 좋은 담요로 감싸인 듯한 기분이에요.

몸이 즉각 따뜻해집니다. 특히 뺨이 뜨겁게 달아올라요.[31]

이 모든 말들은 두드러지게 일관적인 신체 변화를 보고하고 있다. 이완, 온기, 마비된 느낌, 마취된 듯한 기분, 통증이 없는 느낌, 오르가슴의 분출, 활력 등이 그것이다. 다시 강조하건대 이러한 변화가 실제로 신체에서 일어나서 체성 감각 지도로 운반된 것인지, 직접 이

지도에서 날조된 것인지, 아니면 둘 다인지는 중요하지 않다. 이러한 감각은 그에 어울리는 동조적(syntonic) 생각들——긍정적인 사건에 대한 생각들, '이해력', 신체적·지적 능력의 증대, 온갖 장벽이나 선입견이 사라진 듯한 기분——이 함께 나타난다. 흥미로운 것은 위의 답변 중에서 위에서부터 네 가지는 코카인을 복용한 후의 도취감에 이어 나타난 현상이고, 그 다음 세 가지는 엑스터시 복용자들의 답변이며, 마지막 다섯 가지는 헤로인 복용자들이 보고한 내용이다. 알코올은 이보다 약하지만 비슷한 효과를 낸다. 위의 효과를 나타낸 각각의 약물이 화학적으로 서로 다르고 우리 뇌의 서로 다른 화학 시스템에 작용한다는 사실을 고려해 볼 때, 각 약물의 효과들이 가장 큰 줄기라고 할 수 있는 핵심적인 특징을 서로 공유한다는 사실이 훨씬 더 인상적이다. 이 모든 물질은 체내에서 생성된 물질과 마찬가지로 뇌 기관을 점유함으로써 효과를 발휘한다. 예를 들어 코카인과 암페타민은 도파민 시스템에 작용한다. 그런데 현재 유행하는 암페타민의 변종인 엑스터시는 세로토닌 시스템에 작용한다. 이전에 언급한 것처럼 헤로인과 다른 아편계 물질들은 뮤 및 델타(δ) 아편계 수용체에 작용한다. 알코올은 GABA-A 수용체와 NMDA 글루타메이트 수용체를 통해서 작용한다.[32]

여기에서 중요한 점은, 앞서 다양한 자연적 느낌에 대한 기능적 영상 연구에서 묘사되었던 체성 감각 영역이 엑스터시, 헤로인, 코카인, 마리화나 등을 복용했거나 이러한 물질을 갈망할 때 비롯되는 느낌을 경험할 때 역시 관여하는 것으로 나타났다는 점이다. 즉 대상피질이나 뇌섬엽이 주로 관여한다.[33]

이 서로 다른 물질들이 작용하는 수용체의 해부학적 분포 역시 서로 다르고 패턴 역시 각각의 약물에 따라서 다르게 나타난다. 그러나 약물들이 생성하는 느낌에는 서로 공통점이 있다. 아니, 상당히 유사하다. 따라서 어떤 방법으로든지 약물의 작용 단계 중 어느 한 단계에서 서로 다른 분자들이 서로 비슷한 체성 감각 영역의 활동을 형성하도록 하는 것으로 보인다. 다시 말해서 느낌의 효과는 공유된 신경 부위의 변화에 기인하며, 그러한 변화는 서로 다른 물질이 야기하는 서로 다른 일련의 시스템 변화 때문에 일어난다. 분자와 수용체 수준에서의 이야기만으로는 그 효과를 설명하기에 충분하지 못하다.

모든 느낌이 필수 성분으로서 통증 또는 쾌락의 속성을 가지고 있다. 또한 우리가 느낌이라고 부르는 심상은 신체 지도에 나타나는 신경 패턴으로부터 비롯되는 것이다. 따라서 뇌의 신체 지도가 특정 구성(configuration)을 나타낼 때 통증과 그와 유사한 느낌(통증의 변이체)이 생성될 것이라고 주장하는 것은 타당성을 가질 수 있다.

마찬가지로 쾌락 및 그와 유사한 느낌 역시 지도의 특정 구성의 결과이다. 통증에 대한 느낌이나 쾌락에 대한 느낌은 뇌의 신체 지도에 그려지는 우리의 신체 이미지가 특정 유형을 따르도록 하는 생물학적 절차의 일부이다. 엑스터시나 스카치위스키도 마찬가지이다. 마취제도 마찬가지이다. 어떤 형태의 약물도 마찬가지이다. 절망감도 마찬가지이고 희망이나 구원의 생각도 마찬가지이다.

반대자들에 대하여

어떤 반대자들은 앞서 이루어진 느낌의 생리학적 토대에 관한 논의를 받아들이면서도 이에 완전히 만족하지 못하고 내가 아직 중요한 답변을 내놓지 못했다고 항변한다. 왜 느낌이 그러한 방식으로 느껴지는지를 설명하지 못했다는 것이다. 나는 그들의 질문 자체가 적절하지 못하다고 본다. 그리고 느낌이 그런 식으로 느껴지는 것은 느낌이 원래 그렇기 때문이며, 그러한 것이 사물의 본질이기 때문이라고 대답할 수 있을 것이다. 그러나 나는 반대자들의 관점을 받아들여 논의를 계속해 나가겠다. 지금까지 제시한 답변에 세부 내용을 추가하고 느낌을 형성하는 지도화 절차의 상세한 본질을 가능한 한 꼭 집어서 설명하도록 하겠다.

언뜻 보면 느낌의 기초를 이루는 신체 지도화 절차가 신체 내부 기관과 근육의 모호하고 거친 표상이라고 생각할 수 있다. 그러나 다시 한 번 생각해 보자. 먼저, 문자 그대로 우리 몸의 모든 부분이 동시에 지도화된다. 왜냐하면 신경 말단이 신체 모든 영역에 도달해 있어서 특정 영역을 구성하는 살아 있는 세포의 상태를 알리는 신호를 중추 신경계에 보내기 때문이다. 이 신호 전달 과정은 복잡하다. 예컨대 이것은 단순히 0 아니면 1로, 세포가 살았는지 죽었는지를 알려 주는 것이 아니다. 신호는 매우 다채롭다. 예를 들어서 신경 말단은 세포 주위의 산소 및 이산화탄소의 농도의 높고 낮음을 알려 줄 수 있다. 살아 있는 모든 세포들이 잠겨 있는 화학적 용액의 pH를 알려 주기도 한다. 한편 외부 또는 내부의 독성 물질의 존재를 알려 준다. 그리고 살아 있는 세포의 임박한 죽음이나 곤경을 알려 주는 시토카인과 같은 내부에서 생성된 화학 분자들의 출현도 감지해 낸다. 뿐만 아니라 신경 말단은 모든 크고 작은 동맥의 벽을 구성하는 평활근 섬유에서부터 우리의 팔, 다리와 가슴, 얼굴 등을 구성하는 대형 횡문 근섬유에 이르기까지 근섬유의 수축 상태를 알려 준다. 신경 말단은 이와 같은 방법으로 특정 시점에 피부나 내장과 같은 특정 기관이 무엇을 하고 있는지 뇌에 알려 줄 수 있다. 그런데 느낌의 기질을 구성하는 뇌의 신체 지도는 신경 말단에서 얻는 정보뿐만 아니라 혈류에 존재하는 다양한 화학 물질들의 농도에 대한 정보를 비신경적 경로를 통해서 입수한다.

예를 들어서 시상하부라는 뇌의 구조에서는 일단의 신경세포들이 포도당 또는 물의 농도를 혈액으로부터 직접 읽어 들이고 그에 따라서 적절한 조치를 취한다. 그 적절한 조치는 이전에 언급한 것처럼 충동 또는 욕구의 형태로 나타난다. 혈액 중의 포도당 농도가 감소하면 배고픔이라는 욕구 상태가 생성되고, 그 결과 식품을 섭취해서 궁극적으로 낮아진 포도당 농도를 교정할 수 있는 행동을 개시하도록 만든다. 그와 마찬가지로 물분자의 농도가 감소하면 갈증 및 수분 보유 노력을 이끌어 내게 된다. 수분 보유 노력은 신장으로 하여금 가능한 한 물을 배출하지 않도록 명령하고, 또한 이것은 날숨을 통해서 너무 많은 수분이 빼앗기지 않도록 호흡 방식을 바꾸는 방법으로 이루어진다. 뇌의 수많은 다른 부위들, 예컨대 뇌간의 맨 아래 구역(area postrema)이나 가쪽 내실(lateral ventricle) 근처의 뇌활밑 기관(subfornical organ) 역시도 시상하부와 비슷하게 행동한다. 이들은 혈액을 통해 전달된 화학 신호를 신경 신호로 바꾸어 뇌 안의 신경 경로를 통해 전송한다. 그 결과는 역시 같다. 뇌가 신체 상태에 대한 지도를 얻게 되는 것이다.

뇌는 생명체의 상태 전반에 대하여 신경 말단을 통해서 직접적으로 그리고 국소적으로 정보를 얻고 혈류를 통해서 포괄적이고 화학적인 정보를 얻는다. 뇌는 살아 있는 생명체 전체에 걸쳐서 생명 상태의 표본 추출을 실시하고, 이 놀랄 만큼 광범위한 표본 추출 자료를 가지고 생명 상태에 대한 통합된 지도를 추출해 낸다. 우리가 기분이 좋다거나 나쁘다고 말할 때, 그러한 기분은 체내 환경의 화학적 상태를 그린 지도에 근거한 복합적인 표본에서 비롯된 것이라고 나는 생각한다. 우리는 종종 뇌간이나 시상하부에서 진행되는 신경의 신호 활동은 결코 자각할 수 없다고 말한다. 그런데 이것은 어쩌면 부정확한 말일지도 모른다. 나는 신경 신호 활동의 일부는 특정 형태로 항상 자각될 수 있다고 믿는다. 그리고 정확히 바로 그것이 이른바 배경 느낌(background feeling)을 형성하는 것이라고 생각한다. 우리가 종종 배경 느낌에 주목하지 않는 것은 사실이다. 그러나 그것은 다른 문제이다. 많은 경우에 우리는 배경 느낌에 주목한다. 여러분이 나중에 감기에 걸리거나, 아니면 좀 더 기분 좋은 예로서, 여러분이 세상에서 가장 운이 좋은 사람이고 온 세상이 발아래에 있는 것 같은 기분이 들 때 이 점에 대해서 잘 생각해 보라.

아직도 남아 있는 반대자들에게

자, 여기까지 설명했으나 여전히 반대자들이 문제를 제기할 수 있다. 그들은 이렇게 말한다. 최신형 항공기의 조종실 역시 내가 지금까지 설명한 것과 비슷하게도 항공기 몸체에 대응하는 계기로 가득 차 있다는 것이다. 그렇다면 항공기도 느낄 수 있느냐고 그들은 나에게 묻는다. 만일 그렇다면 대체 왜 비행기가 그렇게 느끼는지 아느냐고 묻는다.

살아 있는 복잡한 생명체에서 일어나는 일을 첨단 공학적 기계 장치—이를테면 보잉 777—에 비교하고자 하는 어떤 시도도 무모한 것이다. 실제로 당신은 정교한 항공기에 탑재된 컴퓨터에서 다양한 기능을 모니터할 수 있는 지도를 발견할 수 있을 것이다. 날개의 가동 부분, 꼬리날개, 방향타의 동작 상태, 엔진 작동에 관련된 다양한 파라미터, 연료 소비 등이 기온, 풍속, 고도 등의 환경 변수와 함께 끊임없이 모니터된다. 어떤 컴퓨터는 측정된 정보 간의 상호 관계를 분석해서 항공기의 진행 중인 활동을 자동으로 수정한다. 이것은 분명 항상성 메커니즘과 비슷하게 보인다. 그러나 살아 있는 생명체의 뇌에 있는 자연적 지도와 보잉 777의 조종실 사이에는 두드러진, 아니 거대한 차이가 존재한다. 그 차이점에 대해서 생각해 보자.

첫째, 구성 요소의 조직 및 활동의 세부적인 정도 차이가 있다. 조종실의 모니터 장치들은 살아 있는 복잡한 생명체의 중추 신경계의 모니터 장치에 비할 것이 못 된다. 항공기의 조종 장치를 우리 몸에 단순하게 비유하자면, 그 장치는 우리가 다리를 꼬고 있는지 꼬고 있지 않은지를 알려 주고, 심박과 체온을 측정하며, 다음 식사를 하기 전까지 몇 시간이나 버틸 수 있는지를 말해 주는 정도라고 할 수 있다. 나는 지금 놀라운 성능의 보잉 777을 폄훼하려는 것이 아니다. 나의 요지는 보잉 777은 생존에 필요한 것 이상의 정보를 모니터할 필요가 없다는 것이다. 또한 이 항공기의 '생존'은 그것을 관장하는 살아 있는 조종사의 손에 달려 있다. 조종사의 존재 없이는 항공기의 모든 활동이 무의미하다. 사람이 타지 않는 무인 항공기도 마찬가지이다. 이 경우 항공기의 생명은 지상의 관제소에 달려 있다.

둘째, 항공기의 일부 구성 요소들—작은 날개, 보조 날개, 방향타, 공기 브레이크, 착륙 장치 등—은 '가동' 되지만 이 구성 요소들 중 어느 것도 생물학적으로 '살아 있다'고 할 수 없다. 운반되는 산소와 영양분의 존재에 따라 그 존재가 보존되는 살아 있는 세포로 만들어진 것이 아니라는 말이다. 반면 생명체의 모든 구성 요소, 신체의 모든 세포들은 단순히 가동될 뿐만 아니라 살아 있다. 좀 더 극적으로 말하자면 세포 하나하나는 각각의 살아 있는 유기체이다. 모두 탄생일과 생명 주기, 사망일을 가지고 있는 유기체인 것이다. 각 세포들은 스스로의 생명을 돌보아야 하며, 그 자신의 생명은 스스로 소유한 유전체의 명령과 주위 환경의 상황에 의존한다. 이전에 사람과 관련하여 논의했던 타고난 생명 조절 기구는 생물학적으로 하부 차원, 즉 우리 몸의 모든 시스템, 모든 기관, 모든 조직, 모든 세포 수준에서도 유효하다. 살아 있는 생명체의 결정적으로 중요한 기본 '입자(particle)'는 원소가 아니라 살아 있는 세포이다.

보잉이라는 거대한 새를 구성하는 수 톤의 알루미늄, 합금, 플라스틱, 고무, 실리콘에서는 살아 있는 세포에 해당되는 것을 찾아볼 수가 없다. 항공기에는 수 킬로미터에 달하는 전선, 수만 개의 너트와 볼트, 리벳, 항공기의 외장을 구성하는 수천 제곱미터의 합금강이 있다. 그리고 이 모든 구성 요소들은 원소로 이루어져 있고 우리의 피와 살 역시 미세한 수준에서 원소로 이루어져 있는 것도 사실이다. 그러나 항공기의 물리적 재료는 살아 있는 것이 아니다. 항공기의 크고 작은 부품은 이어받은 유전 물질, 생물학적 운명, 생명의 위험성을 지닌 살아 있는 세포로 만들어지지 않았다. 누군가 항공기 역시 자신의 생존을 위한 공학적 설계, 즉 조종사가 정신이 팔려서 오작동할 경우를 대비해서 마련된 프로그램을 가지고 있다고 주장할지도 모른다. 하지만 그 차이는 부정할 수 없을 것이다. 항공기에 탑재된 조종실 컴퓨터는 비행 기능을 실행하는 데 초점을 맞추고 있다. 그러나 우리의 뇌와 마음은 살아 있는 신체라는 우리 자산의 통합성(integrity)에 전체적인 관심을 가지고 있는 한편, 그 신체 구석구석에 있는 구성 요소 또한 그 자신에 대한 자동적인 관심을 가지고 있다.

이러한 구분은 살아 있는 생명체와 인공 지능을 가진 기계—예를 들어 로봇——를 비교할 때마다 불거져 나오곤 한다. 여기에서 나는 단지 우리의 뇌는 살아 있는 신체 깊은 곳에서부터 신호를 받고 그것을 가지고 살아 있는 몸의 해부학적·기능적 상태에 따른 국소적·전체적 지도를 상세하게 그려 낸다는 점을 분명하게 하고 싶다. 모든 고등 생명체의 경우에 몹시 인상적인 이와 같은 기구는 사람의 경우 단연코 놀라울 따름이다. 나는 어떤 식으로든 제럴드 에델먼(Gerald Edelman, 1972년 면역학 연구로 노벨상을 받았으며, 신경과학을 통해 의식의 문제에 접근하여 '신경 다윈주의(neural Dawinism)' 이론을 내놓았다.——옮긴이)이나 로드니 브룩스(Rodney Brooks, MIT 인공 지능 연구소 소장이며 인공 지능, 로봇 분야의 선도적 연구가——옮긴이)의 실험실에서 만들어진 흥미로운 인공 지능 피조물의 가치를 깎아내릴 생각이 없다. 이 인공 지능 피조물들은 뇌에서 수행되는 절차에 대한 우리의 이해를 심화시키고 어쩌면 우리 뇌의 장치에 대한 유용한 보충 수단이 될 수도 있다. 단지 내가 하고 싶은 말은, 이 움직이는 피조물들은 우리와 살아 있는 것과 같은 의미로 살아 있지 않으며 우리가 느끼는 방식으로 느끼지 못하리라는 것이다.[34]

상당히 흥미로우면서도 만성적으로 간과되어 왔던 문제가 있다. 신체에 대한 지도를 그려 내는 뇌와 신경핵, 신경초(nerve sheath)에 필요한 정보를 전달하는 신경 감지기(nerve sensor) 자체도 살아 있는 세포이고, 따라서 다른 세포들과 마찬가지로 생명의 위험이 상존하며 다른 세포와 유사한 항상성 조절을 필요로 한다는 점이다. 이 세포들은 공명정대한 방관자도 아니고 아무것도 모르는 무고한 전달자도 아니며, 빈 종이도, 뭔가 비추어 낼 것을 기다리고 있는 거울도 아니다. 신호를 전달하고 지도를 형성하는 신경세포들 역시 전달된 신호 및 그 신호로부터 만들어지고 있는 지도에 영향을 줄 수 있다. 신체 감지 신경세포가 나타내는 신경 패턴은 온몸의 모든 활동으로부터 비롯된다. 신체의 활동은 신경 신호에 특정 강도와 일시적 윤곽을 부여하여 신경 패턴을 규정한다. 그리고 이 모든 것이 왜 느낌이 특정 방식으로 느껴지는지에 기여한다. 그러나 느낌의 질(quality)은 아마도 신경세포 자체의 상세한 설계에 따라 정해질 것이다. 즉 느낌의 경험적 특질은 그것이 실현되는 매개물에 의존할 것으로 보인다.

마지막으로 역시 상당히 흥미롭지만 간과되어 온 또 다른 사실에 대하여 논의해 보자. 보잉 777의 움직임과 우리 살아 있는 신체의 움직임의 본질에 대한 문제이다. 활주로에서 달리고, 이륙하고, 비행하고, 착륙하는 등의 움직임은 항공기가 수행하도록 설계된 기능적 목적과 관련되어 있다. 우리가 보고, 듣고, 걷고, 달리고, 껑충 뛰고, 헤엄칠 때 이에 상응하는 우리 몸의 움직임이 일어난다. 그러나 내가 정서 및 정서의 기초에 대해서 논의할 때 이와 같은 우리의 움직임들은 빙산의 일각에 지나지 않는다는 점에 주목해야 한다. 눈에 보이지 않는 빙산의 나머지 부분의 움직임은 순전히 우리 신체의 각 부분과 전체의 생명 상태를 관리하는 데 바쳐지고 있다. 그리고 바로 이러한 움직임이야말로 결정적으로 중요한 느낌의 기질을 형성하는 데 기여하는 것이다. 그런데 현존하는 인공 지능 기계에서는 이와 같은 움직임에 상응하는 것을 찾아볼 수 없다. 마지막 반대자들에 대한 나의 답변은 이것이다. 보잉 777은 사람이 느끼는 것처럼 느낄 수 없다. 여기에는 여러 가지 이유들이 있겠지만 그중 하나는 보잉 777은 묘사하는 것은 고사하고 끊임없이 관리해야 하는, 우리가 가진 것과 같은 내면적 생명을 가지고 있지 않다는 것이다.

왜 느낌은 우리가 느끼는 바로 그러한 방식으로 나타나는가 하는 질문에 대한 대답은 이와 같이 시작된다. 느낌은 최적의 운영 상태에서 생존하기 위해 끊임없이 수정되는 절차 속에 있는 생명 상태의 복합적 표상에 기반을 두고 있다. 표상의 범위는 생명체의 수많은 구성 요소들로부터 생명체 전체 수준에 이른다. 느낌이 일어나는 방식은 다음 요소들과 관련이 있다.

1. 복잡한 뇌를 가진 다세포 생물의 생명 절차의 상세한 설계
2. 생명 절차의 운영
3. 특정 생명 상태가 자동적으로 만들어 내는 수정 반응 및 생명체가 뇌 지도에 특정 대상이나 상황이 나타날 경우에 보이는 획득된 반응
4. 내부 또는 외부의 원인에 따라서 조절 반응이 일어날 때 생명 절차의 흐름이 더욱 효율적이고, 방해받지 않으며, 쉽게 이루어지거나 그 반대의 상태가 된다는 사실
5. 이와 같은 구조와 절차가 지도화되는 신경 매개체의 특성

이따금씩 나는 이러한 개념이 어떻게 느낌의 '긍정적인' 또는 '부정적인' 측면을 설명하는지에 대해 질문을 받는다. 이러한 질문에는 느낌의 긍정적인 신호 또는 부정적인 신호는 설명될 수 없다는 의미가 함축되어 있다. 그러나 과연 그러한가? 앞에 제시된 1~4 항목의 요점은 생명 조절 절차가 효율적이고 최적이며, 자유롭고 매끄럽고 편안하게 이루어지는 생명의 상태가 존재한다는 것이다. 이것은 가설이 아니라 굳게 정립된 생리학적 사실이다. 그와 같이 생리학적으로 도움이 되는 상태에 동반하는 느낌은 '긍정적인' 것으로 여겨진다. 그리고 이것은 단순히 통증이 없는 상태가 아니라 쾌락과 관련된 느낌을 그 특징으로 한다. 또한 생명 절차가 균형을 이루기 위해 분

투하고 때로는 혼란스러울 만큼 통제되지 않는 생명체의 상태 역시 존재한다. 일반적으로 이러한 상태에 동반하는 느낌은 '부정적인' 것으로 여겨지고 단순히 쾌락이 없는 상태가 아니라 통증과 관련된 느낌을 그 특징으로 한다.

우리는 긍정적인 느낌과 부정적인 느낌이 생명 조절 상태에 따라서 결정된다고 어느 정도 확신을 가지고 말할 수 있을 것이다. 현재 생명 조절 상태가 최적의 상태에서 얼마나 가깝고 얼마나 먼지에 따라 신호가 나타나게 될 것이다. 느낌의 강도 역시 부정적인 상태라면 그 상태를 수정하기 위해 어느 정도의 노력이 필요한지에 관련될 것이며, 긍정적인 상태라면 항상성의 기준점을 지나서 최적의 상태 쪽으로 얼마나 더 나아갔는지와 관련될 것이다.

나는 궁극적인 느낌의 질은, 왜 느낌이 우리가 느끼는 그러한 방식으로 느껴지는지에 대한 부분적인 답은 신경 매개체가 제시해 준다고 생각한다. 그러나 그 질문에 대한 답의 상당 부분은, 생명을 관리하는 절차는 부드럽고 유연하거나, 팽팽하게 긴장되거나 둘 중 하나라는 사실과 관련이 있다. 그것은 우리가 생명이라고 부르는 기묘한 상태, 그리고 노화나 질병이나 외부로부터의 상해로 인해 생명이 중단될 때까지 생명체 스스로 자신을 보존하고자 노력하는 생명체의 기묘한 본질—스피노자의 코나투스—이 그러하기 때문이다.

지각 능력이 있고 정교한 생명체인 우리 인간이 특정 느낌을 긍정적인 것으로 보고 또 어떤 느낌은 부정적이라고 여기는 것은 생명 절차의 유동성 및 긴장 상태와 직접 관련되어 있다. 우리의 코나투스는 자연적으로 유연한 생명 상태를 선호한다. 우리는 자연스럽게 유동성 쪽으로 이끌린다. 한편 코나투스는 자연적으로 긴장 상태를 피하고자 한다. 우리는 그 앞에서 뒷걸음질치게 된다. 우리는 이러한 관계를 감지할 수 있고 또한 그 관계를 우리 삶의 궤도 속에서 확인할 수 있다. 우리가 긍정적으로 느끼는 유연한 생명 상태는 우리가 좋은 것이라고 간주하는 사건들과 관련되어 있고, 한편 부정적으로 느끼는 긴장된 생명 상태는 나쁜 사건과 관련되어 있다.

이제 내가 이 장의 앞부분에서 제안했던 공식을 다듬을 시간이다. 느낌의 기원은 신체, 신체의 일부분이다. 그러나 이제 우리는 그보다 한 단계 더 깊이 들어가 더욱 미세하고 정밀한 기원을 찾을 수 있다. 신체 각 부분을 형성하는 세포들, 각각의 유기체로서 스스로의 코나투스를 가지고 존재하고 한편으로 서로 협력해서 인간의 신체라는 엄격히 통제된 사회를 이루며 생명체 자신의 코나투스를 통해 서로 한데 묶여 있는 세포의 수준까지 말이다.

느낌의 내용은 체성 감각 지도에 나타난 신체 상태의 구성 형태이다. 그런데 우리는 이제 뇌와 신체가 서로 주고받는 영향 속에서, 특정 느낌이 전개되는 동안 신체의 일시적 상태 역시 빠르게 변화한다는 사실을 추가할 수 있다. 뿐만 아니라 긍정적/부정적 느낌과 그 강도는 생명의 사건들이 얼마나 쉽게, 아니면 어렵게 진행되는지와 관련이 있다.

마지막으로 덧붙일 것은 뇌의 체성 감각 영역 및 신체에서 뇌로 신호를 전달하는 신경 경로를 구성하는 살아 있는 세포들이 무심한 하드웨어의 부품이 아니라는 점이다. 이 세포들은 우리가 느낌이라고 부르는 지각의 질(quality)에 결정적인 영향을 미친다.

이제 내가 둘로 쪼갰던 것을 다시 하나로 합칠 시간이다. 내가 정서와 느낌을 구분했던 이유 중 하나는 연구의 편의를 위해서였다. 각 부분을 나누고 그 부분들이 각각 구분해서 정의하는 것이 도움이 되었기 때문이다. 그런데 일단 바람직한 이해에 도달한 이상, 메커니즘의 각 부분을 합쳐 놓는 것 역시 그만큼 중요한 일이다. 그렇게 함으로써 우리는 각 부분이 통합되어 형성하는 전체 기능을 바라볼 수 있기 때문이다.

  부분을 합쳐 전체로 만들어 놓자, 우리는 또다시 몸과 마음은 동일한 실체에 속하는 평행하는 속성이라는 스피노자의 주장으로 되돌아가게 된다. 우리는 몸과 마음을 생물학이라는 현미경을 가지고 둘로 쪼갰다. 왜냐하면 그 하나의 실체가 어떻게 운영되고 어떻게 몸과 마음이라는 측면이 생성되는지 알고 싶었기 때문이다. 정서와 느낌을 따로따로 조사한 후 우리는 다시금 둘을 하나로 합쳐 감정으로 되돌려 놓고자 한다.

4장 · 느낌, 그 이후

기쁨과 슬픔

느낌이 무엇인지에 대한 기초적인 관점을 갖게 된 우리는 이제 느낌의 목적이 무엇인지 살펴봐야 한다. 먼저 감정적인 우리 삶의 두 가지 상징이라고 할 수 있는 기쁨과 슬픔이 어떻게 얻어지며 기쁨과 슬픔이 무엇을 표상하는지 숙고하는 것에서 출발하는 것이 도움이 될 것이다.

이 사건은 적절한 대상—정서적으로 유효한 자극—의 존재에서부터 시작된다. 특정 배경에서 일어난 자극을 처리하는 과정에서 기존의 정서 프로그램의 선택과 실행이 이루어진다. 그러면 정서는 생명체의 특정 신경 지도를 형성하게 되는데, 신체에서 비롯된 신호가 이 지도에 두드러지게 나타난다. 이 지도의 특정 형태는 우리가 기쁨이나 그 변이체라고 부르는 것의 토대가 된다. 기쁨은 마치 쾌락의 음조를 이용해 작곡한 곡과도 같다. 한편 또 다른 지도는 우리가 슬픔이라고 부르는 심적 상태의 토대이다. 스피노자의 맥락에서 광의로 번민, 두려움, 가책, 절망 등을 모두 포함하는 슬픔이라는 심적 상태는 비유컨대 고통이라는 음조를 가지고 작곡한 곡과 같다.

기쁨과 관련된 지도는 생명체가 균형을 이룬 상태임을 보여 준다. 그와 같은 상태는 실제로 일어나는 상태일 수도 있고 일어나는 것처럼 보이는 상태일 수도 있다. 기쁨의 상태는 최적의 생리적 조절 상태와 생명 활동의 매끄러운 운영을 의미한다. 이러한 상태는 생존뿐만 아니라 행복한 상태로 생존하는 데 도움을 준다. 기쁨의 상태는 또한 더욱 편하고 자유롭게 움직일 수 있는 능력으로 규정될 수 있다.

우리는 '기쁨(라틴 어로 *laetitia*)'이란, 생물이 더욱 완벽한 상태로 변이하는 과정과 관련된 것이라는 스피노자의 말에 동의할 수 있다.[1] 다시 말해서 기능이 더욱 완벽한 조화 상태를 이루며, 힘과 자유로움이 더욱 완벽해지는 상태에 이른다는 말이다.[2] 그러나 한편으로 기쁨을 나타내는 지도는 수많은 약물 때문에 왜곡될 수 있으며, 따라서 생명체의 실제 상태를 반영하지 못할 수도 있다는 점을 상기해야 한다. 일부 '약물'은 생물의 기능을 일시적으로 향상시킬 수도 있다. 그러나 궁극적으로 그와 같은 향상이 생물학적으로 계속 유지되기 어려우며, 곧이어 나타날 기능 저하의 전주곡이 될 수도 있다.

광의 및 협의의 슬픔과 관련된 지도는 기능적 불균형 상태와 관련되어 있다. 이 상태는 활동의 용이성이 감소한 상태이다. 일종의 고통, 질병의 징후, 생리적 부조화의 징후 등이 나타나며, 이들은 모두 생명 기능이 최적의 조절 상태에 미치지 못함을 알려 주고 있다. 이러한 상태를 그대로 방치한다면 질병이 걸리고 죽음에 이르게 될 수도 있다.

　대부분의 상황에서 슬픔의 신체 지도는 아마도 생명체의 실제 상태를 나타내는 것으로 볼 수 있다. 슬픔이나 우울한 상태를 유도하고자 하는 약은 없으니 말이다. 중독은 고사하고 누가 그러한 약을 복용하려 하겠는가? 그러나 중독성 약물은 처음에는 행복한 도취감을 생성하지만 그 반동으로 슬픔이나 우울한 상태를 만들어 낸다. 예를 들어서 엑스터시가 유도하는 도취감은 조용하고 즐거운 상태와 그에 수반되는 생각들을 특징으로 한다. 그런데 이 약물을 반복해서 사용하면 도취감은 점점 약해지고 그에 뒤따르는 우울한 기분은 점점 더 심해진다. 세로토닌 시스템의 정상 운영이 직접적으로 영향을 받는 것으로 보인다. 안전하다고 여겨지는 약물들 역시 실제로는 상당히 위험하다.

　스피노자로 돌아가 보면, 그는 고통(라틴 어로 *tristitia*)에 대한 논의에서 슬픔의 지도는 생물이 덜 완벽한 상태로 전이되는 것이라고 말했다. 활동의 힘과 자유가 감소한다. 스피노자의 관점에서 볼 때 슬픔의 번민 속에 있는 사람은 그 자신의 코나투스, 즉 자신을 보존하고자 하는 경향으로부터 단절되어 있는 것이다. 이것은 분명 심한 우울증을 앓고 있으며 궁극적으로 자살을 시도하는 사람에게서 보고되는 느낌에 적용된다. 우울증은 일종의 질병 증상으로 볼 수 있다. 지속되는 우울증에서 나타나는 내분비 및 면역 체계는 마치 세균이나 바이러스와 같은 병원체에게 침범당했을 때와 마찬가지로 병에 걸리게끔 되어 있다.[3] 슬픔이나 공포, 분노 등을 따로따로 떼어 놓고 볼 때 이러한 상태들이 우울증 같은 질병으로 곧장 이어지지는 않는 것으로 보인다. 그러나 각각의 부정적인 정서와 그에 따른 부정적인 느낌이 우리를 정상적인 운영 범위의 바깥으로 밀어 내는 것은 분명한 사실이다. 그런데 그 정서가 공포일 경우, 그 공포가 공포증이나 부정확한 상황 평가에 기인하는 것이 아니라면 이것은 유리한 것일 수도 있다. 정당한 공포는 훌륭한 안전 장치이다. 공포는 수많은 생명을 구해 내고 더 나은 상황으로 이끌었다. 그러나 분노 또는 슬픔의 정서는 개인적으로나 사회적으로나 그렇게 도움이 되지 않는다. 물론 적절한 목표를 향한 분노는 모든 종류의 학대를 방지하고 야생에서 볼 수 있는 것처럼 훌륭한 방어 무기가 될 수도 있다. 그러나 수많은 사회적·정치적 상황에서 분노는 항상성의 가치가 쇠퇴하고 있음을 보여 주는 좋은 예이다. 슬픔도 마찬가지이다. 위안과 지지를 찾아서 눈물을 흘리는 슬픔이라면 적절한 상황에서 우리를 보호할 수도 있다. 예를 들어 개인적인 상실에 적응해야 하는 상황에서라면 우리를 보호해 준다. 그러나 장기적으로 해로운 영향이 누적되면 결국에는 영혼의 암을 유발할 수 있다.

그렇다면 느낌은 생물의 내부를 탐색하는 심적 감지기이자 진행 중인 생명 활동을 증거하는 목격자라고 할 수 있다. 느낌은 또한 우리의 파수꾼이라고도 할 수 있다. 느낌은 덧없고 제한된 우리의 의식적 자아로 하여금 짧은 기간 동안의 우리 생명의 상태가 어떠한지를 알 수 있도록 해 준다. 느낌은 균형과 조화, 또는 불균형과 부조화의 심적 현시(manifestation)이다. 느낌은 바깥세상의 조화나 부조화를 나타낸다기보다는 우리 몸 깊은 곳의 조화나 부조화를 나타낸다. 기쁨과 슬픔 및 다른 감정들은 우리를 최적의 상태로 생존할 수 있도록 이끌어 주는 절차에서 갖게 되는, 우리 신체에 대한 개념이라고 할 수 있다. 약물이나 우울증 때문에 그 충실성이 훼손되는 경우를 제외하고 기쁨과 슬픔은 생명 절차의 상태를 드러내 준다.(하지만 어떤 면에서는 우울증이 야기하는 병적 상태가 진실한 생명 상태를 정확하게 드러내는 것이라고 볼 수도 있다.)

 느낌이 신체 깊은 곳의 생명 상태를 증언하는 역할을 한다는 것은 얼마나 흥미로운 일인가? 진화 과정을 거슬러 올라가 느낌이라는 것이 어떻게 생겨나게 되었는지, 느낌의 존재 이유가 무엇인지 숙고해 보자. 느낌은 우리 마음속에서 생명 상태의 목격자 역할을 함으로써 복잡한 생명체의 두드러진 특질로 우세하게 자리 잡을 수 있었던 것이 아닐까?

느낌과 사회적 행동

 느낌, 그리고 욕구나 정서와 같이 느낌을 유발하는 신경 절차들이 사회적 행동에 중요한 영향을 미친다는 사실에 대한 증거가 점점 늘어 가고 있다. 지난 20년간 우리를 비롯한 많은 연구자들이 발표한 수많은 연구에서 이전에는 정상이었던 성인이 특정 종류의 정서와 느낌을 전개하는 데 필수적인 뇌의 영역에 손상을 입은 후 사회에서 자신의 삶을 이끌어 나가는 데 극도로 어려움을 겪는 사례가 그려지고 있다. 금전적 투자나 중요한 인간 관계를 맺는 등 불확실한 결과를 앞둔 상황에서 적절한 의사 결정을 하는 능력이 훼손된 것으로 드러났다.[4] 그들에게 사회적 계약은 깨져 버리게 된다. 결혼 생활은 파경에 이르고 부모 자식 간에도 긴장된 관계가 형성되고 직업을 잃게 되는 것이 보통이다.

 뇌의 손상이 개시된 이후에 환자들은 대부분 병에 걸리기 전의 사회적 지위를 유지하지 못한다. 또한 모든 환자들은 재정적으로 독립적인 상태를 유지하지 못하게 된다. 대개의 경우 난폭하게 변한다든지 법의 테두리를 벗어날 정도로 그릇된 행동을 하는 것은 아니지만 더 이상 자신의 삶을 적절하게 관리하지 못하는 상황에 이르게 된다. 만일 혼자 내버려 둔다면 과연 그들이 행복한 상태로 생존할 수 있을 지는 심각한 의문이다.

이러한 증상을 보이는 환자들은 대부분 발병하기 전까지는 근면하고 성공적인 사람들로, 능숙하게 일을 수행하고 훌륭한 보상을 받았다. 우리가 연구했던 몇몇 환자들은 사회 활동을 활발하게 수행했으며 심지어 일부 사람들은 사회의 지도자급 인사이기도 했다. 그런데 전전두엽 부위에 손상을 입은 이후로 완전히 다른 사람이 되었다. 환자들은 자신의 일을 능숙하게 수행하기는 했지만 상사에게 제때 보고한다든지 주어진 목표를 성취하기 위해 수행해야 할 일들을 하지 않았다. 그날그날, 또는 장기적으로 활동을 계획하는 능력이 손상되었고, 특히 재정적 계획을 세우는 능력은 크게 훼손되었다.

그리고 사회적 행동에서 특히 어려움을 보였다. 이 환자들은 누가 믿을 만한 사람인지, 즉 누가 미래에 자신의 행동을 이끌어 줄 수 있는 사람인지 판별하는 데 어려움을 겪었다. 또한 사회적으로 적절한 행동이 어떤 것인지 인식하지 못했다. 그들은 사회적 관습을 무시했고 도덕적 규율을 어기기도 했다.

환자의 배우자들은 환자에게 공감이 결여되어 있음을 지적했다. 어떤 환자의 부인은 예전에는 자신이 화를 내면 남편이 애정 어린 근심을 보여 주었는데 병이 난 이후에는 같은 상황에서 냉정한 무관심을 보인다고 말했다. 환자들은 병이 나기 전에는 그들이 속한 공동체의 사회적 문제에 관심을 보였으며 친구들이나 친척들의 어려운 문제를 같이 상의해 주기도 했다. 그러나 이제 더 이상 다른 이에게 도움을 주고자 하는 태도를 보이지 않았다. 실질적으로 그들은 이제 더 이상 독립적인 인간이라고 보기 어려웠다.

왜 이런 비극적인 상황이 벌어졌는지 그 원인을 자문해 보면 우리는 수많은 흥미로운 대답을 얻을 수 있다. 문제의 직접적인 원인은 특정 뇌 영역에 일어난 손상이다. 가장 심각하고 중대한 사례에서 사회적 행동의 혼란을 보인 환자들의 대부분은 공통적인 임상적 이상을 가지고 있었다. 그들은 전두엽의 일부 영역, 다는 아니지만 많은 경우에 복내측 전전두엽 피질에 손상을 입은 상태였다. 그런데 전두엽의 좌외측 영역만 손상되면 이러한 문제를 일으키지 않는 것으로 나타났다.(내가 알고 있는 한 가지 예외 사례가 있기는 했다.) 그런데 우외측 영역에 제한된 손상은 문제를 일으킬 수 있다(그림 4.1 참조).[5] 몇몇 다른 뇌 영역, 구체적으로 대뇌 우반구의 두정엽이 손상되어도 이와 유사한 문제를 일으키지만, 이 경우에는 다른 신경학적 증상이 두드러지게 나타났다. 위에서 묘사한 문제점을 가지고 있으면서 두정엽에 손상을 입은 환자는 대부분 왼쪽 신체 부분에 부분적으로나마 마비를 보이는 것이 보통이다. 복내측 전두엽 손상 환자들의 특징은 이들의 문제점이 오로지 특이한 사회적 행동에만 국한된다는 점이다. 다른 모든 면에서 그들은 정상으로 보인다.

전전두엽 손상 환자의 행동은 그가 신경학적 증상을 보이기 이전의 행동과 천양지차이다. 그들은 자기 자신에게나 주위 사람들에게 이익이 되지 않는 의사 결정을 한다. 그러나 그들의 지적인 면은 조금도 손상되지 않은 것처럼 보인다. 말하는 것도 정상적이고, 움직이는 것도 정상적이고, 환시나 환청과 같은 문제를 보이지도 않는다. 대화를 나눌 때 횡설수설하는 일도 없다. 그들은 자신에게 일어난 일들을 알아차리고 기억하며, 매일매일 자신이 어기고 있는 사회적 관습이나 규칙에 대해서도 잘 알고 있다. 심지어 누군가가 그들의 주의

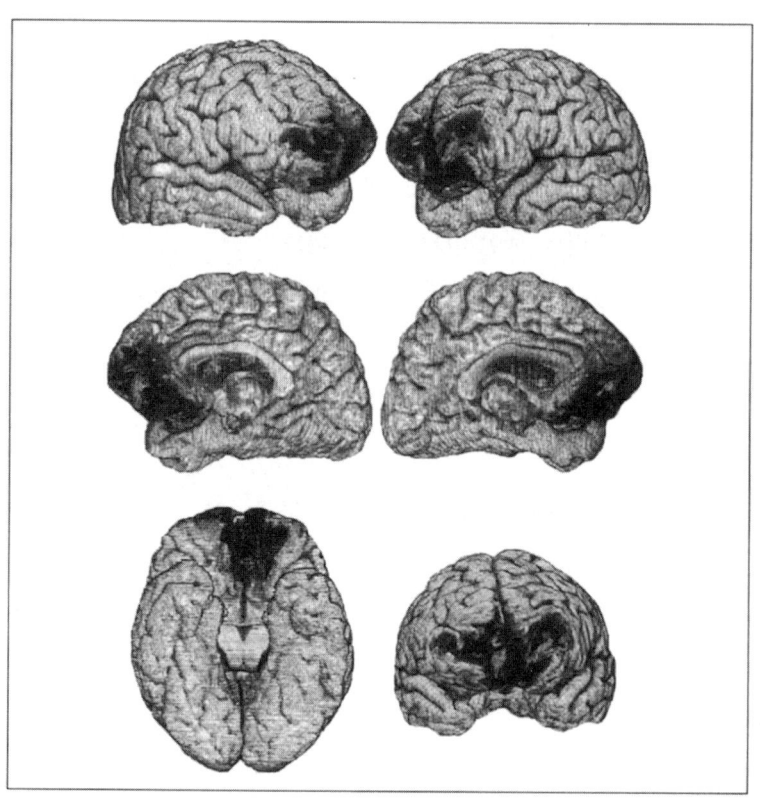

그림 4.1 전전두엽 피질이 손상된 살아 있는 성인 환자의 뇌를 자기 공명 영상 기술로 재구성한 사진. 손상된 영역은 검은색으로 손상되지 않은 다른 뇌 영역과 쉽게 구분된다. 맨 위의 두 그림은 각각 우반구와 좌반구를 바깥쪽에서 바라본 모습이고, 가운데의 두 그림은 우반구와 좌반구를 안쪽에서 바라본 모습이며, 맨 아래 왼쪽 그림은 뇌를 아래쪽에서 위로 바라본 모습이고 오른쪽 그림은 앞에서 바라본 모습으로 광범위한 전두엽 부위 손상을 보여 주고 있다.

를 촉구할 경우 자신이 관습과 규칙을 어기고 있다는 사실조차도 깨닫고 있다. 그들은 기술적인 면으로 볼 때 지적이다. 다시 말해서 지능 검사를 한다면 높은 점수를 얻을 수 있다. 그들은 논리적인 문제를 풀 수도 있다.

이러한 환자들의 의사 결정상의 문제점을 인지적 손상이라는 측면으로 설명하고자 하는 노력은 오랫동안 계속되어 왔다. 그들의 문제가 어쩌면 적절하게 행동하는 데 필요한 지식을 배우거나 기억하는 데 문제가 있기 때문에 발생하는 것은 아닐까? 어쩌면 어떤 사실을 지적으로 추론하는 데 문제가 있는 것은 아닐까? 아니, 어쩌면 문제는 어떤 사실을 마음속에 지속적으로 담아 두는 기능과 관련된 단순한 것일지도 모른다.(이와 같이 마음속에 지속적으로 담아 두는 기능을 작업 기억(working memory, 장기 기억과 대비되는 단기 기억과 비슷한 개념으로, 정보를 일시적으로 보유하고, 각종 인지적 과정들을 계획하고, 순서를 매기고, 실제로 수행하는 작업장으로서 어느 한순간에 사용할 수 있는 심적 자원—옮긴이)이라 부른다.)[6] 그러나 이 어떤 설명도 만족스럽지 못하다. 이 가설들에서 손상되었을 것이라고 예상된 능력에 일차적 문제를 가지고 있는 환자가 거의 없었으니 말이다. 이러한 환자들에게 실험의 일환으로 환자와 전혀 관계없는 가설적 상황이 등장하는 사회적 문제를 풀어야 하는 과제가 주어졌을 때 그들이 지적으로 추론해서 답을 하는 것을 들으면 참으로 당혹스럽다. 그 문제는 환자들 자신의 삶에서 제대로 풀어 나가지 못했던 문제와 흡사한 것일 수도 있다. 환자들은 실제로는 끔찍할 정도로 엉망으로 다루었던 바로 그 사회적 상황에 대해 실험 상황에서는 광범위한 지식을 보여 주었다. 그들은 주어진 문제의 전제가 무엇이며, 선택 가능한 활동이 무엇이며, 그 활동들이 가져온 즉각적이고 장기적인 결과가 무엇이고, 또 그러한 지식들을 어떻게 논리적으로 이어 맞출지에 대해 잘 알고 있었던 것이다.[7] 그러나 실제 삶에서 이러한 지식이 가장 절실히 요구될 때 이 지식은 그들에게 아무런 힘이 되지 못했다.

의사 결정 메커니즘의 속 모습

　이 환자들을 연구하면서 나는 점점 이들이 가진 추론 능력의 결함이 일차적으로 인지적 문제와 관련된 것이 아니라 정서 및 느낌의 결함과 관계 있는 것이 아닌가 하고 생각하게 되었다. 두 가지 사실이 이 가설을 뒷받침했다. 첫째, 그들의 문제를 명백한 인지적 기능에 근거하여 설명할 수 없다는 점이다. 더욱 중요한 둘째 이유는 그러한 환자들이 얼마나 정서적으로 빈약해지는지 알게 되었다는 점이다. 나는 특히 그들에게서 부끄러움, 공감, 가책과 같은 정서가 감소하거나 사라졌다는 점에 깊은 인상을 받았다. 그들의 개인사를 듣고는 그들 자신보다 오히려 내가 더욱 슬픔과 부끄러움을 느꼈다.[8]

　그리하여 나는 이 환자들에게서 보이는 추론 능력의 결함, 자기 삶을 관리하는 능력의 결여가 정서와 관련된 신호의 손상 때문인 것이 아닐까 하는 생각에 도달하게 되었다. 나는 이 환자들이 주어진 상황―선택 가능한 행동, 그 행동이 가져올 결과의 심적 표상―에 직면했을 때 여러 가지 가능한 선택 가운데에서 좀 더 이로운 선택을 하도록 도움을 주는 정서와 관련된 기억을 활성화하지 못하는 것이라는 주장을 내놓았다. 환자들은 그들이 삶에서 축적해 온 정서와 관련된 경험을 활용하지 못하는 것이다. 정서가 결여된 상황에서 이루어진 의사 결정은 분명히 터무니없거나 부정적인 결과를 가져오게 된다. 특히 미래에 일어날 결과에서 말이다. 이러한 손상은 선택 가능성들이 상충하고 결과가 불확실한 상황에서 특히 두드러지게 나타난다. 이를테면 일을 선택하고, 결혼을 결정하고, 새로운 사업을 시작하는 등의 상황에서 아무리 주의 깊게 준비했다고 하더라도 의사 결정의 결과는 불확실하다. 대부분 우리는 상충하는 가능성 가운데 하나를 선택해야 하고, 이때 정서와 느낌은 매우 유용하다.

정서와 느낌이 의사 결정에 어떻게 영향을 줄 수 있을까? 매우 다양한 방법으로 영향을 줄 수 있다. 겉으로 드러나지 않으면서 미묘하게 또는 분명히 드러나게, 실용적인 방법 또는 비실용적인 방법으로 영향을 미친다. 이러한 방법을 통해서 정서와 느낌은 단순히 추론 과정에 영향을 미치는 정도가 아니라 없어서는 안 될 주역을 맡고 있다. 예를 들어서 개인의 경험이 축적되어 감에 따라서 사회적 상황의 다양한 범주가 형성될 것이다. 이와 같은 삶의 경험에 대한 지식에는 다음과 같은 것이 포함된다.

1. 제시되었던 문제점과 관련된 사실들
2. 그 문제를 해결하기 위해 선택되었던 방안
3. 해결 방안이 가져온 결과의 사실적 측면
4. 해결 방안이 가져온 결과의 정서 및 느낌 측면

예를 들어서 선택한 행동이 직접적으로 가져온 결과가 처벌적이었는가, 보상적이었는가? 다시 말해서 그 결과에 수반된 정서 및 느낌이 고통이었는가, 쾌락이었는가? 또는 슬픔인가, 기쁨인가? 부끄러움인가, 자부심인가? 그 못지않게 중요한 점은 행동이 야기한 즉각적인 결과가 얼마나 긍정적인지 부정적인지와 관계없이 미래에 다가올 결과가 처벌적일지 보상적일지 하는 문제이다. 그 일이 장기적으로는 어떤 결과를 가져올 것인가? 특정 행동을 함으로써 얻어질 긍정적이거나 부정적인 미래의 결과가 있는가? 전형적인 예를 들자면 어떤 관계를 끊어 버리거나 새로 시작하는 것이 미래에 이익을 가져다줄 것인가? 재앙을 가져다줄 것인가?

미래에 발생할 결과에 대한 강조는 인간 행동의 독특성을 다시 한 번 상기시킨다. 문명화된 인간 행동의 주된 특징 중 하나가 미래에 비추어 생각한다는 점이다. 우리의 축적된 지식과 과거와 현재를 비교할 수 있는 능력은 미래를 '염두에 두고', 미래를 예측하고, 미래를 그려 보고, 가장 이익이 되는 형태로 미래를 구성해 나갈 수 있는 가능성을 열어 주었다. 우리는 좀 더 나은 미래를 위해서 즉각적인 만족이나 쾌락을 버리거나 미룰 줄 안다. 또한 같은 맥락에서 미래를 위해 현재를 희생하기도 한다.

앞서 언급한 바와 같이 우리 삶의 모든 경험은 어느 정도 정서를 수반하고 있으며 중요한 사회적·개인적 문제에 봉착했을 때 정서와의 연관성은 더욱 뚜렷해진다. 정서가 공감과 같이 진화 과정을 통해서 각인된 자극에 대한 반응이든지, 일차적 공포 자극과 연합되어 일어나는 근심과 같은 학습된 자극이든지 그것은 중요하지 않다. 긍정적이거나 부정적인 정서와 그것을 뒤따르는 느낌은 우리의 사회적 경험에서 불가피한 요소이다.

그런데 시간이 흐름에 따라서 우리는 단순히 어떤 사회적 상황의 구성 요소에 대해 타고난 사회적 정서의 레퍼토리를 가지고 반응하는 것에서 한 걸음 더 나가게 된다. 사회적 정서(공감과 수치심, 자부심과 분노), 그리고 처벌 및 보상을 통해 유도된 정서(슬픔과 기쁨 및 그 변이체)의 영향에 따라서 우리는 점차적으로 우리가 경험하는 상황을 범주화하게 된다. 경험의 서사적 구조, 구성 요소, 개인적 상황에서의 중요성 등에 비추어 범주화하는 것이다. 뿐만 아니라 우리는 우리가 형성하는 개념적 범주——심적 범주 및 관련되는 신경 수준의 범주——를 정서를 촉발하는 뇌의 장치와 관련시킨다. 예를 들어서 제각기 다른 선택 가능한 행동은 제각기 다른 정서/느낌과 연합된다. 그리고 제각기 다른 미래의 결과 역시 제각기 다른 정서/느낌과 연합된다. 이러한 연합을 통해서 특정 범주의 윤곽에 들어맞는 상황이 재현될 때 우리는 빠르고 즉각적으로 적절한 정서를 실행시키게 되는 것이다.

신경학적 측면에서의 메커니즘은 다음과 같다. 후방 감각 피질 및 측두엽 및 두정엽 영역의 회로가 주어진 개념적 범주에 속하는 상황을 처리하면 그 범주의 사건과 관련된 기록을 가지고 있는 전전두엽의 회로가 활성화된다. 그 다음에는 사건의 범주와 과거의 정서-느낌 반응 간의 연결 고리를 토대로 해서 복내측 전전두엽 피질과 같이 적절한 정서적 신호를 촉발하는 영역이 활성화된다. 이에 따라 사회적 지식의 범주——개인의 경험을 통해서 획득되거나 정제된 지식——이 천성적으로 타고난, 유전자를 통해 주어진 사회적 정서라는 장치 및 그 결과로 일어나는 느낌과 연결된다. 이러한 정서/느낌 가운데에서 나는 어떤 행동이 가져올 미래의 결과와 관련된 정서/느낌에 특별한 중요성을 부여하고자 한다. 왜냐하면 이것들은 미래에 대한 예측, 행동의 결과에 대한 예시의 신호로 나타나는 것이기 때문이다. 우연히도 이것은 자연적 병치(juxtaposition)가 어떻게 복잡성을 생성하는지, 그리고 적절한 부분을 한데 모아놓는 것이 어떻게 단순히 각 부분의 합 이상의 것을 만들어 내는지 보여 주는 좋은 예라 할 수 있다. 정서와 느낌이 미래를 보여 주는 수정 구슬을 가지고 있는 것은 아니다. 그러나 올바른 맥락 속에서 전개될 때 정서와 느낌은 가깝거나 먼 미래에 발생할 좋은 일 또는 나쁜 일의 전조가 될 수 있다.

메커니즘의 성취

정서적 신호의 재현은 여러 중대한 기능을 성취한다. 겉으로 드러나든, 드러나지 않든 정서적 신호의 재현은 문제의 특정 측면에 대한 주의를 촉구하여 그 문제에 대한 추론의 질을 강화한다. 신호가 명확하게 드러나면 부정적 결과를 이끌게 될 가능성에 대해서 자동적 경계 신호를 발하게 된다. 당신이 이성적으로 해서는 안 된다는 결론에 이르기 전에 본능적 직감(gut feeling)이 당신으로 하여금 과거에 부정적인 결과로 이끌었던 선택을 피하도록 만드는 것이다. 한편 정서적 신호는 반대의 의미를 담은 경계 신호 역시 생성할 수 있다. 특정 선택에 대하여 그 선택이 과거에 긍정적인 결과와 관련되어 있을 경우 즉각적인 지지를 재촉하는 것이다. 간단히 말해서 정서적 신호는 선택 가능성이나 결과를 긍정적이거나 부정적인 신호로 표지함으로써 의사 결정 범위를 좁히고 행동이 과거의 경험과 부합할 가능성을 증가시킨다. 그런데 이 신호들이 여러 측면에서 신체와 관련되어 있기 때문에 나는 이와 관련된 개념을 신체 표지 가설(somatic-marker hypothesis)이라고 부르고자 한다.

정서적 신호는 적절한 추론을 대신할 수 없다. 정서적 신호는 추론 절차의 효율성을 증가시키고 빨라지게 함으로써 보조 역할을 수행한다. 그러나 때로는 추론 절차를 거의 불필요한 것으로 만드는 경우도 있다. 우리가 재앙을 가져올 만한 선택을 즉각적으로 거부하거나 성공 가능성이 높은 기회에 즉각 달려드는 경우가 그 예이다.

어떤 경우에 정서적 신호는 아주 강해서 공포나 행복의 정서를 부분적으로 재생시키고 그 결과로 그러한 정서를 의식적으로 느낄 수도 있다. 이것이 아마도 본능적 직감을 일으키는 메커니즘이고, 이

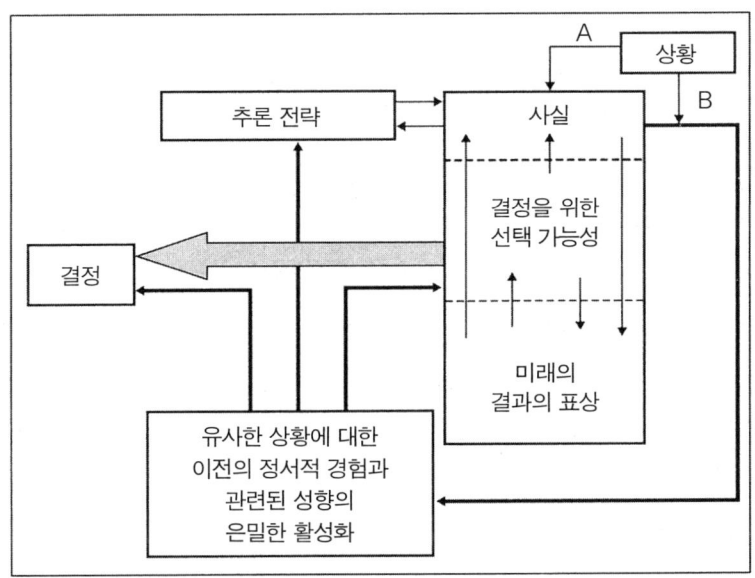

그림 4.2 정상적인 의사 결정 절차는 두 가지 상호 보완적 경로를 이용한다. 반응을 필요로 하는 상황에 직면했을 때 A 경로는 상황 자체, 선택 가능한 행동, 그 행동이 가져올 미래의 결과와 관련된 이미지를 촉발한다. 그러면 추론 전략이 그 지식을 기반으로 해서 의사 결정을 만들어 낸다. B 경로 역시 동시에 작동되면서 이전의 유사한 상황에서의 정서적 경험을 촉발시킨다. 그러면 정서적으로 관련된 사실들이 은밀하게 또는 공개적으로 환기되고 이것은 표상되는 미래의 결과에 주의를 기울이도록 하거나 추론 전략에 개입함으로써 의사 결정 절차에 영향을 미친다. 이따금씩 B 경로가 직접 결론에 이르도록 하기도 한다. 직감 또는 육감이 즉각적 반응을 일으키는 경우이다. 각각의 경로가 따로따로 사용되거나 함께 사용되는 정도는 개인의 발달, 상황의 본질, 기타 여건에 따라 달라진다. 대니얼 카네먼(Daniel Kahnemann)과 아모스 트베스키(Amos Tversky)가 1970년대에 내놓은 흥미로운 의사 결정 패턴은 아마도 B 경로가 관여한 것으로 보인다.

메커니즘은 내가 '신체 고리(body-loop)'라고 부르는 것을 사용한다. 그러나 정서적 신호는 좀 더 미묘하고 드러나지 않는 방식으로 작용하기도 하며, 실제로 정서적 신호의 활동은 대부분 이런 식으로 일어나는 것으로 보인다. 첫째, 신체를 거치지 않고서 직감을 만들어 낼 수 있다. 앞에서 설명한 '모방 신체 고리'를 이용하는 것이다. 둘째, 더욱 중요한 내용으로서 정서적 신호는 전적으로 의식의 레이더 아래에서 작용하며, 작업 기억이나 주의, 추론의 변화를 가져올 수 있다는 점이다. 그 결과, 의사 결정 절차는 예전의 경험에 비추어 최선의 결과를 이끌게 될 행동을 선택하도록 기울어지게 된다. 개인은 이 은밀한 작용을 전혀 의식하지 못할 수도 있다. 이러한 경우에 우리는 중간 단계에 대해서 알지 못한 채 신속하고 효율적으로 결정을 내리고 실행하게 된다.

우리를 비롯한 몇몇 연구 팀은 그러한 메커니즘을 뒷받침할 중대한 증거를 수집했다.[9] 의사 결정 과정에서의 신체의 관련성은 나이가 들면서 얻게 되는 지혜에서도 드러난다. 우리의 행동을 적절한 방향으로 이끄는 육감(hunch)을 표현할 때 '내장(gut)' 또는 '심장(heart)'이 종종 언급된다. "지금 내가 하는 일이 옳다고 내 심장이 말하고 있어."와 같은 말에서 그와 같은 예를 찾아볼 수 있다. 육감을 일컫는 포르투갈 어 palpite는 palpitation과 같은 어원을 가진 말로, 심장이 두근거린다는 뜻이다.

주류라고 보기는 어렵지만 정서가 본질적으로 합리적이라는 생각은 오랜 역사를 가지고 있다. 아리스토텔레스와 스피노자는 모두 적어도 정서의 일부는, 올바른 상황에서라면, 합리적이라고 생각했다. 어떤 면에서는 데이비드 흄과 애덤 스미스도 그렇게 생각했다. 동시대의 철학자 가운데에서는 로널드 드 소사(Ronald de Sousa)와 마사 너스바움(Martha Nussbaum)이 설득력 있게 정서의 합리성을 주장했다. 여기에서 합리적이라는 것은 명백한 논리적 추론에서 나타나는 합리성을 말하는 것이 아니라 정서를 드러내는 생물에게 유리한 행동이나 결과를 가져온다는 의미이다. 환기된 정서 신호가 그 자체로서 합리적인 것은 아니다. 하지만 이 신호는 합리적으로 도출된 것과 같은 결과를 만들어 내도록 촉진한다. 스테판 헥(Stefan Heck)이 제시한 바와 같이 '합리적(rational)'이라는 용어보다는 '합당한(reasonable)'이라는 용어가 정서의 이러한 측면을 적확하게 나타낼 수 있을 것이다.[10]

정상적 메커니즘의 와해

예전에는 정상이었던 성인에게 발생한 뇌 손상이 어떻게 위에서 언급한 바와 같은 사회적 행동의 결함을 불러일으키는 것일까? 뇌 손상은 두 가지 상호 보완적인 방법을 통해서 결함을 초래한다. 먼저 사회적 정서를 실행하도록 하는 명령이 주로 생성되는 정서 촉발 영역을 파괴한다. 그리고 그 근처에 자리 잡은, 특정 상황의 범주와 미래에 일어날 결과 측면에서 최선의 행동을 유도해 낼 정서 간의 연결을 지지하는 영역 역시 손상시킨다. 그 결과 자동으로 발현되는 타고난 사회적 정서가 자연적으로 유효한 자극에 반응하지 못하고 개인의 경험 속의 특정 상황과 연관 짓도록 학습된 정서도 작동하지 못하게 된다. 뿐만 아니라 정서에 뒤따르는 느낌 역시도 훼손된다. 결함의 정도는 환자마다 다르다. 그러나 모든 사례에서 환자들은 일관되고 지속적인 형태로 사회적 상황의 특정 범주에 맞는 정서와 느낌을 생성하지 못한다.

복내측 전두엽 같은 뇌 영역이 손상된 환자들은 협동 전략을 사용하는 행동이 불가능한 것처럼 보인다. 그들은 사회적 정서를 표현하지 못하고 그들의 행동은 더 이상 사회적 계약을 준수하지도 못한다.

또한 그들은 사회적 지혜를 동원해야 할 업무를 정상적으로 수행할 수 없게 된다.[11] 한편 피험자들에게 협력자와 배반자를 효과적으로 가려낼 수 있는 죄수의 딜레마(Prisoner's Dilemma) 실험을 수행하도록 하고 기능적 뇌 영상 연구를 실시했을 때, 정상인들이 협동 전략을 사용하는 데에는 복내측 전두엽 영역이 관여한다는 사실이 드러났다. 최근 연구에서 협력 행동이 도파민을 분비하고 쾌락 행동에 관여하는 뇌 영역의 활성화를 이끌어 낸다는 사실이 드러났다. 이것은 "덕행은 그 자체가 보상이다."라는 말을 다시금 일깨워 준다.[12]

성인기에 발병한 환자들의 상태를 고려해 볼 때, 그들의 '사회적 지식'이 손상되지 않았고 발병 전에 사회적 문제를 푸는 데 훌륭한 관습을 습득했다는 점을 들어서 그들이 정상적인 사회적 행동을 보일 수 있으리라고 예측하는 사람도 있을 것이다. 그러나 실제로는 그렇지 못하다. 어떻게든 사회적 행동에 대한 사실적 지식이 정상적으로 발현되기 위해서는 정서와 느낌이라는 장치가 반드시 필요하다.

전전두엽의 손상이 야기하는 미래에 대한 근시안적 시각과 비교해 볼 만한 사례로서 마약이나 다량의 알코올을 섭취함으로써 끊임없이 정상적인 느낌을 변경시키는 사람의 경우를 생각할 수 있다. 그 결과로 나타난 생명의 지도는 체계적으로 왜곡된 것이며 뇌와 마음에 실제 신체 상태를 일관되게 왜곡해서 전달한다. 어쩌면 이러한 왜곡이 이로운 것이 아닌가, 기분 좋고 행복하게 느끼는 것이 무엇이 잘못이겠는가, 하고 반문하는 사람도 있을 것이다. 그러나 이것은 크게 잘못된 생각이다. 행복감이 신체가 정상적으로 뇌에 알려 주어야 하는 사실로부터 만성적으로 심각하게 일탈되어 있는 상태라면 이것은 결코 올바른 상태가 아니다. 실제로 중독된 상황에서 의사 결정 능력은 심각할 정도로 훼손되며, 약물 또는 알코올 중독자는 점차 자기 자신이나 주위 사람들에게 이익이 되지 않는 결정을 내리게 된다. '미래에 대한 근시안적 태도'는 이러한 상태를 정확하게 묘사하는 말이다. 중독자를 그대로 둔다면 그는 사회적으로 독립 상태를 유지하지 못하게 될 것이다.

한편 중독자의 의사 결정 능력이 훼손되는 것은 중독이 특별히 느낌에 관여하는 신경계가 아니라 전반적인 인지 기능을 뒷받침하는 신경계에 직접 작용하기 때문이라는 주장도 있을 수 있다. 그러나 이러한 설명은 너무나 후한 것이라고 볼 수 있다. 적절한 도움 없이 중독자의 행복감은 약물이 창조해 내는, 점점 더 짧아지는 쾌락의 순간을 제외하고 거의 완전히 사라져 버린다. 나는 중독된 사람들의 구렁텅이에 빠져 드는 것과 같은 삶은 맨 처음 느낌의 왜곡에서 시작되어, 그 다음 의사 결정의 손상으로 증폭되고, 마지막으로 만성적인 약물 복용이 가져온 육체적 손상이 질병과 많은 경우 죽음을 야기하기 때문이라고 생각한다.

유아기에 전전두엽 피질 손상을 입은 사례

성인기에 전두엽 피질 손상을 입은 환자들에게서 얻은 발견과 해석을 성인기가 아니라 유아기에 전두엽 피질 손상을 입은 갓 스물의 환자들에게서 최근 얻은 결과와 비교해 보는 것은 매우 흥미로운 일이다.[13] 나의 동료인 스티븐 앤더슨과 한나 다마지오는 이러한 환자들이 성인기에 뇌 손상을 입은 환자들과 많은 면에서 비슷하다는 점을 발견했다. 성인기에 뇌 손상을 입은 환자들과 마찬가지로 이들은 동정심, 부끄러움, 가책감 등을 보이지 않았고, 그러한 정서나 해당되는 느낌을 갖고 있지 않은 듯 보였다. 그러나 한편으로 뚜렷한 차이점도 있었다. 첫돌 전후에 뇌 손상을 입은 환자들은 더욱 심각한 사회적 행동 결함을 갖고 있었다. 그들은 마치 그들 자신이 밥 먹듯 어기는 사회적 관습에 대해서 전혀 배우지 않은 것처럼 행동했다. 여기 한 사례가 있다.

이러한 조건의 환자 가운데 우리의 첫 연구 대상이었던 한 여성은 그 당시 스무 살이었다. 그녀는 안정적이고 유복한 가정에서 태어나 자랐으며, 그녀의 부모들은 신경 질환이나 정신 질환 병력이 없었다. 그런데 그녀가 생후 15개월 되었을 때 자동차에 부딪힌 일이 있었다. 다행히도 그녀는 하루가 지나지 않아 완전히 회복되었다. 그리고는 만 세 살이 될 때까지 이상 행동을 전혀 찾아볼 수 없었다. 그런데 세 살이 넘어가면서 부모는 그녀가 말로 야단치거나 매를 때리는 등의 벌에 반응하지 않는 것을 발견했다. 그것은 정상적인 청소년기를 보내고 막 성인기에 도달한 그녀의 다른 형제자매들과 뚜렷이 구분되는 특성이었다. 그녀가 열네 살이 된 후 너무나 파괴적인 행동을 보여서 그녀의 부모들은 그녀를 치료 기관에 집어넣기도 했다. 그 이후 기관에 들어가는 것은 무수히 반복되었다. 그녀는 학업 성취 능력을 가지고 있었지만 과제를 대개 완수하지 못했다. 그녀의 청소년기는 온갖 종류의 규율 위반으로 얼룩졌으며 또래 아이들이나 어른들과 끊임없이 충돌을 일으켰다. 그녀는 말로든 신체적으로든 주변 사람들을 학대했다. 또한 거짓말은 몸에 밴 습관이었다. 가게에서 물건을 훔쳐 여러 번 체포되었으며, 학교에서나 집에서도 돈과 물건을 훔쳤다. 그녀는 아주 이른 시기부터 위험한 성적 모험에 발을 디뎌, 열여덟 살에는 임신을 했다. 아기가 태어나도 그녀는 아기의 요구에 둔감했다. 좀처럼 신뢰할 수 없는 성격에 근무 규칙을 밥 먹듯 어기는 바람에 그녀는 어떤 직업도 꾸준히 유지해 나갈 수 없었다. 그녀는 자신의 부적절한 행동에 대해서 결코 가책이나 후회의 감정을 보이지 않았으며 다른 사람에게 동정을 보이는 일도 없었다. 그녀는 자신의 어려운 처지에 대해서 늘 다른 사람을 탓했다. 행동 교정이나 정신과적 약물도 도움이 되지 않았다. 여러 번에 걸쳐서 자신을 신체적·재정적 위험에 몰아넣은 후 결국 그녀는 경제적 문제나 기타 살아가는 문제를 부모와 사회 기관에 의탁하게 되었다. 그녀는 미래에 대해 아무런 계획이 없고 다시 일을 해 보려는 욕망도 없었다.

이 젊은 여성은 예전에 뇌 손상 진단을 받은 일이 없었다. 어린 시절의 자동차 사고는 사실상 잊혀진 상태였다. 그런데 마침내 부모들이 그 사고를 떠올리고 그것이 딸의 행동과 연관성이 있는 것이 아닐까 생각해서 우리를 찾았던 것이다. 그녀의 자기 공명 뇌 영상 자료를 보고 우리는 예상했던 대로 성인기에 전전두엽 피질 손상을 입은 환자들과 유사한 부위가 손상되었음을 발견했다. 우리는 이와 유사한 증상의 환자들을 여러 명 연구해 왔다. 그들은 모두 비정상적 사회적 행동과 전전두엽 피질의 손상이라는 한 쌍의 문제점을 공통으로 가지고 있었다. 우리 팀은 이와 같은 환자들을 위한 재활 프로그램을 개발하고 있다.

그렇다고 해서 그녀와 비슷한 행동을 보이는 모든 청소년들이 이런 식의 뇌 손상을 가지고 있다고 주장할 생각은 없다. 그러나 그러한 행동을 보이는 수많은 사람들은 비록 같은 원인은 아닐지라도 내가 연구한 사례에 등장하는 환자들의 손상 부위와 동일한 뇌 시스템의 기능 장애를 가지고 있을 가능성이 매우 높다. 어쩌면 극히 미세한 수준에서의 신경 회로에 결함이 있어서 그와 같은 기능 부전이 발생할 수도 있다. 화학적 신호 체계의 유전적 이상에서부터 사회적·

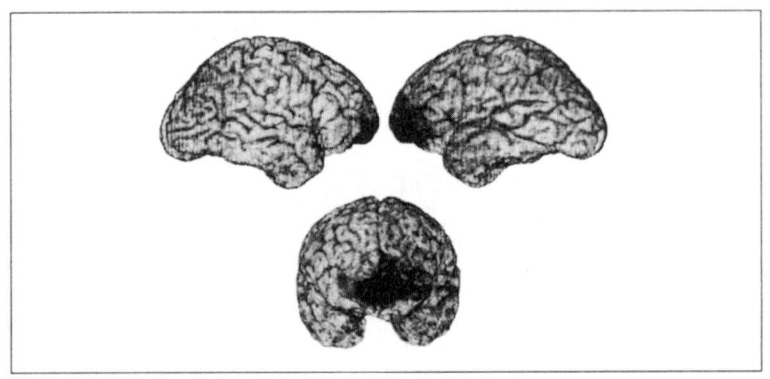

그림 4.3 어린 시절에 전전두엽 피질 손상을 입은 젊은 성인의 뇌를 3차원적으로 재구성한 그림. 그림 4.1과 마찬가지로 이 그림은 자기 공명 뇌 영상 기술로 만들어진 것이다. 손상된 영역이 성인 환자의 경우와 유사하다는 점에 주목할 것.

교육적 요인에 이르기까지 다양한 원인으로 인해 그러한 결함이 일어날 수 있다.

앞서 논의한 인지적·신경적 기구를 고려해 볼 때 우리는 왜 어린 시절에 입은 전전두엽 피질의 지속적 손상이 그토록 파국적인 결과를 가져왔는지를 이해할 수 있다. 첫째, 이 환자들에게는 타고난 사회적 정서와 느낌이 정상적으로 작동하지 않는다. 이것은 최소한 어린 환자들이 다른 사람들과 정상적으로 상호 작용하는 것을 불가능하게 만든다. 그들은 수많은 사회적 상황에서 부적절한 반응을 보이고, 그 결과로 다른 사람들도 그들에게 부적절하게 반응하게 된다. 어린 시절에 뇌 손상을 입은 환자들은 사회적 세계에 대하여 왜곡된 개념을 발달시키게 된다. 둘째, 이 환자들은 이전의 특정 활동으로부터 정서적 반응의 레퍼토리를 얻지 못한다. 그 이유는 전전두엽 영역이 완전한 상태로 보전되어야만 특정 활동과 정서적 결과 사이의 관계를 학습할 수 있기 때문이다. 처벌의 일부인 고통이라는 경험이 처벌을 일으킨 활동과 연결되지 않기 때문에 미래에 그러한 연결에 대한 기억을 이용할 수 없다. 보상의 쾌락적 측면 역시 마찬가지이다. 셋째, 이 환자들에게는 사회적 세계에 대한 개인적 지식의 축적이 결여되어 있다. 상황을 범주화하고, 적절한 반응과 적절치 못한 반응을 범주화하고, 사회적 관습과 규칙을 받아들이고 연결하는 절차가 왜곡되어 있는 것이다.[14]

만약 이 세상이

인간이 정상적으로 사회적 행동을 하기 위해서는 정서 및 느낌이 손상되지 않고 보전되어야 한다는 사실에는 의심할 여지가 거의 없다. 여기서 사회적 행동이란 윤리적 규칙과 법을 준수하는 정당한 행동을 말한다. 만일 비록 그 수는 적더라도 성인기에 전두엽 손상을 입은 환자들과 같은 조건을 가지고 있는 사람들이 우리 중에 섞여서 살아간다면 과연 이 세상은 어떻게 될까? 생각만 해도 몸이 떨리는 일이다.

그런데 만약 이 세상 사람들 중 상당 부분이 어린 시절에 전두엽 손상을 입은 채 살아가는 환자들이라면 어떨까? 그야말로 더욱더 몸서리처지는 일이 아닐 수 없다. 그러한 환자들이 우리 사이에서 활개치고 돌아다닐 수 있다는 생각만으로도 충분히 끔찍하다. 그렇다면 만일 인류가 처음 시작될 무렵에 다른 구성원들에게 동정, 애착, 부끄러움, 기타 사회적 정서──인간이 아닌 종의 경우에는 좀 더 단순한 형태로 나타나는──를 가지고 반응하는 능력이 결여되어 있는

부끄러움, 수치심, 가책감 ECS: 나약함/실패/ 자신 또는 자신의 행동에 대한 침해 결과: 다른 사람들로부터의 처벌(추방이나 조롱 포함)을 예방 　　　자신과 타인, 집단에 대한 균형을 되찾음 　　　사회적 관습과 규칙의 실행 바탕: 공포, 슬픔, 복종적 경향
경멸, 분노 ECS: 타인의 규범 위반(결백, 협동을 위반하는 경우) 결과: 위반에 대한 처벌 　　　사회적 관습과 규칙의 실행 바탕: 혐오, 분노
동정/공감 ECS: 고통스러워하거나 어려움에 처해 있는 타인 결과: 타인이나 집단이 위안을 얻고 균형을 되찾음 바탕: 애착, 슬픔
경외/놀라움, 의기양양, 감사, 자부심 ECS: 자신 또는 타인이 협력에 기여하는 것을 확인 결과: 협력에 대한 보상, 협력하는 경향의 강화 바탕: 행복감

그림 4.4 긍정적이거나 부정적인 주요 사회적 정서의 일부. 각 범주의 정서에 대해서 해당 정서를 촉발할 수 있는 정서적으로 유효한 자극(ECS), 정서의 주요 결과, 정서의 생리학적 바탕(basis) 등을 제시했다. 사회적 정서에 대한 좀 더 자세한 사항은 본문과 하이트(J. Haidt) 및 슈베더(R. Shweder)의 연구를 참조한다.[15]

집단이었다면 과연 인류는 어떻게 진화되었을까?

어쩌면 여러분은 그런 종은 곧 멸종해 버리고 말 것이라고 간결하게 대답함으로써 이 사고 실험을 마무리해 버릴 것이다. 나는 여러분이 그렇게 성급하게 결론 내리지 않기를 바란다. 왜냐하면 그것이 바로 정답이기 때문이다. 그와 같은 정서와 느낌이 없는 세상에서는 단순한 윤리 시스템의 전조가 될 타고난 사회적 반응을 자발적으로 나타내는 일도 없을 것이며, 그 결과 이타주의가 싹트지도 않을 것이고 친절함이 필요한 상황에서 친절함이 나타나지도 않을 것이며, 비난이 마땅한 상황에서 비난하는 일도 없을 것이고, 자기 자신의 느낌을 자동적으로 지각하지도 못할 것이다. 만일 인간이 그와 같은 정서를 느끼지 못한다면 집단 전체가 직면한 문제점, 이를테면 식량의 확보 및 분배, 위협에 대한 방어, 구성원 간의 분쟁 등에 대한 해결책을 찾기 위한 협상도 이루어질 수 없을 것이다. 또한 사회적 상황과 자연적 반응 간의 관계, 그리고 자연적 반응을 나타내거나 억제함으로써 생겨나는 처벌이나 보상과 같은 부수적인 사건에 대한 지혜를 축적할 수 없을 것이다. 이러한 상황에서는 궁극적으로 사법 체계로 표현되는 성문화된 규칙이라든지 정치·사회적 조직 등은 거의 상상조차 할 수 없다. 학습, 상상, 추론을 관장하는 기구는 고스란히 보전되고 오로지 정서만이 피폐화된 상황이라고 하더라도 마찬가지이다. 물론 그와 같은 상황이 벌어질 가능성은 그다지 높지 않다. 자연적인 정서의 항법 시스템에 크든 적든 장애가 있다면, 개인은 실제 세계에 맞추어 자기 자신을 미세하게 조정하지 못한다. 뿐만 아니라 그와 같은 장애를 가진 개인이 스스로 사실에 기반을 둔 사회적 항법 시스템을 구성한다는 것 역시 불가능하다.

　우리의 사회적 삶을 이끄는 명백한 윤리적 원리들의 기원을 무엇으로 보든지 간에 이 무시무시한 시나리오는 적용될 수 있다. 예를 들어 사회적 정서의 영향 아래 실행되는 문화적 협상 절차에서 윤리적 원리들이 출현한 것이라고 볼 때, 전전두엽이 손상된 사람들이라면 그와 같은 절차를 적절히 이끌어 내지 못할 것이고, 윤리적 규율을 구성하는 과정을 시작조차 할 수 없을 것이다. 그렇다면 만일 윤리적 원리들이 다수의 선택된 인간들에게 건네진 종교적 계시로 생겨났다고 본다면 어떨까? 첫째, 종교를 인간의 가장 비범한 창조물이라고 볼 때, 기본적인 사회적 정서와 느낌이 없는 인간이 애당초 종교를 만들어 낼 가능성 자체가 매우 희박하다. 7장에서 논의하겠지만 종교는 이른바 의식적으로 분석된 슬픔과 기쁨, 그리고 윤리적 규율을 비준하고 실행할 수 있는 권위에 대한 요구와 같은 중요한 압력에 대한 반응으로 생겨날 수 있다. 정상적인 정서가 없다면 종교를 창조해 내고자 하는 충동도 생겨날 리 없다. 종교적 계시도 없었을 것이고, 지도자 역할을 수행하는 지배적인 인물이나 구성원을 보호하고 상실에 대하여 보상해 줄 수 있는 힘과 불가해한 대상을 설명해 줄 능력을 가진 실체에 경외나 존경심을 가지고 복종하고자 하는 숭배자들의 정서적 경향도 나타나지 않았을 것이다. 정상적인 정서가 없는 개인이나 집단에게 신의 개념은 생겨나기 힘들 것이다.

만일 지혜를 드러내기 위한 수단으로서의 종교적 계시가 초자연적 기원을 가지고 있다고 가정하더라도 상황은 나아지지 않는다. 이 경우에도 여전히 자라나는 순진한 아이들의 마음속에 처벌과 보상을 지렛대로 해서 윤리적 원리가 심어져야 하는데, 어린 시절에 전전두엽 손상을 입은 상황에서는 이러한 일이 이루어지지 않는다. 그와 같은 사람들이 경험하는 슬픔과 기쁨은 윤리의 근본적 문제들을 규정하는 개인적·사회적 지식의 범주와 연결되지 않는다. 간단히 말해서, 우리가 윤리적 원리들을 자연에 기초한 것으로 보든 종교에 기초한 것으로 보든, 인간의 발달 초기에 정서 및 느낌이 적절하게 작동하지 않는다면 윤리적 행동은 출현하기 어려울 것이다.

인간에게서 정서와 느낌이 없어진다면 인간의 경험은 매우 빈약해질 것이다. 만일 사회적 정서와 느낌이 적절하게 작동하지 않는다면, 그리고 사회적 상황과 기쁨 및 슬픔 간의 관계가 무너진다면, 사람들은 자신의 경험을 '좋은 것'과 '나쁜 것'으로 나누는 정서/느낌의 표지에 따라 자신의 자전적 기억 속에 저장할 수 없게 될 것이다. 그렇게 되면 더 이상의 '좋은 것' 또는 '나쁜 것'에 대한 개념, 다시 말해 무엇이 좋은 것이고 또 나쁜 것이라고 생각해야 하는지에 대한 이치에 맞는 문화적 합의를 형성하는 것이 불가능할 것이다.

신경생물학과 윤리학

사회적 정서와 그에 뒤따르는 느낌이 없다면, 그럴 리도 없겠지만, 설사 다른 모든 지적 능력이 완전하게 남아 있다고 하더라도 윤리적 행동, 종교적 신념, 법, 정의, 정치 조직 등의 문화적 도구들이 애초에 생겨나지 못했거나 아니면 지금과 완전히 다른 지적 구성을 보였을 것이다. 그렇다고 해서 내 말을 오해하지는 말라. 정서와 느낌이 이 모든 문화적 도구를 독자적으로 만들어 냈다고 말하는 것이 아니다. 첫째, 그와 같은 문화적 도구의 출현을 촉진했을 신경생물학적 경향에는 정서와 느낌뿐만 아니라 다른 요소들이 포함된다. 인간으로 하여금 복잡한 자전적 일대기를 구성하는 것을 가능하게 해 주는 개인적 기억의 큰 용량, 느낌과 자아와 외부 사건 간의 밀접한 상호 관계를 가능하게 해 주는 확장된 의식 등이 그 예이다. 둘째, 윤리, 종교, 법, 정의를 신경생물학적으로 단순하게 설명하는 것은 거의 불가능해 보인다는 점이다. 신경생물학이 미래에 이 주제들을 설명해 나가는 중요한 역할을 맡게 되리라고 장담하는 것은 매우 합리적이다. 그러나 이러한 문화적 현상을 만족스럽게 이해하기 위해서 우리는 윤리학, 법학, 종교 분야의 연구 내용과 더불어 인류학, 사회학, 정신분석학, 진화심리학의 개념들을 참조할 필요가 있다. 사실 흥미로운 설명이 탄생할 가능성이 가장 높은 분야는 위에서 언급한 학제 가운데 일부 또는 전부와 신경생물학 간의 통합된 지식을 근거로 가설들을 검증하고자 하는 새로운 물결의 연구들이다.[16] 이러한 활동들은 아직 모습도 채 갖추지 않은 상태이며, 어찌되었든 이 장과 나의 논의의 범위 이상의 것이다. 그러나 인류가 사회적 행위의 지적 규범을 형성하고자 시도하던 때보다 훨씬 전부터 느낌은 윤리적 행동의 필수적 토대였다는 주장은 사리에 맞는다고 생각된다. 느낌은 아마도 진화 단계상 인간이 출현하기 전에 생겨났으며, 자동적인 사회적 정서와 협력을 위한 인지적 전략을 탄생시키는 데 기여했을 것으로 보인다. 신경생물학과 윤리적 행동의 접점에 대한 나의 견해를 다음과 같이 요약할 수 있다.

윤리적 행동은 사회적 행동의 일부이다. 그리고 이들은 인류학에서 신경생물학에 이르는 다양한 종류의 과학적 접근을 통해서 연구될 수 있다. 신경생물학은 실험신경심리학(대규모 시스템 수준) 및 유전학(분자 수준)과 같은 다양한 기술들을 포함한다. 그리고 이러한 접근 방법들을 통합함으로써 가장 풍요로운 결실을 얻을 수 있을 것으로 보인다.[17]

윤리적 행동의 정수가 인간에게서 시작된 것은 아니다. 새(갈가마귀의 예)나 포유동물(흡혈 박쥐, 늑대, 개코원숭이, 침팬지 등)에게서 얻은 증거들은 인간이 아닌 다른 동물들 역시도 우리의 눈으로 볼 때 윤리적이라고 할 만한 행동을 할 수 있음을 보여 준다. 동물들은 동정, 애착,

부끄러움, 지배자의 자부심, 복종자의 겸손함을 보여 준다. 동물들은 다른 동료의 특정 행동을 비난하기도 하고 그에 보답하기도 한다. 예를 들어 흡혈 박쥐는 집단의 식량 채집에서 비열한 행동을 하는 구성원을 적발하고 그에 따라 벌을 준다. 갈가마귀 역시 비슷한 행동을 보인다. 이와 같은 사례들은 특히 영장류들 사이에서 확실하게 나타나며, 이는 인간과 가장 가까운 친족인 유인원에만 국한되지 않는다. 붉은털원숭이들은 다른 원숭이에 대해서 이타적으로 보이는 행동을 한다. 로버트 밀러(Robert Miller)가 수행하고 마크 하우저(Marc Hauser)가 논의한 흥미로운 실험에서, 줄을 잡아당기면 자신은 먹이를 얻을 수 있지만 다른 원숭이가 전기 쇼크를 받도록 되어 있는 장치에 원숭이를 넣었을 때 원숭이들은 줄을 잡아당기지 않았다. 어떤 원숭이들은 몇 시간이고, 심지어 며칠이고 먹지 않고 버텼다. 실험 대상인 원숭이가 가장 이타적인 행동을 보이는 경우는 전기 쇼크를 받게 되는 원숭이를 알고 있을 경우였다. 연민은 낯선 이보다 친숙한 이에게 더 효과적으로 작동하기 때문이다. 예전에 전기 쇼크를 받은 일이 있었던 원숭이는 더욱더 이타적으로 행동하는 경향을 보인다. 인간 외의 종의 경우에도 역시 집단 내에서 협력하는 동물이 있는가 하면 그렇지 못한 동물도 있다.[18] 이것은 정의로운 행동이 단지 인간의 전유물이라고 생각하는 사람들에게는 반갑지 않은 이야기일지도 모른다. 코페르니쿠스가 우리 인간은 우주의 중심이 아니라고 말하고, 다윈이 실은 인간의 기원이 보잘 것 없다고 말하고, 프로이트가 인간은 자신의 행동에 대한 완전한 주인이 아니라고 말한 것으로 모자라다는 듯, 윤리의 세계에서마저도 우리의 선임자가 있어서 그들에게 물려받은 것이라는 사실을 인정해야 하는 것이다. 그러나 인간의 윤리적 행동에는 인간을 다른 동물과 구분시켜 줄 복잡하고 정교한 특성이 있다. 윤리적 규칙은 그 규칙을 알고 있는 정상적인 개인들에게 적용되는 독특한 인간으로서의 의무를 창조해 냈다. 규율을 성문화하는 것도 오로지 인간의 특성이고, 상황에 대한 맥락을 구성하는 것 역시 인간의 특성이다. 우리는 인간 조건에 대한 깊은 이해가 우리에게 독특한 존엄성을 부여한다는 개념을 가지고 우리 인간의 생물학적·심리학적 구성의 일부는 인간 이전의 기원을 가지고 있다는 깨달음을 받아들일 수 있다.

또한 우리의 가장 고귀한 문화적 창조물의 기원을 인간 이전의 다른 동물에게서 찾아볼 수 있다는 사실을 가지고 인간이나 동물이 모두 단일하고 고정된 사회적 속성을 가지고 있다고 확대 추론해서도 안 될 것이다. 다양한 진화론적 변이, 성, 개인적 발달 등에 따라서 선하거나 악한 다양한 사회적 속성이 있을 수 있다. 프란스 드 발(Frans de Waal)의 연구에서 나타나듯, 공격적이고 영토에 집착하는 침팬지와 같이 성질 나쁜 원숭이가 있는가 하면, 빌 클린턴과 테레사 수녀를 결합시켜 놓은 것과 같은 성격을 지닌 보노보(보노보는 성적으로 매우 개방적이며 비교적 민주적이고 평화적인 집단을 형성한다.—옮긴이)를 비롯한 좋은 성품의 원숭이들도 있다.

윤리라는 것은 어쩌면 생명 조절이라는 전체 프로그램의 일부로 시작된 것일지도 모른다. 윤리적 행동의 씨앗은 대사 조절, 충동 및 동기, 다양한 정서와 느낌을 제공하는 모든 무의식적이고 자동적인 메커니즘을 포함하는 진행 과정의 또 한 단계일지도 모른다. 무엇보다 중요한 것은 이러한 정서와 느낌을 환기시키는 상황은 협력을 포함한 해결 방법을 요구한다는 점이다. 정의나 영예 등이 협력의 관행으로부터 탄생한 것이라고 상상하는 것은 어렵지 않다. 한편 집단 내에서의 지배적 행동 또는 복종적 행동의 형태로 나타나는 또 다른 층에 속하는 사회적 정서들은 협력을 규정하는 활발한 주고받기 행동에서 중요한 역할을 담당했을 것이다.

이러한 종류의 정서를 지니고 있고 또한 협력적 전략을 성격에 포함하고 있는 사람들이 더 오래 살아남고 더 많은 자손을 남겼으리라고 생각하는 것은 이치에 맞는다. 그것이 협력 행동을 만들어 내는 인간 뇌의 유전적 기초가 되었으리라고 생각할 수 있다. 그렇다고 해서 협력 행동을 이끄는 유전자가 따로 있다는 말은 아니다. 윤리적 행동 전반을 이끄는 유전자 역시 따로 존재하지 않는다. 아마도 필요한 것은 단지 특정 뇌 영역—예를 들어서 특정 범주의 지각된 사건을 특정 정서/느낌 반응과 연결하는 복내측 전두엽과 같은 영역—의 회로에 적절한 배선이 이루어지도록 하는 수많은 유전자들의 존재일 것이다. 다시 말해서 일부 유전자들이 함께 협력해서 뇌의 특정 구성 요소를 구성하고, 이러한 구성 요소들의 정상적 작동은 적절한 환경적 노출이 주어지면 특정 상황에서 더욱 그럴듯한 인지적 전략 및 행동을 만들게 된다. 다시 말해서 우리의 뇌는 특정 인지적 구성을 인식하고 그 구성이 만들어 낸 문제점이나 기회를 관리하는 데 관련된 특정 정서를 촉발시키도록 진화되었다는 것이다. 그와 같은 놀라운 장치를 미세하게 조절하는 것은 발달 과정에서의 개인적 역사 및 환경이라고 할 수 있을 것이다.[19]

진화, 그리고 그 결과로 생겨난 일단의 유전자들이 우리에게 이 모든 적절한 행동을 가져다줌으로써 이런 놀라운 결실을 얻었다고 생각하는 독자들을 위해서 이 점을 상기시키고자 한다. 훌륭한 정서와 칭찬할 만한, 적응성 있는 이타주의는 집단과 관련되어 있다. 동물의 경우라면 늑대나 원숭이의 무리 등을 생각할 수 있다. 인간의 집단이라면 가족, 종족, 도시, 국가가 될 수 있다. 진화의 역사에서 볼 때 집단의 구성원들은 집단 바깥에 있는 사람 또는 동물에게는 덜 친절했다. 집단 구성원의 훌륭한 정서는 그들이 자연적으로 목표물로 삼고 있는 집단 바깥의 동물이나 사람에게는 잔혹하고 험악하게 변하곤 했다. 그 결과 분노와 폭력이 나타났다. 그것이 종족 간의 증오, 인종 차별, 전쟁 등의 씨앗이 되었음을 쉽게 짐작할 수 있다. 이제 유전자의 지배를 받고 있는 인간의 행동이 반드시 최선이 아니라는 사실을 환기할 시점이다. 문명의 역사는 부분적으로는 최선의 '윤리적 감정'을 소규모의 친밀한 집단에서 궁극적으로는 인류 전체에 이르기까지 점점 더 넓은 범위의 인류 집단으로 확산시키고자 하는 설득력 있는 노력의 역사였다고도 말할 수 있다. 우리가 그 과제를 완수하기까지는 갈 길이 멀다는 사실은 종종 신문의 머리기사에서 확인할 수 있다.

또한 우리에게는 싸워 이겨야 할 타고난 어두운 본성이 있다. 지배하고자 하는 특성—그리고 그 보완물인 복종의 특성—은 사회적 정서의 중요한 구성 요소이다. 지배는 지배적 인물이나 동물이 집단의 문제에 대한 해결책을 제공하는 경향이 있다는 점에서 긍정적인 면을 가지고 있다. 앞에 나서서 협상을 하고 전쟁을 이끄는 것이 지도자의 일이다. 물, 과일, 피난처를 찾는 길에서나 예언과 지혜를 찾는 길에서 해결책을 발견하는 것도 그들의 몫이다. 그러나 지배적인 인물은 다른 이들을 학대하고 괴롭히는 전제적 독재자가 될 수도 있다. 특히 지배력이 카리스마와 결합하여 사악한 짝을 이룰 경우에는 말이다. 그럴 경우 지배자는 적절치 못한 협상을 하고 그릇된 전쟁에 구성원을 끌어들이게 될 수도 있다. 그런 인간들에게 좋은 정서의 대상은 그 자신과 가장 가까운 곳에서 그를 떠받드는 소수의 사람들로 구성된 극히 작은 집단에 한정되어 있다. 마찬가지로 갈등 상황에서 합의를 이끌어 내고 일치에 도달하도록 하는 과정에서 그토록 유익한 역할을 하는 복종적인 특성이 이번에는 전제적 지도자에게 비겁한 태도를 취하고 지나치게 복종함으로써 전체 집단을 쇠락의 길로 떨어지게 만들 수 있다.

의식과 지적 능력과 창의력을 가지고 있는 피조물이 문화적 환경 속에 젖어 듦에 따라서 규율과 윤리를 형성하고 그것을 법전으로 성문화하고, 법의 적용을 계획할 수 있게 되었다. 우리는 그러한 노력을 계속해 나갈 것이다. 비록 문화 자체의 조건이 상당 부분 진화와 신경생물학에 따라 결정되기는 하지만, 사회적 환경과 문화 속의 상호 작용하는 집단적 생물 개체는 이러한 현상을 이해하는 데에서 그만큼 또는 그 이상으로 중요하다. 문화가 이로운 역할을 하기 위해서는 인간 존재에 대한 정확한 과학적 묘사가 필요하다. 이러한 묘사를 바탕으로 문화는 그 미래의 진로를 결정해 나간다. 그리고 이것이 바로 전통적인 사회과학의 구조에 통합되어 있는 현대의 신경생물학이 두각을 나타낼 부분이다.

대체로 같은 이유로 윤리적 행동의 근간에 있는 생물학적 메커니즘을 밝힌다고 해서 그와 같은 메커니즘 또는 그 기능 부전이 특정 행동의 확실한 원인이라고 말할 수 없다. 메커니즘은 결정적일 수도 있지만 반드시 결정적일 필요는 없다. 여기에 관여하는 시스템은 복잡하고 여러 층으로 이루어져 있으며 어느 정도 자유롭게 움직일 여지가 있다.

당연한 귀결로서 나는 윤리적 행동이 특정 뇌 시스템의 작용에 의존한다고 믿는다. 그러나 그 시스템이 어떤 중추를 가리키는 것은 아니다. 우리는 하나 또는 몇 개의 '윤리 중추'라는 것을 가지고 있지 않다. 심지어 복내측 전전두엽 피질 역시도 중추로 간주해서는 안 된다. 뿐만 아니라 윤리적 행동을 뒷받침하는 시스템은 아마도 윤리만을 전담하고 있지 않을 것이다. 그러한 시스템들은 생물학적 조절, 기억, 의사 결정, 창의력 등에도 관여한다. 윤리적 행동은 그러한 다른 활동의 놀랍고도 유용한 부산물이라고 할 수 있다. 뇌에 윤리 중추라든가 심지어 윤리 시스템이라고 하는 것은 발견되지 않는다.

그렇다면 이러한 가설에서 느낌의 근본적인 역할은 타고난 생명 감시 기능과 관련되어 있다고 볼 수 있다. 느낌이 탄생한 이래로 느낌이 맡아 온 자연적인 역할은 생명의 조건을 마음에 담아 두고 행동을 조직할 때 참조하도록 하는 것이다. 바로 그렇기 때문에 현재의 문화적 도구들을 평가하고, 개발하고, 적용하는 데에도 느낌이 결정적인 역할을 해야 한다고 나는 생각한다.[20]

느낌은 살아 있는 한 사람의 생명의 상태를 표시할 뿐만 아니라 그 규모에 관계없이 다수의 사람들로 이루어진 집단의 생명의 상태 역시 표시할 수 있다. 사회적 현상과 기쁨 및 슬픔의 느낌이라는 경험 간의 관계에 대한 지적 숙고는 사법 체계 및 정치 조직을 고안해 내는 인간의 영구적인 활동에서 필수 불가결한 것으로 보인다. 그리고 아마도 더욱 중요한 사실로서, 느낌, 특히 슬픔과 기쁨은 사회 전체의 고통을 감소시키고 행복을 강화하는 물리적·문화적 환경 조건을 창조하도록 고무한다. 그리고 그러한 방향으로 나가는 과정에서 지난 세기 동안 생물학의 발전과 의학 기술의 진보는 끊임없이 인간의 조건을 개선해 왔다. 물리적 환경을 다루는 과학 및 기술도 마찬가지였다. 또한 예술이나 민주적인 국가들에서의 부의 성장 역시도 어느 정도까지 같은 목적에 기여해 왔다.[21]

항상성과 사회적 삶의 조절

　인간의 삶은 일차적으로 대사의 균형, 욕구, 정서 등과 같은 자연적이고 자동적인 항상성 기구를 통해 조절된다. 이 가장 성공적인 장치는 상당히 놀라운 사실을 보장해 준다. 그것은 바로 살아 있는 모든 생물들에게 그 자신의 복잡성의 정도와 그를 둘러싼 환경의 복잡성에 맞추어 삶의 기본적 문제들을 다루는 데 필요한 자동적 해법에 접근할 기회가 동등하게 주어졌다는 것이다. 그러나 성인기에 이른 우리 인간의 삶을 관리하는 데에는 이러한 자동적인 해결책 이상의 것이 관여한다. 왜냐하면 우리의 환경은 물리적으로나 사회적으로 너무나 복잡해지고 생존이나 행복에 필요한 자원에 대한 경쟁 때문에 종종 충돌이 일어나게 되었기 때문이다. 음식을 얻거나 짝을 찾는 단순한 절차가 이제 매우 복잡한 활동이 되었다. 여기에는 수많은 정교한 절차가 보태지게 되었다. 제조, 상업, 은행, 의료, 교육, 보험, 기타 인간 사회가 효율적으로 돌아가도록 돕는 수많은 다른 절차들을 생각해 보자. 우리의 삶은 우리 자신의 욕망과 느낌뿐만 아니라 사회적 관습과 윤리적 행동 규범의 형태로 표현된 다른 이들의 욕망과 느낌에 대한 배려를 통해 조절되어야 한다. 그와 같은 관습과 규율, 또한 그것을 실행시키는 사회적 제도——종교, 사법, 정치·사회 조직——는 사회 집단 수준에서 항상성을 유지시켜 주는 메커니즘이 되었다. 또한 과학이나 기술과 같은 활동 역시 사회적 항상성 메커니즘을 돕는다.

　우리는 사회적 행동을 관장하는 데 관여하는 이러한 제도 중 어느 것도 삶을 조절하는 수단이라고 여겨 본 적이 없다. 아마도 그 이유는 이 제도들이 종종 제 역할을 제대로 수행하지 못하기 때문일 수도 있고, 또는 각 제도의 직접적 목표가 생명 절차와의 관련성을 가리고 있기 때문일지도 모른다. 그러나 정확하게 이러한 제도의 궁극적인 목표는 특정 환경에서 생명을 조절하는 것이다. 약간만 초점을 바꾸어서 본다면 개인 차원에서든 집단 차원에서든, 직접적으로든 간접적으로든, 이러한 제도의 궁극적인 목표는 삶과 관련되어 있으며 죽음을 피하고 행복을 강화시키며 고통을 감소시키는 것이다.

이것은 인간에게 특히 중요한 이야기이다. 왜냐하면 자동적인 생명 조절이 그토록 확장되는 경우는 오직 환경—물리적 환경뿐만 아니라 사회적 환경까지 포함—이 극단적으로 복잡해지는 경우뿐이기 때문이다. 인간 이외의 종은 심사숙고나 교육이나 공식적인 문화적 도구 없이도 사소한 문제—먹이를 구하거나 짝을 찾는 일—에서 숭고한 문제—다른 동물에게 연민을 보이는 일—에 이르기까지 유용한 행동을 보일 수 있다. 그러나 잠시 우리 인간에 대해 생각해 보자. 우리는 물론 유전자에 따른 타고난 행동 기구 없이 살아갈 수 없다. 그러나 농경이 시작된 이후 1만 년이나 그 이상의 시간 동안 인간의 사회가 점점 복잡해짐에 따라 인간의 생존과 안녕은 분명히 사회 및 문화적 공간에서 이루어지는 또 다른 종류의 **비자동적인 통제**에 의존하지 않을 수 없게 되었다. 그것이 바로 일반적인 추론이나 의사 결정의 자유에 관련된 것이다.[22] 요지는, 우리 인간은 단순히 보노보나 다른 종의 동물들처럼 고통스러워 하는 동료에게 연민을 보일 뿐만 아니라 우리는 우리가 연민을 느낀다는 사실을 알고 있다는 것이다. 그리고 아마도 그 결과로 애초에 그와 같은 정서와 느낌을 불러일으킨 사건의 이면에 있는 상황에 대해서 어떤 행동을 해 왔을 것이다.

자연은 수백만 년에 걸쳐서 자동적 항상성 기구를 발달시키고 개선시켜 왔다. 그런데 비자동적인 도구는 고작 수천 년의 역사를 가지고 있을 뿐이다. 한편 나는 자동적 생명 조절 현상과 비자동적 조절 현상 사이에서 또 다른 주목할 만한 차이점을 본다. 아마도 주요 차이는 '목표' 대 '방법 및 수단'에 있을 것이다. 자동적 도구는 목표 및 방법과 수단이 잘 확립되어 있고 높은 효과를 보인다. 그러나 비자동적인 수단을 살펴보면 일부 목표— 예를 들어서 다른 사람을 죽여서는 안 된다는 목표—에 대해서는 대체로 합의에 도달했지만 다른 많은 목표들—예를 들어 아픈 사람이나 곤궁에 빠진 사람을 어떻게 도울 것인가 하는 문제—은 여전히 협상의 여지가 있으며, 그 도달 방법이 완전히 확립되지 않은 상태이다. 뿐만 아니라 어떤 목표이든 그 목표에 도달할 방법과 수단은 집단 및 역사적 시기에 따라 상당히 가변적이다. 느낌은 인류를 가장 정제된 형태로 만들어 주는—다른 이를 해치지 않고 다른 이에게 이로운 것을 추구하도록 하는—목표를 분명히 하는 데 기여해 왔을 수도 있다. 그러나 인류의 역사는 그러한 목표를 실행할 만족스러운 방법과 수단을 찾기 위한 투쟁의 역사라고도 볼 수 있다. 어쩌면 마르크스주의의 목표들은 비록 한정된 범위에서지만 경탄할 만한 측면도 있다고 말할 수 있다. 왜냐하면 그들이 표명한 의도는 좀 더 공평한 세상을 만드는 것이었기 때문이다. 그러나 마르크스주의를 추진했던 사회들이 선택했던 방법과 수단은 커다란 재앙이었다. 그 많은 이유들 가운데 하나는 그들이 선택했던 방법과 수단이 끊임없이 이미 확립된 자동적인 생명 조절 메커니즘과 끊임없이 충돌을 일으켰기 때문이다. 다수 집단의 선은 종종 많은 개인들의 고통과 손해를 요구한다. 그리고 그 결과로 값비싼 대가를 치러야 하는 비극이 일어난다. 비자동적 도구의 미숙함과 허약함은 나치즘의 경우에서 쉽게 증명된다. 나치즘의 목표와 수단, 방법은 모두 큰 결함을 가지고 있었다. 모든 면에서 볼 때 비자동적인 도구들은 아직 미완의 상태이며, 상충하는 목표들을 조화시키고 생명 조절의 다른 측면을 해치지 않는 범위에서 그 목표를 실현할 수단과 방법을 강구하는 데 엄청난 어려움을 겪고 있는 상태라고 볼 수 있다. 이러한 시각에서 볼 때, 문화적 집단이 훼손하지 않고 더욱 완전하게 만들어 가야 할 목표들을 유지하는 일에서 느낌은 필수 요소로 남을 것이라고 믿는다. 느낌은 또한 기본적인 생명 조절 메커니즘과 충돌하지 않고 목표의 이면에 있는 의도를 왜곡하지 않을 수단과 방법을 찾아내고 조정하는 데 꼭 필요한 안내자이다. 인류가 최초로 다른 사람을 죽이는 것이 문제 있는 행동이라는 사실을 발견했을 때나 오늘날에나 느낌은 똑같이 중요하다.

사회적 관습과 윤리적 규칙은 부분적으로는 기본적인 항상성 기구가 사회 및 문화의 수준으로 확장된 것이라고 볼 수 있다. 규칙의 적용으로 얻어지는 결과는 대사 조절이나 욕구와 같은 기본적인 항상성 도구의 실행 결과와 같은 것, 즉 생존과 안녕을 보증하는 삶의 균형이다. 그런데 확장은 여기에서 멈추지 않는다. 그것은 사회적 집단을 포함하는 더욱 광범위한 조직적 수준으로 확대된다. 민주 국가를 통치하는 헌법, 그 헌법과 조화를 이루는 법률, 법률을 적용하는 사법 체계 등이 모두 항상성 도구이다. 이들은 이들의 모델이라고 할 수 있는 다른 층의 항상성 조절 메커니즘, 즉 욕구/욕망, 정서/감정, 이 둘의 의식적 조절과 마치 탯줄로 연결되듯 연결되어 있다. 20세기에 새로이 만들어진, 아직 초보 단계의 국제 기구들, 예컨대 세계보건기구, 유네스코, 욕을 먹고 있는 국제연합도 마찬가지이다. 이 모든 제도와 기관들은 거시 차원에서 항상성을 추구하고자 하는 경향의 일부이다. 그런데 이러한 수단은 때로는 좋은 결과를 성취하기도 하지만 이 국제 기구들은 수많은 문제점에 봉착했다. 또한 각 기구의 정책은 새로 나타나는 과학적 증거를 도외시하면서 불완전한 인간관에 근거를 두고 있다. 그러나 비록 불완전하고 나약하다고 하더라도 이들의 존재는 진보의 표시이고 희망의 등불이다. 그리고 또 다른 곳에서도 희망의 이유를 찾아볼 수 있다. 사회적 정서에 대한 연구는 아직 걸음마 단계이다. 만일 정서와 느낌에 대한 인지과학 및 신경생물학 연구가 인류학, 진화심리학 등과 같은 연구 분야에 가세한다면, 이 장에서 논의한 주장의 일부는 검증될 수 있을 것이다. 그러면 우리는 인간의 생물학적 특성과 문화가 눈에 보이는 겉모습 뒤에서 실제로 어떻게 맞물려 있는지, 그리고 심지어 유전자와 물리적·사회적 환경이 긴 진화의 역사 속에서 어떻게 상호 작용해 왔는지 조금 들여다볼 수 있게 될 것이다.

다시 강조하지만 지금 논의한 내용은 검증과 평가를 거쳐야 할 내용이다. 윤리적 행동에 대한 공식적인 신경생물학적 견해는 이 책의 범위에 포함되지 않는다. 그리고 이러한 개념의 역사적 관점에 대한 논의도 마찬가지이다.[23]

덕의 기반

이 책의 앞부분에서 나는 내가 스피노자를 다시 찾게 된 계기에 대해 이야기했다. 그 계기는 다름 아니라 메모지에 적어서 간직해 온, 오래전에 읽었던 스피노자의 글에서 발췌한 구절을 내가 쓰는 글에 인용하기 위해서 그 정확성을 확인해 보려고 다시 스피노자의 책을 들추어 보았던 것이다. 그런데 왜 나는 그 구절을 간직해 왔을까?

아마 직관적으로 이 구절이 뭔가 의미심장하고 시사하는 바가 있다고 느꼈기 때문일 것이다. 그러나 나는 이 구절을 기억에서 떠올려 내가 쓰던 원고 위로 옮겨 오기 전까지 한 번도 상세하게 분석해 볼 생각을 하지 못했음을 깨달았다.

그 구절은 『에티카』 4부 정리 18에서 나오며, 내용은 다음과 같다.

"덕의 일차적 기반은 자기 자신을 보존하고자 하는 노력이며, 행복은 자신의 존재를 유지할 수 있는 능력에 있다."

이 정리는 라틴 어로는 다음과 같다.

"…… *virtutis fundamentum esse ip sum conatum proprium esse conservandi, et felicitatem in eo consistere, quòd homo suum esse conservare potest.*"

좀 더 깊은 논의에 들어가기 전에 스피노자가 사용한 용어에 대해서 짚고 넘어가도록 하자. 먼저 이전에 언급한 바와 같이 *conatum*이라는 말은 '노력(endeavor)'이나 '경향(tendency)', '분투(effort)' 등의 의미로 간주될 수 있다. 스피노자는 이 셋 중 어느 하나 또는 세 단어를 뒤섞은 의미로 *conatum*을 사용했을 것이다. 둘째, *virtutis*는 전통적인 도덕적 의미뿐만 아니라 행동할 수 있는 힘과 능력까지도 아울러 나타낸 것이라고 볼 수 있다. 이 부분에 대해서는 나중에 다시 논의할 것이다. 그런데 흥미로운 것은 이 구절에서 스피노자는 행복뿐만 아니라 기쁨, 고양된 기분, 환희 등으로 번역될 수 있는 *laetitia* 대신 행복으로 번역되는 *felicitatem*을 사용했다는 점이다.

언뜻 보면 이 말은 우리 시대의 이기적인 문화를 부추기는 것 같다. 그러나 이 구절의 진짜 의미는 그와 거리가 멀다. 나의 해석에 따르자면, 이 명제는 고결한 윤리적 시스템의 주춧돌이라고 할 수 있다. 이것은 인류가 따라야 할 어떤 행동의 규칙이든 그 기반에는 양도할 수 없는 전제가 있음을 의미한다. 자아(self)를 구성하는 마음을 가지고 있기 때문에 스스로의 존재를 지각하고 있는 생명체(인간)는 자신의 생명을 유지하고자 하는 자연적인 경향을 가지고 있다. 그리고 이와 같이 견디고 극복하고자 하는 노력이 성공하여 이 생명체는 최적의 기능 상태, 즉 기쁨이라는 개념에 도달하게 된다. 이 스피노자의 명제를 철저히 미국적인 용어로 바꾸어 쓴다면 다음과 같은 내용이 될 것이다.

"모든 인간은 자신의 생명을 보존하고 안녕을 추구하고자 하는 경향을 갖도록 창조되었으며, 그 과정에서의 성공적인 노력에서 행복이 비롯되고, 이러한 사실이 덕(virtue)의 기반이다."

스피노자의 말은 마치 종소리처럼 선명하게 울려 퍼진다. 그러나 그 말의 전체적인 영향을 이해하기 위해서는 좀 더 많은 노력이 필요하다. 어떻게 해서 자신에 대한 관심이 덕의 기본이 된다는 것일까? 그렇다면 덕은 오직 자기 자신에게만 관계된다는 것일까? 좀 더 거칠게 표현하자면, 스피노자는 어떻게 덕의 적용 대상을 자기 자신이라는 한 사람에서 모든 사람으로 확장시켰을까? 스피노자의 그와 같은 변이는 역시 생물학적 사실에 의존한다. 그 절차는 다음과 같다. 자기 보존이라는 생물학적 현실은 덕에 이르게 된다. 왜냐하면 우리 자신을 유지하고자 하는 양도할 수 없는 요구는 그 자체의 필요성에 따라서 다른 사람의 보존을 돕기 때문이다. 만일 그렇지 않다면 우리는 사멸해 버릴 것이며, 그것은 원리의 근본을 침해하고 자기 보존을 기반으로 하는 덕도 모두 포기해 버리는 것이기 때문이다. 덕의 이차적 기반은 사회 구조, 그리고 복잡한 체계 안에서나 자신이라는 생명체와 상호 의존하고 있는 다른 살아 있는 생명체의 존재를 깨닫는 것이다. 우리는 글자 그대로 세상의 선의(good sense)에 속박되어 있다.

이러한 변이의 정수는 아리스토텔레스에게서 찾아볼 수 있다. 그러나 스피노자는 이것을 생물학적 원리, 즉 자기 보존에 대한 요구에 연결시켰다.

내가 소중히 간직했던 구절의 아름다움이 바로 여기에 있다. 오늘날의 시각에서 볼 때 이 구절은 윤리적 행동 시스템의 기반을 담고 있으며 그 기반은 다름 아닌 신경생물학이다. 그 기반은 종교적 예시가 아닌, 인간의 본질에 대한 관찰을 토대로 해서 얻어 낸 것이다.

인간 존재는 있는 그대로의 인간의 모습, 즉 욕구, 정서, 기타 자기 보존 도구와 이해하고 추론하는 능력을 갖춘 살아 있는 생명체이다. 인간의 의식은 비록 한계를 가지고 있기는 하지만 지식과 추론의 가능성을 열어 주었고, 이 지식과 추론은 개인으로 하여금 선과 악을 분별할 수 있도록 해 준다. 다시금 강조하건대 선과 악은 스스로 모습을 드러내는 것이 아니라 발견되는 것이다.

선과 악의 정의는 단순하고 견고하다. 선한 대상은 신뢰할 수 있고 지속할 수 있는 방식으로 기쁨의 상태를 촉발한다. 이때 기쁨의 상태는 스피노자의 정의에 따르면 활동 능력과 자유가 강화된 상태이다. 악한 대상은 그 반대의 결과를 가져온다. 악한 대상은 우리에게 불쾌감을 일으킨다.

그렇다면 선한 활동과 악한 활동은 무엇인가? 단순히 개인의 욕구와 정서에 맞는 활동이 선한 활동이고 그렇지 않은 활동이 악한 활동인 것은 아니다. 선한 활동은 자연적 욕구와 정서를 통해서 개인에게 선을 가져다주면서 동시에 다른 이에게 해를 입히지 않는 활동이다. 이는 명확한 지상 명령이다. 자신에게는 이롭지만 다른 이에게 해를 입히는 활동은 선한 활동이 아니다. 왜냐하면 다른 이에게 해를 입히는 것은 항상 해를 입힌 사람을 따라다니고 궁극적으로 그 자신에게도 해가 되기 때문이다. 따라서 그와 같은 활동은 악한 것이다.

"우리의 선은 특히 우리를 다른 사람과 사회 전체의 이익에 연결시켜 주는 우정에 있다."(『에티카』 4부, 정리 10)

내가 해석한 스피노자에 따르면, 시스템은 각 개인의 자기 보존 메커니즘에 기초해서 윤리적 의무를 구성하지만 사회적·문화적 요소 역시도 염두에 두고 있다. 개인이나 사회적 실체나 자기 자신 이외에 다른 이가 존재한다. 그리고 그들의 자기 보존, 즉 그들의 욕구와 정서 역시 고려해야 한다. 코나투스의 정수나 다른 이에게 해를 입히는 것은 자신에게도 해가 된다는 개념이 모두 스피노자가 맨 처음으로 생각해 낸 것은 아니다. 그 둘을 강력하게 하나로 섞어 버렸다는 것이 바로 스피노자의 독창성이다.

다른 이들과 공유된 평화로운 합의 속에서 살아가고자 하는 노력은 나 자신을 보존하고자 하는 노력이 확장된 것이다. 사회적·정치적 계약은 개인적·생물학적 요구가 확장된 것이다. 우리는 특정 방식의 생물학적 구조를 갖게 되었다. 우리는 생존하도록, 그리고 고통스럽기보다는 행복한 상태로 생존하도록 되어 있다. 그리고 그와 같은 요구에서 특정 사회적 합의가 나타나게 되었다. 사회적 합의를 찾고자 하는 경향 그 자체가 생물학적 요구에 포함되어 있다고 가정하는 것이 적어도 부분적으로 합리적일 것이다. 왜냐하면 협동적인 행동이 높은 정도로 뇌에 발현되어 있는 집단이 진화 과정에서 성공적으로 생존하고 번영했기 때문이다.

기본적 생물학을 넘어서 역시 생물학적 뿌리를 가지고 있지만 오직 사회적·문화적 맥락 속에서만 나타나는, 지식과 이성의 지적 산물인 인간의 섭리가 있다. 스피노자는 그러한 조건을 분명하게 감지했다.[24]

예를 들어서 어떤 신체가 그보다 작은 신체를 침범하는 경우 그 신체가 작은 신체와 소통하는 과정에서 그 자신 역시 고유의 움직임을 잃게 된다는 것은 모든 신체에 적용되는 보편적인 법칙이며, 이는 자연의 요구에 의존한다. 마찬가지로 사람이 무엇인가를 기억할 때 곧바로 그 무엇인가와 유사한 것 또는 그 무엇과 동시에 인지했던 것을 떠올리게 되는 것 역시 사람의 본성(자연)에 따른 법칙이다. 그러나 사람이 어느 정도 자연적 권리에 따라 만들어 내야 하고 만들 수밖에 없으며, 특정 방식으로 살아가도록 사람들을 구속하는 법칙은 인간의 섭리에 의존한다. 이제 나는 비록 모든 사물이 보편적인 자연 법칙에 따라 그들에게 주어진, 고정되고 유한한 방식으로 존재하고 작동하도록 미리 결정되어 있음을 거리낌 없이 시인하지만, 그래도 나는 이미 언급한 그 법칙들이 인간의 섭리를 따른다고 단언하고자 한다.

스피노자가 인간의 법칙이 문화에 뿌리 내리고 있는 이유 가운데 하나가 인간 뇌의 설계가 그 실행을 촉진하기 때문이라는 사실을 알 수 있었다면 기뻐했을 것이다. 인간의 법칙을 실현하기 위한 행동 가운데 가장 단순한 형태의 일부 행동들, 이를테면 상호적 이타주의나 잘못된 행동에 대한 비판과 같은 것은 애초에 타고났으며, 단순히 사회적 경험을 통해 일깨워지기를 기다리고 있는 상태일 것이다. 우리는 인간의 섭리를 조성하고 완전하게 다듬어 나가기 위해 열심히 노력해야 하지만 그러한 법칙을 가능하게 하는 절차에서 다른 이들과 협력하는 것은 어느 정도까지 우리의 뇌에 배선되어 있다. 이것은 좋은 소식이다. 그런데 나쁜 소식도 있다. 수많은 부정적인 사회적 정서가 현대 문화 속에서 이루어지는 그러한 정서의 오용과 더불어 인간의 법칙을 실행하고 개선하는 것을 어렵게 만들고 있다는 점이다.

스피노자의 시스템에서의 생물학적 사실의 중요성은 아무리 강조해도 지나치지 않는다. 현대 생물학의 빛으로 비추어 볼 때, 스피노자의 시스템은 생명의 존재, 그 생명을 보존하고자 하는 자연적 경향의 존재, 생명의 보존이 생명 기능의 평형 상태, 따라서 생명 조절에 의존하며, 생명 조절의 상태는 감정——기쁨과 슬픔——의 형태로 표현되고 욕구에 의해 조절되며, 우리 인간은 자아, 의식, 지식에 기반을 둔 추론을 갖추고 있기 때문에 욕구, 정서, 생명 상태의 불확실성을 자각하고 이해할 수 있다는 사실을 조건으로 한다. 의식적인 인간은 욕구와 정서를 느낌의 형태로 인지하고, 이 느낌은 생명 상태의 연약함에 대한 지식을 한층 더 깊이 파고 들어가서 그것을 염려(concern)로 탈바꿈시킨다. 위에서 이야기한 모든 이유로 인해 그 염려는 자신에게서 타인에게로 흘러넘치게 된다.

스피노자가 윤리, 법, 정치 조직 등을 항상성 도구라고 말했다고 주장하는 것은 아니다. 그러나 그가 윤리나 국가 조직, 법 등을 개인이 기쁨이라는 형태로 표현되는 자연적 균형 상태에 도달하기 위한 수단으로 보았다는 점을 고려할 때 그와 같은 개념은 스피노자의 시스템과 일치한다.

사람들은 종종 스피노자가 자유 의지를 인정하지 않았다고 말한다. 자유 의지라는 개념은 인간이 명확한 동기를 가지고 특정 방식으로 행동할 것을 결정하는 윤리 시스템과 직접 갈등을 일으키는 것으로 보인다. 그러나 스피노자는 우리가 의사를 결정하는 것을 스스로 자각하고 있음을 결코 부정하지 않았다. 모든 면에서 볼 때 우리는 선택을 할 수 있고 의도적으로 우리의 행동을 조절할 수 있다. 그는 우리가 옳다고 생각하는 활동을 위해 그르다고 생각하는 활동을 중단해야 한다고 끊임없이 권고했다. 인간 구원을 위한 그의 전략은 전적으로 우리의 의도적 선택에 의존하고 있다. 단지 스피노자의 독특한 점은, 우리의 생물학적 구성이라는 선결 조건은 겉보기에 의도적인 것으로 보이는 수많은 행동들을 설명할 수 있으며, 궁극적으로 우리의 모든 생각과 행동은 특정 선행 조건, 그리고 어쩌면 우리가 조절할 수 없는 절차의 결과라는 것이다. 그러나 우리는 여전히, 이마누엘 칸트 못지않게 단호한 목소리로 "아니요."라고 말할 수 있다. 그 거부의 자유가 얼마나 환영적인 것이든 간에 말이다.

스피노자의 정리 18에는 추가적인 의미가 있다. 그것은 '덕'이라는 용어의 이중적 의미, 행복이라는 개념에 대한 강조, 『에티카』의 4부와 5부에 나오는 수많은 주석에 달려 있다. 어느 정도까지는 우리의 자기 보존 경향을 따르는 데에서—필요한 만큼만, 그 이상은 아니고—행복을 얻을 수 있다. 사회 계약을 이루기 위한 촉구에 더하여 스피노자는 행복은 부정적 정서의 전횡에서 벗어나 자유로워질 수 있는 능력이라고 말하고 있다. 행복은 덕의 대가가 아니라 덕 그 자체이다.

느낌의 쓸모

그렇다면 우리는 왜 느낌을 가지고 있을까? 느낌이 우리에게 성취해 주는 것은 무엇일까? 느낌이 없었다면 더 낫지 않을까? 이러한 질문들은 영원히 답을 얻을 수 없는 문제라고 생각되어 왔다. 그러나 우리는 이제 이 문제와 씨름할 수 있게 되었다고 믿는다. 첫째, 우리는 이제 느낌이 무엇인지 그 기초적인 개념을 얻게 되었고, 그것이야말로 왜 느낌이 존재하며 우리에게 어떤 쓸모가 있는지 알아내기 위한 출발점이기 때문이다. 둘째, 우리는 조금 전 정서와 느낌의 쌍이 사회적 행동, 더 나아가 윤리적 행동에서 어떤 결정적인 역할을 하는지 살펴보았다. 그러나 회의주의자들은 여전히 확신을 갖지 못한 채 무의식적인 정서만으로도 사회적 행동을 적절히 안내하기에 충분하다거나 정서적 상태의 신경 지도화 수준만으로 충분하며 그 지도가 심적 사건, 즉 느낌으로 이어질 필요가 없다고 주장할지도 모른다. 간단히 말해서 의식적 마음은 고사하고 마음이라는 것 자체가 무슨 필요가 있느냐는 것이다. 이제 나는 이러한 회의주의자들에 대한 나의 대답을 제시하려 한다.

'왜'라는 질문에 대한 대답은 이렇게 시작된다. 우리의 뇌가 우리의 생명이 의존하고 있는 수많은 신체 기능을 조율하기 위해서는 다양한 신체 기관을 매 순간 표상하는 지도들이 필요하다. 그리고 이러한 작용의 성공 여부는 이 거대한 지도화에 달려 있다. 신체의 각 다른 부분에서 어떤 일이 일어나는지 아는 것은 신체의 특정 기능을 늦추거나 멈추거나 작동시키기 위해서, 또한 그럼으로써 생명의 조절 기능을 적절하게 수정하기 위해서 결정적으로 중요하다. 외상 또는 감염에 따른 국소적 손상, 심장이나 신장과 같은 기관의 기능 부전, 호르몬의 불균형 등에서 이러한 상황의 예를 찾아볼 수 있다.

생명의 조절에 결정적 역할을 하는 신경 지도들은 우리가 느낌이라고 부르는 심적 상태의 필수적인 기반인 것으로 드러났다. 이러한 사실은 우리를 그 '왜'라는 질문의 대답 쪽으로 한 걸음 더 가까이 이끈다. 느낌은 어쩌면 생명을 관장하는 뇌의 역할에서 부수적으로 생겨난 것일지도 모른다. 만일 신체 상태에 대한 신경 지도가 없었더라면 느낌은 결코 존재하지 않았을 것이다.

이러한 대답 역시 일부 반론을 야기할지도 모른다. 예를 들어 생명 조절의 기본적 절차는 자동적이고 무의식적이기 때문에 일반적으로 의식적인 것으로 간주되는 느낌은 불필요하다는 것이다. 회의주의자들은 뇌가 의식적인 느낌의 도움 없이도 신경 지도만 가지고 생명 절차를 조율하고 생리적 수정을 실행할 수 있다고 말한다. 그 지도의 내용을 마음이 알 필요가 없다는 것이다. 그러나 이러한 주장은 부분적으로만 옳다. 신체 상태에 대한 지도가 생명체 '주인'이 그런 지도의 존재를 알지 못하는 상태에서도 뇌의 생명 관장 활동을 돕는다는 말은 어느 범위까지는 진실이다. 그러나 이러한 주장은 앞서 제시된 중요한 사실을 간과하고 있다. 신체 상태 지도는 의식적 느낌 없이는 단지 제한된 수준의 도움만을 뇌에 제공할 수 있다는 것이다. 이러한 지도들은 문제의 복잡성이 어느 정도 수준을 넘어서면 혼자서 해결하지 못한다. 문제가 너무나 복잡해지면, 즉 자동적 반응뿐만 아니라 추론 및 축적된 지식의 힘을 함께 빌어야 할 경우, 무의식적 지도는 더 이상 도움이 되지 못하고 느낌이 구원 투수로 나선다.

문제 해결이나 의사 결정 과정에서 현재 신경과학으로 묘사된 신경 지도 수준에서 제공하지 못하는 것을 느낌 수준에서 기여하고 있는 것은 무엇일까? 내 생각에 여기에는 두 층의 대답이 주어져야 할 것이다. 하나는 의식적 마음에서 심적 사건으로서의 느낌이 갖는 위상과 관련되어 있고, 또 다른 하나는 느낌이 대표하는 것이 무엇인지와 관련되어 있다.

느낌이 심적 사건이라는 사실은 다음 추론과 관련되어 있다. 느낌은 우리가 창의력, 판단, 광대한 양의 지식의 동원과 조작을 필요로 하는 의사 결정 등과 관련된 비전형적 문제를 해결하는 것을 돕는다. 오직 '심적 수준'의 생물학적 작용만이 문제 해결 절차에 필요한 대량의 정보를 적시에 통합하는 것을 가능하게 해 준다. 느낌은 필수적으로 심적 수준을 가지고 있기 때문에 용광로처럼 들끓는 마음이라는 절차에 들어가 그 작용에 영향을 미칠 수 있다. 5장의 마지막 부분에서 나는 이 문제, 즉 다른 수준에서는 불가능하고 오직 신경 절차의 심적 수준에서 생명체에 해 줄 수 있는 것이 무엇인지 하는 문제에 대해 다시 한 번 다룰 것이다.

느낌이 마음의 용광로에 무엇을 가져오는지 하는 문제 역시 중요하다. 의식적 느낌은 두드러진 심적 사건으로 애초에 느낌을 생성시켰던 정서와 그 정서를 촉발한 대상에 주의를 환기시킨다. 자전적 자아——개인의 과거와 미래에 대한 감각으로 확장된 의식이라고도 한다.——를 가지고 있는 개인에게서 느낌의 상태는 뇌로 하여금 정서와 관련된 대상과 상황을 부각시켜 다루도록 만든다. 그 대상을 따로 떼어 내 정서를 개시하도록 만든 평가 절차를 다시 점검하고 필요한 경우 분석한다. 뿐만 아니라 의식적 느낌은 상황의 결과에 주의를 환기시킨다. 정서를 촉발한 대상은 지금 어떤 상태인가? 그 대상은 느낌의 주인공에게 어떤 영향을 주었는가? 느낌의 주인은 지금 어떤 생각을 하고 있는가? 자전적 배경 아래에서 이루어지는 느낌은 그 느낌을 경험하는 사람에 대한 관심을 생성시킨다. 그리고 과거와 현재와 예상되는 미래에 적절한 중요성을 부여해 추론과 의사 결정 과정에 영향을 미칠 기회를 증대시킨다.

느낌이 그 주인에게 자각될 경우, 삶을 관장하는 느낌의 절차는 더욱 개선되고 증폭된다. 느낌의 이면에 자리 잡은 장치가 특정 순간에 생명체의 각기 다른 신체 요소의 상태에 대해 명백하고 강조된 정보를 제공함으로써 생존에 필요한 생물학적 수정을 가능하게 해 준다. 느낌은 관련된 신경 지도에 '주의'라는 도장을 쾅 찍어 주는 셈이다.

우리는 다음과 같이 요약할 수 있다. 느낌이 필요한 이유는 그것이 정서 및 정서 아래에 자리 잡고 있는 여러 요소들을 심적 수준에서 표현하는 것이기 때문이다. 그리고 오직 완전한 의식의 빛 아래 놓인 심적 수준의 생물학적 절차만이 현재와 과거와 미래를 충분히 통합할 수 있다. 그리고 오직 이 수준에서만 정서가 느낌을 통해서 자신의 자아에 대한 관심을 창조해 낼 수 있다. 표준화되지 않은 문제를 효과적으로 풀어 나가기 위해서는 오직 심적 절차가 제공할 수 있는 유연성과 고차원적 정보 수집, 그리고 느낌이 제공할 수 있는 심적 수준의 관심이 필요하다.

정서적으로 유효한 사건을 학습하고 기억하는 일은 의식적 느낌이 있을 때와 없을 때에 따라 상당히 다른 방식으로 나타날 것이다. 느낌 중 일부는 학습과 환기 절차를 최적화하는 역할을 한다. 또 다른 느낌 — 예를 들어 극도로 고통스러운 느낌 — 은 학습을 교란시키고 환기를 억제함으로써 보호 작용을 수행한다. 일반적으로 느낌이 관여한 상황에 대한 기억은 의식적으로든 아니든 부정적 느낌과 관련된 사건을 회피하도록 하고, 긍정적 느낌과 관련된 사건을 추구하도록 한다.[25]

우리는 느낌을 뒷받침하는 신경 장치가 진화 과정에서 굳건하게 우세해 왔다는 사실에 대해 놀랄 필요가 없다. 느낌은 여분의 것이 아니다. 우리의 내면 깊은 곳에서 일어나는 수군거림은 상당히 유용한 것으로 밝혀졌다. 느낌을 선과 악에 대한 중요한 심판자로서 신뢰하는 문제는 그렇게 간단한 일이 아니다. 그것은 느낌이 실제로 중재자 역할을 할 수 있는 상황을 발견하는 문제이고, 이성을 통해 그 상황과 느낌을 결합시켜 인간 행동의 안내자로 삼는 문제이다.

5장 · 몸과 뇌, 마음

몸과 마음

마음과 몸은 서로 다른 것인가, 아니면 같은 것, 즉 하나인가? 만일 마음과 몸이 동일한 것이 아니라면 이들은 두 가지의 서로 다른 실체로부터 만들어진 것일까, 아니면 하나의 실체에서 비롯된 것일까? 만일 두 가지 실체가 존재한다면, 마음의 실체가 먼저 생겨나서 그것에서부터 몸과 몸의 일부인 뇌가 생겨나게 된 것일까, 아니면 몸의 실체가 먼저 생기고 몸의 일부인 뇌에서 마음이 비롯된 것일까? 또한 이 실체들은 어떻게 서로 상호 작용하는 것일까? 이제 우리는 신경 회로가 작동하는 방식을 상세하게 알게 되었다. 그렇다면 그러한 회로의 활동이 어떻게 자기 관찰을 가능하게 하는 심적 절차와 관련되는 것일까? 이른바 심신 문제에는 이외에도 몇 가지 주요한 문제들이 자리 잡고 있다. 그리고 이러한 심신 문제를 풀어 나가는 것은 우리 인간 존재를 이해하기 위한 관건이라고 할 수 있다. 많은 과학자와 철학자의 눈에 이 문제는 그릇된 것이거나 이미 해결된 것으로 보인다. 그러나 위에 제시된 문제들에 관하여 일반적으로 합의가 이루어지고 있는 부분은 마음은 객체가 아니라 절차라는 사실뿐이다. 완전히 이성적이고, 지적이고, 교육받은 사람들이 이 문제들에 대하여 열성적으로 서로 반대 의견을 내놓고 있는 상황에서 우리가 내릴 수 있는 최소한의 결론은 그 해답이 만족스럽지 못하다는 것, 아니면 만족스럽지 못한 방식으로 제시되었다는 것이다.

최근까지도 심신 문제는 철학적 담론에 머물러 있었으며 실험과학의 영역 바깥에 있었다. 뇌와 마음의 과학이 이 문제를 다룰 만한 때가 왔다고 생각되었던 20세기에도 너무나 많은 장애——방법이나 접근 면에서——가 도사리고 있어서 이 문제는 계속해서 뒤로 미루어지게 되었다. 비로소 지난 10년 동안 이 문제는 마침내 과학적 논의의 대상으로 떠오르게 되었는데, 대부분은 의식에 대한 연구의 일부로서 등장했다. 그런데 의식과 마음은 동의어가 아니라는 점을 염두에 두어야 한다. 엄격한 의미에서 의식은 우리가 자신(self)이라고 부르는 것이 마음에 스며드는 절차이며, 의식은 자신의 존재와 자신을 둘러싼 객체의 존재를 인식한다. 다른 문헌에서 나는 마음의 절차는 계속되지만 의식은 손상되는 어떤 신경학적 증상에 대해서 설명한 일이 있다. 한편 의식과 의식이 있는 마음은 동의어로 사용될 수 있다.[1]

신경학 및 인지 연구는 심신 문제라는 수수께끼의 일부분을 밝혀냈다. 그러나 그 결과로 얻어 낸 해석에 대해서는 너무나 의견이 분분하기 때문에 현재 존재하는 증거를 숙고해 보거나 새로운 증거를 수집할 의욕이 꺾일 지경이다. 이것은 안타까운 일이다. 왜냐하면 수많은 장애물에도 불구하고 진보가 이루어지고 있으며, 우리가 이론적으로 자유로운 눈을 가지고 있다면 눈으로 볼 수 있는 것 이상의 지식이 존재하고 있으니 말이다.[2]

이 책의 이 부분에서 심신 문제에 대해서 숙고해 보는 것은 두 가지 이유에서 적절하다. 첫째, 지금까지 정서와 느낌에 대해서 내가 제안해 온 사실은 특히 심신 문제에 대한 논의와 관계가 깊다. 둘째, 이 문제는 스피노자 사상의 핵심이기도 하다. 사실 스피노자는 이미 해답의 일부를 생각해 냈을 수도 있다. 그리고 그 해답은 옳든 그르든 이 문제에 대한 나의 확신에 힘을 실어 주는 것일 수도 있다. 아마도 바로 그 이유로 나는 이 문제에 대한 내 현재의 견해를 확립하게 된 시간과 장소를 기억하는 것일지도 모른다. 그 장소는 헤이그였고, 시간은 내가 하위헌스 강연에 초청받아 그곳을 방문했을 때였다.

1999년 12월 2일 헤이그

해마다 열리는 하위헌스 강연은 크리스티안 하위헌스의 이름을 딴 것이다. 하위헌스는 사실 뇌나 마음, 철학과 거의 관련이 없다. 그는 오로지 천문학, 물리학과 깊은 관련이 있을 뿐이다. 그는 우주에 관심을 가졌다. 그는 토성의 고리를 발견했고, 작은 구멍을 통해 태양을 바라보고 그 밝기를 행성의 밝기와 비교하여 지구와 다른 행성 간의 거리를 어림했다. 그는 시간에 관심을 가졌고, 그리하여 추시계를 발명했다. 그는 빛에 관심을 가졌다. 하위헌스 원리는 그의 빛의 파장 이론을 가리킨다. 네덜란드 역사상 가장 유명한 과학자인

그에게 모든 과학 분야를 망라하는 이 연례 강연의 수호 성인 역할이 돌아갔던 것이다. 그런데 그의 아버지였던 콘스탄테인 하위헌스 역시 아들 못지않게 유명했으며, 실제로 아들에게 뒤지지 않는 비범한 인물이었다. 그의 지식은 라틴 어, 음악, 수학, 문학, 역사, 법학 등을 망라했다. 그는 균형 잡힌 예술 감식가였다. 또한 시인이었으며 정치가이기도 했다. 그는 네덜란드 총독의 비서관으로 일했으며, 그의 아버지는 총독을 지내기도 했다. 궁전을 적당한 미술품으로 채우는 일도 그가 맡은 중책이었는데, 그 덕택에 그는 미술의 후원자가 될 수 있었다. 그의 위대한 발견은 다름 아닌 렘브란트였다.

나의 강연 주제는 '의식을 가진 마음의 신경학적 기초' 였다. 그리고 나의 생각이 표류해 온 경로를 고려해 본다면 하위헌스와의 관련은 상당히 적절한 것이라고 할 수 있다. 하위헌스와 스피노자는 동시대인이었다. 그들은 고작 세 살 차이였으며 심지어 한동안 한 동네에 살기도 했다. 물론 하위헌스는 셋방이 아니라 장엄한 저택에서 살았지만 말이다. 하위헌스 가문은 헤이그에 궁전을 가지고 있었고, 헤이 그와 포르뷔르흐 사이에 광대한 영지를 소유하고 있었다. 그러나 어찌되었든 그들은 같은 공기를 숨쉬었고 몇 번에 걸쳐서 서로 만나기도 했다. 하위헌스는 스피노자가 만든 렌즈를 사용했고 이따금씩 스피노자에게 철학적 문제에 대한 질문을 담은 편지를 보내기도 했다. 스피노자 역시 하위헌스의 저서를 몇 권 가지고 있었다. 스피노자가 하위헌스에게 보낸 편지 가운데 적어도 세 통이 지금까지 남아 있다. 모두 1666년에 쓴 것이었고 신의 유일성에 대한 하위헌스의 질문에 답을 하는 것이었다. 이 편지들은 '존경하는 선생님'이라는 서두로 시작된다. 그리고 편지의 무미건조한 어조 이면으로 두 사람 간의 거리가 그리 멀지 않았음이 느껴진다. 스피노자는 격식을 차리지 않고 곧바로 본론으로 들어갔다. 추방된 네덜란드 유대인의 세계와 네덜란드 귀족의 세계는 지적 호기심이라는 다리를 통해 서로 연결되었던 것으로 보이지만, 그들의 성격이 너무나 달라 우정이 싹트는 것은 불가능했던 것으로 보인다. 그러나 그들은 상대방이 어떤 위치에 서 있는지 잘 알고 있었다. 하위헌스는 한때 자신의 스승이었던 데카르트 —데카르트는 어린 크리스티안을 대수학의 신비로운 세계로 안내했다.— 를 스피노자가 탐탁지 않게 생각한다는 사실을 잘 알고 있었다. 그것은 문제가 되지 않았다. 하위헌스 자신이 스피노자 못지않게 데카르트의 사상과 멀어지게 되었던 것이다. 그 이유는 스피노자와 달랐지만. 하위헌스는 스피노자를 '포르뷔르흐의 유대인' 또는 '우리의 이스라엘 인 이웃'이라고 불렀다. 그는 스피노자가 만든 렌즈가 다른 어떤 렌즈보다 뛰어나다고 생각했고, 스피노자의 지성에 존경심을 품었으며, 잠재적 경쟁자로 보기까지 했다. 하위헌스는 상당 기간 동안 파리에서 거주하면서 조국 네덜란드가 개입했던 전쟁의 대부분을 피할 수 있었다. 이곳에서 그는 네덜란드에 있는 자신의 형제들에게 새로운 사상들을 스피노자와 나누지 말라고 조언했다. 그들은 서로에게 냉담했다.

하위헌스 강연이 이루어진 장소는 뉴처치였다. 17세기의 유명한 건축물 가운데 하나인 이 교회는 스피노자의 무덤에서 불과 몇 미터, 스피노자가 살았던 집에서는 몇 블록 떨어져 있을 뿐이었다.[3] 강연을 하는 동안 나는 내 뒤편 왼쪽 어딘가에 묻혀 있고 내 뒤편 오른쪽 어딘가에서 살았던 스피노자에게 자꾸만 정신이 팔렸다. 나는 계획된 강연을 충실하게 진행해 나갔다. 그러나 내가 곧 제시하고자 하는 결론을 스피노자는 이미 오래전에 예상했으리라는 생각이 머리 한구석에서 떠나지 않았다.

눈에 보이지 않는 몸

왜 마음이 금지된 비밀, 접근할 수 없는 수수께끼인 것처럼 보이는지는 쉽게 이해할 수 있다. 마음은 우리가 알고 있는 다른 것들, 즉 우리가 눈으로 보고 손으로 만질 수 있는 우리 주위의 물체나 우리 몸의 다른 부분들과 완전히 다른 실체인 것처럼 보이기 때문이다. 그와 같은 우리의 첫 번째 인상을 그대로 나타낸 것이 바로 실체 이원론(substance dualism)이라고 알려진 심신 문제에 대한 관점이다. 즉 몸과 몸에 속한 부분들은 물리적 물질이지만 마음은 그렇지 않다는 것이다. 우리 마음의 일부로 하여금 오늘날의 과학적 지식의 영향을 받지 않은 채 자연스럽고도 순수하게 마음의 나머지 부분들을 관찰하도록 해 보자. 그러면 한편에는 우리 몸의 세포와 조직과 기관을 구성하는 물리적 물질을 볼 수 있을 것이다. 그리고 다른 한편에는 우리의 손에 잡히지 않는 다른 부분, 즉 빠르게 형성되는 느낌, 시각, 청각 등이 있다. 이들은 우리 마음속의 생각을 구성하고 있으며, 이를 입증하거나 부정하는 뚜렷한 증거는 없지만 또 다른 종류, 즉 비물질적 실체인 것으로 보인다.

충분한 지식 없이 이루어진, 이와 같은 숙고를 통해 얻어 낸 심신 문제에 대한 견해는 마음을 한쪽으로, 그리고 몸과 뇌를 다른 쪽으로 갈라놓는다. 과학이나 철학 분야에서 이와 같은 실체 이원론은 더 이상 주류라고 할 수 없다. 그러나 오늘날 대부분의 사람들은 아직 이와 같은 관점을 고수하고 있을 것이다.

실체 이원론적 관점의 개요는 데카르트의 주장과 일치한다. 이것은 데카르트의 위대한 과학적 업적과 참으로 양립하기 어려운 사실이다. 신체 작용의 복잡한 메커니즘에 대한 데카르트의 견해는 동시대인보다 앞섰다. 그는 당시까지만 해도 별개의 것으로 여겨졌던 두 세계, 즉 물리적이고 비유기적인 세계와 살아 있는 유기적 세계를 서로 엮어 냄으로써 스콜라 철학의 전통과 결별했다. 그는 또한 마음의 정교한 작용을 생각해 내고 마음과 몸이 서로 영향을 미친다고 주장하기도 했다. 그러나 그는 결코 마음과 몸이 서로 영향을 주고받을 수단에 관해 그럴듯한 견해를 내놓지 못했다. 데카르트는 기묘하게 방향을 선회해서 마음과 몸이 상호 작용할 것이라고 주장하기는 했지만, 그 상호 작용이 일어나는 지점이 뇌의 송과선(pineal gland, 또는 솔방울샘)일 것이라는 사실 외에는 상호 작용이 구체적으로 어떻게 일어나는지 설명하지 못했다. 송과선은 뇌의 기저부 중심선에 있는 작은 조직이다. 그런데 송과선은 연결 상태가 그다지 잘 발달되지 못했으며, 데카르트가 상상했던 중대한 작업을 수행하기에 적합하지 못한 조직인 것으로 드러났다. 데카르트는 그가 각기 별개의 것으로 간주했던 정신적 작용과 신체의 생리적 작용에 대하여 정교한 관점을 제시했으나, 마음과 몸의 연결에 대해서는 적절하게 명시하지 않았고 제대로 설명하지 못했다고 할 수 있다. 모든 스승이 꿈꿀 법한 명석하고도 친절한 학생이었던 보헤미아의 엘리자베트 공주는 오늘날 우리의 눈에 보이는 사실을 이미 그 당시에 확실히 보고 있었다. 마음과 몸이 데카르트가 요구하는 작업을 수행하기 위해서는 마음과 몸은 서로 **접촉**해야 한다는 것이다. 그러나 마음으로부터 어떤 물리적 성질도 모두 지워 버림으로써 데카르트는 그와 같은 접촉을 불가능하게 만들었다.[4]

데카르트가 보기에 인간의 마음은 공간을 차지하지도 않고 물질적 실체도 없는 것이었다. 그렇기 때문에 몸이 사라진 후에도 영원히 존속할 수 있다. 즉 마음은 실체이기는 하지만 물질은 아니라는 것이었다. 데카르트가 이러한 생각을 진짜로 믿었는지는 확실하지 않다. 어쩌면 한때 정말로 믿었으나 어느 시점에 더 이상 믿지 않게 되었을 수도 있다. 그에 대해 비판하려는 것은 아니다. 단지 나는 유사 이래로 배운 사람이나 못 배운 사람이나, 현자나 바보나 모두 똑같이 불확실하고 모순적인 태도를 취할 수밖에 없었던 문제에 대해서 데카르트 역시 불확실하고 모순적인 태도를 보였다고 말하고자 할 따름이다. 매우 인간적이고 이해할 만한 일이다. 믿거나 말거나 할 이야기이지만 그의 견해가 인간 마음의 불멸성을 재확인해 주었다는 사실 때문에 그는 파문을 피해 갈 수 있었다. 몇 년 후 그 파문은 스피노자의 머리 위에 떨어지게 된다. 스피노자와 달리 데카르트는 오늘날까지도 계속해서 철학자에게나 과학자에게나 일반 대중에게나 널리 인지되고 있다. 물론 언제나 좋은 평가를 받는 것은 아니다.

데카르트의 견해는 비록 과학적으로는 결함투성이이지만, 우리가 당연히 우리의 마음에 대해 갖게 되는 경외와 놀라움 속에서 우렁차게 울려 퍼진다. 인간의 마음이 특별하다는 사실에는 의심할 여지가 없다. 우리 마음이 가진 쾌락과 고통을 느끼는 능력, 다른 이의 고통과 쾌락을 인지하는 능력, 사랑하고 용서하는 능력, 비범한 기억력, 상징화와 서술 능력, 체계적인 언어 능력, 우리를 둘러싼 우주를 이해하고 새로운 우주를 창조하는 힘, 개별 정보를 놀라운 속도로 처리하고 통합해서 문제를 해결하는 능력을 보라! 그러나 인간의 마음에 대한 경외와 놀라움 때문에 데카르트의 견해를 옳은 것으로 볼 수는 없다. 그 경외와 놀라움은 몸과 마음의 관계에 대한 다른 견해와도 얼마든지 양립할 수 있다.

내성(內省)적 관찰 위에 현대 신경생물학이 밝혀낸 과학적 정보들이 많이 더해짐에 따라서 심신 문제에 대한 실체 이원론적 견해는 호소력을 잃게 되었다. 정신적 현상들은 뇌의 신경 회로의 수많은 작용에 밀접하게 의존하고 있다는 사실이 밝혀졌다. 예를 들어서 시각의 경우에는 망막에서 대뇌 반구에 이르는 경로를 따라 위치하는 몇 가지 특정 신경 영역이 관여한다. 이 신경 영역 가운데 한 곳이 손상된다면 부분적인 시각 기능 교란이 일어날 것이다. 만일 시각에 관여하는 모든 신경 영역이 제거된다면 시각은 완전히 손상될 것이다. 청각, 후각, 운동, 언어, 그 밖의 모든 고차원적 정신 기능도 마찬가지이다. 심지어 특정 신경 시스템이 약간만 손상된다고 해도 정신 현상에 커다란 변화가 일어날 수 있다. 예를 들어서 뇌졸중 때문에 뇌의 특정 신경 영역에 병변이 생긴다면 느낌과 사고의 내용이 크게 변할 수 있다. 한편 영구적인 손상은 아니라고 하더라도 약물의 투여 등으로 그와 같은 신경세포의 기능에 일시적인 화학적·약학적 변화가 생기게 되면 같은 일이 일어날 수 있다. 따라서 마음과 뇌에 대해 연구하는 대부분의 과학자들은 마음이 뇌의 작용과 밀접하게 연관되어 있다는 사실에 의문을 제기하지 않는다. 우리는 이미 수천 년 전 같은 견해를 내보였던 히포크라테스의 선견지명에 경의를 표하지 않을 수 없다.

뇌에서 마음으로 이어지는 인과적 관계와 마음이 뇌에 의존하고 있는 양상을 밝혀내게 된 것은 물론 좋은 소식이다. 그러나 우리는 아직 심신 문제를 만족스럽게 해결하지 못했다는 사실을 인정해야 할 것이다. 심신 문제의 답을 찾아가는 길에는 몇 가지 크고 작은 장애물들이 놓여 있다. 그런데 이러한 장애물 가운데 적어도 하나는 관점을 변화시킴으로써 뛰어넘을 수 있다. 이 장애물은 다음과 같은 기묘한 상황과 관련되어 있다. 현대의 과학에 힘입어 뇌와 마음이 결합되게 된 것은 무엇보다 환영할 만한 일이지만, 마음과 몸을 가르고 있는 실체 이원론에 입각한 경계선이 완전히 치워진 것은 아니다. 단지 그 경계선의 위치를 조금 바꾸어 놓았을 뿐이다. 오늘날 가장 인기 있고 널리 알려진 관점은 마음과 뇌를 한 편으로 보고 몸(뇌를 제외한 모든 기관)을 다른 편으로 보고 있다. 이제 경계선은 뇌와 '뇌를 제외한 몸(body-proper)'을 가르게 된 것이다. 그런데 뇌를 몸의 나머지 부분과 갈라놓으니 마음과 뇌가 어떻게 서로 연결되었는지를 설명하기가 더욱 어려워지고 말았다. 유감스러운 일이지만 실체 이원론은 아직도 우리 앞에 어두운 장막을 드리우고 있다. 그 결과 우리는 눈앞에 분명하게 존재하는 진실, 넓은 의미에서의 우리 몸과 그 몸이 마음과 맺고 있는 관계를 보지 못하게 되었다.

이처럼 눈에 보이지 않는 몸은 체스터턴(Gilbert K. Chesterton, 20세기 초반에 활약한 영국의 문필가로, 브라운 신부를 주인공으로 한 추리 소설로 유명하다.—옮긴이)의 소설에 나오는 보이지 않는 남자를 연상시킨다.[5] 여러분 가운데 그 이야기를 아는 사람도 있을 것이다. 어느 집에서 네 명이 보초를 서서 들어오고 나가는 사람을 모두 감시하는 가운데 미리 예고되었던 살인이 일어났다. 예고된 살인이 진짜로 일어났다는 것이 문제가 아니었다. 희생자가 홀로 집 안에 있는 상태에서 네 명의 경비원이 완전한 경계 태세로 보초를 서고 있는 가운데 살인이 벌어졌다는 것이 수수께끼였다. 집으로 들어가거나 집에서 나온 사람은 아무도 없었는데 말이다. 그러나 그것은 사실이 아니었다. 우체부가 집 안으로 들어가서, 계획된 일을 하고, 멀쩡한 얼굴로 돌아 나왔던 것이다. 심지어 눈 위에 발자국마저 남겨 놓았다. 물론 모두 이 우체부를 보았다. 그러나 아무도 그를 보지 못했다고 주장했다. 왜냐하면 우체부는 살인범일 가능성이 있는 사람에 대한 모든 이론에 들어맞지 않았기 때문이다. 경비원들은 그를 보고도 보지 못한 셈이었다.

나는 심신 문제라는 거대한 수수께끼에서도 이와 비슷한 일이 일어나는 것은 아닐까 두려워한다. 심신 문제의 답에 도달하기 위해서는, 하다못해 부분적인 해답이나마 얻기 위해서는 관점의 전환이 필요하다. 그 답에 다가가기 위해서 마음이 협의의 몸 안에 존재하는 뇌에서 발생하는 것이며 마음과 몸은 서로 상호 작용한다는 사실을 이해할 필요가 있다. 이와 더불어 뇌의 매개로 마음은 뇌를 제외한 몸 위에 자리 잡고 있으며, 진화 과정에서 마음이 발달할 수 있었던 것은 마음이 그 몸의 유지에 도움을 주었기 때문이라는 사실, 그리고 마음은 몸의 다른 부분을 구성하는 살아 있는 조직과 같은 특성을 공유하는 생물학적 조직—신경세포—으로부터 발생한다는 사실을 받아들여야 한다. 관점의 변화 그 자체가 문제의 해답을 가져다주지는 않는다. 그러나 관점의 변화 없이는 결코 해답에 접근할 수 없을 것이라고 나는 생각한다.

사라진 몸, 사라진 마음

살다 보면 우리는 자신의 생각을 바꾸어 놓는 사건을 마주하고 충격을 받기도 한다. 하지만 그 반대의 경우도 있다. 현재의 생각이 과거에 마주했던 사건의 의미를 바꾸어 놓아 그로부터 충격을 받는 경우가 그것이다. 운이 좋은 경우라면 그 사건에 대한 재평가는 사실상 현재의 생각을 더욱 강화시킬 수도 있다. 후자의 경우가 나에게 일어났다. 내가 젊은 신경과 의사이던 시절에 만난 한 환자의 예가 그것이다. 그 환자는 자기 몸의 부분을 정확하게 가리키면서 자신이 느끼는 기묘한 감각에 대해 설명했다. 그 감각은 뱃속 깊숙한 곳에서부터 시작되어서 가슴으로 올라왔는데, 그가 가리키는 지점 아래쪽으로는 전혀 자신의 몸을 느낄 수 없다는 것이었다. 마치 국소 마취라도 한 듯이 말이다. 이 마취된 듯한 감각은 계속해서 위로 올라가서 목에 이르게 되면 그는 기절해 버렸다.

환자는 자신의 몸에 대한 왜곡된 감각이 점점 위로 올라가다가 그 기묘한 느낌마저 완전히 사라져 버리는 순간 의식을 잃게 된다고 말했다. 이 놀라운 사건이 지난 후 자신도 모르게 간질 발작의 일부인 경련이 일어나면서 의식이 되돌아온다. 몇 분이 지나면 발작이 끝나고 환자는 정상적인 상태로 되돌아온다.

간질 환자가 발작 전에 이와 같이 기묘한 감각의 변화를 경험하는 것은 그리 드문 일이 아니다. 이러한 현상을 의학 용어로 전조(前兆, aura)라고 한다. 그리고 이 환자처럼 가슴 아래쪽에서부터 시작되는 증상을 '상복부 전조'라고 한다. 이것은 전조 증상 가운데 가장 흔하게 나타나는 증상이다. 많은 환자들이 이 기묘한 감각이 배에서 목까지 올라오며 그 다음 의식을 잃게 된다고 보고하고 있다.[6]

왜 이 현상이 나에게 그토록 중요하게 다가오는 것일까? 그 이유는 이 사례를 마주한 지 오랜 시간이 지난 후에 다음과 같은 가능성이 떠올랐기 때문이다. 뇌에서 몸을 지도화하는 절차가 중단되면 마음도 정지되는 것이 아닐까? 어떤 면에서 볼 때 몸의 심적 실재(實在)를 제거하는 것은 마치 마음의 밑바닥에 깔린 러그를 잡아 빼는 것과 같다. 우리의 느낌과 존재의 연속성을 떠받치고 있는 신체의 표상이 급격하게 중단되면 그 자체로서 사물과 상황에 대한 우리의 사고 역시 급격히 중단될 수 있다.[7]

몇 해가 지난 후 신체 인식 장애(asomatognosia)를 앓고 있는 환자를 만나게 되면서 위에 설명한 나의 가설은 더욱 힘을 얻게 되었다. 이 환자의 경우 짧은 시간 동안 전부는 아니지만 거의 모든 신체 감각이 점차로 사라지고 그 상태가 몇 분 동안 유지되었다. 이때 마음과 자아는 중지되지 않았다. 환자는 몸통과 팔다리 모두 몸의 골격과 근육 조직에 대한 감각은 모두 사라졌지만 내부 기관, 꼭 집어 말하자면 심장 박동은 느낄 수 있다고 말했다. 환자는 이 기묘한 증상이 발현되는 동안 완전히 정신이 든 각성 상태를 유지했다. 비록 제맘대로 몸을 움직일 수 없고 이 이상한 상태 이외에 다른 것을 생각할 수는 없었지만 말이다. 분명 정상적인 마음 상태라고는 할 수 없다. 그러나 이러한 상황을 관찰하고 보고할 수는 있는 상태였다. 환자는 생생하게 "존재감은 전혀 사라지지 않았어요. 사라진 건 바로 몸입니다."라고 묘사했다. 정확히 말하자면 사라진 것은 몸의 일부라고 했어야 하지만 말이다. 이 환자와 같은 상태는 몸의 일부에 대한 표상이라도 남아 있는 한——다시 말해 마음의 밑바닥에 깔려 있는 러그를 완전히 잡아 빼지 않는 한——마음이 발붙일 수 있다는 가능성을 제기했다. 그리고 신체의 표상 가운데 일부, 즉 내부 장기의 상태나 내부 환경에 대한 표상은 몸의 다른 부분에 대한 표상보다 더욱 중요할지 모른다는 가능성도 도출된다. 우연히도 이 환자는 예전에 뇌졸중을 앓은 후 대뇌 우반구의 체성 감각 영역에 손상이 일어나 뇌 조직에 작은 상처가 생긴 후로 이러한 증상이 생기게 되었다. 이 조직이 국소적 간질 발작, 신체를 지도화하는 회로의 기능을 일시적으로 교란한 전기파의 근원지였다. 우리는 간질 발작이 일어나는 동안 SII와 SI의 지도, 그리고 오른쪽 각회(angular gyrus, 모이랑)에 일시적 기능 장애가 일어나지만 뇌섬엽은 그대로인 것으로 추측한다.

수년 동안 나는 질병 때문에 신체 일부에 대한 지각에 변화가 일어나는 상황에 흥미를 느껴 왔다. 팔다리 중 어느 한 군데만 관련된 경우라고 하더라도 무척 신기하다. 예를 들어서 팔이나 다리의 한쪽 신경이 절단된 사람은 그 팔에 대해 왜곡된 감각을 가질 수 있다. 팔이 제자리에 있지 않다거나 아예 없다고 느끼는 것이다. 반면에 사지 중 일부가 절단된 사람이라면 절단된 부분이 계속 존재한다는 느낌(phantom)을 가질 수 있다. 이것은 좋은 현상이라고 보기는 어렵지만 장기적으로 볼 때 견딜 만한 일이다.⁸ 그러나 광범위한 신체 부분에 대한 감각이 왜곡되면 설사 일시적인 현상이라고 하더라도 환자는 정신적 혼란이라는 대가를 치를 수밖에 없다. 이러한 현상의 근간에는 항상 3장에서 논의한 체성 감각 영역이나 신체와 관련된 신경 경로가 관여한다. 신체와 신호를 주고받는 경로에 문제가 생기는 사례는 가장 드문 편인데, 그 이유는 우리의 몸에서 뇌로 들어오는 신호의 경로는 매우 많기 때문에 어떤 신경 질환이 그 경로의 대부분을 훼손해 버린다는 것은 그다지 있음직한 일이 아니기 때문이다.⁹

심신 문제에 대한 나의 현재의 관점이 위와 같은 사실에 기반을 두고 있다고 말할 수는 없다. 그러나 2장과 3장에서 논의된 정서와 느낌에 대한 발견과 더불어 이러한 사실은 나의 생각이 인간 조건에 대한 한 이론과 조화를 이루도록 한다. 그 이론은 다음과 같다.

- 몸과 뇌는 서로 합쳐져 생명체를 이루며, 화학적·신경적 경로를 통해 완전하게 상호 작용을 한다.
- 뇌의 활동은 일차적으로 생물의 신체 내부의 기능을 조율하고 생명체와 외부 환경의 물리적·사회적 측면 간의 상호 작용을 조절함으로써 생물의 생명 작용을 조절하는 것을 돕는 것이다.
- 뇌 활동의 일차적 목표는 안녕 상태로 생존하는 것이다. 이러한 일차적 목적을 위한 장치를 갖춘 뇌는 그 밖의 이차적 목적들, 예를 들어 시를 짓거나 우주선을 설계하는 활동 등을 수행할 수 있다.
- 인간과 같은 고등 동물의 경우, 뇌의 조절 작용은 우리가 마음이라고 부르는 절차 속에 나타나는 심적 이미지(생각 또는 개념)의 생성과 조작에 의존한다.
- 생명체의 외부나 내부의 사물과 사건을 지각하는 데에는 이미지가 필요하다. 외부와 관련된 이미지의 예는 시각, 청각, 촉각, 후각, 미각적 이미지이다. 통증이나 메스꺼움은 내부 이미지의 예이다. 자동적 반응이나 의식적 반응 모두 이미지를 필요로 한다. 미래의 반응을 예측하고 계획하는 데에도 역시 이미지가 필요하다.
- 뇌를 제외한 몸의 다른 부분의 활동과 우리가 이미지라고 부르는 심적 패턴의 중대한 접점은 뇌의 특정 영역으로 이루어져 있다. 이 영역에서 신경세포의 회로는 각기 다른 신체 활동에 대한 연속적이고 동적인 신경 패턴을 구성한다. 다시 말해 그러한 활동을 지도화하는 것이다.
- 신체 활동의 지도화가 반드시 수동적인 작용이라고 볼 수는 없다. 지도가 구성된 뇌의 구조 자체도 역시 지도화되며, 뇌의 다른 조직의 영

향을 받는다.

마음은 뇌에서 비롯되고 뇌는 생명체에 포함되어 있기 때문에 마음은 이 정교하게 구성된 장치의 일부라고 할 수 있다. 다시 말해서, 몸과 뇌와 마음은 하나의 생명체가 각기 다른 형태로 구현된 것이다. 비록 과학적 목적에서 현미경 아래에서 이 각각을 해부할 수는 있지만, 정상적인 환경에서 몸과 뇌와 마음은 따로 분리할 수 없는 하나이다.

신체 이미지의 구성

나의 관점에서 볼 때 뇌는 두 종류의 신체 이미지를 생성해 낸다. 첫 번째 이미지를 나는 **신체 자체의 이미지**(images from the flesh)라고 부르고자 한다. 이 이미지는 신체 내부의 이미지로서 생명체 내부의 무수히 많은 화학적 조건과 더불어 심장, 내장, 근육과 같은 내부 장기의 구조를 지도화하는 기초적인 신경 패턴에서 비롯된다.

두 번째의 신체 이미지는 눈의 망막이나 귀 안쪽의 달팽이관과 같은 신체의 특정 부위와 관련된 이미지이다. 나는 이러한 이미지를 **특별 감각 기관에 의한 이미지**(images from special sensory probe)라고 부르고자 한다. 이 이미지는 외부 세계의 어떤 물체가 이러한 신체의 특정 부분에 물리적으로 영향을 주어 야기된 그 부위의 활동 상태에 기초한다. 물리적 영향은 여러 가지 형태로 나타난다. 망막이나 달팽이관의 경우, 외부의 물체가 각각 빛과 소리의 파동을 교란시키고 그 교란된 파동이 감각 기관에 포착되는 식이다. 촉각의 경우, 물체가 실제로 신체 경계면에 물리적으로 접촉하여 그 경계면, 즉 피부에 분포한 신경 말단의 활동을 변화시키는 것이다. 모양이나 질감 등은 이러한 절차에서 파생된 이미지이다.

뇌에서 지도화되는 신체의 변화는 광범위하다. 화학적·전기적 현상의 수준에서 일어나는 미시적 변화(예를 들어 빛이 전달하는 광자(photon)의 패턴에 반응하는 망막의 특수한 세포들)에서부터 맨눈으로도 쉽게 볼 수 있는 거시적 변화(예를 들어 팔다리의 움직임) 또는 손끝으로 느낄 수 있는 변화(피부에 가해지는 충격) 등이 모두 여기에 포함된다.

신체 자체의 이미지이든 특별 감각 기관에 의한 이미지이든, 신체 이미지의 생성 원리는 모두 같다. 먼저 신체 조직에서 일어난 활동이 순간적이고 조직적인 신체 변화를 가져온다. 그러면 혈액이 전달하는 화학적 신호 및 신경 경로를 따라 전달되는 전기화학적 신호가 뇌의 수많은 관련 영역에서 이러한 신체 변화를 지도화한다. 그리고 마지막으로 이 신경 지도가 심적 이미지가 되는 것이다.

첫 번째 종류의 신체 이미지, 즉 신체 자체의 이미지의 경우에 우리 신체 내부 구석구석에서 일어난 변화가 화학 분자와 신경 활동을 통해 중추 신경계의 체성 감각 영역으로 전달된다. 두 번째 종류의 신체 이미지, 즉 특별 감각 기관에 의한 이미지의 경우에는 예를 들어 망막과 같이 고도로 특이화된 신체의 일부에서 변화가 일어나고, 그 신호는 이 특이화된 감각 수용 기관의 상태를 지도화하는 일을 전담하는 뇌의 영역으로 전달된다. 이 영역들을 구성하는 신경세포들이 활성화되거나 불활성화되면서 일정 패턴을 생성한다. 그 패턴은 특정 순간에 신경세포를 활성화하는 사건에 대한 지도 또는 표상으로 볼 수 있다. 망막을 예로 들자면, 시각과 관련된 조직에는 시상의 일부인 슬상핵(geniculate nucleus, 무릎핵), 뇌간의 상구(superior colliculus, 위둔덕), 대뇌 반구의 시각 피질 등이 포함된다. 이처럼 특이화된 신체의 일부에는 내이(inner ear, 속귀)의 달팽이관(청각), 역시 내이에 위치하고 있으며 전정 신경(vestibular nerve, 안뜰 신경)이 시작되는 장소인 반원형 관 모양의 전정 기관(전정 기관은 공간 속에서 신체의 자세를 지도화하는 데 관여하며, 그 결과 균형 감각은 전정 기관에 의존한다.), 코 점막의 후각 신경 말단(후각), 혀 위쪽의 미뢰(미각), 그리고 피부의 맨 위층에 촉각을 일으키는 상호 작용에 대한 신호를 전달하는 신경 말단이 분포하고 있다.

나는 마음의 바닥을 흐르고 있는 기초적인 이미지는 신체적 사건에 대한 이미지일 것이라고 믿는다. 그것이 신체 깊은 곳에서 일어나는 사건이든, 아니면 말단 근처에 위치하는 특이화된 감각 기관에서 일어나는 사건이든 말이다. 그리고 이러한 기초적 이미지를 이루는 것은 특정 시점에서 우리 신체의 조직과 상태를 포괄적으로 표상하는 뇌 지도들의 집합체이다. 지도 가운데 일부는 생명체의 내부 세계를 그리는 지도이다. 또 다른 지도들은 바깥세상, 생명체의 껍데기의 특정 부위와 상호 작용하는 물체들로 이루어진 물리적 세상에 대한 지도이다. 그러나 어느 쪽이든 간에 궁극적으로 뇌의 감각 영역에서 지도화되고 그 결과로 마음속에 출현하게 되는 것은 모두 특정 상황 속에서 특정 상태에 있는 신체의 구조라고 할 수 있다.[10]

한계점

나의 이러한 주장, 특히 마지막 주장에 대하여 한계점을 명시할 필요가 있다. 신경 패턴이 심적 이미지로 변하는 과정에 대한 오늘날 우리의 지식에는 상당히 커다란 간극이 존재한다. 특정 사물 또는 사건과 관련된 역동적인 신경 패턴(또는 지도)이 우리 뇌에 존재한다는 것은 해당 사물 또는 사건에 대한 심적 이미지가 생성되는 것을 설명하는 데 필요하기는 하지만 충분하다고 보기는 어렵다. 우리는 신경해부학, 신경생리학, 신경화학 등의 도구를 사용해서 신경 패턴을 묘사할 수도 있고, 한편 자기 관찰이라는 도구를 이용해서 마음에 떠오르는 이미지를 묘사할 수도 있다. 그런데 신경 패턴이 심적 이미지로 이어지는 과정에 대해서는 지극히 일부만 알려져 있을 뿐이다. 물론 우리의 이러한 무지는 심적 이미지가 생물학적 절차라는 가정에 위배되지도 않고 그 물리적 속성을 부정하지도 않는다. 의식의 신경생물학에 대한 최근의 많은 연구들이 이 문제를 다루고 있다. 이러한 연구들은 대부분 실제로 이 문제를 중심에 놓고 있다. 많은 연구들은 마음이 어떻게 만들어지는가, 즉 뇌가 어떻게 동시에 진행되는 이미지들을 가지고 내가 '머릿속의 영화(movie-in-the-brain)'라고 명명한 상태를 만들어 내는가 하는 의식의 수수께끼에 초점을 맞추고 있다. 그러나 아직 수수께끼의 답을 찾아내지 못했고, 나 역시 그 답을 제시하고자 하는 것이 아니라는 점을 분명히 해 두고 싶다. 예를 들어 3장에서 내가 느낌에 대해 분명히 밝히고자 할 때, 나는 느낌이 뇌에 의해 우리의 몸에서 어떻게 해석될 수 있는지, 그리고 신경생물학적 관점에서 느낌의 형성이 다른 심적 사건의 형성과 어떻게 다른지 설명하고자 했다. 생명체 수준에서 나는 심적 이미지가 생성되는 토대가 되는 신경 패턴의 생성 수준까지 설명할 수 있다. 그러나 이미지를 만들어 내는 나머지 절차에 대해서는 설명은 고사하고 제안조차 하기 어렵다.[11]

현실의 구성

이러한 관점은 우리가 우리를 둘러싼 세계를 인식하는 데 커다란 영향을 미친다. 우리의 뇌 바깥에 존재하는 사물과 사건에 대한 뇌의 신경 패턴과 그에 대응하는 심적 이미지는 현실을 수동적으로 반영하는 거울상이라기보다는 현실에서 촉발된 자극으로 인해 생성된 뇌의 창조물이라고 볼 수 있다. 예를 들어 여러분과 내가 우리 외부에 있는 어떤 사물을 바라본다고 하자. 그러면 우리는 각자의 뇌에 그 물체에 대응하는 이미지를 형성하게 된다. 그리고 여러분과 나는 그 사물을 매우 비슷한 방식으로 묘사할 수 있다. 그러나 그렇다고 해서 여러분과 내가 보는 이미지가 우리 외부에 있는 사물의 복제물(replica)이라고 볼 수는 없다. 우리가 보는 이미지는 그 특정 사물의 물리적 구조가 우리의 몸과 상호 작용함에 따라서 우리의 몸과 뇌에서 일어난 변화에 기초를 두고 있다. 우리 몸 전체에 걸쳐 분포하는 감각 기관들은 우리가 어떤 사물의 다양한 측면의 포괄적인 상호 작용을 지도화하는 신경 패턴의 형성을 돕는다. 만일 우리가 어느 피아노 연주자가 이를테면 슈베르트의 소나타 D. 960을 연주하는 장면을 보고 그 음악을 듣는다고 가정해 보자. 이때 포괄적인 상호 작용에는 시각, 청각, 운동(음악을 듣고 연주 장면을 보기 위한 몸의 움직임), 정서 등의 패턴이 포함된다. 어떤 정서 패턴은 곡을 연주하는 사람, 음악이 연주되는 방식, 곡 자체의 성격에 대한 반응의 결과로 나타난다.

위의 상황에 관여하는 신경 패턴은 뇌 스스로의 법칙에 따라 구성되고 매우 짧은 시간 동안 뇌의 수많은 감각 및 운동 영역에 걸쳐서 일어난다. 이러한 신경 패턴의 형성은 상호 작용에 관여하는 신경세포나 신경 회로의 순간적 선택에 기초를 두고 있다. 다시 말해서 뇌 안에 존재하고 있는 작은 쌓기 블록 가운데 필요한 것을 집어 들어 ─선택해서─특정 형태로 배열하는 셈이다. 레고 블록 놀이방을 상상해 보자. 이 방은 온갖 종류의 레고 블록들로 들어차 있고 여러분은 그림의 일부를 가지고 있다.[12] 여러분은 원하는 것은 무엇이든 만들어 낼 수 있을 것이다. 뇌도 마찬가지이다. 왜냐하면 뇌는 모든 종류의 감각 양식(sensory modality)을 구성하는 요소들을 가지고 있기 때문이다.

우리 마음속에 떠오르는 이미지는 우리 자신, 그리고 우리 자신과 관계를 맺는 사물의 상호 작용의 결과물이다. 그런데 이 사물은 우리 신체의 설계에 따라 신경 패턴으로서 지도화되어 제시된다. 그렇다고 해서 그 사물의 현실성을 부정해서는 안 된다. 그 사물은 실제로 존재한다. 또한 사물과 우리 사이의 상호 작용의 현실성 역시 부정해서는 안 된다. 그리고 물론 이미지 역시 실제로 존재하는 것이다. 그러나 우리가 경험하는 이미지는 그 사물을 반영하는 거울상이 아니라 그 사물이 촉발하는 뇌의 창조물이다. 어떤 사물의 형상이 광학적으로 망막에서 시각 피질로 전달되는 것은 아니다. 광학적으로 표현된 사물의 모습은 망막에서 중단된다. 그 이후에는 망막에서부터 대뇌 피질에 이르기까지 연속적으로 물리적 변환이 일어난다. 마찬가지로 우리가 듣는 소리 역시 어떤 특수한 확성기로 달팽이관에서부터 청각 피질까지 전달되는 것이 아니다. 은유적으로 말해서 물리적 변환을 통해 전달이 이루어지지만 말이다. 길고 긴 진화의 역사 속에서 우리와는 독립적인 어떤 사물의 물리적 성격과 그에 대해 우리가 보일 수 있는 반응 사이에는 일련의 대응이 이루어져 왔다.(외부 사물의 물리적 속성과 뇌가 그 사물의 표상을 만들어 내기 위해 선택하는 선험적 요소들 간의 관계는 앞으로 연구해 나갈 중요한 주제이다.) 이 대응 목록에 따라 적절한 조각을 선택하고 조립함으로써 특정 사물을 나타내는 신경 패턴이 형성된다. 한편 우리 인간은 생물학적으로 서로 매우 비슷하기 때문에 우리는 같은 사물에 대해 비슷한 신경 패턴을 형성한다. 따라서 서로 비슷한 신경 패턴에서 서로 비슷한 이미지가 만들어지는 것은 당연하다. 그렇기 때문에 우리는 모든 사람이 마음속에 어떤 사물을 그대로 반영하는 그림을 만들어 낸다는 기존의 개념을 아무런 저항 없이 받아들이는 것이다.

사물을 보기

심적 이미지와 신경 패턴이 긴밀하게 관련되어 있으며 심적 이미지가 신경 패턴에서 비롯된다는 사실을 우리는 어떻게 알 수 있을까? 우리는 허블과 비셀이 수행한 연구에서 이 밀접한 관계에 대한 비밀을 알아내기 시작했다. 그들은 실험 동물(원숭이)이 직선, 곡선, 그 밖의 다양한 각도로 놓여 있는 선들을 바라볼 때 시각 피질에 각기 뚜렷이 구분되는 독특한 패턴을 형성한다는 사실을 보여 주었다.[13] 그들은 또한 이 독특한 패턴들과 시각 피질의 미세한 해부학적 구조 간의 관계를 살핌으로써 특정 형태를 형성할 수 있는 기본 단위를 발견했다. 그 다음 로저 투텔(Roger Tootell)의 실험에서 추가 증거가 나타났다. 그는 동물(이번에도 원숭이)이 어떤 시각적 자극, 예를 들어 십자 모양을 대면하면 그와 직접적으로 대응하는 패턴이 동물의 시각 피질의 특정 층—일차 시각 피질의 4B층 또는 브로드만 영역 17 또는 VI 영역—에 나타나는 것을 발견했다.[14] 이러한 발견은 우리가 논의하는 절차의 핵심적인 측면들, 즉 관찰자인 우리가 심적 이미지의 형태로 볼 수 있으며 실험 동물 역시 심적 이미지라는 형태로 볼 수 있을 것이라고 추론할 수 있는 외부의 자극과 그 자극을 바라본 결과로서 분명하게 나타나는 신경 패턴을 하나로 묶어 주었다. 이 실험은 다중적 대응 관계——시각적 자극, 자극에 대하여 우리가 형성하고 또한 동물 역시 형성할 것이라고 추측되는 이미지, 동물의 뇌에 나타나는 신경 패턴 간의 대응——을 보여 주었다. 관찰자인 우리는 동물의 신경 패턴에서 우리 자신의 이미지 패턴과의 대응 관계를 발견할 수 있었고 우리의 이미지 패턴은 동물의 이미지 패턴으로 확장할 수 있다.

우리는 매우 단순한 생물인 해양 무척추동물, 오피오코마 웬드티(*Ophiocoma wendtii*)를 통해서 시각이라는 놀라운 신체 메커니즘이 어떻게 진화되어 왔는지에 대한 어렴풋한 암시를 얻을 수 있다. 거미불가사리의 한 종류인 오피오코마 웬드티는 포식자가 다가오면 매우 신속하고 효과적으로 몸을 피해서 근처에 있는 바위 틈이나 움푹 파인 곳으로 쑥 들어가 버린다. 이 동물의 외골격이 단단한 칼슘으로 이루어져 있고 어느 곳에도 눈이 없으며 매우 원시적인 신경계를 가지고 있다는 점을 고려해 보면, 용케 포식자를 피하는 이 행동은 실로 놀라운 일이 아닐 수 없다. 그런데 결국 이 동물의 몸 가운데 상당 부분이 실제로는 매우 작은 칼슘 렌즈로 이루어져 있으며 이 렌즈들이 많은 면에서 눈과 같은 역할을 한다는 사실이 밝혀졌다. 렌즈는 외부의 빛을 모아서 렌즈 아래에 있는 작은 영역으로 보낸다. 이 영역에는 신경 다발이 존재하고 있는데, 이 신경이 빛을 받으면 활성화된다. 포식자의 패턴 역시 이런 방식으로 지도화될 수 있다. 뿐만 아니라 몸을 피할 근처의 틈새나 구멍들 역시 이런 식으로 지도화된다. 포식자의 패턴이 형성되는 절차는 신경을 활성화하고, 그 결과 피신

처를 향해 움직이도록 적절한 운동 반응을 유도한다.[15] 나는 이 생물이 생각하는 능력을 지녔다고 주장할 생각은 전혀 없다. 행동을 하는 것은 분명하지만 그것은 갓 생성된 신경 패턴에 기초한 행동이다. 나는 또한 이토록 단순한 신경계에서 신경 패턴이 심적 이미지를 생성해 낼 것이라고 믿지 않는다. 나는 단지 이 사실을 통해서 몸이 마음에 미치는 영향을 이해하는 토대가 될 수 있는, 몸에서부터 신경계로 향하는 신호 전달의 계통적 측면을 밝히고자 할 뿐이다. 인간의 눈, 그리고 눈의 일부인 망막은 오피오코마 웬드티의 렌즈와 비슷한 작용을 한다. 그러나 인간 눈의 메커니즘은 외부에서 들어오는 물리적 영향이나, 그에 대응하여 만들어지는 지도나, 그 결과로 얻어지는 활동 면에서 더욱 풍요롭다. 그러나 본질적으로는 오피오코마 웬드티나 인간이나 다를 것이 없다. 특이화된 신체의 일부에 변화가 일어나고 그 변화의 결과가 중추 신경계로 전달된다는 것이 그 본질이다.

최근 과학자들이 발견한 사실 가운데 이와 관련된 내용이 있다. 망막에 존재하는 특별한 세포 집단이 빛에 반응해서 낮과 밤의 주기를 조절하고 그에 따른 수면 패턴을 만들어 내는 시상하부의 핵——시각신경교차상핵(suprachiasmatic nucleus)——의 활동에 영향을 미친다는 것이 그 발견이다. 빛에 반응하는 간상세포와 원추세포가 망막의 가장 앞 층을 구성하고 있으며 이 세포들의 반응이 시각에 결정적으로 중요한 역할을 한다는 사실은 오래전부터 알려져 있었다. 그런데 이 흥미로운 새로운 발견에 따르면 간상세포나 원추세포가 시상하부에 미치는 빛의 영향을 매개하는 것이 아니라는 것이다. 간상세포와 원추세포가 파괴된 후에도 여전히 빛에 따라 (신체의) 밤낮의 주기가 조절되었다. 그것은 간상세포와 원추세포 다음 층에 있는 일련의 세포들——망막 신경절 세포(retinal ganglion cell)——에 의해 매개되는 것으로 보였다. 뿐만 아니라 이 역할을 수행하는 망막 신경절 세포는 다른 세포들과는 뚜렷이 구분되는 특징을 지니고 있었다. 즉 간상세포와 원추세포에게서 신호를 전달받는 망막 신경절 세포들은 이 역할에 참여하지 않는 것으로 나타났다. 다시 말해 일부 망막 신경절 세포들이 이 특별한 기능만을 위해 특이화되었으며, 이 세포들은 시각에는 관여하지 않는 것으로 보인다.[16] 이 세포들은 직·간접적으로 마음에 영향을 미친다. 예를 들어서 수면이 개시되면 주의력이 점차로 감소해서 결국에는 의식이 일시적으로 중지된다. 배경 정서 및 그와 관련된 기분은 빛에 대한 노출의 총량, 즉 노출 시간 및 강도 등에 크게 영향을 받는다. 다시 강조하건대, 신체——특이화된 신체 일부——의 상태 변화는 심적 변화로 이어진다. 매우 흥미로운 사실로서 조금 전 논의된 세포들——시각에 관여하지 않는 망막 신경절 세포들——은 빛이 정확히 어디에 와서 닿는지에 별 영향을 받지 않는다. 이 세포들은 마치 우리가 사진을 찍을 때 사용하는 노출계(light meter)와 마찬가지로 천천히, 그리고 고요히 주위의 전반적인 발광 상태(luminance), 즉 눈의 내부에서 방사되고 분산되는 빛 전체에 반응한다. 이 세포들이 더욱 오래되고 덜 정교한 우리 몸의 감각 기관, 즉 외부의 물체가 야기하는 빛의 세부적인 모양을 파악하기보다는 우리를 둘러싼 주위의 빛의 양을 감지하는 감각 기관이 아니었을까 하는 가설은 흥미롭기 그지없다. 그런 측면에서 이 세포들은 오피오코마 웬드티의 렌즈, 그리고 특이화된 감각 영역이 따로 존재하지 않고 몸 전체가 자극에 반응하는 단순한 생물의 경우와 비슷하다.[17]

지난 20년간 신경과학은 뇌가 모양과 색상, 운동을 포함하여 시각의 다양한 국면을 어떻게 처리하는지에 대하여 매우 상세한 부분까지 밝혀냈다.[18] 또한 청각·촉각·후각 분야에서도 많은 진보가 이루어지고 있으며 마침내 내부 감각—통증, 온도 등—에도 새로운 관심이 모이고 있다. 그러나 이러한 시스템에 대한 세부 사항을 밝혀내는 작업은 이제 겨우 시작 단계에 접어들었다.

마음의 기원에 대하여

우리가 지금까지 논의한 두 종류의 신체 이미지, 즉 신체 자체의 이미지와 특별한 감각 기관에 의해 형성되는 이미지는 우리의 마음속에서 조작되어 사물 간의 공간적·시간적 관계를 표상할 수 있다. 그에 따라 우리는 그 사물들이 관련된 사건을 표상할 수 있다. 그러나 과연 우리 마음속에 있는 이미지가 우리가 위에서 논의한 우리 신체의 이미지라고 할 수 있을까? 정확히 그렇다고 볼 수는 없다. 우리의 창조적인 상상력 덕분에 우리는 사물과 사건을 상징화하고 추상적 개념을 나타낼 수 있는 추가 이미지를 만들어 낼 수 있다. 예를 들어서 우리는 앞서 논의된, 신체에서 비롯된 기초적 이미지들을 작은 조각들로 쪼개고 그 조각들을 재구성할 수 있다. 어떤 사물이나 사건도 숫자나 말과 같이 우리 스스로 만들어 낸, 심상을 환기시키는 기호로 상징화될 수 있고, 이 기호들은 방정식이나 문장 등으로 결합될 수 있다. 또한 이 기호들은 구체적인 대상과 사건, 그리고 마찬가지로 추상적 대상과 사건을 나타낼 수도 있다.

우리의 인지 시스템이 이 세상의 온갖 사건과 특성을 묘사하기 위해 개발해 낸 은유(메타포)에서도 마음을 구성하는 데 미치는 몸의 영향을 찾아볼 수 있다. 이 은유 가운데 상당수는 자세, 태도, 움직임의 방향, 느낌 등 사람의 신체적 특정 활동과 경험에 대한 우리 자신의 상상의 소산이다. 예를 들어서 행복, 건강, 삶, 좋은 것에 대한 개념은 '상승'이라는 말과 몸짓에 관련되어 있다. 반면 슬픔, 병, 죽음, 악 등은 '하강'과 관련되어 있다. 미래는 '앞으로'라는 표현으로 나타낸다. 마크 존슨(Mark Johnson)과 조지 래코프(George Lakoff)는 특정 신체적 활동과 자세의 범주가 어떻게 궁극적으로 언어나 몸짓으로 표시되는 특정 도식(schema)으로 이어지게 되었는지를 설득력 있게 설명하고 있다.[19]

지금 이 시점에서 나는 이 논의에 관련된 또 하나의 중요한 한계점을 추가해야 할 듯하다. 마음이 몸에 대한 뇌의 표상에서 생성된 개념에 기초하여 만들어진다고 할 때, 뇌는 맨 처음 아무것도 없이 깨끗한 상태로서 몸에서 들어오는 신호를 새겨 넣을 빈 서판(tabula rosa)과 같은 것이라고 생각하기 쉽다. 그런데 이것은 사실과 거리가 멀다. 뇌는 빈 서판으로 출발하지 않는다. 우리 존재가 탄생하는 그 날부터 뇌에는 우리의 몸이 어떻게 관리되어야 하는지, 즉 생명 작용은 어떻게 운영되고 외부 환경의 다양한 사건들은 어떻게 처리되어야 할지에 대한 지식이 스며들어 있다. 탄생 시점부터 수많은 지도화가 일어나는 장소와 신경의 연결 부위가 존재한다. 예를 들어서 우리는 갓 태어난 원숭이의 대뇌 피질에 특정 배열의 선들을 감지할 수 있는 신경세포가 존재한다는 사실을 알고 있다.[20] 간단히 말해서 뇌는 처음부터 선천적인 지식과 자동화된 방식을 가지고 있으며 몸에 대한 수많은 관념이 미리 결정되어 있다. 그 결과로 몸에서 들어오는 많은 신호들이 앞서 우리가 논의한 바와 같이 관념이 되며, 그것이 뇌에 의해 매개되는 것이다. 뇌는 몸이 어떤 상태를 취하고 어떤 방식으로 행동할지 명령을 내리고, 몸에 대한 관념은 그러한 몸의 상태나 행동 방식에 기초를 두고 있다. 충동과 정서가 이러한 장치의 대표적인 예이다. 우리가 확인한 것처럼 충동이나 정서는 결코 임의적이거나 자유롭게 나타나는 것이 아니다. 충동과 정서는 매우 특이적이며 진화 과정에서 보존된 행동들의 저장소이고, 특정 상황에서 그 실행을 뇌가 충실하게 보장하고 있다. 몸에서 에너지의 급원이 부족해지면 뇌는 이 상태를 감지하고 배고픔이라는 상태를 촉발한다. 배고픔은 이 불균형 상태의 시정을 이끌어 내는 충동이다. 이 충동이 전개됨에 따라서 일어나는 신체 변화의 표상으로 인해 배가 고프다는 생각이 떠오르게 된다.

몸에 대한 관념 가운데 상당수는 뇌가 몸을 그러한 특정 상태가 되도록 만든 결과라는 사실은 마음의 기초를 이루는 몸에 대한 관념 중 일부가 뇌의 설계와 생명체의 전반적 요구에 따라 크게 제한을 받는다는 것을 의미한다. 이 관념들은 신체 활동에 대한 관념이지만, 그러한 신체 활동은 우선 뇌의 구상과 명령에 따른 것이다.

이러한 상황은 마음의 '신체 중심적 사고(body-mindedness)'를 강조한다. 마음이 존재하는 것은 일단 그 내용을 채울 몸이 존재하기 때문이다. 한편 마음은 몸을 위해 실용적이고 유용한 임무를 수행한다. 올바른 목표물에 대해 자동화된 반응이 실행되는 것을 조절하고, 새로운 반응을 예견하고 계획하며, 몸의 생존에 도움이 되는 모든 종류의 상황과 사물을 만들어 내는 것이 마음의 임무이다. 마음속에 흘러가는 이미지들은 생명체와 주위 환경이 어떻게 상호 작용하는지, 그리고 주위 환경에 대한 뇌의 반응이 몸에 어떤 영향을 미치고 몸에서 이루어지는 수정과 변화가 삶의 상태를 전개해 나가는 데 어떤 영향을 주는지 반영한다.

어떤 사람은 뇌가 마음의 가장 직접적인 대체물인 신경 지도를 제공하므로 심신 문제에서 고려해야 할 가장 중요한 요소는 뇌를 제외한 몸이 아니라 바로 뇌라고 주장할지도 모른다. 그렇다면 마음을 단지 뇌의 표상(perspective)이 아니라 신체의 표상이라고 간주함으로써 우리가 얻을 수 있는 것은 무엇일까? 우리가 얻는 것은 바로 마음의 이론적 설명이다. 이것은 마음을 단순히 뇌의 표상이라고 본다면 얻을 수 없는 발견이다. 마음은 몸을 위해 존재한다. 마음은 몸에서 일어나는 가지각색의 사건들을 이야기로 구성하는 데 관여하고 우리의 생명을 최적의 상태로 만들어 나가는 데 그 이야기를 이용한다. 구구절절 공들인 문장을 싫어하는 나는 나의 견해를 다음과 같이 짤막하게 요약하고 싶다.

"몸에 자리 잡고 있고 몸을 중심으로 사고하는 우리의 마음은 몸 전체의 하인이다."

그런데 이제 몇 가지 미묘한 문제들이 떠오른다. 왜 우리는 오늘날 신경과학의 도구에 의해 묘사되는 '신경 지도 수준'이 아니라 '마음 수준'의 뇌 작용을 필요로 하는 것일까? 왜 심적 활동이나 의식의 활동이 아닌 신경 지도 수준의 활동만으로 생명 작용을 관리하는 것이 의식적 마음 수준에서 이루어지는 관리보다 덜 효율적인 것일까? 좀 더 분명히 말하자면, 왜 우리에게는 마음이니 의식이니 하고 부르는 것을 포함한 신경생물학적 수준의 작용이 필요한 것일까?

이러한 질문 가운데 일부에 대해서는 대답을 내놓을 수 있고 다른 일부에 대해서는 추측을 제시할 수 있다. 예를 들어서 포괄적인 의미에서의 의식—뇌 속에서 펼쳐지는 영화나 자아 개념 등—이 없다면 삶이 제대로 관리될 수 없을 것이라는 사실을 우리는 알고 있다. 의식이 일시적으로 중단되는 경우에도 삶은 비효율적으로 관리되게 된다. 사실상 의식 가운데 단지 자아라는 요소만 중단되는 경우에도 삶의 관리가 엉망이 되어 버리고 마치 갓난아기처럼 남에게 의존해야 하는 상태에 이르게 된다.(이러한 예는 무동성 무언증(akinetic mutism)과 같은 상황에서 볼 수 있다.) 의식적 마음 수준이 우리의 생존을 위해 필수적이라는 것은 분명하다.

그러나 과연 생물학적 측면에서 볼 때, 생명체에 대한 의식적 마음의 필수 불가결한 기여는 무엇일까? 이 질문의 답은 추측에 의존한다. 4장에서 논의한 바와 같이 심적 수준에서의 감각적 현상의 복잡성이 다양한 양식(modality)들 간의 통합——예를 들어 시각과 청각, 시각과 청각과 촉각 등——을 쉽게 만들어 주기 때문일지도 모른다. 뿐만 아니라 심적 수준은 또한 실제의 모든 감각적 이미지들을 기억으로부터 불러낸 적절한 이미지와 통합시키는 것을 가능하게 한다. 게다가 이러한 풍부한 통합은 문제 해결과 전반적인 창조성에 꼭 필요한 이미지의 조작을 위한 풍요로운 토양을 제공한다. 그렇다면 결국 답은, 심적 이미지는 신경 지도 수준에서는 이루어질 수 없는 정보의 통합과 조작을 용이하게 해 주는 것이라고 볼 수 있다. 아마도 이러한 새로운 기능을 수행하기 위해서는 심적 수준에서의 작용이 '기존의' 신경 지도 수준 이외에 추가적인 생물학적 특성을 가지고 있어야 할 것이다. 그러나 그렇다고 해서 데카르트의 사상에서처럼 심적 수준의 생물학적 작용이 또 다른 실체에 기초하고 있음을 의미하는 것은 아니다. 복잡하고 고도로 통합된 심적 절차에 의한 이미지는 여전히 생물학적이며 물리적이라고 볼 수 있다.

이제 자아 감각이 이 절차에서 어떤 역할을 하는지 살펴봐야 할 차례이다. 그에 대한 대답은 정위(定位)가 될 것이다. 자아 감각은 뇌와 마음에 나타나고 있는 진행 중인 모든 활동이 특정 생명체에 관련된 것이며, 그 생명체의 자기 보존 욕구가 현재 표현되고 있는 대부분의 사건의 기본적 원인이라는 개념을 절차의 심적 수준 내에 도입한다. 자아 감각은 심적 계획 절차가 그와 같은 요구의 충족을 향하도록 이끈다. 이러한 정위가 생겨나는 것은 느낌이 자아 감각에 기여하는 일련의 작용에 통합되어 있으며, 느낌이 마음속에서 끊임없이 생명체에 대한 관심을 발생시키기 때문에 가능한 것이다.

간단히 말해서 심적 이미지가 없다면 생명체는 안녕은 차치하고 생존에 필수적인 대규모의 정보 통합을 적시에 이루어 내지 못할 것이다. 뿐만 아니라 자아 감각이나 자아 감각을 포함하고 있는 느낌이 없다면 그와 같은 대규모로 이루어지는 정보의 심적 통합이 삶의 문제, 즉 생존과 안녕의 성취로 향하지 못할 것이다.

마음에 대한 이러한 시각은 내가 앞서 신경 지도의 활동에 대한 현재의 신경과학적 설명이 심적 이미지의 생물리학적(biophysical) 구성에 대한 세부적 측면을 밝혀 주지 못할 것이라고 말하면서 언급한 간극을 채워 주지는 못한다. 나는 현재 이러한 간극이 존재한다는 것을 시인하며 미래에는 이 간극을 뛰어넘을 수 있는 다리를 놓을 수 있기를 희망한다.[21] 그동안은 마음은 수많은 뇌의 영역들의 공동 작업의 산물로서 출현한 것이라고 보는 것이 어느 정도 합리적이다. 그와 같은 뇌의 영역에서 지도화되는 신체 상태에 대한 세부적인 정보가 축적되어 '결정적 수준(critical pitch)'에 이르게 될 때 마음이 출현한다. 우리가 지금 인식하고 있는 지식의 간극은 어쩌면 이 축적된 정보의 복잡성, 그리고 지도화에 관여하는 뇌의 영역들 간의 상호 작용의 불연속성에서 조금 더 나아간 것에 지나지 않을지도 모른다.

몸과 마음, 그리고 스피노자

이제 스피노자에게로 돌아가 몸과 마음에 대하여 그가 남긴 글들이 어떤 의미를 갖는지 숙고해 볼 시간이다. 이 문제에 대해 스피노자의 견해를 어떻게 해석하든지 간에 확실한 것은 스피노자가 『에티카』 1부에 사유(thought)와 연장(extension)은 서로 구분될 수 있지만 같은 실체(substance)——신 또는 자연——의 속성들이라고 말했을 때 그가 데카르트로부터 물려받은 관점과 결별했다는 사실이다. 하나의 실체라는 언급은 마음이 몸과는 분리될 수 없으며 마음과 몸은 같은 천으로 재단되었다는 사실을 주장하는 것과 마찬가지이다. 한편 마음과 몸이라는 두 가지 속성을 언급한 것은 이 두 현상이 서로 구분된다는 점을 인정한 것으로 전적으로 타당한 '양상' 이원론(aspect dualism)을 그대로 수용하되 실체 이원론은 거부한 것이라고 볼 수 있다. 사유와 연장을 같은 토대 위에 놓음으로써, 그리고 이 둘을 하나의 실체로 봄으로써 스피노자는 데카르트가 직면하고 풀지 못했던 문제를 극복하고자 했다. 그 문제는 바로 두 가지 실체의 존재와 그 둘을 통합해야 하는 요구이다. 이 문제를 마주한 스피노자가 내놓은 해법에 따르면, 마음과 몸을 서로 통합하거나 상호 작용시킬 필요가 없었다. 몸과 마음은 같은 실체에서부터 서로 평행을 이루며 출현했으며 각기 다른 형태로 표현되지만 한편 서로를 완벽하게 모방해 낸다. 엄격한 의미에서 마음이 몸을 유발한 것도 아니고 몸이 마음을 유발한 것도 아니다.

설사 심신 문제에 대한 스피노자의 기여가 위의 사실에 국한된 것이라고 할지라도 우리는 그가 커다란 진보를 이루어 냈음을 인정해야 한다. 그런데 한편 스피노자는 몸과 마음을 밀폐된 하나의 실체로 이루어진 상자에 집어넣음으로써 실체의 신체적 표현과 심적 표현이 어떻게 일어났는지 설명하고자 하는 시도에 등을 돌려 버린다. 공정한 마음을 지닌 비판자라면 데카르트는 적어도 노력이라도 했지만 스피노자는 단순히 이 문제를 교묘하게 회피해 나갔다고 말할지도 모른다. 그러나 나는 공정하고자 하는 그 비판자가 옳다고 생각하지 않는다. 오히려 나는 스피노자가 그 수수께끼의 한가운데를 관통하고자 하는 대담한 시도를 했다고 생각한다. 이것은 나에게 모험이고 내가 틀릴 수도 있음을 인정하지만, 『에티카』 2부에 남긴 주장을 살펴보면, 스피노자는 몸의 전반적인 해부학적·기능적 배열을 고려할 때 마음이 몸과 함께, 좀 더 정확히 말하자면 몸 안에서 존재할 수밖에 없음을 직관적으로 이해하고 있었다고 생각한다. 내가 그렇게 생각하는 이유를 설명하겠다.

우리는 먼저 몸과 마음에 대한 스피노자의 개념에서 출발해야 할 것이다. 인간의 몸에 대한 스피노자의 개념은 전통적이다. 그는 『에티카』 1부에서 몸을 "길이와 넓이와 깊이를 가지는, 고정된 형태를 지닌 특정 양(量)"이라고 묘사했다. 스피노자의 몸에 대한 정의를 나의 언어로 바꾸어 본다면 "외부와 구분된 특정 양의 실체"이다. 그리고 스피노자의 실체는 다름 아닌 자연(Nature)이므로 결국 이렇게 말할 수 있을 것이다.

"몸은 피부라는 경계로 외부와 구분되는 한 덩어리의 자연이다."

몸에 대한 스피노자의 개념을 상세하게 알아보기 위해서 우리는 『에티카』 2부의 여섯 가지 근본 원리들을 살펴보아야 할 것이다.

1. 인간의 몸은 각기 다양한 본성(nature)을 가진 여러 부분으로 이루어져 있으며, 이 부분 역시 모두 극도로 복잡하다.

2. 인간의 몸을 이루는 부분 중 일부는 유동적이고 일부는 연하고 일부는 단단하다.

3. 인간의 몸을 이루는 각 부분과 인간의 몸 자체는 다양한 방식으로 외부 물체(external body)의 영향을 받는다.

4. 인간의 몸은 자신을 유지하기 위하여 많은 다른 물체를 필요로 하며, 이 물체들로 인해 계속해서 재생된다.

5. 인간 몸의 유동적인 부분이 외부 물체로 인해 다른 연한 부분에 자주 영향을 주도록 정해진다면, 유동적 부분은 연한 부분의 표면을 변화시키고 또한 그것을 강제한 외부 물체의 흔적을 남기게 된다.

6. 인간의 몸은 외부 물체를 움직이고 다양한 방식으로 배열할 수 있다.

스피노자가 펼쳐 놓은 동적인 이미지는 상당히 정교한 것이다. 특히 이 글이 17세기 중반, 최초로 씌어진 해부학 논문의 잉크가 채 마르기도 전이었다는 점을 고려한다면 말이다. 이 복잡한 몸의 문제에는 주목할 만한 많은 요소가 있다. 몸은 계속해서 소멸되어 가며 재생되어야 한다. 몸은 다른 물체와 접촉하면서 변형될 수 있다. 스피노자는 비록 신경이 뇌의 변형을 일으킬 수 있다는 사실까지 언급하지는 않았지만, 그가 그러한 사실을 고려했으리라고 나는 생각한다.

무엇보다 획기적인 측면은 인간의 마음에 대한 스피노자의 개념이다. 그는 명백하게 인간의 마음이 몸에 대한 관념으로 이루어져 있다고 정의했다. 스피노자는 '관념(idea)'이라는 말을 이미지 또는 심적 표상 또는 사유의 요소와 동의어로 사용했다. 그는 관념을 "사고하는 존재(entity)의 마음이 형성하는 심적 개념"이라고 정의했다.(비록 다른 곳에서 스피노자는 관념을 단순한 상상력의 소산이 아니라 지성의 산물로서 이미지에 대한 숙고를 강조하는 데 사용했다.)

『에티카』 2부 정리 13에 제시된 스피노자의 주장을 주목하자. 그는 "인간의 마음은 몸에 대한 관념으로 이루어져 있다."라고 말했다.[22] 이러한 주장은 다른 정리에서도 거듭 나타난다. 예를 들어 정리 19의 증명에서 스피노자는 "인간의 마음은 인간의 몸에 대한 관념 또는 인식"이라고 말한다. 정리 23에서는 "마음은 몸의 변용의 관념을 지각하는 한에서만 자기 자신을 인식한다."고 말하고 있다.

그 밖에도 『에티카』 2부에는 다음과 같은 관련된 내용을 찾아볼 수 있다.

(a) 인간의 마음을 구성하는 관념의 대상은 현실적으로 존재하는 몸이다. …… 그러므로 현실적으로 존재하는 몸만이 우리 마음의 대상이며 그 밖의 다른 것은 마음의 대상이 될 수 없다.(정리 13에 뒤따르는 증명에서)

(b) 따라서 우리는 인간의 마음이 몸과 하나로 결합되어 있다는 사실뿐만 아니라 몸과 마음의 결합의 본성에 대해 이해하게 된다.

(c) 인간의 마음이 어떤 면에서 다른 것들과 다른지, 그리고 어떤 면에서 다른 것들보다 우월한지 판단하기 위해서 우리는 마음의 대상의 본성을 알 필요가 있다. 우리 마음의 대상은 바로 우리의 몸이다. 우리 몸의 본성이 무엇인지에 대해서는 나는 이곳에서 설명할 수 없거니와 나의 증명에 반드시 필요한 것도 아니다. 내가 단지 일반적으로 말할 수 있는 사실은 주어진 특정 몸이 다른 몸에 비해 동시에 많은 작용을 하고 외부의 많은 작용을 받아들이는 데 유능하면 유능할수록 그에 비례하여 이 몸을 대상으로 하는 마음 역시 동시에 많은 것을 지각하는 데 유능하다는 것이다.(정리 13에 뒤따르는 증명에서)

뒷부분에 제시된 개념은 정리 15에 분명하게 표현되어 있다.

"인간의 마음은 수많은 사물을 지각할 능력을 가지고 있다. 이러한 능력은 외부로부터 수많은 자극을 받아들일 수 있는 몸의 능력에 비례한다."

아마도 가장 중요한 내용은 정리 26에 담겨 있다.

"인간의 마음이 외부의 물체를 실제로 존재하는 상태로 지각하는 것은 오로지 몸의 변용에 대한 관념을 통해서이다."

스피노자는 마음이 몸과 같은 발판을 딛고 있는 실체에서부터 완전하게 형성되어 나타나는 것이라고 말하는 데에서 그치지 않는다. 그는 이 동일한 발판이 실현될 수 있는 메커니즘에 대해 추측한다. 이 메커니즘이 가지고 있는 전략은 바로 몸에서 일어나는 사건이 마음에서 관념으로 표상된다는 것이다. 이 과정에는 표상 가능한 '대응'이 존재하며, 이러한 대응은 한 방향—몸에서 마음—으로 진행된다. 이러한 표상 가능한 대응을 성취하는 수단은 실체 안에 내포되어 있다. 스피노자가 관념이 그 양이나 강도에서 '몸의 변용'에 '비례'한다고 언급한 대목은 특히 흥미롭다. '비례'라고 하는 말은 '대응', 심지어 '지도화'라는 말을 상기시킨다. 나는 그가 일종의 구조적으로 일치하는 이종 동형성(異種同型性, isomorphy)을 염두에 두었을 것이라고 생각한다. 그 못지않게 흥미로운 점은 마음이 외부의 물체를 있는 그대로 지각하지 못하고 단지 몸에 유발된 변용을 통해서만 지각할 수 있다는 개념이다. 그는 실제로 일련의 기능적 의존성을 명시한 셈이다. 그는 마음에서 어떤 대상에 대한 관념은 몸의 존재, 또는 그 대상이 몸에 야기한 특정 변용 없이는 생겨날 수 없다고 말하고 있다. 즉 몸 없이는 마음도 없다는 말이다.

스피노자는 자신이 갖고 있는 지식의 범위 바깥으로 의견을 개진하지는 않았다. 따라서 화학적·신경적 경로 및 뇌를 포함한 몸의 관념을 만들어 내는 수단에 대해서는 언급하지 않았다. 물론 스피노자는 뇌 자체나 뇌와 몸이 서로 신호를 주고받는 양상에 대하여 거의 아는 것이 없었을 터이다. 스피노자는 뇌라고 하는 부분을 포함해서 인간의 몸의 해부학적·생리적 세부 사항에 대한 주장을 내놓으면서 조심스러운 태도를 보였다. 실제로 그는 심신 문제를 논의할 때 주의 깊게 뇌라는 단어를 언급하기를 피하고 있다. 그러나 우리는 그가 남긴 다른 문구를 통해서 그가 뇌와 마음이 밀접하게 관련되어 있다는 사실을 인지하고 있다는 사실을 알 수 있다. 예를 들어 『에티카』 1부의 마지막 논의에서 스피노자는 "모든 사람들이 뇌의 상태에 따라 사물을 판단한다."고 말하고 있다. 그 논의에서 "사람마다 입맛이 각각이듯 사람마다 뇌도 천차만별이다."라는 경구를 "사람은 자신의 심적 경향에 따라 사물을 판단한다."라는 의미로 해석한다. 어찌되었든 이제 우리는 스피노자가 알지 못했던 뇌에 대한 세부적 지식을 가지고 간극을 채워 넣고 그가 할 수 없었던 말을 대신 할 수 있게 되었다.

현재 나의 관점으로 볼 때, 우리의 마음이 우리 몸의 관념으로 이루어졌다는 말은 우리의 마음은 동시적 활동 또는 외부 사물을 통한 변용의 과정에서 우리 몸의 각 부분에 대한 이미지, 표상, 사유로 이루어져 있다는 말과 동일하다. 스피노자의 이러한 주장은 전통적 지혜로부터 급진적으로 등을 돌리고 있으며 언뜻 보기에는 받아들이기 어려운 주장처럼 느껴지기도 한다. 우리는 대개 우리의 마음이 사물, 활동, 추상적 관계 등 우리의 몸이 아닌 바깥세상과 관계된 이미지나 사유로 채워져 있다고 생각한다. 그러나 내가 2장과 3장에서 정서와 느낌에 대해 제시한 증거들이나 이 장에서 논의된 신경생리학적 증거들을 고려해 본다면 스피노자의 주장을 수긍할 수 있을 것이다. 마음은 신체 자체에서 비롯된 이미지와 신체의 특수한 감각 기관에서 비롯된 이미지로 채워져 있다. 현대의 신경생물학이 밝혀낸 지식을 근거로 하여 우리는 이미지가 뇌에서 생성된다고 말할 수 있을 뿐만 아니라 이처럼 뇌에서 생성되는 이미지 가운데 상당 부분이 뇌를 제외한 몸의 다른 부분에서 들어오는 신호로써 형성된 것이라고 말할 수 있게 되었다.

『에티카』 1부에서 마음과 몸에 대한 전반적인 문제를 다루는 스피노자의 모습은 마치 우주 전체를 다루는 궁극의 철학자 같다. 그런데 『에티카』 2부에서는 스피노자는 좀 더 지엽적인 문제들을 다루고 있다. 그는 자신이 명시할 수 없는 해법에 대한 직관을 제시하고 있다. 이 이중적 전망의 결과는 겉으로 드러나는 불일치 속에 잠재되어 있는 긴장, 『에티카』에 스며들어 있는 일종의 갈등을 포함한다. 무엇보다 몸과 마음이 동일한 받침대를 딛고 있다는 사실은 단지 개략적인 묘사에서만 유효할 뿐이다. 일단 스피노자가 명시되지 않은 메커니즘에 깊숙이 들어가게 되면 틀림없이 더욱 선호되는 진행 방향이 존재한다. 예를 들어 뭔가를 지각할 때에는 몸에서 마음으로, 말이나 행동을 할 때에는 마음에서 몸으로 향하는 방향이 선호된다.

스피노자는 특정 상황에서 몸이나 마음 가운데 어느 한쪽에 특권(privilege)을 주는 데 망설이지 않았다. 지금까지 논의했던 대부분의 정리에서는 물론 몸이 마음보다 더 큰 특권을 갖고 있다. 그런데 정리 22(『에티카』 2부)에서는 확실히 마음 쪽에 특권을 주었다.

"인간의 마음은 몸의 변용을 지각할 뿐만 아니라 그와 같은 변용에 대한 관념 역시 지각한다."

이것은 다시 말해서 만일 당신이 어떤 사물에 대한 관념을 형성한다면 이 관념에 대한 관념 역시 형성할 수 있고, 또한 그 관념에 대한 관념에 대한 관념 역시도 만들어 낼 수 있다는 말이다. 이 모든 관념의 형성은 실체 가운데 마음 쪽에서 일어나는 일이다. 오늘날에는 이것이 생명체 가운데 뇌-마음 영역에서 일어나는 일이라는 것이 대체로 확인되었다.

'관념에 대한 관념(ideas of ideas)'이라는 개념은 여러모로 매우 중요하다. 예를 들어 이 개념은 관계를 나타내고 기호를 창조할 수 있게 해 준다. 뿐만 아니라 자아에 대한 관념이 탄생할 길을 열어 준다. 나는 가장 기본적인 종류의 자아는 바로 관념, 이차적 관념이라고 주장해 왔다. 왜 이차적 관념일까? 왜냐하면 이차적 관념은 두 가지 일차적 관념에 기초하고 있기 때문이다. 그 두 가지 일차적 관념 중 하나는 우리가 지각하는 대상에 대한 관념이고, 또 하나는 그 대상에 대한 지각을 통해 변용되는 우리의 몸에 대한 관념이다. 자아라는 이차적 관념은 이 두 가지 다른 관념들, 즉 지각된 대상과 그 지각을 통해 변용된 몸 간의 관계에 대한 관념이다.

내가 자아라고 부르는 이차적 관념은 마음속 관념의 흐름 속에 삽입되어 마음에 새로 만들어진 지식의 조각들을 제공한다. 그 지식은 우리 몸이 특정 대상과 상호 작용하고 있다는 사실에 대한 지식이다. 나는 이것이 의식—포괄적 의미에서의 의식—이 발생하는 데에서 결정적으로 중요한 메커니즘이라고 믿는다. 나는 뇌에서 이러한 메커니즘이 실현되는 것을 가능하게 만드는 절차에 대한 가설을 내놓은 일이 있다.[23] 다양한 감각 양식(modality)에서 사물과 사건을 그려내는 이미지의 흐름—뇌 속에서 펼쳐지는 영화—이 내가 조금 전 설명한 자아의 이미지와 함께하게 될 때 우리는 의식을 가진 마음을 갖게 된다. 의식을 가진 마음이란 그 자신이 사물과 마음을 품고 있는 생명체와 맺고 있는 동시적이고 진행 중인 관계에 대한 정보를 계속해서 받아들이는 단순한 심적 절차이다. 다시 한 번 돌이켜 보건대 스피노자가 관념에 대한 관념을 만드는 것과 같은 단순하고 흥미로운 작용에 그의 사고의 여지를 남겨 두었다는 것은 참으로 재미있는 일이다.

스피노자는 무지에서 비롯된 주장에는 참을성을 보이지 않았다. 이러한 주장은 오늘날에도 종종 마주할 수 있다. 예를 들어 생물학적 조직에서 마음이 생겨난다는 것을 '상상할 수 없기' 때문에 그럴 가능성이 없다고 단언하는 사람도 있다. 스피노자는 사실에 대해 명백한 태도를 취했다.

지금까지 아무도 몸이 가진 힘(power)에 한계를 그을 수 없었다. 다시 말해서 자연이 연장(extension)으로 간주된다고 할 때, 단지 자연의 법칙에서 몸이 성취할 수 있는 것이 무엇인지에 대해서는 지금까지 아무도 경험을 통해 배울 수 없었다. 또한 몸의 모든 기능에 대해 설명할 수 있을 만큼 신체적 메커니즘에 대한 정확한 지식을 획득한 사람도 지금까지 없었다. …… 마음이 어떻게, 어떤 수단을 통해서 몸을 움직이는지, 그리고 얼마나 다양한 정도의 움직임을 몸에 전달할 수 있는지, 또는 얼마나 빠르게 몸을 움직일 수 있는지에 대해서도 아무도 알지 못한다. 따라서 사람들이 이러저러한 신체 활동이 마음에서 비롯되었으며 마음이 몸에 대한 지배권을 가지고 있다고 말할 때, 그들은 의미 없는 말을 사용하거나 아니면 그럴듯한 어법으로 그들이 말하는 행동의 기원에 대해 무지하다는 사실을 고백하는 셈이다.[24]

여기에서 나는 스피노자가 언급한 몸은 포괄적 의미에서의 몸, 즉 뇌와 다른 부분을 모두 포함하는 몸이라고 생각한다. 스피노자는 몸이 마음에서 비롯되었다는 전통적인 개념의 토대를 침식해 들어갔을 뿐만 아니라 그러한 개념에 반대되는 개념을 지지하게 될 발견을 위한 토대를 마련했다고도 할 수 있을 것이다.[25]

아마 나의 해석에 동의하지 않는 사람들도 있을 것이다. 예를 들어 어떤 사람들은 마음이 영원하다는 스피노자의 개념을 들어서 나의 해석이 옳지 않다고 주장할 수도 있다. 그러나 그러한 반대는 정당하지 못하다. 『에티카』의 여러 부분, 특히 1부에서 스피노자는 '영원(eternity)'이란 시간적 영속성이라기보다는 영원한 진리의 존재, 사물의 본질이라고 정의하고 있다. 마음이 영원한 본질이라는 개념이 불멸성과 혼돈되어서는 안 될 것이다. 스피노자는 우리 마음의 본질은 우리 마음이 생겨나기 전부터 존재했으며, 우리 마음이 몸과 함께 사라진 후에도 계속해서 존재한다고 생각했다. 마음은 멸하는 것인 동시에 영원한 것이다. 뿐만 아니라 『에티카』와 『신학 정치론』의 다른 곳에서 스피노자는 마음이 몸과 함께 사라지는 것이라고 명시했다. 그가 20대 초반 무렵의 그의 사상을 특징 짓는 것, 즉 마음의 불멸성을 부정한 것 때문에 그는 종교계에서 추방당하지 않았던가?[26]

그렇다면 스피노자의 통찰이란 무엇일까? 마음과 몸은 서로 평행하며 서로 연관되어 있는 절차로서 마치 한 물체의 양면처럼 모든 측면에서 서로를 모방한다는 것이다. 이렇게 평행하는 현상의 깊은 내면에는 몸에서 일어나는 사건을 마음에 표상하는 메커니즘이 자리잡고 있다. 마음과 몸이 비록 같은 발판을 딛고 있지만 지각하는 사람에게 표상되는 한 이러한 현상을 뒷받침하는 메커니즘에는 비대칭적인 면이 있다. 대개 이 현상은 몸이 마음의 내용을 구성하는 방향으로 주로 이루어지고, 그 반대 방향으로 일어나는 경우는 그보다 적다. 반면 마음의 관념은 서로 상승 작용을 일으킬 수 있지만, 몸의 경우에는 그런 일이 일어날 수 없다. 만일 스피노자가 남긴 글에 대한 나의 해석이 아주 조금이라도 옳다면, 그의 통찰은 그의 시대에 혁명적인 것이었다고 할 수 있다. 그러나 그의 사상은 과학의 발달에 아무런 영향을 미치지 못했다. 숲 속에서 나무가 소리 없이 쓰러졌으나 아무도 그것을 목격하지 못했다. 이러한 개념들에 대한 이론적 함의(含意)는 스피노자주의적 통찰 속에 소화되지 못했고 독립적으로 확립된 사실로 인정되지도 못했다.

툴프 박사

나는 렘브란트의 「툴프 박사의 해부학 강의」의 복제화를 보여 주는 것으로 하위헌스 강연을 마무리했다. 이 그림은 마우리츠하위스 미술관 안의 가까운 곳에 걸려 있다. 내가 심신 문제에 대한 강연을 하면서 툴프 박사의 그림을 사용한 것은 이번이 처음이 아니었다. 그러나 이번에는 장소나 주제 면에서 그 어느 때보다 이 그림이 적절하게 사용되었다고 할 수 있다.

표면적으로는 1632년 1월에 있었던 해부학 강연 모습을 그린 렘브란트의 이 그림은 외과 의사이자 과학자인 툴프 박사의 명성을 기리고 있다. 당시 외과의사회는 툴프 박사의 모습을 그림으로 남겨 그의 영예를 기념하고자 했으며, 해부학 실습 강의 모습이야말로 그와 같은 목적에 가장 잘 들어맞는다고 여겼던 것이다. 이것은 대중에게 공개된 유료 강의였으며 당시 교육받고 부유했던 사람들의 호기심을 끝었다. 그러나 이 그림은 한편으로, 데카르트(당시 강연장에 있었을 것으로 추정되는)나 윌리엄 하비(William Harvey)의 기록에 나타나듯, 인간의 몸과 그 기능에 대한 연구의 새로운 시대를 기념하는 것이기도 했다. 하비가 혈액의 순환을 발견한 것도 이와 비슷한 시대이다. 의학의 역사에서 베살리우스(Andreas Vesalius, 르네상스 시대 플랑드르의 의사로, 인체에 대한 상세한 해부학적 묘사로 의학과 생물학에 혁명을 일으켰다.—옮긴이) 이후 인간의 몸의 미세한 물리적 구조를 분석하고 확대할 수 있게 만들어 주는 정교한 수술칼과 렌즈, 현미경 등이 사용되기 시작함으로써 새로운 시대가 열렸다. 이 그림은 자연을—인간의 몸속, 피부 아래까지!—연구하고 묘사하고자 하는 관심을 네덜란드 사람들에게 널리 퍼뜨렸으며 그 시대를 특징 지었던 과학의 진보에 대한 훌륭한 상징이 되었다.

아마도 그보다 더 중요한 것은, 렘브란트의 그림은 우리에게 새로운 발견이 발견자들에게 가져다주었을 당혹감을 상기시켰다는 사실일 것이다. 툴프 박사는 오른손으로 해부용 시체의 왼손 힘줄을 들어올려 잡고 있다. 그리고 툴프 박사의 왼손은 시체의 그 힘줄이 한때 잡아당기고 폈을 왼손 손가락들의 움직임을 보여 주고 있다. 이러한 활동의 이면에 감추어졌던 신비가 모든 이의 눈앞에 드러나고 있다. 손가락을 움직인 것은 어쩌면 유압이나 기압 펌프 장치였을 수도 있었으리라. 그러나 실상은 물론 그러한 것들이 아니다. 그리고 캔버스에 포착된 그 순간의 아름다움이 바로 여기에 있다. 손의 움직임은 바로 근육이 수축되고 그에 따라 뼈에 부착된 힘줄이 당겨짐으로써 만들어지는 현상이며 그 외 어떤 것도 아니다. 툴프 박사는 그것이 무엇인지 눈앞에 생생히 입증해 냈고, 그것일 수 있었던 가능성들에서부터 바로 그것인 사실을 분리시켰다. 이제 추측이 사실에게 자리를 내주게 된 것이다.

신비가 드러나는 순간의 광경은 분명 적어도 일부 사람들에게는 불안을 안겨 주었을지도 모른다. 그러나 툴프 박사의 표정에서는 그러한 불안을 조금도 읽을 수 없다. 툴프 박사의 시선은 관람객을 향하지 않는다. 그렇다고 시체나 주위의 동료를 바라보고 있는 것도 아니다. 그의 시선은 왼쪽의 화폭 너머의 어느 곳인가에 가 닿고 있다. 만일 역사학자인 샤머의 견해가 옳다면 그의 시선은 강의실 너머 어딘가를 향하고 있다. 샤머는 툴프 박사가 바라보고 있는 대상은 바로 조물주라고 주장했다. 그와 같은 해석은 툴프가 열성적인 칼뱅파 신도라는 점과 잘 맞아떨어지며, 몇 년 후 이 그림이 유명해진 다음 카스퍼 바를레우스(Caspar Barleus)가 쓴, 다음과 같은 시 구절과도 일맥상통한다.

"스스로 배워라. 그러나 한 걸음 한 걸음 배워 나가는 동안 이 점을 기억하라. 가장 작은 부분의 이면에도 신이 숨어 있음을."[27]

나는 바를레우스의 시구가 발견이 일으킨 불안감에 대한 반응이라고 생각한다. 발견에 불가피하게 뒤따르는 다음과 같은 생각들이 가져오는 불안감 말이다.

"만일 우리가 우리 자신의 본질을 이렇게 설명할 수 있다면 우리가 설명하지 못할 게 무엇이 있겠는가? 우리 몸 안에서 일어나는 다른 모든 것들, 어쩌면 마음까지도 설명하지 못할 이유가 무엇인가? 우리는 사람의 생각이 어떻게 손을 움직이도록 하는지 역시도 알아내게 될 것인가?"

바를레우스는 이러한 자신의 생각에 두려움을 느끼고 대중들 또는 신의 마음을 가라앉히기 위해 이렇게 말한 것이다. 비록 우리가 무대 뒤로 침입해 들어가 어떤 속임수를 쓴 것인지 엿보게 되었다고 하더라도 조물주의 작품에 대한 경외감은 조금도 줄어들지 않았음을 노래한 것이다. 툴프 박사의 표정에 어떤 의미가 담겨 있는지는 물론 해석할 수 없다. 이 그림 앞에 서면 이따금 나는 그가 단순히 관람객에게 "자, 나의 업적을 잘 보시오."라고 말하는 게 아닐까 하는 생각이 든다. 그 표정의 정확한 의미가 무엇이든 간에 렘브란트나 툴프, 어쩌면 두 사람 모두 우리가 「툴프 박사의 해부학 강의」에서 정확히 어떤 일이 일어났는지 쉽게 알아차리기를 바라지 않는 듯하다.[28]

이와 같은 바를레우스의 경건한 확신은 당시 마음과 몸에 대해 데카르트가 가졌음직한 견해에 대항하는 해독제로서 꼭 필요한 것이었다. 뿐만 아니라 그 후 20년 동안 스피노자가 이 문제에 대해 생각하고 글로 남긴 견해에 대항하기 위해서는 더욱더 필요했을 것이다. 그리고 바를레우스의 훈계를, 그 전후 맥락에서 떼어 내 스피노자의 말로 생각해 본다면 그 의미가 완전히 달라질 수 있다는 사실을 발견하고 놀라게 될 것이다. 이것은 말이 얼마나 거짓된 것인지 다시 한 번 우리에게 보여 준다. 이 렘브란트의 걸작을 바라보면서 스피노자는 아마도 해부된 몸의 모든 구석구석에, 몸의 움직임 하나하나에 그의 신이 깃들어 있다고 말했을 것이다. 하지만 그가 의미하는 것은 바를레우스와 완전히 다른 것이다.

6장 · 스피노자를 방문하다

레인스뷔르흐, 2000년 7월 6일

   나는 스피노자의 집 뒤에 있는 작은 정원에 앉아 있었다. 태양이 밝게 빛났고 공기는 따뜻했으며 거의 완벽한 정적이 주위를 감싸고 있었다. 거리에는 차를 몰거나 걸어 다니는 사람들이 거의 없었다. 오직 검은 고양이 한 마리가 이 속세를 벗어난 듯한 여름날 속의 자신의 자태에 완전히 몰두하여 고요히 정원을 거닐 뿐이었다.

   나는 그 옛날 스피노자가 저 방 가운데 하나에서 나와서 이 자리에 앉아 올려 보았을지도 모르는 바로 그 하늘을 올려다보았다. 설사 그가 하늘을 바라보지 않았다고 하더라도 이런 여름날이면 햇살이 기꺼이 그의 방 창문을 통해 그의 책상 위에 머물렀을 것이다. 그 햇살은 정말 아름다웠을 것이다. 쾌적하고 보기 좋은 집이었다. 헤이그

에 있는 집보다 더 널찍했다. 그러나 우주 전체를 통찰한 사람이 살기에는 여전히 초라한 집이었다.

대체 스피노자는 어떻게 스피노자가 되었을까? 나는 자문해 보았다. 이 질문은 이렇게 바꿔 볼 수 있을 것이다. 스피노자의 기묘함을 어떻게 설명할 수 있을까? 당대의 주도적인 철학자들의 견해에 반대하고 종교계와 공개적으로 맞섰으며, 자신이 속한 공동체에서 추방당하고 동시대인의 생활 방식을 거부했으며, 자기 자신만의 삶의 목표——일부 사람들은 성스럽다고 생각했으나 대다수의 사람들이 바보스럽다고 생각한 목표——를 정하고 그에 따라 살아간 남자가 여기 있다.

스피노자는 정말 사람들이 인식하는 것처럼 사회의 변종이었을까? 아니면 그가 속한 시대와 장소를 고려할 때 스피노자라는 인물의 탄생은 이해할 만한 일이라고 할 수 있을까? 그의 사적인 삶에서 일어난 사건들로 그의 행동을 설명할 수 있을까? 나는 이러한 질문들을 계속 떠올렸다. 누군가의 삶을 만족스럽게 설명하고자 하는 무모한 시도는 잠시 접어놓고, 나는 이 질문들 가운데 몇 가지에 대한 시험적인 답을 제시해 보고자 한다.

시대

스피노자가 독창적인 것은 확실하지만 그렇다고 그가 속한 역사적 시대에 홀로 우뚝 서 있는 것은 아니다. 그가 살았던 시대는 현대의 토대가 놓였던 시대, 천재들의 시대라고 하는 17세기의 한가운데였다. 스피노자는 급진적이었지만 스피노자가 태어날 무렵에 코페르니쿠스의 가설을 확증하고 지지했던 갈릴레이 역시 급진적이었다. 17세기가 시작될 무렵 조르다노 브루노가 화형당했고 셰익스피어의 『햄릿』이 초연되었다(1601년). 1605년에는 세계는 프랜시스 베이컨의 『학문의 진보(Advancement of Learning)』, 셰익스피어의 『리어 왕』, 미겔 데 세르반테스의 『돈키호테』라는 선물을 갖게 되었다. 아마도 햄릿은 이 시대 전체를 가장 완벽하게 대변하는 상징이라고 할 수 있을 것이다. 왜냐하면 그는 인간의 행동에 당혹해하고, 삶과 죽음의 잠재적 의미에 대해 고민하며 셰익스피어의 가장 긴 연극의 무대 위를 배회하기 때문이다. 이 연극의 표면적 줄거리는 한 젊은이가 억울하게 죽은 아버지의 원수를 갚기 위해 비열한 숙부를 죽이려고 계획했다가 비극을 맞게 된다는 것이다. 그러나 이 연극의 주제는 햄릿의 당혹감, 주위 사람들보다는 더 많이 알고는 있지만 인간 조건에 대한 불안을 해소하기에는 불충분한 지식을 가진 인간의 고뇌라고 할 수 있다. 햄릿은 당시의 과학——이를테면 물리학이나 생물학——에 대해 알고 있었다. 뭐니뭐니해도 비텐베르크(Wittenberg) 대학교를 다녔으니 말이다. 그는 또한 마르틴 루터나 장 칼뱅 등이 가져온 지적 혼란에 대해서도 알고 있었다. 그러나 그는 자신이 목격한 것의 의미를 이해할 수 없었기 때문에 기회가 닿을 때마다 의문을 던지고 푸념을 했다. 『햄릿』이라는 작품에서 '의문'이라는 단어가 열두 번도 넘게 나타난다거나, 이 희곡이 그 유명한 질문 "거기 누구인가?(Who's there?)"로 시작하는 것은 우연이 아니다. 스피노자는 바로 이 의문을 던지는 시대, 햄릿의 시대에 태어났다.

스피노자가 태어난 시대는 또한 관찰 가능한 사실의 시대이기도 했다. 사람들은 이제 편안한 의자에 기대 앉은 채 벌이는 토론이 아니라 직접적인 경험을 통해 어떤 행동의 원인과 결과를 연구하기 시작했다. 에우클레이데스가 입증한 방식을 통해 어떤 문제를 논리적이고 창의적으로 추론해 나가는 일에서 인간의 지성이 지배적인 수단으로 자리 잡게 되었다. 그러나 아인슈타인의 말을 빌리면, "인류가 현실 전체를 이해하고자 하는 과학의 수준에 맞게 성숙하기 위해서 선행되어야 할 또 하나의 근본적인 진리가 있다."[1] 아인슈타인은 이러한 태도의 전형으로서 갈릴레이를 꼽았다. 그는 갈릴레이를 "현대 과학 전체의 아버지"로 간주했다. 그러나 베이컨 역시 이와 같은 새로운 접근 방식을 강조한 선구자였다. 갈릴레이나 베이컨 모두 실험을 통해 잘못된 설명을 하나씩 제거해 나가는 방법을 옹호했다. 그리고 갈릴레이는 그 외에 다른 측면을 덧붙였다. 갈릴레이는 수학으로 우주를 묘사해 낼 수 있다고 믿었다. 그리고 그의 이러한 생각은 현대 과학의 토대를 마련해 주었다. 스피노자의 탄생은 현대 세계에서 과학이 최초로 꽃피던 무렵과 일치한다.

측정의 중요성이 확립된 것도, 과학이 정량적으로 변모한 것도 이 무렵이었다. 과학자들은 과학 연구의 도구로 귀납법을 사용하게 되었고, 실험과 실증이 세계에 대한 사고의 토대가 되었다. 사실과 부합하지 않는 개념들은 이제 과학자들의 사냥감이 되었다.

당시는 지적으로 매우 찬란한 시기였다. 스피노자가 태어날 무렵에 토머스 홉스와 데카르트가 뛰어난 철학자로 자리매김하고 있었고 하비가 혈액의 순환을 설명했다. 스피노자의 짧은 일생 동안, 블레즈 파스칼(Blaise Pascal), 요하네스 케플러(Johannes Kepler), 하위헌스, 라이프니츠, 아이작 뉴턴(뉴턴은 스피노자가 태어난 지 고작 10년 후에 태어났다.)의 업적이 세계에 알려졌다. 앨프리드 노스 화이트헤드(Alfred North Whitehead)가 정확하게 묘사한 대로, 과연 "천재와 관련된 주목할 만한 사건을 연대순으로 늘어놓으면 빈 공간 없이 빽빽하게 들어찼던 시대"였다.[2]

세계에 대한 스피노자의 전반적 태도는 이처럼 새롭게 등장한 의문의 열기의 한 부분이며, 어떤 대상을 설명하고 기존의 관습을 평가하는 방식에서 일어난 주목할 만한 변화에 그 뿌리를 두고 있다고도 볼 수 있을 것이다. 그러나 거대한 역사적 줄기에서 스피노자가 어느 부분에 속하고 있으며 그의 지적 동반자가 누구였는지를 안다고 해서, 왜 하필 그의 저서들이 가장 심하게 금지당하고 그 결과 향후 수십 년 동안 비난이나 헐뜯는 내용을 제외하고는 그의 사상은 거의 인용조차 되지 않았는지에 대한 이유가 설명되지는 않는다. 스피노자의 주장이 갈릴레이의 경우보다 더 급진적이었다고 말하기는 어렵다. 그러나 그는 갈릴레이보다 더욱 비타협적이고 공격적이었다. 그는 가장 완고한 인습 타파주의자라고 할 수 있다. 그는 무모하면서 동시에 절도 있는 방식으로 조직적 종교(organized religion)의 체계를 그 토대에서부터 위협했다. 그 연장으로서 그는 종교와 밀접하게 관계되었던 당시의 정치 체계에도 역시 위협적인 인물이었다. 당연히 당시 왕정주의자들은 위험을 감지했고, 가장 너그러운 편이었던 네덜란드 사람들조차도 그를 위험하게 여기게 되었다. 그렇다면 과연 어떤 인생 역정이 그와 같은 마음의 경향을 발달시켰던 것일까?

헤이그, 1670년

내가 스피노자의 삶의 궤적을 이해하고자 시도할 때마다 찾는 곳이 헤이그이다. 그가 파빌운스흐라흐트에 도착한 후 맞이한 얼마간의 시기, 두 개의 폭풍우 사이의 이 고요한 시기야말로 그 이전과 이후, 모든 원인들을 설명해 줄 수 있는 중요한 시기이다. 헤이그에 도착했을 당시 스피노자는 서른여덟 살이었다. 항상 그랬듯 그는 홀홀단신으로 이곳에 왔다. 그는 책장과 책, 책상, 침대, 렌즈 제조 도구 정도만을 가지고 왔다. 그는 임대한 두 개의 방에서 『에티카』를 완성할 생각이었다. 또한 매일 렌즈를 만들고 수백 명의 방문객과 만나기도 했으며 어쩌다 가끔 짧은 거리를 여행하기도 했다. 그는 위트레흐트에 한 번 가 보았고 암스테르담에는 여러 차례 방문했다. 두 곳 모두 헤이그에서 50킬로미터도 떨어지지 않은 곳이었다. 스피노자는 그보다 먼 곳으로 여행한 일이 없었다. 이러한 점은 역시 홀로 살았던, 1세기 후의 인물인 칸트를 연상케 한다. 한곳에 칩거하는 일에서 칸트는 가까스로 스피노자의 기록을 깬다. 칸트는 거의 전 생애를 쾨

니히스베르크에서 보냈으며 그 도시를 벗어난 적은 단 한 번뿐이었다고 한다. 여행을 싫어했다는 점과 지적 그릇의 크기를 제외하고는 두 철학자 간에는 비슷한 점이 별로 없다. 칸트는 냉정하고 침착한 이성을 가지고 위험한 열정을 극복하고자 했고, 스피노자는 저항할 수 없는 정서를 가지고 위험한 열정과 싸우고자 했다. 스피노자가 추구한 합리성은 정서를 그 추진력으로 삼아야 했다. 내가 마음속에 그리는 두 사람은 행동 방식에서도 서로 달랐다. 칸트는, 적어도 말년의 칸트는 딱딱하고 상대방을 긴장시키며 형식적이고 신중했다. 마치 딱딱한 나무토막 같은 사람이었다고 할 수 있다. 반면 스피노자는 정중하고 격식을 차리기는 했지만 온화하고 느긋한 성품을 지녔다. 말년—40세를 말년이라고 불러도 된다면—의 스피노자는 비록 날카로운 재치와 신랄한 독설을 구사하기도 했지만 사람들에게 친절하고 거의 다정한 모습을 보이기도 했다.

파빌운스흐라흐트로 이사하기 몇 달 전, 스피노자는 스틸레베르카데의 모퉁이에 있는 집에 세를 들었다. 그러나 임대료가 너무 비쌌기 때문에—적어도 그의 생각에—이곳에 오래 살지는 않았다. 스틸레베르카데에서 살기 전에는 그는 헤이그 동쪽 교외의 작은 도시 포르뷔르흐에서 7년을 살았다. 그 전에는 암스테르담과 헤이그 중간쯤 되는 곳에 있는 도시 레이덴에서 가까운 마을 레인스뷔르흐에서 2년을 보냈다. 스피노자가 가족들이 사는 집을 떠나 레인스뷔르흐로 옮기기 전까지는 암스테르담이나 근처의 여러 곳에서 살았다. 친구의 집에서 머무르기도 하고 하숙집에서 살기도 했다. 그는 한 번도 자신의 집을 소유한 적이 없었고, 방 두 칸 이상을 사용한 적도 없었다.

스피노자는 검소한 생활을 자청했다. 그의 아버지 사업에 기복이 있었다고는 하지만 스피노자의 가문은 부자였다. 그의 숙부인 아브라함은 암스테르담의 대부호였고, 스피노자의 어머니 역시 결혼할 때 거액의 지참금을 가져왔다. 그러나 20대 후반에 이를 무렵 스피노자는 개인적 부나 사회적 지위에 관심을 잃어 버렸다. 그렇다고 해서 사업을 통해 돈을 벌어들이는 일에 반감을 가졌던 것은 아니었다. 단순히 그에게는 돈이나 재산 따위가 별로 보상이 되지 않았을 뿐이었으며, 다른 사람들에게는 그것이 보상이 될 수도 있고 얼마나 많은 재산을 모아야 할지, 아니면 돈을 얼마나 써야 적당한지는 순전히 개인에게 달린 문제라고 생각했던 것이다. 그것은 그저 각자 결정하면 될 일이었다.

부나 사회적 지위에 대한 그의 이러한 태도는 오랜 시간에 걸쳐 형성된 것이고, 아무런 갈등 없이 얻어진 것은 아니었다. 스피노자는 자신의 교육의 가치를 인정했고 집안의 재산이나 사회적 지위가 없었더라면 교육을 받을 수 없었을 것이라는 사실을 잘 알고 있었다. 10대 후반에서 24세 사이에 그는 사업에 몸을 담았고 한동안은 집안 회사의 총책임을 맡기도 했다. 그 당시에 그는 확실히 돈 문제에 신경을 썼던 것으로 보인다. 돈을 갚지 않았다는 이유로 같은 유대인을 네덜란드 법정에 세운 일도 있었으니 말이다. 이는 공동체적 관점에서 볼 때 상당히 논란이 될 만한 행동이었다. 유대인 사이에서 벌어진 갈등은 유대인 공동체 안에서, 공동체 지도자의 중재로 해결하는 것이 암묵적 관행이었기 때문이다. 또한 스피노자의 아버지가 자신의 회사에 상당액의 채무를 남긴 채 죽자, 스피노자는 망설이지 않고 스스로 네덜란드 법정의 감독자가 되어 자기 자신을 상속 재산에 대한 우선 채권자로 지정했다. 그런데 돈 문제나 재산 문제에 관한 한 이 마지막 사건이 분수령이 되었다. 스피노자는 단 한 가지 물품을 제외한 모든 재산에 대한 상속을 포기했던 것이다. 그 물품은 바로 부모의 침대였다. 이 침대는 스피노자가 거처를 옮길 때마다 항상 따라다녔고, 결국 스피노자는 이 침대에서 영원히 잠들었다. 침대에 대한 스피노자의 애착은 나에게 매우 흥미롭게 여겨진다. 하지만 침대를 간직할 만한 실용적인 이유들도 찾아볼 수 있다. 네 개의 기둥이 박히고 차양과 무거운 커튼이 달린 이 침대에 커튼을 둘러치고 들어앉아 있으면 고립된 포근한 섬에 있는 듯한 느낌이 든다. 스피노자의 시대에 이런 침대는 부의 상징이었다. 암스테르담 사람들이 일반적으로 사용하던 침대는 벽장형 침대로, 말 그대로 널찍한 벽장 안에 침대가 있어서 밤에만 문을 열고 들어가 자게 되어 있었다. 하지만 이것을 상상해 보자. 그는 그의 부모가 그를 잉태했고, 젖먹이 시절 자신이 기어 다녔으며, 그의 부모들이 죽음을 맞았던 그 침대에서 평생 잠들기로, 사실상 그 안에서 살아가기로 결심했던 것이다. 스피노자는 결코 잃어버린 장미봉오리를 그리워할 필요가 없었다. 한 번도 그것을 잃어버린 적이 없었으니 말이다.

 스피노자의 짧은 생애의 중반에 이르러 역사적 상황 때문에 가업의 가치와 수익성이 떨어지게 되었다. 그렇다고 해서 망할 정도의 상황은 아니었다. 스피노자가 마음만 먹었더라면 유능하고 진취적인 사업가로서 이러한 상황을 반전시킬 수 있었으리라는 사실은 의심할 여지가 없다. 그러나 그 무렵 스피노자는 사유와 글쓰기가 자신의 삶에서 가장 만족스러운 부분이라는 사실을 깨닫게 되었다. 그리고 사유와 글쓰기에 바친 삶을 영위하는 데에는 그다지 많은 돈이 필요치 않았다. 스피노자의 친구인 시몬 데프리스(Simon de Vries)는 몇 번에 걸쳐서 스피노자에게 연금과 같이 일정한 돈을 지급하려고 했다. 그러나 스피노자는 이를 결코 받아들이지 않았다. 죽음을 눈앞에 둔 데프리스가 스피노자를 자신의 상속인으로 삼고 싶다는 뜻을 비쳤으나 스피노자는 그 제안을 고사했다. 대신 생계에 필요한 소액——약 500 플로린 정도——의 연금만을 받아들이기로 했다. 그리고 데프리스가 죽은 후에 그들이 합의한 소액의 연금이 스피노자에게 지급되기 시작하자 스피노자는 그나마도 액수를 줄여 300플로린만 받았다. 당혹해 하는 데프리스의 동생에게 스피노자는 그 정도만으로도 충분하고도 남는다고 말했다. 훗날 라이프니츠의 추천으로 하이델베르크 대학교의 철학 교수라는 후한 제안이 들어왔으나 스피노자는 그 제안 역시 거절했다. 물론 자신의 지적 자유를 잃게 될지도 모른다는 것이 거절의 주된 이유였을 테지만 말이다. 어찌되었든 그 교수 자리를 거절한 것은 스피노자가 자신의 사유의 자유를 팔라틴 선제후(Elector Palatine, 선제후는 신성 로마 제국(독일의 왕) 선출권을 가진 신성 로마 제국의 제후를 말한다.——옮긴이)가 하이델베르크에 마련한 안락한 삶보다 더 중요시했음을 의미한다. 스피노자는 한동안은 렌즈를 만들어서 버는 돈으로, 그 다음에는 데프리스가 남긴 연금으로 생계를 유지했다. 그 돈은 방세를 내고 종이, 잉크, 유리, 담배를 사고 병원 진료비를 내기에 충분했다. 스피노자에게 그 이상은 필요치 않았다.

암스테르담, 1632년

삶은 항상 좋거나 항상 나쁜 식으로 돌아가지는 않는다. 스피노자의 아버지인 미겔 데 에스피노자(Miguel de Espinoza)는 성공한 포르투갈의 상인이었다. 그의 아버지 역시 사업에서 성공을 거두었다. 1632년 스피노자가 태어날 무렵 미겔은 설탕, 향료, 말린 과일, 브라질산 목재 등을 판매했다. 그는 거의 포르투갈계 세파르디 유대인으로 구성된 약 1,400가구 공동체의 존경받는 구성원이었다. 그는 유대 교회(시나고그)의 주요 후원자이기도 했다. 그는 여러 차례에 걸쳐 학교나 교회의 장을 맡았고 말년에는 신도 공동체의 비성직자 통치 집단인 마하마드(mahamad)에 참여하기도 했다. 그는 또한 당시 암스테르담의 가장 영향력 있는 랍비인 사울 레비 모르테이라(Saul Levi Morteira)의 가까운 친구였다. 한편 숙부인 아브라함은 당시 또 다른 유명한 랍비인 므나세 벤 이스라엘(Menassah ben Israel)의 친구였다. 다른 많은 세파르디 유대인과 마찬가지로 그들은 스페인의 종교재판(로마 가톨릭 교회가 이단자를 탄압하기 위해 13세기에 전 그리스도교 국가를 대상으로 하여 제도화한 비인도적인 혹심한 재판을 말한다. 유대인의 재산 압류와 인종 청소의 의도로 1478년부터 1808년까지 계속된 스페인의 종교재판이 특히 악명 높다.—옮긴이)을 피해 포르투갈에서 도망쳐 나왔다. 처음에는 프랑스의 낭트로 갔다가 그 다음 저지국(low countries, 스페인 군주의 통치하에 있던 1500년대 네덜란드, 벨기에, 룩셈부르크를 일컫던 말—옮긴이)을 거쳐서 스피노자가 태어나기 몇 해 전 암스테르담에 정착했던 것이다. 스피노자의 어머니인 아나 데보라(Hana Deborah) 역시 오랜 포르투갈계 및 스페인계 혈통을 지닌 부유한 세파르디 유대인 가문 출신이었다.

포르투갈의 종교재판은 스페인보다 훨씬 나중에 자리 잡았다. 포르투갈에서 종교재판이 시작된 것은 1536년이지만 실제로 영향력을 행사하기 시작한 것은 1580년부터였다. 그 오랜 유예 기간은 포르투갈계 유대인들으로 하여금 1세기 전 스페인계 유대인들이 주로 이주했던 북아프리카, 이탈리아 북부, 터키보다 훨씬 전망이 좋은 지역이라고 할 수 있는 안트베르펜, 그리고 나중에는 암스테르담에 정착할 기회를 주었다.

17세기 초의 네덜란드, 특히 암스테르담은 정말 전망이 밝은 땅이었다. 유럽 다른 어떤 곳과도 달리 네덜란드의 사회적·정치적 구조는 인종에 대한 상대적 관용(이러한 관용은 유대인, 특히 세파르디 유대인에게도 확장되었다.)과 종교에 대한 상대적 관용(유대교까지도 기꺼이 확장되었으며 오히려 가톨릭에 대해서는 그다지 따뜻한 관용을 보이지 않았다.)을 특징으로 한다. 귀족 계층은 합리적인 교육을 받았고 자비로운 성격을 보였다. 오라녜 가문은 확실히 공(prince)을 두고 있었지만 네덜란드 각 지역의 위원회(council)의 책임자들을 대표하는 총독이라는 직위를 따로 두고 있었다. 네덜란드는 공화국이었으며 스피노자의 생전 오랜 기간 동안 오라녜 공이 아닌 지성을 갖춘 평민이 총독 직을 맡았다. 네덜란드 사람들은 당시 유럽 국가들에서 사용되던 사법 체계와 현대적인 자본주의를 도입했다. 상업은 존중을 받았고 돈의 가치는 숭고하게 여겨졌다. 정부는 국민들이 상품을 자유롭게 사고팔며 최대의 이익을 남기는 것을 허용하는 법을 제정했다. 대규모로 형성된 부르주아들은 번영과 안락한 삶을 추구하는 데 온 삶을 바쳤다. 더욱 개화된 칼뱅파 지도자들은 이러한 목적에 대한 포르투갈계 유대인 상인들의 기여를 환영했다.

비록 자신이 살던 땅에서 추방된 처지였지만, 유대인 공동체는 문화적으로나 재정적으로 풍요로웠다. 물론 추방에 따른 어려움이 없지 않았고 공동체 내부의 종교적 갈등도 있었고 새로 이주한 국가의 법과 관습을 따라야 하는 것도 사실이었다. 그러나 유대인 공동체는 넓은 지역에 여기저기 흩어져 있었으며 종교재판의 불안한 그림자에 억눌려 있었던 포르투갈 시절에 비해 오히려 긴밀한 결속을 이룰 수 있었다. 유대인들은 가정에서나 유대 교회에서 자유롭게 자신의 신앙을 추구할 수 있었다. 사업은 번창했으며 심지어 네덜란드가 스페인이나 영국과 벌인 여러 차례의 전쟁 끝에 다가온 심각한 불황마저도 이겨 낼 수 있었다. 뿐만 아니라 집에서든, 직장에서든, 교회에서든 아무런 거리낌 없이 모국어인 포르투갈 어를 사용할 수 있었다.

암스테르담에는 유대인 구역이 따로 없었다. 유대인들은 능력만 된다면 자신이 살고 싶은 어느 곳에서도 살 수 있었다. 가장 부유한 유대인들은 주로 뷔르흐발 주변에 모여 살았다. 이곳이 바로 스피노자의 가족들이 살았던 곳으로, 세파르디 유대 교회로부터 그리 멀지 않은 곳에 있다. 이 유대 교회는 암스테르담의 세 유대인 공동체를 하나로 묶어 주는 역할을 했으며, 훗날 1639년 하우트흐라흐트에 세워졌다.(1675년 매우 인상적인 포르투갈계 유대 교회가 그 근처에 세워졌으며, 이 건물은 오늘날까지 남아 있다.) 유대인이 아닌 사람들도 이 지역에 많이 살았다. 렘브란트도 그중 한 사람이었다. 브레스트라트에 있는 그의 집은 아직도 남아 있다. 렘브란트와 스피노자가 만났다는 증거는 어디에도 없지만, 그 둘이 살았던 기간이 겹쳐지는 것으로 미루어 볼 때(렘브란트는 1606년부터 1669년까지, 스피노자는 1632년에서 1677년까지 살았다.) 두 사람이 만났을 가능성은 매우 크다. 렘브란트는 유대인 공동체의 사람들을 몇 명 알고 지냈으며 그중 일부는 열성적인 미술품 수집가였다. 렘브란트는 그들의 초상화 또는 길거리 풍경을 그렸고, 심지어 당시 가장 유명한 학자이자 나중에 스피노자의 스승이 된 므나세 벤 이스라엘이 쓴 책의 삽화를 그리기도 했다. 한편 렘브란트는 「벨사살의 향연(Belshazzar's Feast)」을 그릴 때 므나세 벤 이스라엘에게 세부 사항에 대하여 자문을 구하기도 했다. 렘브란트가 스피노자의 초상화를 그렸다는 사실이 발견된다면 정말 멋지겠지만 유감스럽게도 그런 일은 없었던 것으로 보인다. 그러나 렘브란트가 자신의 작품 속에 스피노자와 매우 닮은 인물을 그려 넣었다는 전설이 전해지기도 한다. 그 작품은 바로 「사울과 다윗」이다. 렘브란트는 스피노자가 유대 교회에서 추방당할 무렵 이 그림을 그렸다. 이 그림에서 다윗은 사울을 위해 하프를 연주하고 있다.(이 그림은 같은 주제를 그린 렘브란트의 또 다른 작품 「사울을 위해 하프를 연주하는 다윗」과 완전히 다르다.) 그림 속의 다윗의 체격과 얼굴 모습은 정말 스피노자를 빼닮았다. 더욱 중요한 사실로서, 스피노자야말로 다윗을 상징하는 인물이라고 할 수 있다. 작지만 강하고, 골리앗을 물리치고 사울을 격노케 했으며, 그 스스로 왕이 될 수 있는 능력을 갖춘 인물 말이다.[3]

네덜란드의 신교도들이 유대인에게 부과한 한계는 얼마 되지 않았고 명확했다. 네덜란드 인의 적은 가톨릭교도들이었다. 특히 악마적이고 호전적인 확장 계획을 가진 스페인의 가톨릭교도들이었다. 그리고 유대인들 역시 가톨릭교도들을 적으로 생각했다. 특히 잔혹한 종교재판을 고안해 내서 자기네 땅에서 실시한 것으로 만족할 줄 모르고 포르투갈까지도 실시하도록 부추긴 스페인의 가톨릭교도들이었다. 이러한 상황에서 네덜란드 인과 유대인들은 자연스럽게 친구가 될 수밖에 없었다. 그리고 네덜란드 인들의 가장 큰 관심사는 다름 아닌 사업이었다. 그리고 유대인들은 네덜란드 땅에 번창하는 사업을 가지고 들어왔다. 유대인들은 이베리아 반도, 아프리카, 브라질 등지에 그 어느 민족과도 견줄 수 없는 광범위한 상업과 은행의 조직망을 구성하고 있었다. 데카르트는 암스테르담에서는 모든 사람들이 상업에 종사하고 있으며 모두 자신의 이익에 온통 관심이 집중되어 있기 때문에 평생 남의 눈에 띄지 않고 살아갈 수 있다고 말하곤 했다.(그 말은 데카르트의 바람을 반영한 것이고, 실로 거의 맞는 말이라고도 할 수 있다. 그러나 데카르트가 사람들의 이목을 정말로 피할 수 있었다고 보기는 어렵다.) 스피노자가 성인이 되었을 무렵 유대인들은 암스테르담의 주식 거래소 회원의 10퍼센트를 차지하게 되었으며 무기 거래와 국제 은행업 분야에서 중심적인 역할을 하게 되었다. 1672년 무렵 암스테르담의 유대인 공동체는 7,500명 규모로 성장했다. 유대인들이 전체 인구에서 차지하는 비율은 4퍼센트가 채 못 되었지만 은행가의 13퍼센트를 구성했다. 샤머는 암스테르담에서 유대인 공동체가 번영을 누릴 수 있었던 이유는 아마도 그들이 도시의 삶에서 중요하지만 지배적이지는 않은 역할을 차지했기 때문이라고 설명한다. 은행업도 그와 같은 부분에 속한다.⁴ 당시의 네덜란드 사람들이 유대인들에게 우호적이었다는 사실은 그다지 놀라운 것이 아니다. 신교도들에게 자신의 신앙을 전파하려 들지 않고, 신교도와 결혼하려고 하지 않는 이상, 유대인들은 자유롭게 그들의 신앙을 추구하고 자녀들에게 가르칠 수 있었다.

그러나 암스테르담 사람들이 유대인을 따뜻하게 받아들여 주었다고 하더라도 스피노자의 어린 시절에 추방의 그림자가 드리워지지 않았으리라고 보기는 어렵다. 일단 사용하는 언어가 매일매일 추방의 사실을 일깨워 주었다. 스피노자는 네덜란드 어와 히브리 어, 라틴 어를 배웠지만 집에서는 포르투갈 어를 사용했다. 학교에서는 포르투갈 어나 스페인 어를 사용했다. 스피노자의 아버지는 집에서나 회사에서 모두 포르투갈 어를 사용했다. 거래 기록 역시 모두 포르투갈 어로 작성되었다. 네덜란드 어는 오직 네덜란드 인 고객을 대할 때만 사용되었다. 스피노자의 어머니는 평생 네덜란드 어를 익히지 못했다. 스피노자는 자신이 네덜란드 어와 라틴 어를 포르투갈 어나 스페인 어만큼 능숙하게 하지 못한다는 사실을 한탄하곤 했다. 그는 어느 서신에 "내가 어린 시절에 배운 언어로 설명할 수 있다면 얼마나 좋을까 생각합니다."라고 쓰기도 했다.

비록 잘살긴 했지만, 옷차림이나 몸가짐 역시 그들이 고향에서 추방되어 타향살이를 하고 있다는 사실을 일깨워 주었다. 세파르디 유대인들의 옷차림이나 몸가짐은 귀족적이었고, 국제적이었으며, 세속적이었다. 그들의 생활 양식은 남부 유럽의 귀족적 사업가의 삶의 모습을 반영했다. '세파르디'라는 단어는 스바랏(Sepharad)이라고 하는 남쪽의 도시에서 온 사람들이라는 의미이다. 스바랏에서의 삶은 일과 사교 생활이 상당한 정도로 혼합되어 있는 것이었다. 아마도 온화한 기후 때문이었을 것이다. 사람들은 우아하고 호화로운 옷에 관심을 쏟았고, 먼 곳에서 전해지는 소식에 귀를 기울였다. 리스본이나 포르투와 같은 커다란 항구에 들르는 상선들이 날마다 새 소식을 전해 주곤 했다. 그에 비해서 네덜란드 사람들은 지나치게 실용적이고 근면해 보였을 것이 분명하다.

스피노자는 애초에는 사업가의 길을 걸을 예정이었으나 곧 유대교의 총명한 학생이 되어 랍비인 모르테이라와 므나세 벤 이스라엘의 가르침을 받았다. 이 두 유대인 학자는 암스테르담의 유대인 공동체 지도자들이 수세기 동안 이베리아 반도에서 체류하면서 점차로 희석되어 온 유대교의 전통과 관행을 바로잡겠다는 희망을 품고 특별히 초빙해 온 사람들이었다. 때는 유대교의 전통을 부활시키기에 알맞게 무르익었다. 부유하고 풍요로우며 지리적으로 밀착된 공동체가 형성되었고, 종교적 관행을 숨기지 않아도 되는 상황이었다. 유대인들은 나상(nação, 포르투갈 어로 국가를 의미)을 형성하고자 했다. 그리고 암스테르담은 이 새로운 유대인 국가의 예루살렘이 될 터였다. 이러한 부활과 새로운 희망의 분위기 속에서 젊은 스피노자의 비범한 지성은 당연히 소중하게 여겨졌다.

스피노자는 부지런하고 열성적인 학생이었다. 그러나 그를 탈무드의 권위자로 만들어 준 바로 그 호기심과 열성이 그로 하여금 그가 완전하게 흡수한 지식의 토대에 의문을 던지도록 만들었다. 그는 인간 본성에 대한 개념을 마음에 품기 시작했는데, 이 개념은 그가 배운 지식으로부터 갈라져 나와 궁극적으로 완전히 결별하게 된다. 이러한 흐름은 서서히 일어났기 때문에 스피노자가 사업가가 되었던 18세 무렵까지 아무도 눈치 채지 못했다. 심지어 스피노자의 생각은 그저 소문으로 퍼졌을 뿐 유대 교회와 직접 대립하는 일도 없었기 때문에 그는 여전히 공동체에서 좋은 위치에 서 있었다. 그러나 이상 징후는 분명히 존재했다. 스피노자는 유대인이 아닌 사람들과 몇 명과 긴밀한 교우 관계를 맺었다. 그중 한 사람이 시몬 데프리스이다. 데프리스는 부유한 사업가로 그의 집안은 싱얼(Singel)에 으리으리한 저택을 가지고 있었고 암스테르담 근교의 스히담(Schiedam)에도 상당한 규모의 사유지를 가지고 있었다. 스피노자는 이처럼 유대인이 아닌 사람들과 어울리면서 점차로 자신의 공동체에서 멀어져 갔다. 그러나 최악의 상황은 아직 도래하지 않았다.

채 20세가 되기 전에, 아마도 18세 무렵에 스피노자는 프란키스쿠스 반 덴 엔덴(Franciscus van den Enden) 학교에 등록했다. 표면적인 이유는 라틴 어를 배우기 위해서였다. 반 덴 엔덴은 정도에서 벗어난 가톨릭 신자였고, 자유 사상가였으며, 여러 언어에 능통하고 박식한 사람이었다. 그는 의학과 법학 학위를 가지고 있었고 철학, 정치학, 종교, 음악, 미술 등 모든 방면에 풍부한 지식을 지녔다. 인생에 대해 반 덴 엔덴이 가지고 있던 터무니없을 정도로 거대한 욕망은 아직 그를 곤경에 빠뜨리지는 않았지만 젊은 스피노자에게 문제를 일으켰다. 처음에는 조용히, 그러나 나중에는 공개적으로, 청소년기에 시작되어 젊은 청년 시절에 이르면서 스피노자는 공동체의 낙원 바깥의 인생을 맛보게 되었다. 그는 또한 자신의 마음을 입 밖으로 말했고 자신의 마음이 시키는 대로 행동했다. 유대인 공동체는 그에 대해 처음에는 실망을, 나중에는 격노를 보였다.

1656년 스피노자의 아버지가 죽은 후 집안 소유의 회사인 벤투 이 가브리엘 데 데스피노사(Bento y Gabriel de Espinosa)의 운영을 책임지게 된 24세의 스피노자는 유대 교회에 재정적 후원을 계속했다. 그러나 공동체 사람들 앞에서 아버지에게 망신을 주는 것에 대한 두려움에서 해방된 스피노자는 인간 본성이니 신이니 종교적 관행 등에 대한 자신의 생각을 더 이상 숨기지 않았다. 그리고 그의 생각 중 어느 것도 유대교의 가르침과 조화를 이루기 어려웠다. 그의 철학은 형태를 갖추기 시작했고, 그는 자신의 사상을 자유롭게 이야기했다. 예전의 스승들이 아무리 간청을 해도 그의 입을 닫게 할 수는 없었다. 어떤 호소도 그의 마음을 움직이지 못했고 위협이나 뇌물도 그의 마음을 바꾸지 못했다. 같은 유대인이 시도한 스피노자의 살해 음모가 유대인 공동체가 당면했던 당혹과 수치를 일소해 버릴 뻔하기도 했다. 물론 유대 교회가 그 살해 계획의 배후에 있었다는 뚜렷한 증거는 없다. 그날 밤 스피노자가 입고 있던 커다란 망토에 꽂혔던 칼날은 가느다란 그의 몸을 비껴갔다. 스피노자는 살아남아서 그날 일의 증인이 되었으며, 그 망토를 기념물로 간직했다. 유대 교회는 결국 마지막 수단으로서 스피노자를 공동체에서 제명하기로 결정했다. 1656년 스피노자는 공식적으로 공동체에서 추방되었다. 그리하여 사업가인 벤투 스피노자로서 누렸던 특권을 가진 삶은 끝나게 되었다. 이제 그는 공동체 사람들에게 바루흐 스피노자로 불리게 되었다. 그리고 21세의 젊은 철학자 베네딕투스 스피노자의 삶이 시작되었다. 그는 헤이그에서 성인기의 대부분을 보냈다.

사상과 사건들

스피노자가 늘 지니고 다녔던 얼마 되지 않는 그의 장서들로 미루어 짐작건대 당시의 새로운 철학과 새로운 물리학이 그의 사상의 발달에 지대한 영향을 끼쳤음을 알 수 있다. 스피노자의 서가에서 가장 많이 발견되는 책들은 데카르트와 물리학자들의 저서들이다. 홉스와 베이컨의 저서도 찾아볼 수 있다. 그러나 거기에 더해서 젊은 시절의 스피노자가 독서에 심취한 다른 친구에게서 많은 책을 빌려 보았을 것이라고 짐작할 수 있다. 그가 어떤 책들을 빌려 읽었는지는 우리가 알아낼 방법이 없다. 스피노자가 과학적 증거를 평가하는 새로운 방법들, 물리학과 약학 분야의 새로운 사실들, 데카르트나 홉스가 제시한 새로운 사상, 스피노자의 사상이 발달해 가던 무렵 널리 읽혔던 현대적인 사상가들의 저서들을 접했던 것이 확실하다. 스피노자는 체계적인 실험가는 아니었다. 그러나 그 당시까지만 해도 베이컨 역시 마찬가지였다. 그러나 스피노자는 책을 통해서, 그리고 렌즈를 만드는 작업을 통해서 실험적 과학의 본질을 이해해 나갔다. 그는 사실을 평가하는 방법을 확실히 알고 있었다. 그의 성취는 새로운 과학적 증거의 상당 부분에 대한 논리적 숙고에 풍부한 직관을 곁들인 결과로 얻어 낸 것이다.

프란키스쿠스 반 덴 엔덴 학교와 교장인 반 덴 엔덴은 스피노자의 지적 발달의 결정적인 촉매 역할을 했다. 프란키스쿠스 반 덴 엔덴 학교의 분위기는 스피노자가 젊은 가슴에 끓어오르는 사상을 논의하기에 이상적이었다. 그와 같이 싹터 나가는 사상이 무르익기 위해서는 설사 제한적인 것이라고 하더라도 공개 토론을 필요로 한다. 반 덴 엔덴은 호화로운 학교를 운영했으며(암스테르담의 주요 운하 거리 중 하나인 싱얼에 위치), 자신의 자녀들에게 최신 교육을 시키고 싶어하는 부유한 네덜란드 상인들의 자녀들이 많이 다녔다. 이 학교를 운영하기 전에 반 덴 엔덴은 서점이면서 화랑인 '인 데 쿤스트빈켈(In de Kunst-Winkel)'을 운영했다. 이곳은 비인습적 사상을 갈구하는 지적인 젊은이들에게 매력적인 모임 장소였다. 넘치는 활력과 박식함을 갖춘 반 덴 엔덴은 강력한 카리스마를 보였고 그가 정치적·종교적으로 반체제적인 젊은이들에게 유쾌하면서도 교활한 지도자가 되었을 것이라는 사실을 쉽게 상상할 수 있다.(스피노자가 그를 처음 만났을 때 그의 나이는 50세 안팎이었고, 루이 14세를 폐위하려는 음모가 실패한 후 프랑스에서 처형당했을 때의 나이는 70세였다. 그는 프랑스 어를 유창하게 했지만 단두대의 영광과 우아함을 누릴 만큼 충분히 귀족적이지는 못했기 때문에 교수형에 처해졌다.)

스피노자는 처음에는 그의 폭넓은 교육에 포함되지 않았던 철학 및 과학 분야에서의 공통어인 라틴 어를 배우기 위해 반 덴 엔덴의 학교에 등록했다. 그러나 그가 학교에서 라틴 어만 배웠던 것은 아니다. 그는 철학, 의학, 물리학, 역사, 정치 그리고 자유주의자였던 반 덴 엔덴이 옹호했던 자유 연애를 배웠다. 스피노자는 방종과 기쁨으로 이 금지된 쾌락의 가게에 접근했을 것이 분명하다. 반 덴 엔덴의 학교는 온갖 추문이 넘치는 학교였다. 그리고 이곳에서 스피노자는 이성에 대한 사랑의 느낌을 최초로 맛보았던 것 같다. 그 대상은 젊은 라틴 어 교사인 클라라 마리아 반 덴 엔덴이었다.

반 덴 엔덴과 알게 된 것은 스피노자에게 일어난 사적인 변화와 때맞추어 그의 삶의 방향을 상당한 정도로 바꾸어 놓았다. 이 학교에 등록하기 몇 년 전이었던 열일곱 살에 스피노자는 아버지의 회사에서 적극적으로 사업에 관여했다. 사업에 발을 들여놓음으로써 예전에 추구하던 학문과는 멀어지게 되었다. 그러나 여전히 유대 교회는 그의 생활의 일부로 남아 있었고, 그는 유대교의 고급 과정을 공부하는 학생들로만 이루어진 일종의 지적 모임인 랍비 므나세 벤 이스라엘의 토론 그룹에 참가했다. 한편 사업에 발을 들여놓으면서 비슷한 성향을 가진, 유대인이 아닌 또래 청년 사업가들을 만나게 되었다. 당시 30대의 메노파(Mennonite) 교도인 야리흐 엘리스(Jarig Jelles), 가톨릭 신자이며 나이는 정확히 알려져 있지 않은 피터르 발링(Pieter Balling), 퀘이커 교도이며 스피노자보다 세 살이 적은 시몬 데프리스 등이 그들이다. 이 세 사람은 지적 역량으로는 스피노자에 필적할 수 없었지만 종교적으로나 정치적으로 비인습적인 경향을 보였고, 새로운 사상을 토론하는 것을 즐겼고, 삶에 대한 젊은 열정으로 가득하다는 공통점을 보였다. 스피노자가 유일하게 친하게 지냈던 동시대 유대인인 후안 데 프라도(Juan de Prado) 역시 전통에 의문을 던진 사람으로서, 이단적 발언 때문에 여러 차례 유대 교회의 지적을 받았고 결국에는 스피노자와 마찬가지로 추방당했다. 스피노자의 막 동트는 성년기에 이미 새롭고 비종교적인 사상이 중대한 영향력을 미칠 무대가 마련되었던 것이다.

새로운 사상의 영향은 오래된 사상의 관점에서 바라볼 필요가 있다. 스피노자가 살았던 의심의 시대의 새로운 사상은 그가 자라고 교육을 받았던 공동체의 오래된 사상과 날카로운 충돌을 일으켰다. 스피노자는 탈무드와 율법(Torah)을 배우고 카발라(Kabbalah, 중세 유대교의 신비주의—옮긴이)의 경전을 읽었다. 이것은 세파르디 유대인의 전통에서 비롯된 것으로 암스테르담에 거주하던 포르투갈계 유대인 사이에서 특히 인기가 높았다. 새로운 사상과 오래된 사상 간의 충돌은 그 어느 때보다 격렬하게 일어났다. 오래된 경전에는 기적이 씌어 있었으나 새로운 사상의 관점에서 볼 때 이러한 기적은 새롭게 드러난 사실에 입각하여 과학적으로 설명될 수 있었다. 사람들은 오래된 경전에서 이야기하는 신비로운 사실과 그 이면에 숨겨진 의미에 맹목적인 믿음을 보냈지만 이제 새로운 증거들이 그 신비를 설명할 수 있게 되었다. 오래된 미신은 정체를 드러내게 되었던 것이다.

많은 사람들에게 이러한 충돌은 불가피한 것이었겠지만, 스피노자의 경우에는 개인적 역사와 맞물려 더욱 필연적인 것이 되었다. 스피노자는 여섯 살 때 어머니를 잃었다. 어머니의 죽음은 다른 면에서 유복했다고 할 수 있는 스피노자의 성장 과정에 그림자를 드리웠다.[5] 스피노자의 어머니에 대해서는 많이 알려져 있지 않지만, 어머니는 어린 스피노자의 성장과 발달에 상당한 영향을 미쳤을 것이며, 어머니의 죽음은 스피노자에게 큰 충격을 주었을 것이라고 추측할 수 있다. 어머니의 죽음은 스피노자에게서 어린 시절을 앗아가 버렸을 것이다. 학교를 다니면서 아버지의 장사를 돕는 열 살 난 스피노자는 일찍 성숙할 수밖에 없었던 애어른을 연상케 한다. 이 어린 소년은 진짜 사업의 세계에 내던져졌으며 암스테르담이라는 복잡한 소우주 속에서 살아가기 위해 치열하게 아귀다툼을 벌이는 인간 존재의 영광과 덧없음에 눈을 뜨게 되었다. 스피노자의 아버지 미겔은 아내가 죽은 지 3년 후에 재혼했다. 그 후 스피노자는 아버지와 더욱 가까워졌던 것으로 보인다. 전하는 이야기에 따르면 미겔은 종교 활동에 활발하게 참여했지만 종교적인 것이든 아니든 위선적 행동에 질색했다고 한다. 그는 종교 의식에 따르는 경건함을 비웃었고 아들에게 인간 관계에서 진실과 거짓을 구분하는 법을 가르쳤다. 그 결과, 어린 스피노자는 미신과 더불어 모든 인위적이고 부자연스러운 것들을 경멸하게 되었다. 스피노자는 두드러지게 건방졌고 그의 재치는 종종 스승들을 당황케 했다. 뿐만 아니라 미겔은 영혼의 불멸성에 대한 자신의 회의를 숨기지 않았다. 스피노자는 분명 경건함 이면에 숨겨진 것을 볼 준비가 되어 있었고 종교 경전의 말씀과 보통 인간들의 일상의 관행 사이의 먼 거리를 인식할 수 있었다. 종교적 의식의 가치에 대한 스피노자의 의문은 이처럼 그의 가정에서 시작된 것이라고 볼 수 있다.

위리엘 다 코스타 사건

스피노자의 반항의 씨앗은 어쩌면 스피노자의 소년 시절 암스테르담 유대인 공동체의 중심적 인물이었으며, 스피노자에게는 어머니 쪽 친척이기도 한 위리엘 다 코스타(Uriel da Costa)의 삶의 마지막 해에 있었던 사건으로 거슬러 올라갈 수 있을지도 모른다.

이 중대한 사건은 어떤 자료에 따르면 1640년에, 또 다른 문헌에 따르면 1647년에 일어난 것으로 되어 있다. 그것은 스피노자가 일곱 살 또는 열다섯 살 때 일어났다는 의미이다. 사건의 개요는 다음과 같다.

다 코스타는 스피노자 어머니의 고향이기도 한 포르투갈의 도시 포르투에서 태어났다. 그곳에서 그는 가브리엘 다 코스타라고 불렸다. 그의 가문 역시 상업에 종사하는 부유한 세파르디 유대인 집안이었지만 표면적으로는 가톨릭교로 개종한 상태였다. 다 코스타는 가톨릭교도로 성장했고 부유한 계층의 특권을 누렸다. 그는 말과 사상이라는 두 가지 대상에 열정을 불태우던 귀족적인 젊은 신사였다. 지적인 성격을 가졌던 그는 코임브라(Coimbra) 대학교에서 종교학을 공부하고 교수가 되었다. 그러나 사색에 몰두하면서 종교에 대한 지식이 깊어지면 질수록 그는 점점 가톨릭교의 결함을 발견하게 되었고, 그의 조상이 믿던 유대주의 신앙이 더 진실하고 옳은 것이라고 결론 내리게 되었다. 그는 이러한 생각을 숨겼어야 했으나 그렇게 하지 않았던 것으로 보인다. 다 코스타와 그의 어머니, 그리고 아마도 다른 친척들까지도 콘베르소(converso, 그리스도교로 개종한 유대인)에서 마라노(marrano, 그리스도교로 개종했으나 몰래 유대교를 지켜 나갔던 유대인)로 변신했다. 옳은 판단이었는지는 분명하지 않지만 다 코스타는 종교재판의 긴 그림자가 그들 머리 위에 떨어질 시기가 임박했으며 그와 가족들이 위험에 처했다고 생각했다. 그는 가족들을 설득해 네덜란드로 떠나기로 했다. 어둠의 장막 속에서 도우루(Douro) 강에 세워 둔 배에 포르투의 영지의 저택과 별장을 채우고 있던 정교한 가구와 섬세한 도자기, 호화스러운 린넨들을 가득 싣고 그의 아내와 세 형제와 어머니, 하인들과 기르던 새장 속의 새까지 태운 후 떠났다.[6] 이 배는 그 이전과 이후에 대서양 해안을 따라 네덜란드나 독일로 떠난 배들과 행로를 같이했다.

이처럼 배경을 길게 설명한 것은 다 코스타가 암스테르담에 자리를 잡은 후 그의 포르투갈 이름인 가브리엘을 버리고 히브리 어의 같은 이름에 해당하는 위리엘을 자신의 이름으로 삼은 뒤 곧 유대교에 대한 세밀한 분석과 더욱 깊은 사색에 들어갔음을 이해하기 쉽게 하기 위해서였다. 그런데 이번에 그는 유대교의 관행과 가르침에 결함이 있다는 사실을 발견했다. 그리고 자신의 발견을 공개적으로 밝혔다. 종교적 관행은 미신적이고, 신은 절대로 사람과 같은 모습을 하고 있을 리 없으며, 신의 구원이 공포에 기초를 두고 있으면 안 된다는 것들이 그의 주장 중 일부였다. 그는 이 모든 생각을 공공연히 말했을 뿐만 아니라 글로 남겼다. 예상대로 유대 교회는 그에게 비난과

훈계의 반응을 보였다. 그 후 수십 년 동안 다 코스타는 교회로부터 파문당했다가 복권되기를 거듭했다. 한때는 함부르크의 유대인 공동체에서 안식처를 찾았으나 마침내 그곳에서마저 추방당했다. 다 코스타 사건은 유대인 사회에서 점점 심각한 문제로 대두되었다. 왜냐하면 공동체의 지도자들은 다 코스타처럼 노골적인 이단이 공동체 전체의 명예를 더럽히고 심지어 그보다 더 나쁜 결과를 초래할 수도 있다고 생각했기 때문이다. 어쩌면 네덜란드 당국은 유대인의 반종교적 감정이 네덜란드 신교도 전체로 퍼져 나갈 것을 두려워해서 유대인 집단 전체에 보복을 고려했을 수도 있었다.

1640년(또는 늦어도 1647년) 다 코스타 사건은 절정에 이르렀다. 유대 교회는 어떻게든 이 위험하고도 당혹스러운 사건을 해결하고 싶었고, 이제 50대 중반에 접어들어 정신적으로나 신체적으로나 확연히 지친 다 코스타 역시 이 끝나지 않은 싸움의 끝을 보기를 원했다. 그리하여 해결안이 대두되었다. 다 코스타가 유대 교회에 나와서 자신의 주장을 공개적으로 철회해서 모든 사람들에게 그가 회개하는 모습을 보여 주는 것이 바로 그것이었다. 그런 다음 그의 죄의 심각함을 간과하지 않도록 하기 위해서 그는 체벌을 받을 예정이었다. 그런 다음에 그는 유대인 국가에서 자신의 지위를 되찾게 될 것이었다.

다 코스타는 그의 저서 『인간 삶의 전형(*Exemplar Vitae Humanae*)』에서 여전히 공동체의 사상에 반기를 들고 있으며, 그가 해결안을 받아들인 것이 그의 생각이 바뀌었음을 의미하는 것이 아님을 분명히 하고 있다. 그는 단지 계속되는 모욕과 육체적으로 기진한 상태 때문에 다른 선택의 여지가 없었기 때문이라고 말하고 있다.

체벌은 완전히 공개적인 상태로 집행될 예정이었고 사람들의 기대감이 부풀어 올랐다. 거대한 무대에서 굉장한 공연이 벌어지게 되었다. 유대 교회당 안에는 남녀노소가 가득 모여들어 한 치도 움직이기 어려울 정도로 빽빽하게 자리를 채우고 앉거나 서서 진귀한 구경거리가 벌어지기를 기다렸다. 흥분한 사람들이 뱉어 내는 입김으로 공기는 끈적거렸고 목재 바닥 위의 모래가 사람들 발에 긁히는 소리 외에는 정적이 감돌았다.

정해진 시점에 다 코스타는 예배대 중앙으로 올라 집회의 지도자들이 준비한 선언문을 읽어 나갔다. 선언문에서 그는 자신이 저지른 수많은 죄악들, 안식일을 지키지 않은 죄, 율법을 지키지 않은 죄, 다른 사람들이 유대교 신앙으로부터 멀어지도록 부추긴 죄 등이 천 번 죽어도 마땅한 것이지만 앞으로 다시는 그와 같은 가증스럽고 배은망덕하며 심술궂은 일을 저지르지 않을 것을 약속함으로써 그의 죄를 용서받을 것이라고 밝혔다.

선언의 낭독이 끝나자 그는 예배대에서 내려왔다. 그러자 랍비 한 사람이 그의 귀에 대고 예배당 한쪽 구석으로 가라고 속삭였다. 그는 지시에 따랐다. 구석으로 가자 누군가가 그에게 윗도리를 벗고 신발도 벗고 손수건을 머리 주위에 감으라고 말했다. 그런 다음 그는 기둥에 기대 서서 손을 묶였다. 이제 예배당 안은 무시무시한 정적이 흘렀다. 그러자 가죽 채찍을 손에 든 사람이 다 코스타에게 다가와 그의 등에 39번의 채찍질을 가했다. 체벌이 진행되는 동안 한쪽에서는 마치 매질의 박자를 맞추기라도 하듯 찬송가를 합창했다. 다 코스타는 매질의 횟수를 세어 가면서 매를 때리는 사람에게 율법에서 명시한 40대를 넘기지 말 것을 당부했다.

체벌이 끝나자 다 코스타는 바닥에 앉아 다시 옷을 입는 것이 허용되었다. 그런 다음 랍비는 모든 사람에게 다 코스타의 지위가 다시 복위되었음을 선언했다. 파문은 이제 철회되었고, 다 코스타에게 유대 교회의 문이 열리게 되었으며, 언젠가 천국의 문 역시도 그에게 열릴 것이라고 말했다. 그 선언에 청중들이 갈채를 보냈는지 침묵했는지는 기록되어 있지 않다. 나는 청중들이 침묵했으리라고 믿는다.

그런데 의식은 이것으로 끝난 것이 아니었다. 다 코스타에게 교회 현관으로 가서 문턱을 따라 바닥에 누우라는 명령이 내려졌다. 한 사람이 그가 눕는 것을 돕고 손으로 그의 머리를 부드럽게 붙잡아 주었다. 그런 다음 교회 안을 채우고 있던 사람들, 남자와 여자와 어린아이들이 모두 그의 몸을 밟고 지나서 교회 밖으로 나가야 했다. 다 코스타의 몸을 밟은 사람은 아무도 없었다, 단지 타 넘어 지나갔을 뿐이라고 회고록에 적고 있다.

이제 교회는 텅 비었다. 몇몇 사람들만이 남아서 다 코스타에게 처벌이 무사히 집행되었고 그의 새로운 삶이 시작된 것을 따뜻하게 축하했다. 그들은 다 코스타를 일으켜 주고 수많은 사람들의 발에서 떨어진 모래가 묻어 있는 그의 옷을 털어 주었다. 다 코스타는 이제 다시 새로운 예루살렘의 훌륭한 지위를 갖춘 구성원이 되었다.

그런데 이러한 상황이 정확히 며칠이나 지속되었는지는 분명하지 않다. 다 코스타는 집에 틀어박혀서 그간 써 오던『인간 삶의 전형』원고를 마무리했다. 이 책의 마지막 10쪽은 그의 체벌 사건과 유대 교회와 벌였던 그의 무력한 투쟁에 대해 다루고 있다. 원고가 완성된 후 다 코스타는 권총 자살을 시도했다. 첫 번째 탄환은 목표물을 빗나갔지만 두 번째 탄환은 명중했다. 그는 말뿐만 아니라 행동으로 그의 진실한 심경을 보여 주었던 것이다.

스피노자의 책이나 지금까지 남아 있는 서신 어느 곳에도 다 코스타의 이름은 언급되지 않는다. 그러나 스피노자가 다 코스타에 대해 샅샅이 알고 있었다는 것은 분명한 사실이다. 물론 그 당시 다 코스타 외에도 유대 교회로부터 파문을 당하고 자신의 주장을 철회하고 공개 처벌을 받은 사람들이 더 있었다. 1639년에는 아브라함 멘데스(Abraham Mendes)라는 사람이 그와 비슷한 처벌——주장의 공개적 철회, 매질, 드러누운 채로 사람들에게 밟히는 벌——을 받았다. 그러한 사실로 미루어 볼 때 유대 교회는 구성원들에게 주저하지 않고 그와 같은 형벌을 가했던 것으로 보인다.[7] 그러나 다 코스타의 사건은 그중에서도 가장 두드러졌다. 그는 단순한 이단자가 아니라 공개적이고 널리 알려진 이단자였다. 그는 수십 년에 걸쳐서 자신의 주장과 행동을 고집해 왔다. 그렇기 때문에 이 사건은 거의 추문에 가까운 것이었다. 당시 여덟 살 또는 열다섯 살이었던 스피노자는 아버지와 형제들과 함께 다 코스타의 공개 처벌 현장의 청중들 틈에 있었다. 뿐만 아니라 이 사건은 그 후로도 몇 년 동안 본보기로 거론되었고, 어떤 사람들은 스피노자가 조직적 종교에 대해 거론한 글에서 이 사건을 짐짓 가리키는 듯한 느낌을 받기도 한다. 마지막으로 가장 중요한 사실로서 조직적 종교에 대한 다 코스타의 입장은 바로 스피노자의 입장이기도 했다.[8] 다 코스타의 사유의 깊이는 스피노자에 필적할 바는 되지 못했다. 그는 그저 불공정하고 불합리한 모든 것을 목격하고 괴로워하고 분노함으로써 그에 대응하는 고민하는 인간이었을 뿐이다. 그가 위선에 대하여 목소리를 높였다고는 하지만 그런 행동을 한 사람이 그 한 사람만은 아니었다. 그의 진정한 독창성은 순교에 있다. 스피노자가 이 사건을 언급하지 않은 것은 다 코스타의 영향을 부정하겠다는 그의 결심을 반영하는 것일지도 모른다. 어쨌든 다 코스타가 주장하던 생각은 새로운 것이 아니었으며, 다 코스타는 그와 같은 사상에 대해 스피노자처럼 깊이 있는 분석을 시도하지도 않았다. 아니면 스피노자는 단순히 그의 영향을 받고 고심했으나 의식적으로든 무의식적으로든 부채 의식을 시인하고 싶지 않았을지도 모른다.(우연히도 반 덴 엔덴과의 관계에 대해서도 같은 추측을 해 볼 수 있다. 스피노자는 한 번도 반 덴 엔덴의 이름을 인용한 적이 없다.) 어찌되었든 간에 다 코스타 사건은 아마도 스피노자에게 엄청난 충격을 주었을 것이다. 물론 『인간 삶의 전형』에 드러난 분석보다는 그 사건의 극적인 요소 때문에 말이다. 처벌받던 날의 상황에 대한 다 코스타의 묘사는 자신의 투쟁을 앞두고 있는 스피노자의 간담을 서늘하게 했을지도 모른다. 그리하여 그 자신의 파문이 벌어지던 현장에 나타나지 않기로 결심하도록 만들었는지도 모른다. 다 코스타의 회개문이 낭독되던 바로 그 연단에서 스피노자의 헤렘(cherem)이 선고되었다. 그러나 스피노자는 그 자리에 참석하지 않았다.

유대인 박해와 마라노 전통

　암스테르담의 유대인 사회는 겉보기에는 번영하는 듯했지만 실제로는 매우 불안정했다. 어느 유대인의 잘못된 행보가 네덜란드의 칼뱅파 그리스도교인 당국자들에게 밉보여 공동체 전체가 비난과 처벌의 대상이 될지 모른다는 두려움이 항상 그들 주위를 맴돌았다. 유대인들은 박해에 익숙한 민족이었다. 그리고 암스테르담에서의 삶은 발끝으로 선 위를 걸어가듯 조심스러워야 한다는 데에 공동체 구성원들이 암묵적으로 동의하고 있었다. 신에 대한 믿음을 공개적으로 나타낼 필요가 있지만, 유대교를 공개적으로 옹호하거나 네덜란드 사람들에게 유대교를 전파하려고 시도해서는 안 되었다. 네덜란드 사람들과 결혼을 해서도 안 되었다. 그리고 무엇보다도 매사에 신중해야 했다.

　네덜란드 사람들에게 유대인들은 유용한 손님일 뿐 동포는 아니었다. 그들이 착실하게 행동한다면 시민의 자유를 누리는 보상을 받을 것이다. 그러나 언제든 이러한 자유를 잃게 될지도 모른다는 두려움이 그들을 떠나지 않았다. 다 코스타의 처벌은 공동체 사람들에게 이러한 위험을 상기시켜 주기 위해 계획된 것이라고 볼 수도 있다. 스피노자 세대의 유대인들은 아마도 스스로를 망명자라기보다는 네덜란드 인이라고 여겼을 것이다. 실제로 스피노자도 시간이 흐름에 따라서 자신을 네덜란드 인으로 여겼다. 그러나 이러한 정체성의 토대는 만들어진 지 얼마 되지 않았고, 그리 단단하지도 못했다.

　당시 암스테르담에 새로 지어졌던 포르투갈계 유대 교회의 건축양식이 그와 같은 상황을 대변해 주고 있다. 1675년 문을 연 이 웅장한 건축물은 여러 채의 건물로 이루어졌지만 한 담장으로 둘러쳐져 있다. 이러한 형태에는 예배당과 학교, 어른들이 회합을 가지고 아이들이 뛰어놀 안마당 등을 바깥 세계와 분리시켜 보호하고자 하는 노력이 엿보인다.

유대인 공동체의 지도자들은 구성원들이 네덜란드 사람들이 정해 놓은 규범을 위반하지나 않을까 진심으로 우려했다. 첫째, 유대인 지도자들은 네덜란드가 사업상의 이익을 생각할 때 유대인들을 반겨 맞아 주겠지만 이러한 환영의 정도는 네덜란드 당국자들 중 한 집단의 두드러진 관용과 후한 태도에 달려 있다는 사실을 잘 알고 있었다. 그런데 변덕스러운 정치 상황의 기복에 따라 이 집단의 크기가 변했고 그에 따라 유대인에 대한 호의적 영향력이 줄어들기도 하고 늘어나기도 했다. 예를 들어서 더빗이 국무장관으로 있을 때 네덜란드는 그 시대에서 가장 진보된 민주주의 공화국이었다. 그 기간에 보수적이고 편향적인 오라네 가문의 영향력은 억제되었다. 그러나 1672년 더빗이 암살당한 후에는 상황은 역전되었고 민주주의의 꿈은 가로막히게 되었다.

둘째, 유대인 공동체는 상당한 결속력을 지니고 있었지만 그렇다고 해서 내부에 구성원 간의 알력과 긴장이 없었던 것은 아니었다. 예를 들어서 종교적 관행에 대한 의견 충돌이 있었다. 거의 모든 공동체 구성원들이 포르투갈에서 살 때 교회의 도움 없이 집에서 비밀스럽게 종교적 관행을 지켜왔으니만큼 그러한 충돌은 당연한 것이었다. 그리고 일련의 사회 문제에 대해서도 갈등을 보였다. 그 역시 전통적으로 흩어져 살아온 집단에서는 당연하고도 불가피한 일이었다. 공동체의 지도자들은 이러한 갈등이 네덜란드 사람들의 눈에 띄지 않게 하기 위해 안간힘을 다했다. 그들이 네덜란드 사람들에게 보여 주고자 했던, 신을 사랑하고 근면한 사람들이라는 이미지가 산산조각 나서는 안 될 일이었다. 이미 널리 퍼진, 세파르디 유대인들은 성적 욕구가 엄청나다는 평판만으로도 창피하기 이를 데 없었던 터였다. 게다가 대부분 매우 가난하고 교육을 제대로 받지 못한, 북유럽이나 동유럽에서 이주해 온 완전히 다른 성향의 유대인 이민 집단을 상대하는 것 역시 벅찬 상황이었다. 스피노자는 온갖 종류의 인간 갈등, 즉 개인 간의 갈등, 사회적 갈등, 종교적 갈등, 정치적 갈등을 주의 깊게 목격하며 자라났다. 그가 홀로 떨어져 있는, 종교적·정치적 제도 속에서의 인간 존재와 인간의 약점에 대해 이야기할 때 그는 자신의 주제에 대해 진정으로 잘 알고 있었다.

스피노자는 세파르디 유대인들이 저지국으로 이주하기 전의 역사에 대해 매우 잘 알고 있었다. 그리고 유대인들이 봉착한 문제점의 종교적·정치적 측면에 대해서도 속속들이 파악하고 있었다.『신학정치론』에 이에 대해서 언급되어 있다. 그가 철학의 주제를 선택하고 그 형태를 잡아 나가면서 이러한 역사의 무게를 피해 나갈 수 없었다. 그리고 마라노는 이 역사의 중요한 일부이다.

마라노의 전통은 그리스도교로 개종할 수밖에 없었던 유대인들이 비밀스럽게 실천해 온 유대교의 의식으로 이루어져 있다. 이러한 전통이 시작된 것은 스페인에서 유대인들이 추방되었던 1492년으로부터 수십 년 전부터였지만 특히 1500년 이후 포르투갈에서 성행했다. 그 후 1세기가 지나서도 이러한 전통은 계속되었다. 유대인 사회의 엘리트들이 저지국으로 대거 이주해 갈 무렵이었다.[9]

1492년 이후 많은 스페인계 세파르디 유대인들이 포르투갈로 이주했다. 어떤 기록에 따르면 10만 명이 넘는 사람들이 국경을 넘었다고 한다. 당시까지만 해도 포르투갈이 평화적인 방식으로 유대인들을 대했기 때문이다. 그러나 작은 규모였던 공동체가 급격히 커지면서 여러 가지 사회 문제가 생겨나기 시작했다. 새로 이주해 온 유대인들을 포르투갈의 사회 구조에 어떻게 편입시키는지가 무엇보다 심각한 문제였다. 대부분 상인, 금융가, 전문 직업인, 숙련된 장인으로 구성된 새로 이주해 온 유대인들의 부와 지위는 그들을 당시 포르투갈의 소부르주아와 뚜렷이 구분되게 만들었다. 그렇다고 귀족이나 일반 평민과도 섞일 수 없었다. 그들은 딱히 들어맞는 자리를 찾기 어려웠다. 수많은 불안과 동요 끝에 주앙 2세와 그의 뒤를 이은 마누엘 1세는 서로 크게 다른 전략을 가지고 이 문제에 대처했다. 1492년 이 문제가 처음 등장했을 때 주앙 2세는 새로 이주해 온 유대인들에게 엄청난 세금을 물리는 방법을 택했다. 포르투갈에 몇 달 체류하기 위해서는 한 사람당 8크루자도(cruzado)를 내야 했다. 그리고 그 임시 체류 기간이 끝나고 나서 영주권을 얻기 위해서는 엄청난 액수의 비공개적 세금을 왕에게 내야 했다. 그 돈을 내지 못하는 탈주자들에게는 시민권이나 시민의 자격이 부여되지 않았다. 그러한 사람들은 사실상 왕의 소유가 되고 그들의 운명은 왕의 처분에 맡겨지게 되었다. 한편 주앙 2세의 왕위를 물려받은 마누엘 1세는 완전히 다른 방식을 채택했다. 당시 포르투갈은 영토 규모나 국민 수에 비해 터무니없이 거대한 식민지 산업을 경영하고 있었다. 그리고 마누엘 1세는 이 엄청난 과업을 수행하는 데 도움을 줄 유대인의 잠재적 가치를 인식하게 되었다. 그에 따라 그는 유대인들의 시민권을 복위시켜 주었다. 그런데 이 훌륭한 정책의 이면에는 너무나 값비싼 대가가 있었다. 유대인들은 시민권을 받는 대신 그리스도교로 개종해야 했다. 즉 세례를 받거나 아니면 포르투갈 땅에서 떠나야 했던 것이다.[10]

처음에는 추방당하고, 그 다음에는 착취당했던 유대인들은 이제 세례를 당하게 되었다. 그 이후의 유대인의 운명을 숫자를 들어 정확하게 명시하기는 어렵지만 대충 이런 일이 일어났다. 세파르디 유대인의 상당수는 포르투갈 식의 그리스도교에 동화되었다. 얼마나 쉽게 동화되었는지는 각기 다르겠지만 말이다. 그들은 콘베르소 또는 새로운 그리스도교인(cristos-novos)이 되었다. 오늘날에도 그들의 자손을 찾아볼 수 있다. 여러 세대를 거치면서 그들은 가톨릭 신자가 되거나 개신교도가 되거나 아무런 종교도 믿지 않게 되기도 했다. 그들은 이 오래된 국가의 삶에 섞여 들어갔으며 5세기가 지나는 동안 유대인으로서의 정체성은 흐려졌다. 한편 세파르디 유대인 중 또 다른 무리들은 마라노가 되었다. 마라노는 스페인 어 marrar에서 비롯되었는데, 이 단어는 매우 모욕적인 욕설('돼지 같은'이라는 의미)이나 지적 박약('불완전' 또는 '실패'라는 의미도 있다.)을 의미한다.

마라노의 운명은 상당히 다양하게 펼쳐졌다. 일부는 결국 포르투갈에서도 실시하게 된 종교재판(1536년)[11]에서 죽어 갔다. 종교재판은 포르투갈에 와서는 신교도 이단자——포르투갈에는 박해를 가할 신교도가 그다지 많지 않았다.——에서 마라노로 목표물을 바꾸게 되었다. 그 편이 교회 입장에서나 국가 입장에서 더욱 수지가 맞았던 것이다.[12] 마라노 가운데 또 다른 일부는 점점 와해되어 가는 역사적 전통을 지키고자 하는 위험스럽고 용감한 결심을 저버리고 다른 포르투갈 유대인의 대열에 합류했다. 그리고 마지막으로 일부 마라노들은 결국 포르투갈을 떠났다. 이들은 상당한 부와 외국에 끈이 있어 이주할 능력이 되었던 소수의 유대인들이다.

마라노는 자신의 이름을 자주 바꾸었다. 가브리엘이 위리엘로 이름을 바꾼 것처럼 상징적인 이유에서만은 아니었다. 그들이 이름을 자주 바꾼 것은 자신을 보호하기 위해서였다. 이처럼 여러 개의 이름을 사용할 경우 종교재판소의 스파이들을 혼란시켜서 아직 포르투갈에 남아 있는 친척들이 의심을 받는 것을 늦출 수 있었다. 행동뿐만 아니라 생각까지도 숨겨야 한다는 사실이 스피노자가 자라날 무렵 어른들 사이에서 싹트기 시작했다. 금욕주의적 태도는 마라노의 삶이 가져다준 또 하나의 유산이다. 마라노들은 수십 년에 걸쳐서 넓게는 삶 전체를, 그리고 좁게는 신앙을 종교 제도의 도움 없이—유대인 교회는 당연히 문을 닫았을 터이니—제 몸을 숨겨 가며 유지해야 했다. 이것은 불굴의 용기 없이 불가능한 일이었다. 결국 스피노자가 자신의 생각을 숨겨야 하는 상황을 맞게 되었을 때—그 이유는 마라노 유대인들의 경우와 다를 것이 없었다.—이러한 조상의 경험은 매우 유용하게 쓰였다. 정교하게 자신을 위장하는 전통이 자연스럽게 되살아났다. 또한 스피노자의 삶의 방식을 규정하던 금욕주의적 경향 역시 멀리 그리스 철학에서 찾을 필요가 없다. 그리고 무엇보다 중요한 사실로서 세파르디 유대인들이 당시 겪었던 역사는 스피노자로 하여금 수 세기 동안 유대 민족의 결속을 유지해 준 종교와 정치의 기묘한 조합에 대면하도록 했다. 나는 이러한 대면이 스피노자가 그 역사의 한 자리를 차지하도록 이끌었다고 믿는다. 그 결과 인간 본성에 대한 야심 찬 관점이 탄생하게 되었고, 그 관점은 단순히 유대 민족이 직면한 문제를 넘어서서 인류 전체에 적용될 수 있었다.

마라노들이 암스테르담에서 경험한, 현기증이 날 만한 자유에 대한 감각 없이도 과연 스피노자가 그와 같은 사상에 이르게 되었을까? 나는 그렇지 않았으리라고 생각한다. 만일 스피노자의 부모가 포르투갈에 남아 있었다고 하더라도 스피노자가 우리가 아는 그 스피노자가 될 수 있었을까? 우리는 포르투나 비디게이라, 또는 벨몬테에서 자라난 스피노자의 모습을 상상할 수 있을까? 절대 그럴 리

없고, 그 이유를 수천 가지 댈 수가 있다. 마라노의 마음에 자리 잡은 타고난 갈등이 그를 타협의 여지가 없는 종교적 힘으로부터 멀어져 자연과 세속으로 가까이 가도록 만든 것은 사실이다.[13] 그러나 마라노의 갈등이 아무리 강하다고 하더라도 그의 창조력에 불을 지필 불꽃이 필요했을 것이다. 그 불꽃은 바로 자유였다. 네덜란드가 스피노자의 사후 그의 사상을 어떻게 다루었는지 상기해 본다면 내 말이 역설적으로 들릴지도 모른다. 그러나 사실 그렇지 않다. 네덜란드는 스피노자의 사상을 환영하거나 받아들일 만큼 자유롭지는 못했지만 스피노자가 그 시대의 새롭고 적절한 사상들을 광범위하게 읽을 수 있고 자신의 생각을 다양한 종교적·사회적 배경을 지닌 사람들과 토론할 수 있는 환경을 만들어 주기에는 충분할 만큼 자유로웠다. 뿐만 아니라 인간의 본성에 대한 사고를 재정립하는 단 한 가지의 활동에만 온 힘을 기울이는 것을 가능하게 해 줄 정도로 자유로운 곳이기도 했다. 포르투갈 또는 17세기의 다른 어느 나라에서도 이러한 조건 중 어느 하나도 충족할 수 없었을 것이다. 고난을 겪은 민족의 억압된 갈등을 재능 있는 인간의 창조적 생산물로 승화시키는 데에 네덜란드 황금기의 독특한 분위기가 촉매 작용을 했던 것이다.

파문

추방당한 사람들의 사회에서 태어난 스피노자는 스물네 살이 되었을 때 바로 그 사회에서 추방당하게 되었다. 그 결과 그는 물리적으로나 사회적으로 더욱 극심한 고립 상황에 처하게 되었고, 그는 오직 그의 사상의 보편적 성격에서만 그러한 고립을 뛰어넘을 수 있었다. 그와 유대 교회의 관계의 마지막 장은 다 코스타의 경우만큼이나 극적이었다. 랍비들은 스피노자의 사상에 대해 알고 있었고 그가 많은 율법에 반대하는 주장을 품고 있다는 사실을 깨닫게 되었다. 그러나 스피노자는 그의 아버지가 죽기 전까지는 랍비 개인들과의 논쟁을 제외하고는 자신의 생각을 사람들에게 드러내 놓고 말하지도 않았고 글로 남기지도 않았다. 그는 계속해서 유대 교회에 나갔다. 그리고 그가 스물두 살 되던 해 그의 아버지가 죽자 집안 회사의 경영을 맡게 되었다. 이 시점부터 확연한 변화가 시작되었다. 그는 점점 더 자신의 목소리를 드러내게 되었고 자신의 견해가 불러일으킬 당혹감을 더 이상 두려워하지 않게 되었다. 그는 유대인 공동체 바깥에서 긴밀한 우정을 맺기 시작했다. 또한 유대인 사회 구성원과의 사이에서 일어난 세속적 문제—예를 들어 사업 문제, 재산 문제 등—분쟁을 네덜란드 사회로 가지고 나가기도 했다. 전통적으로 유대인 사회에서 이러한 문제는 공동체 내에서 해결해야만 했다.

유대 교회의 장로들은 스피노자의 생각과 행동을 바꾸기 위해서 그들이 할 수 있는 모든 노력을 기울였다. 그들은 해마다 1,000플로린의 연금을 지급할 것을 약속하기도 했다. 그러나 우리는 스피노자가 경멸감을 거의 감추지도 않은 채 그 제안을 거절했을 것이라고 상상할 수 있다. 나중에 그들은 '낮은 수준의' 파문으로서 스피노자를 30일 동안 공동체로부터 격리했다. 그 후에 심지어 암살을 기도하기도 했다. 그러나 스피노자는 살아남았고 이러한 기도는 그의 결심을 더욱 굳혔을 뿐이다.

1656년 7월 26일, 유대 교회는 마침내 '높은 수준의' 헤렘을 결정했다. 이 헤렘에 대해서는 약간의 부연 설명이 필요하다. 헤렘은 보통 '파문'으로 번역되지만, 좀 더 정확한 번역어는 '추방' 또는 '격리'이다. 이 처벌은 교회 당국이 아니라 공동체의 원로들로 구성된 위원회에 의해 집행되었다. 물론 랍비에게 자문을 구하기는 했지만 그 결과는 종교적인 것만이 아니었다. 헤렘을 받은 사람은 물리적으로나 사회적으로 공동체로부터 격리된다. 그러나 한편 우리는 이 헤렘이 가톨릭의 파문에 해당되는 이교도 화형식에 비하면 얼마나 약한 것인지 생각해 보아야 한다. 심지어 불쌍한 다 코스타에게 가해진 39대의 매질도 종교재판에서 회개하지 않는——회개할 것이 있든 없든 간에——이단자에게 가해지는 고문이나 타오르는 장작더미에 비교하면 약과일 뿐이다. 과연 사악함에도 단계가 있는 법이다.

그러나 암스테르담 유대인 공동체의 기준으로 볼 때 스피노자에게 내려진 헤렘은 잔인하고 예외적이며 폭력적이고 파괴적인 것이었다. 또한 유대인들이 이러한 처벌을 수치스럽게 생각했다는 것도 거의 확실하다. 스피노자의 동시대 전기 작가인 요하네스 코렐루스(Johannes Colerus)가 처음으로 헤렘과 관련된 문서를 입수하려고 시도했을 때 공동체의 원로들은 완강히 거부했다.

당시 유대인 공동체의 기록에 따르면, 스피노자가 태어난 후 헤렘을 받기까지 그의 헤렘까지 포함해서 15건의 헤렘이 있었다. 그중 다른 헤렘들은 스피노자의 경우와 같이 심한 언어의 폭력이나 비난이 나타나지 않는다. 흥미로운 사실로서, 헤렘의 일부인 교회의 저주의 문구는 베네치아의 세파르디 유대인 공동체의 장로들이 수십 년 전에 쓴 것이다. 이 문구들은 1656년보다 훨씬 전 암스테르담의 유대인 장로들이 외국에서 들여온 처벌 형식을 담은 책에 나오는 문항 가운데 하나이다. 바로 이 문구는 딱 한 번 사용되었는데, 이 문구를 선택한 사람은 다름 아닌 스피노자의 옛 스승이자 죽은 아버지의 가까운 친구였던 랍비 모르테이라이다. 그 저주의 문구를 소개하는 것도 의미 있을 것이다. 다음은 1880년 스피노자 학자인 프레더릭 폴락(Frederick Pollock)이 제공한 포르투갈 어 원문을 번역한 것이다.

여러분이 알다시피 유대인 위원회의 수장들은 바루흐 데 에스피노자의 사악한 견해와 저서에 대해 알고 있었다. 수장들은 다양한 방법과 약속을 통해서 그를 사악함으로부터 끌어내고자 노력을 기울였다. 그러나 아무런 치료책을 찾을 수 없었으며, 그가 날이 갈수록 더욱 가증스러운 이단적 행동을 하고 이단적 사상을 퍼뜨리고 언어 도단의 행위를 저지른다는 사실을 알게 되었다. 이러한 사실을 목격한 신뢰할 만한 증인들이 당사자인 에스피노자 앞에서 증인 선서를 하고 유죄를 입증했다. 장로들은 이 모든 사실을 검토했으며, 그들은 에스피노자가 파문당하여 이스라엘 왕국으로부터 단절되어야 한다는 데에 동의했다. 그에 따라 우리는 에스피노자를 다음과 같이 저주하고 파문하는 바이다.

천사와 성인들의 판단에 따라, 그리고 장로들 및 이 성스러운 자리에 참석 모든 사람들의 동의를 얻어 우리는 바루흐 데 에스피노자를 파문하고, 추방하며, 저주하는 바이다. 성서를 증인 삼아, 그리고 그 안에 담긴 613가지 가르침에 의거하여, 여호수아가 여리고(지금의 예리코—옮긴이)를 저주한 예를 따라, 엘리사가 그의 자식들을 저주한 예에 따라, 율법에 기록된 모든 저주를 그에게 가하는 바이다. 그는 낮에도 저주받고 밤에도 저주받을지어다. 그는 자는 동안에도 저주받고 깨어 있는 동안에도 저주받을지어다. 그는 나갈 때도 저주받고 들어올 때도 저주받을지어다. 신은 그를 용서치 않을 것이며 신의 분노와 격분이 이 자를 향해 타오를 것이며 율법 책에 씌어진 모든 저주가 그에게 떨어질 것이다. 신은 태양 아래 그의 이름을 모두 파괴할 것이며 그의 죄악으로 말미암아 이 책에 씌어 있는 모든 천계의 저주를 통해 그를 전체 이스라엘 부족으로부터 격리시킬 것이다. 그러나 신에게 결합된 자들은 영원한 삶을 살 것이다.

그리고 다음과 같이 경고하노니, 어느 누구도 말이나 글로 그와 대화해서는 안 될 것이며, 어느 누구도 그에게 호의를 보여 주어서는 안 될 것이며, 어느 누구도 4큐비트(약 2미터—옮긴이) 이내로 그와 가까이 해서도 안 될 것이고, 어느 누구도 그의 저작을 읽어서는 안 될 것이다.[14]

이리하여 스피노자는 공식적으로 유대인 사회로부터 단절되었다. 그의 가족들이나 그를 알고 지내던 유대인들은 그와 함께 지내는 것도, 그를 만나는 것도 금지되었다. 그는 이제 새처럼 자유로워졌고, 동시에 새처럼 아무것도 가진 게 없는 상태가 되었다. 그는 이후로 자신을 베네딕투스라고 불렀다.

그런데 우리가 눈여겨보아야 할 사실은 이 공개적인 추문의 상황 속에서도 스피노자는 그에 대한 심판이 야기한 곤란과 곤혹에 대해 이야기함으로써 대중의 마음을 얻고자 하는 노력을 하지 않았다는 점이다. 그는 원했다면 아마도 유대 교회의 오만함을 들춰 내고, 강력한 수사학적 반론으로 헤렘에 맞대응할 수도 있었을 것이다. 그러나 그는 그렇게 하지 않았다.[15]

스피노자의 이러한 신중함은 몇 년이 흐른 후에 오직 라틴 어로만 그의 저작을 남기는 것으로 이어졌다. 그렇게 함으로써 충분히 교육받은 사람들만 그의 글을 읽고 글에 담긴 잠재적으로 문제가 될 만한 사상에 동의하기를 바랐던 것이다. 나는 스피노자가 삶의 균형을 유지하는 데 신앙 외에 아무것도 가진 것이 없는 사람들에게 자신의 사상이 가져올 충격을 놓고 진심으로 우려했을 것이라고 생각한다.

1656년 7월 26일 한여름 날, 스피노자는 아마도 유대 교회에서 그리 멀지 않은 곳에 있는 그의 네덜란드 인 친구의 집에서 자신의 헤렘 소식을 전해 들은 것으로 추정된다. 그는 그 소식에 대해 다음과 같은 말을 남겼다.

"이 일이 있다고 해서 내가 하지 않았을 일을 하게 되지는 않을 것이다."

간단 명료하고, 위엄 있고, 요점을 꿰뚫는 말이 아닐 수 없다.

스피노자의 유산

스피노자의 유산은 슬프고도 복잡한 문제이다. 어쩌면 당시의 역사적 상황과 타협하지 않고자 했던 그의 입장을 고려해 볼 때 격렬한 공격과 그의 금서 조치는 예상할 만한 것이라고 생각할 수도 있다. 스피노자 스스로 취했던 경계와 조심성에서 나타나듯, 어느 정도까지는 그러한 생각이 맞다. 그러나 실제 반응은 어느 누구의 예상보다 강렬했다.

스피노자는 유서를 남기지 않았다. 대신 자신의 친구이자 암스테르담의 출판업자였던 리우어르츠에게 스피노자 원고의 상세한 처리 지침을 남겼다. 리우어르츠는 신의가 두터운 사람이었고 또한 대단히 용감하고 영리한 사람이었다. 스피노자는 1677년 2월에 사망했고, 그해 연말에 『유고집(Opera Posthuma)』이 출간되었다. 그리고 이 책에 『에티카』가 수록되어 있었다. 1678년부터는 이 책의 네덜란드 어와 프랑스 어 번역본이 출간되기 시작했다. 리우어르츠와 그를 도왔던 다른 스피노자의 친구들은 스피노자의 사상에 대한 가장 극렬한 분개와 비판을 마주해야 했다. 유대인과 바티칸과 칼뱅파가 비난을 퍼부을 것이라고는 예상했다. 그러나 실제 반응은 그들의 예상을 넘어섰다. 먼저 네덜란드 당국이 이 책을 금서로 지정했고 이러한 조치는 유럽 전역으로 퍼졌다. 네덜란드 곳곳에서 이 책의 판매 금지 조치가 강력하게 시행되었다. 관리들이 서점을 수색하고 책을 모조리 압수했다. 스피노자의 책을 출판하거나 판매하는 것은 불법이었고 그의 책에 호기심을 보이는 것 역시 금지되었다. 리우어르츠는 일관되게 원고의 원래 내용에 대해 아무것도 모르고 인쇄된 책에 대해서도 전혀 책임이 없다고 주장하면서 노련한 솜씨로 당국의 철퇴를 피했다. 그는 가까스로 얼마간의 책을 네덜란드와 해외에 불법적으로 유통시킬 수 있었다. 그것이 정확히 몇 권인지는 분명하지 않다.

그리하여 스피노자의 글은 유럽 곳곳의 개인 서가에 안전하게 보존될 수 있었다. 이것은 교회와 정부 당국에 대한 명백한 도전이었다. 그의 글은 특히 프랑스에서 널리 읽혔다. 그의 주장 가운데 좀 더 이해하기 쉬운 측면들—조직적 종교 및 종교와 국가와의 관계에 대하여 다루는 부분—은 많은 사람의 생각에 스며들어 지지를 받았다. 그러나 전반적으로 볼 때 교회나 정부가 싸움에서 승리를 거두었다고 볼 수 있다. 스피노자의 사상은 거의 어떤 글에서도 긍정적으로 인용될 수 없었기 때문이다. 그와 같은 권고는 공개적으로 규범화된 것이라기보다는 은연중에 강요되는 것이었지만 그렇기 때문에 그 효과는 더욱 컸다. 감히 스피노자를 두둔하고 나서는 철학자나 과학자는 거의 없었다. 그것은 재앙을 불러들이는 것이나 마찬가지 행위였기 때문이다. 자신의 주장을 뒷받침하기 위해 스피노자의 주장을 공개적으로 인용하거나 그의 저서에 나타난 비슷한 주장을 언급하는 일은 그 주장이 설득력을 얻을 가능성을 깎아내리는 일에 지나지 않았다. 스피노자는 저주였다. 이것은 스피노자 사후 거의 100년 동안 유럽 전역에서 일어난 일이었다. 반면 스피노자의 주장을 부정적으로 인용하는 것은 환영을 받았고 그 사례도 풍부했다. 포르투갈을 비롯한 일부 지역에서 스피노자를 언급할 때에는 반드시 경멸적 수식어가 따라붙는 것이 관례가 되기도 했다. '뻔뻔스러운', '유해한', '불경스러운' 등과 더불어 심지어 '멍청한'이라는 수식어도 포함되었다.[16] 이따금씩 겉으로는 비판을 앞세우지만 실제로는 암암리에 스피노자의 사상을 전파시키고자 했던 시도도 있었다. 그에 관련된 가장 두드러진 예는 바로 피에르 벨(Pierre Bayle)이 『역사 비평 사전(Dictionnaire Historique et Critique)』에 실은 스피노자 관련 글이다. 마리아 루이사 리베이루 페레이라(Maria Luisa Ribeiro Ferreira) 역시 벨이 스피노자에 대하여 가장 양면적인 입장을 취했으며 그의 애매모호한 태도는 고의적인 듯하다는 점에 동의한다. 그는 스피노자의 사상을 비판하는 듯한 태도를 취하면서 은근히 스피노자의 관점에 사람들의 주의를 환기시켰다.[17] 특히 이 사전에서 스피노자에 관련된 항목이 가장 많은 지면을 차지하고 있다는 점도 주목할 만하다.

그러나 경우에 따라서 이처럼 용의주도한 애매하고 양면적인 태도가 허용되지 않는 경우도 있었다. 그런 상황에서 스피노자의 비밀 숭배자는 스피노자의 철학에 관련된 그의 글을 삭제할 것을 요구받기도 했다. 계몽 운동에 지대한 영향을 미친 몽테스키외의 『법의 정신(L'Esprit des Lois)』(1748년)의 경우가 대표적인 예이다. 윤리, 신, 조직화된 종교, 정치 등에 대한 몽테스키외의 관점은 철저히 스피노자주의적이었으며 또한 바로 그 이유로 비판을 받았다. 몽테스키외는 그와 같은 공격이 가져올 파괴적 결과를 미리 예상하지 못했던 것 같다. 그의 책이 출간된 지 얼마 되지 않아서 몽테스키외는 압력을 받고 스피노자주의적인 자신의 관점을 부정하고 그리스도교의 창조주인 신을 믿는다고 공개적으로 선언을 하게 되었다. 어떻게 그런 신앙심 깊은 신자가 스피노자와 관련이 있을 수 있겠는가? 이 사건에 대한 조너선 이즈레일(Jonathan Israel)의 상세한 진술에 따르면, 그 선언 후에도 몽테스키외에 대한 판단은 계속 유보적이었고 바티칸은 그에게 의심의 눈초리를 거두지 않았다고 한다. 조심하라!

문헌들에서 스피노자의 이름이 자취를 감추게 됨에 따라서 세대가 거듭될수록 그의 사상은 점점 익명의 것이 되어 갔다. 즉 스피노자의 영향이 인정받지 못했던 것이다. 스피노자는 희화되었고 약탈당했다. 살아생전에는 그의 정체성은 유지되었으나 그의 사상이 숨겨질 수밖에 없었는데, 죽어서는 그의 사상은 자유롭게 이리저리 부유하되 저자로서의 그의 정체성은 오직 동시대 사람들에게만 분명히 드러났을 뿐 미래의 세대에게는 주의 깊게 감추어져 있었다.

그러나 이러한 상황은 마침내 변화하기 시작한다. 최근 스피노자의 저서가 계몽 운동의 발달에서 결정적인 견인차 역할을 했으며 그의 사상이 17세기 유럽의 중심적 지적 논의를 형성했다는 사실이 분명해졌다. 비록 그 당시의 역사를 고려할 때 누구도 그 사실을 믿기는 어렵지만 말이다. 이즈레일은 설득력 있게 이러한 주장을 폈으며, 모든 사람들이 스피노자의 영향력은 죽어 버렸다고 믿게끔 만들었던 깊은 침묵의 이면에 있었던 사실을 밝혀냈다.[18] 이즈레일은 계몽 사상의 출발점부터 존 로크의 저작이 논의를 지배했다는 널리 퍼진 인식에 반하는 증거를 제공했다. 예를 들어서 계몽 운동기의 중심적 저작 가운데 하나인 디드로와 달랑베르의 『백과전서』는 스피노자를 설명하는 데 로크보다 다섯 배나 더 많은 지면을 할애했다. 비록 스피노자보다 로크에게 훨씬 더 많은 칭송을 바쳤지만, 그것은, 이즈레일의 주장에 따르면, "주의를 돌리기 위한 노력"이라는 것이다. 이즈레일은 또한 요한 하인리히 체들러가 1750년에 펴낸 17세기 최대의 백과사전이었던 『완전 대백과사전』에서 '스피노자' 나 '스피노자주의' 라는 항목이 각각 로크에 대한 항목보다 더 많은 분량을 차지하고 있다. 로크의 별 역시 떠오르지만 그것은 좀 더 나중의 일이다.[19]

슬픈 일이지만 젊든 늙든 간에 제정신을 가진 철학자 가운데 스피노자의 제자나 후계자를 자처하기는 고사하고 공개적으로 스피노자에게 경의를 표하는 사람조차도 거의 없었다. 스피노자의 저서들을 출간되기 전에 모두 읽었으며 아마도 그 당시 그 누구보다 스피노자를 이해할 만한 지력을 갖춘 사람이라고 평가받는 라이프니츠조차도 스피노자에게 호의를 표시하지 않았다. 그는 다른 모든 사람들과 마찬가지로 뒤로 물러나 이리저리 잰 신중한 비판을 내놓았을 뿐이다. 계몽 운동의 공식적 지도자들 역시 같은 태도를 취했다. 그들은 사적으로는 스피노자에게 감화를 받고 교화되었지만 공적으로는 스피노자를 비난했다. 스피노자에 대한 볼테르의 짧은 시는 이 철학자에 대한 강요된 공적 비판과 모순된 개인적 감정을 잘 나타내는 예이다.[20] 나는 이 시를 번역해 소개하고자 한다.

> 그리고 여기에 긴 코와 창백한 안색의 한 작은 유대인이 있다.
> 가난하지만 자족하고,
> 깊이 생각에 잠겨 있고 겸손한 그는
> 그의 스승 데카르트의 장막에 가려진 채로
> 한 발 한 발 잰 듯 신중하게 걸어서
> 위대한 존재의 자리로 가까이 오고 있다.
> "실례합니다." 그는 작은 소리로 속삭이며 나에게 말을 건다.
> "그런데 우리끼리 얘기지만 제 생각에 당신은 전혀 존재하지 않는 듯하군요."

계몽 운동을 넘어서

계몽 운동기가 지난 후 스피노자의 영향력은 더욱 공개적인 것이 되었다. 이제 스피노자를 인용하는 것은 더 이상 비난거리가 되지 않았다. 스피노자를 그들의 예언자로 삼는 세속적인 세계가 점차로 성장하게 되었다. 스피노자는 여전히 가브리엘 알비아크(Gabriel Albiac)가 정확하게 묘사한 대로 "사람들이 거의 읽지 않거나, 제대로 읽지 않거나, 아니면 아예 읽지 않는" 철학자였다.[21] 그러나 분명 그의 글을 읽고 그가 밝힌 등불의 빛에 의지해 살아가는 사람들도 있었다. 프리드리히 하인리히 야코비(Friedrich Heinrich Jacobi, 18세기 후반의 독일의 철학자. 계몽적 합리주의에 반발하여 비합리주의를 주창하여 독일 낭만주의와 실존 철학에 영향을 주었다. 저서 가운데『스피노자의 학설』이 있다.—옮긴이)나 프리드리히 폰 하르덴베르크 노발리스(Friedrich von Hardenberg Novalis, 독일 낭만주의의 대표적 시인이자 소설가. 소설『푸른 꽃』이 유명하다.—옮긴이)나 고트홀트 레싱(Gotthold Lessing, 18세기 중반 독일의 극작가이자 비평가로, 독일 계몽주의 및 시민 운동의 기수로 평가된다.—옮긴이)과 같은 철학자들이 각기 다른 시대에 각기 다른 청중들에게 이 사상가를 소개했다. 괴테는 스피노자를 읽고 그의 적극적인 지지자가 되었다. 의심할 여지 없이 스피노자는 괴테의 삶과 작품에 커다란 영향을 미쳤을 것이다.

"나에게 놀랄 만큼 커다란 변화를 일으키고 나의 모든 사유 양식에 깊이 영향을 준 단 한 사람을 꼽자면 그는 바로 스피노자이다. 나의 본성을 개발하기 위한 수단을 찾아 세상 곳곳을 둘러보았으나 찾지 못하다가『에티카』를 쓴 이 철학자를 만나게 되었다. 그의 작품에서 내가 정확히 무엇을 읽었는지 그리고 어떻게 해석했는지는 이야기할 수 없다. 그러나 이 책에는 나의 타오르는 열정을 가라앉혀 주는 것이 있었고, 그것은 장막을 걷어내 넓디넓은 물질적 세계와 도덕적 세계를 내 눈 앞에 드러냈다. 그러나 그 무엇보다 그가 나를 사로잡는 것은 문장 하나하나에서 풍겨져 나오는 사심 없는 태도이다. '신을 사랑하는 사람은 그 보답으로서 신이 자신을 사랑해 줄 것을 기대해서는 안 된다.'라는 놀라운 태도 말이다."[22]

영국의 시인들 역시 소리 높여 스피노자를 옹호했다. 새뮤얼 테일러 콜리지(Samuel Taylor Coleridge, 1772~1834년, 영국의 낭만주의 시인이자 평론가—옮긴이)는 스피노자에게 열광했다. 워즈워스는 그 스스로 자연에 도취되었으며 자연의 신성함에 대한 스피노자의 도취에 다시 한 번 도취되었다. 퍼시 셸리, 앨프레드 로드 테니슨, 조지 엘리엇 역시 스피노자에게 경탄을 보냈다. 한편 만일 칸트가 스피노자의 저서를 읽는 것을 거절하지 않았더라면, 그리고 데이비드 흄이 좀 더 인내심이 있었더라면 스피노자는 좀 더 일찍 철학계로 재입문할 수 있었을 것이다. 마침내 게오르크 헤겔이 이렇게 선언했다.

"철학자가 되기 위해서는 먼저 스피노자주의자가 되어야 한다. 스피노자주의 없이는 철학도 없다."[23]

동시대 과학, 특히 스피노자의 사상과 가장 밀접하게 관련된 생물학이나 인지과학에 대한 스피노자의 영향력은 거의 찾아보기 어렵다. 그러나 19세기에 이르러 사정은 달라졌다. 마음과 뇌의 과학의 양대 태두라고 할 수 있는 빌헬름 분트(Wilhelm Wundt, 1832~1920년, 실험 심리학을 확립한 독일의 심리학자이자 철학자—옮긴이)와 헤르만 폰 헬름홀츠(Hermann von Helmholtz, 1821~1894년, 다수의 분야에서 업적을 남긴 독일의 생리학자이자 물리학자—옮긴이)는 스피노자의 열렬한 추종자였다. 1876년 지금까지 헤이그에 서 있는 스피노자의 조상을 건립하기 위해 모인 세계 각국의 과학자들의 명단 속에서 나는 분트와 헬름홀츠,

그리고 클로드 베르나르(Claude Bernard, 1813~1878년, 『실험 의학 서설』을 남긴 프랑스의 생리학자—옮긴이)의 이름을 찾을 수 있었다.[24] 생명의 균형 상태에 대한 베르나르의 주장이 스피노자에게 영감을 받은 것은 아닐까?

1880년 생리학자였던 요하네스 뮐러(Johannes Müller)는 이렇게 말했다.

"2세기 전 스피노자가 제시한 과학적 결과는 독일의 분트나 [에른스트] 헤켈, 프랑스의 [히폴리트] 텐, 영국의 [앨프리드] 월리스나 다윈과 같은 오늘날 과학자들이 도달한 결과와 놀랄 만큼 유사성을 보인다. 이 점은 생리학의 세계에서 심리학적 질문을 야기한다."[25]

스피노자가 현대 생물학 사상의 선각자였다는 나의 주장은 분명 뮐러에게서도 나타나고 있다. 또한 비슷한 시기에 다음과 같은 말을 남긴 폴락 역시 같은 생각을 가졌을 것이다.

"스피노자는 점점 과학자들의 철학자가 되어 가고 있다."[26]

한편 20세기에 접어들면서 스피노자를 인정하는 경향이 다시 수그러드는 듯한 기미가 보였다. 예를 들어서 스피노자는 프로이트에게 매우 중요한 영향을 미친 것으로 보인다. 프로이트의 시스템은 스피노자가 코나투스에 언급한 자기 보존 장치를 필요로 하며, 그러한 장치가 무의식적인 활동을 통해서 전개된다는 개념을 풍부하게 사용하고 있다. 그러나 프로이트는 한번도 스피노자를 인용한 일이 없었다. 이 문제에 대해 질문을 받자 프로이트는 자신의 주장에서 스피노자의 영향을 언급하지 않은 이유를 설명하는 데 크게 곤혹스러워 했다. 1931년 로타르 비켈(Lothar Bickel)에게 보낸 편지에서 프로이트는 다음과 같이 말했다.

"나는 스피노자의 가르침에 의존하고 있다는 사실을 망설이지 않고 고백할 수 있네. 내가 그의 이름을 직접 인용하지 않은 이유는 내 사상의 신조가 그의 저서를 연구한 결과에서 비롯된 것이 아니기 때문일세. 오히려 그가 만들어 낸 분위기에 빚지고 있다고 할 수 있지."²⁷

1932년 프로이트는 역시 지그프리트 헤싱에게 보내는 편지에서, 스피노자를 인정하는 문제에 대해 다음과 같이 매듭 지었다.

"나는 내 전 생애 동안 이 위대한 철학가와 그의 사상에 특별한 존경심을 품어 왔네. 그렇지만 그렇다고 해서 그것이 나에게 그에 대해 공개적으로 뭔가를 말할 권리를 부여하지는 않는다고 생각하네. 왜냐하면 이미 다른 많은 사람들이 내가 할 말을 했기 때문이지."²⁸

프로이트에게 공정한 태도를 취하기 위해서 우리는 스피노자 역시 반 덴 엔덴이나 다 코스타의 영향을 인정하지 않았다는 점을 상기해야 할 것이다. 만일 왜 그들의 이름을 언급하지 않았느냐고 스피노자에게 물었다면 스피노자 역시 프로이트와 비슷한 대답을 들려주지 않았을까?

그런데 30년 후 저명한 프랑스의 정신분석학자인 자크 라캉은 스피노자의 영향을 좀 다른 방식으로 다루었다. 1964년 고등 사범 학교의 취임 기념 강연에 그는 매우 의미심장한 제목을 달았다. '파문'이라는 제목의 강연에서 그는 국제 정신분석학회가 왜 그에게 정신분석학자들을 교육하는 것을 금지시키고 그를 정신분석학자의 사회에서 추방하고자 했는지를 상세히 이야기했다. 그는 그와 같은 학회의 결정을 파문에 비유했고 그것이야말로 1656년 7월 26일 스피노자에게 가해졌던 처벌과 동일한 것이라고 말했다.²⁹

그 시대의 스피노자 부정의 경향에 중요한 예외가 있으니 그것은 바로 20세기의 상징적 과학자인 아인슈타인이다. 그는 망설이지 않고 스피노자가 그에게 심원한 영향을 주었다고 말했다. 아인슈타인은 우주에 대한 스피노자의 관점에 대해 전반적으로, 그리고 신에 대한 스피노자의 관점에 특별히 공감을 표시했다.[30]

헤이그, 1677년

스피노자는 마흔네 살이 되던 해에 사망했다. 그는 몇 년 동안 호흡기 질병을 앓아 왔다. 그가 만성적으로 기침을 했다는 기록이 남아 있다. 설상가상으로 그는 담배를 피웠다. 담배 파이프는 그가 스스로에게 감각적 쾌락의 세계를 허용했던 한 가지 증거이다. 그 밖에 그는 담배가 당시 유럽에 창궐했던 페스트를 예방하는 효과가 있다고 믿었다. 실제로 스피노자는 몇 차례의 페스트가 주위 많은 사람들의 목숨을 앗아 갔던 시기를 무사히 넘겼다. 어쩌면 담배가 정말 도움이 되었는지도 모른다. 죽기 몇 개월 전부터 그의 건강 상태는 악화되었다. 그러나 그는 계속해서 일을 하고 방문객을 맞았다. 그의 죽음은 예기치 않게 다가왔다. 그는 2월 21일 일요일 오후에 사망했다. 그러나 그날 오전 스피노자는 여느 날과 같이 판 데르 스페이크 가족과 점심 식사를 하기 위해 자신의 방에서 내려왔다. 오후가 되어 판 데르 스페이크 가족은 예배를 보기 위해 교회에 갔다. 그러나 스피노자가 사망할 때 그의 암스테르담의 주치의인 로드베이크 메이으르(Lodewijk Meyer)가 그 자리를 지켰다.

대개 스피노자의 사망 원인을 결핵으로 본다. 그러나 그가 폐병을 앓았다는 증거는 없다. 나는 그가 좀 더 희귀한 병을 앓다가 죽은 게 아닐까 짐작해 본다. 그는 어쩌면 마르가레트 굴란부르(Margaret

Gullan-Whur)의 주장대로 직업병의 일종인 규폐증 때문에 죽었는지도 모른다.[31] 당시만 해도 알려지지 않은 질병이었던 규폐증은 유리를 갈 때 발생하는 미세한 유리 입자를 들이마셔서 생기는 병이다. 바로 그 유리를 가는 일이야말로 스피노자가 성인기의 대부분을 바친 활동이었다. 오늘날 사용하는 방진 마스크를 쓰지 않은 스피노자는 폐병이나 페스트 때문이 아니라 빛나는 유리 가루가 폐에 쌓여 더 이상 숨을 쉴 수 없게 되었을지도 모른다.

그 무렵 그가 헤이그로 오면서 가졌던 자신감은 더욱 강해져서 아무도 뒤흔들 수 없는 확신이 되었다. 그가 과연 사회의 인정을 받고 사회에 영향을 미치는 것을 꿈꾼 적이 있었는지는 확실하지 않지만, 설사 있었다고 하더라도 그러한 꿈은 이제 말끔히 사라져 버렸다. 그리고 그 자리에는 평온과 용인이 들어서게 되었다.

서가

나는 다시금 레인스뷔르흐 저택의 안쪽에 있는 스피노자의 서가를 둘러보았다. 거기에는 마키아벨리와 그로티우스, 그리고 두 토머스—토머스 모어와 토머스 홉스—의 책이 있었다. 정치학과 법학의 결혼이라고 할 만하다. 칼뱅의 저서와 성경 몇 권, 카발라에 관한 책, 그리고 사전과 문법책이 여러 권 있었다. 많은 가정에서 갖추고 있던 기본적인 책들이다. 그리고 해부학에 관련된 책도 있다. 렘브란트의 그림으로 유명해진 튈프 박사의 책과 테오도르 케르크링(Theodor Kerckring) 박사의 책이 각각 자리 잡고 있다. 케르크링은 스피노자의 동료이자 경쟁자였다. 스피노자와 마찬가지로 그 역시 반 덴 엔덴의 제자였고, 그 역시 클라라 반 덴 엔덴에게 홀딱 반했다. 그러나 결국 클라라의 손을 잡고 예식장으로 들어간 것은 케르크링뿐이었다. 스피노자가 이 두 권의 책을 지니고 있었다는 사실은 의미심장하고도 흥미롭다. 케르크링이 준 목걸이를 보고 눈을 반짝거리던 클라라. 그러한 클라라를 슬픈 눈초리로 바라보던 빈손의 젊은 왕자는 결국 그 둘을 용서하고 목걸이에 대해서도 완전히 잊었을 것이라고 나는 상상한다.

당대의 문학 작품이 드물게 놓여 있었다. 스페인의 세르반테스와 공고라(Gongora)는 있었지만 포르투갈의 국민 시인 루이즈 데 카몽이스(Luíz de Camões)의 책은 찾아볼 수 없었다. 아니, 스피노자가 카몽이스의 『우스 루지아다스(Os Lusíadas)』를 곁에 두지 않았다는 사실을 생각이나 할 수 있을까? 아마 그 책이 없어진 것일지도 모르고 어쩌면 스피노자가 포르투갈을 상기하고 싶어하지 않았을지도 모른다. 아니면 스피노자가 그 시대의 시 문학에 별 조예가 없었을지도 모르겠다. 스피노자는 시나 음악 그림에 대해 그다지 많이 언급하지는 않았다. 그러나 스피노자는 확실히 음악, 연극, 미술, 심지어 스포츠가 개인의 행복에 이바지한다는 사실을 인정했다. 셰익스피어나 크리스토퍼 말로(Christopher Marlowe)의 저서도 보이지 않는다. 하지만 스피노자가 영어를 읽지 못했을지도 모르고 그 책들이 번역되지 않았을지도 모른다. 이 서가에는 심지어 철학책들마저도 수학이나 물리학이나 천문학에 대한 책에 미치지 못한다. 오직 데카르트만이 충실하게 자리를 차지하고 있다.

누군가의 독서 편력을 그 사람이 소장한 장서의 규모나 내용을 가지고 판단하는 것은 섣부른 일이다. 그러나 이 서가는 어느 정도 진실을 보여 주고 있다. 아마 이 책들이야말로 그가 만년에 필요로 했던 모든 책들일지도 모른다. 그의 서가는 그가 남긴 다른 영향과 궤를 같이 한다. 과연 미니멀리즘이라는 말을 무색하게 할 만한 장서이다. 그 다음 나는 방명록을 들춰 보고 그곳에서 아인슈타인의 흔적을 발견했다. 그리고 1920년 11월 2일 이곳을 방문했던 그의 모습을 상상해 보았다.

내 마음속의 스피노자

나의 상상 속에서 스피노자를 만나는 것이 내가 이 책을 쓰게 된 이유 가운데 하나이다. 그러나 그의 모습은 쉽게 잡히지 않았다. 살아생전의 스피노자, 움직이고 활동하는 스피노자가 어떤 모습이었는지에 대해 생각하다 보면 나의 마음은 텅 비어 버렸다. 그것은 놀랄 일이 아니다. 일단 그의 삶에 대한 기록이 그의 주소만큼이나 불연속적이었으며 또한 그의 동시대 전기 집필자들이 그다지 세부 사항에 충실하지 못했기 때문이다. 또 다른 이유로서 스피노자의 글이 신비스럽기 때문이다.『에티카』나『신학 정치론』의 일부 구절들은 통렬할 정도로 익살스럽다. 그것은 한 가지 단서가 될 수 있을 것이다. 또한 스피노자는 인간을 존중했다. 그가 경멸하는 사상을 가진 인간이라고 할지라도 말이다. 그것 역시 또 다른 단

서가 될 수 있겠으나 그것만으로 그가 어떤 사람이었는지 파악하기에는 부족하다. 그의 라틴 어가 그리 유창하지 못했기 때문인지, 아니면 스피노자가 고의로 그의 글에서 자신의 개인적 느낌과 수사를 추방하려고 했기 때문인지는 확실하지 않지만, 아무튼 결과적으로 글 뒤에 숨어 있는 저자의 모습은 독자로부터 완벽하게 가려지게 되었다.[32] 그러나 점차로 여러 가지 단서들이 쌓여 가고 고찰이 무르익음에 따라 피와 살을 가진 생생한 스피노자가 나의 상상 속에 출현하기 시작했다. 이제 나는 각기 다른 나이의, 각기 다른 지역에 사는, 각기 다른 상황 속에 있는 스피노자의 모습을 머릿속에 어려움 없이 그릴 수 있게 되었다.

내 상상 속의 스피노자는 호기심 많고 끊임없이 집요하게 질문을 던지는, 고집 세고 다루기 힘든 조숙한 아이의 모습에서 출발한다. 청소년기에 이르러서는 불쾌할 정도로 머리가 빨리 돌아가는 거만한 소년이었을 것이다. 그러다가 빈틈없는 사업가이자 야심 찬 철학가의 모습을 동시에 보였던 20대 초반에 최악에 이르렀을 것이다. 그는 이베리아 반도의 귀족의 태도를 드러내면서 동시에 네덜란드 인으로서의 정체성을 확립하고자 했다. 이 갈등의 시기는 20대 중반에 종말을 고한다. 갑자기 그는 더 이상 유대인도 아니고 사업가도 아니게 되었다. 또한 집도 절도 없는 이가 되었다. 그러나 그는 굴복하지 않았다. 그는 지적 기민함과 열정으로 몇몇 사람들로 구성된 무리에서 중심적 위치를 차지하게 되었다. 철학자 스피노자의 전설이 이때부터 탄생하게 된다. 그는 또한 새로운 직업을 찾았다. 렌즈를 가공하는 일이 그것이었다. 이 일로 그는 생계를 유지하고 또한 광학에 대해 연구할 수 있었다. 취미로 그림을 그리기도 했다. 그의 그림 솜씨는 제법 훌륭했던 것으로 보이지만 안타깝게도 그 흔적은 남아 있지 않다.

30대에 이르러 또 다른 변화도 일어났다. 스피노자는 자신의 앞길의 한 걸음 한 걸음을 재고 또 쟀다. 자신의 기민한 재치에 재갈을 물렸다. 그는 주위 사람들에게 예전보다 더 친절해졌고 멍청한 사람들에게도 인내심을 발휘했다. 이 성숙한 모습의 스피노자는 더욱 확고한 신념을 갖게 되었지만 덜 독단적인 모습을 보였다. 그리고 비록 사람들에게 더 너그러워지기는 했지만 한편으로 사람들로부터 물러나 좀 더 조용한 환경을 찾았다. 내 상상 속에 존재하는 이 시기의 스피노자는 주위 사람들에게 평온과 안정을 주었다. 그는 많은 사람들의 존경을 받았다.

내가 마침내 만난 스피노자를 좋아하느냐고? 그 질문에 대답하는 것은 간단한 일이 아니다. 확실히 나는 그를 존경한다. 그리고 이따금씩 그에게 어마어마한 애정을 느낀다. 그러나 나는 그의 행동 양식을 바라보듯 명확하게 그의 마음을 들여다볼 수 없다는 사실에 당혹감을 느낀다. 그의 내부에는 자세히 들여다볼 수도, 조사할 수도 없는 무엇인가가 있고 그의 기묘함은 결코 수그러들지 않는다. 그러나 나는 그 시대에 그와 같은 사상을 생각해 내고 자신의 삶이 피할 수 없는 결과를 맞기를 선택한 그의 용기에 대해서는 확실히 놀라고 경탄한다. 그 스스로의 기준으로 볼 때, 그는 성공을 거두었다.[33]

7장 · 거기 누구인가

만족스러운 삶

　내 마음속에 스피노자의 모습이 명확하게 그려지기 이전에 나는 종종 이런 곤혹스러운 질문을 스스로에게 던져 보곤 했다. 과연 포르뷔르흐와 헤이그에서 지내던 시절의 스피노자는 정말로 자신의 삶에 만족했던 것일까? 아니면 성자와 같은 모습을 보여 주기 위해 노력했던 것일까? 혹시 자신의 주장에 더욱 힘을 실어 주고 비판자들의 공격을 차단하기 위해서 자비롭고 비세속적인 이미지를 주의 깊게 만들어 냈던 것은 아닐까? 나의 상상 속의 스피노자는 이런 질문에 머뭇거리지 않고 금방 대답한다. 스피노자는 정말로 그 삶에 만족했고 그의 검소함은 꾸며진 책략이 아니었으며, 또한 후세에 남을 자신의 이미지를 위해 연기를 한 것도 아니었다.

그렇다면, 스피노자가 정말로 자신의 삶에 만족했다고 한다면, 그리고 그가 보통 우리가 행복과 연관시키는 온갖 장신구들이 거의 없는 휑한 삶——건강하지도 않았고 부유하지도 않았으며 친밀한 인간 관계도 없었던, 아리스토텔레스적 관점에서 전혀 성공적이지 못했던 삶——을 살았던 것을 생각하면 스피노자가 어떻게 만족감을 얻었는지 질문해 볼 만하다. 과연 스피노자의 비밀은 무엇이었을까? 이러한 질문을 던지는 것은 단순한 호기심 때문만은 아니다. 그 답은 또 다른 질문, 즉 이 책에서 논의하고 있는 우리의 정서, 느낌, 심신 문제에 관련된 생물학을 이해하는 것이 만족스러운 삶을 성취하는 것과 무슨 관련이 있느냐는 질문으로 연결되기 때문이다. 앞서 나는 그와 같은 이해가 사회적 삶을 관장하는 데 변화를 가져온다고 주장했다. 그러나 이제 과연 그러한 지식이 개인의 내면적 삶을 관장하는 데에도 영향을 미칠 것인지에 대해서 자문해 본다.

이 질문을 스피노자와 관련시키는 것은 매우 적절하다. 현대 생물학의 영향 아래에서 싹트고 있는 인간 본성에 대한 개념이 인간 본성에 대한 스피노자의 개념과 어느 정도 겹쳐지기 때문이다. 따라서 우리는 만족감에 대한 스피노자의 접근 방법을 고려해 볼 필요가 있을 것이다.

우리에게 가장 잘 알려진, 최선의 삶에 도달하기 위한 스피노자의 권고는 윤리적 행동과 민주적 국가를 위한 시스템이라는 형태를 띠고 있다. 그러나 스피노자는 윤리적 규범과 민주적 국가의 법률을 따르는 것만으로 개인이 가장 만족스러운 상태, 지속적 기쁨, 그가 인간의 구원이라고 부르는 상태에 도달할 수 있다고 생각하지는 않았다. 내 생각으로 오늘날 대부분의 사람들 역시 그렇게 생각하지 않을 것이다. 많은 사람들이 삶에서 도덕과 법을 준수하는 것 이상의 무엇인가를 요구하고 있다. 뿐만 아니라 사랑, 가정, 우정, 건강이 주는 만족 이상의 것, 자신이 선택한 직업에서 얻는 보상(개인적 만족감, 다른 이들의 인정, 명예, 금전적 대가 등) 이상의 것, 개인적으로 추구하는 기쁨이나 소유물의 축적 이상의 것, 국가나 인류에 대한 일체감 이상의 것을 원한다. 대부분의 사람들이 적어도 자기 삶의 의미를 어느 정도 밝혀 줄 수 있는 무엇인가를 필요로 한다. 이러한 요구를 명확하게 표현하든 혼란스럽게 표현하든 간에 이것은 결국 우리가 어디에서 와서 어디로 가게 되는지에 대한 의문이라고 볼 수 있다. 특히 대개의 경우 어디로 가는지에 대한 의문일 것이다. 우리의 삶이 지금 우리에게 당면한 존재보다 더 커다란 어떤 목적을 지닐 수 있을까? 이러한 물음에 대한 갈망과 더불어 반응이 나타나게 된다. 그 반응은 명확한 것일 수도 있고 흐릿한 것일 수도 있다. 그리고 그 과정에서 어떤 목적을 추구하거나 갈망하게 된다.

모든 사람들이 그와 같은 요구를 가지고 있는 것은 아니다. 개인의 성격, 호기심, 사회·문화적 상황, 인생 시기 등에 따라 그러한 요구의 정도는 달라질 수 있다. 젊은 시절에는 인간 조건의 단점에 대해 숙고해 볼 시간이 별로 없다. 윤택한 삶이 효과적인 눈가리개 역할을 할지도 모른다. 젊음, 건강, 풍요 이상의 무언가가 필요하다는 말에 대해서 많은 사람들이 당혹스러워 할지도 모른다. 대체 뭐가 모자라 안달복달이란 말인가! 그러나 그와 같은 요구를 인정하는 사람이라면 어쩌면 절대로 손에 쥐어지지 않을 무언가를 왜 갈망해야 하는지에 대해 의문을 갖는 것이 당연할 것이다. 그와 같은 지혜와 명징성에 대한 갈망은 어떤 바람직한 측면을 갖고 있는 것일까?

어떤 사람은 그러한 갈망은 인간 마음에 깊이 자리 잡은 특성이라고, 그러한 호기심은 우리 뇌의 설계 및 그러한 뇌를 만들어 낸 유전적 풀(pool)에 뿌리 내리고 있는 것이라고 대답할 것이다. 마치 우리 자신이나 우리를 둘러싼 세계를 체계적으로 탐험하도록 이끈 특질, 또는 이 세상의 온갖 사물과 상황을 설명하는 이론을 구축하도록 만든 그 특질처럼 말이다. 그러한 (존재론적) 갈망의 진화론적 기원은 매우 그럴듯하다. 그러나 왜 인간의 구성에 그와 같은 특질이 포함되었는지 이해하기 위해서는 또 다른 요소가 필요하다. 내 생각에 그러한 요소는 오늘날 우리에게 작용하듯 오랜 옛날의 초기 인류에게도 작용했을 것이라고 믿는다. 그리고 그와 같은 일관성은 그 뒤에 강력한 생물학적 메커니즘이 뒷받침되기 때문일 것이다. 우리가 고통이라는 현실, 특히 죽음——우리 자신의 죽음이나 사랑하는 이의 죽음, 실제의 죽음이나 죽음에 대한 예상——을 마주했을 때 스피노자가 우리 존재의 정수라고 명확하게 밝힌 자기 보존에 대한 자연스러운 갈망, 코나투스가 작용한다. 고통과 죽음에 대한 예상은 항동성(homeo-dynamic) 작용을 붕괴시킨다. 그러면 생명과 편안하고 행복한 상태를 보존하고자 하는 자연적인 노력은 이러한 붕괴에 대한 반응으로서 고통과 죽음을 막고 새로운 균형 상태를 이루기 위해 투쟁한다. 이 투쟁은 우리로 하여금 사라져 버린 항동성 작용을 대치할 전략을 찾도록 촉구한다. 그리고 이 총체적인 곤경에 대한 인지는 깊은 슬픔의 원인이 된다.

다시 한 번 말하지만 경우에 따라서, 또는 제각기 다른 이유 때문에 모든 사람들이 이런 방식으로 반응하는 것은 아니다. 그러나 많은 사람들이 내가 묘사한 것과 같은 반응을 보이는 것이 사실이다. 그들이 얼마나 효과적으로 곤경에서 빠져 나오고 괴로움을 떨쳐 버리든지 간에 이러한 상황에는 비극적인 측면이 있고 이것은 전적으로 인간적인 특성이다. 어떻게 이런 특성이 유전을 통해 사람들에게 이어지게 되었을까?

나의 숙고의 결과 그와 같은 현상은 첫째로 느낌 — 단순히 정서가 아니라 느낌 —, 특히 감정 이입, 우리가 완전히 인정하는, 다른 사람들에 대한 정서적 공감의 결과이다. 적절한 상황에서 감정 이입은 슬픔으로 향하는 문을 열어 준다. 둘째, 인간이 가진 두 가지 생물학적 재능, 즉 의식과 기억이 그러한 상황을 만들어 낸다. 다른 종의 동물들 역시 의식과 기억을 가지고 있지만, 인간의 경우 그 규모와 복잡한 정도 면에서 커다란 차이를 보인다. 엄격한 의미에서 의식은 자아를 가진 마음의 존재를 암시하지만 우리가 보통 사용하는 의미로는 그 이상의 것을 의미한다. 자전적 기억의 도움을 받아 의식은 우리에게 우리 자신의 개인적 경험의 기록으로 가득한 자아를 제공해 준다. 의식적 존재인 우리가 삶에서 새로운 순간을 마주하면 우리는 과거의 기쁨과 슬픔을 둘러싼 상황들, 예견된 미래의 상상적 상황, 더욱 큰 기쁨과 슬픔을 가져올 것으로 생각되는 상황들을 불러오게 된다.

이러한 높은 수준의 의식이 없다면 지금이나 초기의 인간에게 거론할 만한 두드러진 괴로움도 없었을 것이다. 우리가 모르는 것은 우리를 아프게 할 수 없다. 한편 우리가 의식은 가지고 있되 기억이 거의 없는 상태라고 해도 역시 두드러진 정도의 괴로움은 있을 수 없을 것이다. 우리가 현재 알고 있지만 개인적 역사의 배경에 위치시킬 수 없는 사건은 오직 현재에만 우리를 아프게 할 수 있다. 의식과 기억이라는 두 가지 재능이 결합될 때만, 그리고 풍요롭게 나타날 때, 인간의 드라마가 나타날 수 있고 또 그 드라마에 비극적 상태를 부여할 수 있다. 다행히도 이 두 가지 재능은 또한 무한한 기쁨, 순수한 인간의 영광의 원천이기도 하다. 면밀히 검토된 인생을 사는 것은 저주일 뿐 아니라 특권이기도 하다. 이러한 관점에서 볼 때 인간을 구원하고자 하는 시도, 검토된 인생을 만족스러운 인생으로 변화시키고자 하는 모든 시도는 고통과 죽음이 불러일으킨 괴로움에 저항하고 그것을 기쁨으로 대치하는 방법을 포함해야 할 것이다. 정서와 느낌에 대한 신경생물학은 우리가 기쁨과 기쁨에서 파생된 감정들을 슬픔 및 슬픔과 관련된 감정보다 더 선호하며 이러한 감정들이 건강한 삶과 존재의 창조적 번영에 더욱 크게 이바지한다는 사실을 암시한다. 따라서 우리는 합리적인 이유에서 기쁨을 추구해야 할 것이다. 그러한 노력이 아무리 바보 같고 비현실적으로 보일지라도 말이다. 우리가 압제나 기근 속에서 살아가는 것이 아니라면, 그러면서도 우리가 얼마나 큰 행운을 누리는지 확신하지 못한다면 아마 충분히 노력하지 않았기 때문일지도 모른다.

죽음과 고통을 직면하는 것은 항상성 상태를 크게 교란시킨다. 초기 인류는 사회적 정서와 다른 이에 대한 감정 이입, 기쁨과 슬픔과 같은 감정을 습득하고, 자기 기억을 지닌 자아를 갖게 되고, 또한 감정 상태를 변화시키는 한편 다시 항상성 상태의 균형을 이루어 낼 수 있는 존재와 행동을 상상하는 능력을 갖게 된 이후로 이러한 경험을 시작했을 것으로 보인다.(처음 언급한 두 가지 조건, 즉 사회적인 것이든 그렇지 않은 것이든, 정서와 느낌은 인간 외의 종에서도 찾아볼 수 있다. 한편 뒤에 언급한 두 가지 조건, 즉 확장된 의식과 상상력은 아마 인간만이 가진 재능인 것으로 보인다.) 괴로움에 대한 반응으로서 항상성 상태를 되찾고자 하는 갈망이 시작될 것이다. 상상의 힘을 통해 균형을 잃은 항상성 상태를 수정해서 다시 균형 상태로 되돌아가도록 할 수 있는 뇌를 가진 개인은 그 보상으로서 더 오래 살고 더 많은 자손을 남길 수 있을 것이다. 그렇게 됨으로써 그들의 유전체는 더욱 널리 퍼질 수 있고, 또한 그 결과로 그와 같은 반응의 경향 역시 널리 퍼지게 될 것이다. 균형 상태를 이루려는 갈망과 그 갈망의 이로운 결과는 대를 거듭하면서 계속해서 나타나게 될 것이다. 이것은 인류의 상당수가 그 생물학적 구성에서 개인적 슬픔에 이르는 조건과 또 그 슬픔에 대한 보상을 구하는 조건을 모두 갖추고 있는 이유이다.

따라서 인간의 구원에 대한 시도는 미리 예견된 죽음을 받아들이고 육체적 고통이나 정신적 번뇌에 적응해 나가는 것과 관련되어 있다.(물론 불멸이라는 개념이 발견된 후로 한동안 인간 구원의 시도는 지옥에서의 삶을 예방하는 것에 관계된 것이기도 했다.) 그러한 시도의 역사는 매우 길다. 지적 능력을 갖춘 개인들은 비극적 참상에 직접 반응하는 흥미로운 이야기를 만들어 냈다. 그리고 종교적 개념과 관행을 따름으로써 비극의 결과로 나타나는 고통에 맞서고자 했다.(그렇다고 해서 죽음과 고통에 맞서는 것이 종교적 신화의 발달 뒤에 있는 유일한 요소라고 주장할 생각은 없다. 윤리적 행동의 실행 역시 또 다른 중요한 요소이다. 그것은 어쩌면 도덕적 관습을 만들어 내고 실행하는 집단에서 그 집단에 속한 개인의 생존에 똑같이 중요한 기여를 하는 요소일지도 모른다.) 잘 알려진 신화 가운데에는 사후의 보상을 약속하는 것도 있고 편안한 삶을 약속하는 것도 있다. 그러나 보상이라는 목표는 동일하다. 어떻게 보면 스피노자 역시 그와 같은 역사적 반응의 일부일지도 모른다. 종교적 공동체에서 자랐으나 그 공동체가 인간의 구원으로 제안한 해결책을 거부한 그는 그것을 대치할 만한 다른 해결책을 내놓아야 한다는 의무감을 느꼈을지도 모른다. 『신학 정치론』과 『에티카』는 모두 그 해결책이 무엇인지 정확하게 분석한 후에 그것이 어떤 모습이어야 할지, 그리고 어떻게 성취해야 할지에 대해 논하고 있는 작품이다. 그러나 스피노자의 해결책은 상당한 정도로 역사와 단절을 시도하기도 한다.

스피노자의 해법

스피노자의 시스템에도 역시 신이 존재하지만 그 신은 인간의 형상을 한 선견지명을 가진 신이 아니다. 스피노자의 신은 우리의 감각이 지각하는 모든 것의 근원이며 스스로 존재하며 영원하고 무한한 실체이다. 쉽게 말해서 그 신은 바로 자연이며 살아 있는 생물에 가장 명확하게 구현되어 있다. 이러한 개념은 종종 인용되는 스피노자의 경구 '신 즉 자연(*Deus sive Natura*)' 이라는 말에 함축되어 있다.¹ 스피노자의 신은 성경에 묘사된 방식으로 우리에게 그 모습을 드러내지 않는다. 또한 우리는 스피노자의 신에게 기도를 드릴 수도 없다.

한편 우리는 스피노자의 신을 두려워할 필요도 없다. 이 신은 결코 우리에게 벌을 주지 않을 것이기 때문이다. 또한 이 신에게 보상을 바라고 애를 쓸 필요도 없다. 아무것도 되돌아오지 않을 것이기 때문이다. 두려워해야 할 대상이 있다면 그것은 바로 우리의 행동이다. 만일 여러분이 다른 사람들에게 좋지 않은 행동을 한다면, 그것으로써 바로 그 자리에서 여러분이 여러분 스스로에게 벌을 주는 셈이며 내면의 평화와 행복을 성취할 기회를 부정하는 셈이다. 한편 여러분이 다른 사람들을 사랑한다면, 그 순간 여러분은 내면의 평화와 행복에 도달할 좋은 기회를 갖게 되는 것이다. 따라서 우리는 신을 기쁘게 하기 위해 노력할 것이 아니라 신의 본성에 맞게 행동하도록 노력해야 할 것이다. 우리가 신의 본성에 따라 행동한다면 그 결과로 일종의 행복을 얻을 것이며 또한 일종의 구원을 성취할 수 있을 것이다. 자, 이제 스피노자의 구원(salus)이란 다름 아니라 바로 그러한 행복이 쌓여서 이루어 낸 건강한 마음의 상태이다.²

스피노자는 사후의 보상이나 처벌에 대한 전망이 도덕적 행동을 유발하는 적절한 동기가 될 수 있다는 생각을 거부했다. 의미심장한 내용의 한 편지에서 그는 매우 규범을 잘 따르는 행동을 하는 한 사람에 대하여 다음과 같이 탄식했다.

"그는 지옥에 대한 두려움이 없다면 자신의 욕망에 따라 행동할 사람이오. 그는 마치 노예와 같이 자신의 의지에 반하여 악을 멀리하고 신의 명령을 따를 뿐이오. 그리고 그러한 굴종 상태에 대하여 신의 성스러운 사랑보다는 자신의 입맛에 맞는 보상을, 그 자신이 본래 덕을 싫어하는 만큼 더욱더 큰 보상을 받을 것을 기대하고 있소."³

스피노자는 구원에 이르는 두 가지 길을 제시했다. 한 가지 길은 모든 사람들이 접근할 수 있는 길이고, 또 다른 길은 좀 더 힘들고 험한 길로 훈련과 교육을 받은 지성을 갖춘 사람들만이 걸을 수 있는 길이다. 좀 더 접근하기 쉬운 길은 덕망 있는 국가(civitas)에서 덕망 있는 삶을 사는 것이다. 그와 같은 삶은 민주적 국가의 법률을 따르고 신의 본성을 마음에 두고 간접적으로 성경의 지혜의 도움을 얻어서 이룰 수 있다. 두 번째 길은 첫 번째 길에서 요구하는 모든 것에 더하여 지성(understanding)에 대한 직관적 접근을 필요로 한다. 이러한 직관은 스피노자가 다른 모든 지적 재능보다 더 높이 평가한 것이다. 그러나 이러한 직관 자체는 풍부한 지식과 지속적인 숙고(reflection)에 기초한 것이다.(스피노자는 직관이 지식을 얻는 가장 정교한 수단이라고 보았다. 직관은 스피노자가 정의한 세 번째 종류의 지식이다. 그러나 직관은 오직 지식이 축적되고 이성을 사용해서 그 지식을 분석한 다음에야 나타나는 것이다.) 우리가 예측할 수 있듯, 스피노자는 바람직한 결과를 얻기 위한 노력을 대수롭지 않게 여겼다.

"만일 구원이 아무 노력도 기울이지 않고 손만 뻗으면 구할 수 있는 곳에 있다면 왜 대부분의 사람들이 그것을 얻지 못했겠는가? 모든 뛰어난 것은 드물 뿐만 아니라 어렵다."(『에티카』5부, 정리 42의 주석)

첫 번째 종류의 구원에 대해서 스피노자는 신의 계시라는 성경의 설명을 거부했다. 그러나 모세나 그리스도와 같은 역사적 인물이 남긴 지혜에 대해서는 지지했다. 스피노자는 성경이 인간의 행동과 인간 사회 조직에 대한 가치 있는 지혜의 저장소라고 생각했다.[4]

구원에 이르는 두 번째 길은 첫 번째 길에서 요구하는 모든 사항 ─개인이 공정하고 다른 이에게 자비로운 삶을 사는 데 도움을 주는 법률을 가진 정치·사회적 체계 속에서 덕망 있는 삶을 사는 것─을 역시 요구하고 있지만 거기에서 한 걸음 더 나아간다. 스피노자는 자연적으로 일어나는 사건을 불가피한 것으로 받아들이고 과학적 이해에 힘쓸 것을 촉구한다. 예를 들어서 죽음과 그에 따른 손실은 막을 수 없는 것이다. 우리는 잠자코 그 이치에 따라야 할 것이다. 또한 스피노자의 해법은 개인으로 하여금 부정적인 정서─공포, 분노, 질투, 슬픔과 같은 정념─를 일으킬 수 있는 정서적으로 유효한 자극과 그와 같은 정서를 일으키는 메커니즘을 스스로 단절할 것을 촉구한다. 그리고 그 대신 개인은 긍정적이고 마음에 자양분을 주는 정서를 촉발할 수 있는 자극으로 대치하라는 것이다. 이 목표를 이루기 위한 방법으로서 스피노자는 부정적인 정서를 일으키는 자극을 마음에 떠올리는 연습을 할 것을 권장했다. 그렇게 함으로써 부정적 정서에 대한 내성(tolerance)을 기르는 것이다. 그런 다음 점차로 긍정적인 정서를 생성시키는 요령을 터득하라는 것이다. 다시 말해 스피노자는 감정에 대응하는 항체를 만드는 백신을 개발한 심리적 면역학자라고 볼 수 있다. 이러한 주장에는 스토아 학파의 색채가 깃들어 있다. 그러나 정서를 통제하는 것이 가능하다고 주장한 점을 들어 스토아 학파를 비판한 사람이 바로 스피노자였음을 주지해야 한다.(그는 같은 이유로 데카르트 역시 비판했다.) 스피노자는 내 취향에 맞을 만큼 충분히 강하지만 완전히 스토아적이지는 못한 듯하다.

스피노자의 해법은 정서적 절차를 관장하는 마음의 힘에 달려 있다. 그리고 그 마음의 힘은 부정적 정서의 원인을 발견하는 것과 정서의 메커니즘에 대한 이해에 의존한다. 개인은 정서적으로 유효한 자극과 정서 촉발 메커니즘 간의 근본적 분리 상태를 인지해야만 한다. 그렇게 함으로써 그는 그 자극을 이성이 촉구한, 가장 긍정적인 느낌의 상태를 생성할 수 있는 정서적으로 유효한 자극으로 대치할 수 있게 된다.(프로이트의 정신분석학 이론 역시 어느 정도 이러한 목표를 공유하고 있다.) 오늘날 정서와 느낌의 기구에 대한 새로운 이해는 스피노자의 목표를 더욱 도달하기 쉽게 만들어 주고 있다. 마지막으로 스피노자의 해법은 개인으로 하여금 지식과 이성의 안내에 따라 개인의 불멸이 아니라 신 또는 자연의 영속성이라는 전망 속에서 자신의 삶을 성찰할 것을 요구하고 있다. 이러한 노력의 결과는 매우 복잡해서 하나하나 조각내 분석하기는 어렵다. 그 결과 중 하나는 자유이다. 이 자유는 우리가 보통 인간의 자유 의지에 대하여 논의할 때 말하는 그 자유와 조금 다르다. 이 자유는 더욱 근본적인 것이다. 이 자유는 우리를 노예 상태로 속박시키는 객체-정서적(object-emotional) 요구에 대한 의존을 감소시키는 것을 말한다. 또 다른 결과는 우리가 인간 조건의 정수에 대해 직관적으로 이해하게 된다는 점이다. 이 직관은 쾌락, 기쁨, 즐거움 등의 요소를 포함하는 평온한 느낌과 뒤섞여서 나타난다. 그 느낌의 투명하고 맑은 질감을 생각할 때, 축복 또는 지복이 그 느낌을 표현하는 말로 가장 적당할 것으로 보인다(『에티카』 5부 정의 32, 36과 주석). 이 '지적' 느낌은 신에 대한 지적인 사랑(amor intellectualis Dei)과 동일한 것으로 여길 수 있을 것이다.[5]

괴테는 이것이야말로 되돌려 받을 것을 염두에 두지 않고 사랑하는 것이며, 세상에서 이보다 더 관대하고 사심 없는 태도가 어디에 있겠느냐고 물었다. 그러나 괴테가 완전히 옳다고 볼 수는 없다. 개인은 분명히 대가를 받는다. 그것은 가장 바람직한 종류의 인간의 자유이다. 스피노자는 개인이 전적으로 자신의 본성의 빛에 따라 존재하고 전적으로 자신의 결정에 따라 행동할 때 자유로운 것이라고 믿었다. 또한 개인은 스피노자의 법전에서 가장 바람직한 형태의 즐거움을 얻을 수도 있다. 그 즐거움은 어쩔 수 없이 한데 묶여 있는 쌍둥이인 몸에서 거의 해방된 듯한 순수한 느낌이라고 표현할 만한 즐거움이다.

그러나 모든 사람들이 스피노자의 해법에 괴테와 같이 호의적인 평가를 한 것은 아니다. 일부는 스피노자의 해법이 아무런 희망 없는 혼란투성이라고 보았다.[6] 그러나 그 노력의 진실함이나 그 노력에 동기를 부여하는 고통과 투쟁에 대해서는 의심할 여지가 없다. 내가 1장에서 인용한 맬러머드의 주인공은 『에티카』의 이 구절들에 대한 최소한의 요점을 포착해 냈다.

"그는 그 스스로 자유로운 인간이 되고자 했다."

또한 스피노자가 이성과 감정을 현대적인 방식으로 결합시켰다는 점도 부정할 수 없다. 직관적 자유와 지복의 상태에 이르기 위한 스피노자의 전략은 사실에 기초를 둔 지식과 이성을 필요로 했다. 한편 증명이야말로 정신의 눈이라고 생각했던 사람이 인간의 정신으로 하여금 그토록 많은 새로운 사실을 관찰하도록 만들어 준 당대 최고 수준의 렌즈를 만드는 데 그의 삶의 상당 부분을 할애했다는 사실은 참으로 재미있는 우연이다. 스피노자는 사상가로서 자연의 발견과 지식을 일용할 양식으로 삼고 소중히 했다. 그가 솜씨 있게 갈아 만든 렌즈와 그 렌즈를 이용한 현미경이 진실을 더욱 명확하게 바라보는 수단이 되었고 그럼으로써 어떤 면에서 구원에 이르는 도구가 되었다는 사실이 정말 흥미롭지 않은가? 그리고 스피노자가 얼마나 자신의 시대에 잘 들어맞는 사람인지 생각해 보자. 스피노자가 살았던 시대는 수많은 광학적·기계적 도구들이 개발되어 과학적 발견을 가능하게 했을 뿐 아니라 그와 같은 발견의 과정을 즐거움의 원천으로 만들어 주기도 했던 시대였다.[7]

스피노자 해법의 효과

스피노자의 해법이 오늘날 얼마나 진실되게 들릴까? 그리고 그 해법은 얼마나 효과적인 것으로 보일까? 오늘날에나 그가 살았던 시대에나 그에 대한 대답은 들쭉날쭉하다.

어떤 사람들에게는 스피노자의 해법이 삶에 의미를 부여하고 인간의 사회를 살 만한 곳으로 만드는 훌륭한 수단이 된다. 인류가 확장된 의식과 자전적 기억을 갖게 된 이후로 잃어버리게 된 상대적으로 독립된 상태로 우리를 되돌려 주는 것이 스피노자 해법의 목표이다. 그는 이성과 느낌을 통해 그곳에 이르는 길을 제시했다. 이성은 우리로 하여금 길을 볼 수 있게 해 주지만, 느낌은 우리가 그 길을 보려는 결심을 하도록 만들어 준다. 스피노자의 해법에서 내가 매력을 느끼는 점은 그가 즐거움의 장점을 인정하고 슬픔과 공포를 거부했으며 전자를 적극적으로 추구하고 후자를 지워 버리고자 했다는 점이다. 스피노자는 삶을 긍정했으며 정서와 느낌을 그 삶을 풍부하게 만드는 수단으로 삼았다. 이는 지혜와 과학적 선견지명이 훌륭하게 어우러진 생각이라고 볼 수 있다. 삶의 지평에 이르는 길에서 완벽한 기쁨의 상태에 빈번하게 도달함으로써 인생을 살 가치가 있는 것으로 만드는 것은 개인에게 달려 있다. 그리고 이러한 과정은 자연에 뿌리를 내리고 있기 때문에 스피노자의 해법은 과학이 지난 400년 동안 구축해 온 우주관과 아무런 모순을 일으키지 않고 양립할 수 있다.

또 다른 면에서 스피노자의 해법은 문제투성이이다. 나는 스피노자의 해법이 사람들 사이의 친밀함과는 떨어진 채로 고립된, 자아 중심적인 상태에서 가장 효과적으로 작용한다는 사실에 불편함을 느껴 왔다. 그와 같은 금욕주의적 태도는 오늘날의 삶에 적용하기에 매우 비현실적이라고 생각한다. 스피노자는 삶의 크고 작은 장식물들을 제거해 버린다는 점에서는 그리스와 로마의 스토아 철학자들만큼 엄격하지는 않았지만 상당히 근접했다. 선악과를 한 입 베어 문 정도가 아니라 그 열매를 통째로 삼켜 버림으로써 깊이 타락해 버린 우리에게 서구화된 첨단 기술의 사회에 만연한 그 많은 물건들, 사실들, 습관들을 모두 버리라고 하는 것은 비현실적으로 보인다. 그리고 왜 그렇게 해야만 할까? 왜 아리스토텔레스의 지혜가 널리 퍼져서는 안 된다는 것일까? 아리스토텔레스는 스스로 만족하는 삶을 덕망 있고 행복한 삶으로 여겼다. 그러나 건강, 부, 사랑, 우정 역시 그 만족의 일부로 보았다. 나는 또한 스피노자의 해법이 수동적으로 보인다는 점—그가 말하는 지복이 내면에서는 얼마나 활동적인지 모르지만—도 불만스럽다. 한편 어떤 사람들은 스피노자의 해법이 안내해 주는 삶의 지평에 도달한 후에 남는 것이 죽음밖에 더 있느냐고 반문한다. 그 길을 걸어가는 동안 잃는 것에 대한 보상은 고사하고 인간의 생물학적 조건이나 인간 사회가 우리에게 부과하는 모든 고통과 불공평에서 해방될 수도 없다. 스피노자의 신은, 이를테면 그리스도교의 신과 같이 피와 살을 지닌 존재가 아니라 그저 관념일 뿐이다. 스피노자는 노발리스의 말처럼 신에 흠뻑 취해 살았는지 모르지만 그의 신은 너무나 메마르다.

완벽한 기쁨에 도달하기 위해서 엄청난 용기, 인내, 희생, 규율이 필요하지만, 그에 대한 보상은 그저 완벽한 순간뿐이다. 이는 그저 그 모습을 흘낏 보여 주고 다시 사라져 버리는 신기루가 아닌가? 위안의 순간은 몹시도 짧고 우리는 다시 다음 순간을, 다음의 일별을 기다려야 한다. 이것은 개인의 성향에 따라 후하게 느껴질 수도 있고 너무나 부족하게 느껴질 수도 있다. 그러나 그 해법이 쉽지 않을 뿐 아니라 만족스럽지도, 편안하지도 못하다고 해서 그것이 비현실적이라고 볼 수는 없을 것이다.

『햄릿』의 첫머리에 나오는 심란한 질문, "거기 누구인가?"라는 질문에 대한 스피노자의 관점을 묻는다면, 다시 말해 우리로 하여금 자기 보존이라는 노력이 명하는 바에 따라 모든 어려움을 인내하며 살아 나가도록 만드는 그 누군가가 존재하느냐고 묻는다면, 스피노자의 대답은 명료할 것이다. 아무도 없다는 것이 그의 대답이다. 우리가 홀로 존재하고 있다는 것은 분명한 현실이다. 십자가에 못 박힌 그리스도처럼, 죽음의 침상 위에 누운 스피노자처럼 말이다. 그러나 스피노자는 우리로 하여금 그러한 현실을 회피하고 춤과 음악을 향해 고개를 돌리도록 만드는 고상한 수단을 생각해 냈다.

이 책의 첫 부분에서 나는 스피노자가 매우 명석하면서도 화를 돋

우는 면이 있다고 묘사했다. 내가 그를 명석하다고 생각하는 이유는 분명하게 드러날 것이다. 그런데 그가 나를 화나게 만드는 이유 가운데 하나는 대부분의 사람들이 아직 해결하지 못한 갈등을 평온한 확신을 가지고 마주하고 있다는 점이다. 그 갈등이란, 고통과 죽음을 자연적인 현상으로 침착하고 냉정한 태도로 받아들여야 한다는 관점——교육받은 사람들 가운데 그러한 지혜에 공감하지 않을 사람은 거의 없을 것이다.——과 그와 같은 지혜에 거스르고 충돌하며 그에 실망하게 되는, 역시 자연스럽기 그지없는 인간 마음의 경향 간의 갈등을 말한다. 상처는 남게 되고 나 역시 그러한 결과를 바라지 않는다. 여러분이 보듯, 나 역시 행복한 결말을 더 좋아한다.

스피노자주의

스피노자의 철학은 비록 그의 시대에는 용인되지 못했지만 20세기에 들어서 다시 발견되고 다시 제기되었다. 예를 들어서 아인슈타인도 신과 종교에 대해서 스피노자와 비슷한 생각을 품었다. 그는 "순진한 사람들"의 신은 "사람들이 그의 보살핌을 갈구하고 그의 벌을 두려워하는" 존재라고 묘사했다.

"신에 대한 감정은 아이가 아버지에게 갖는 것과 같은 느낌이 승화된 형태로서 비록 경외가 곁들여져 있다고 하나 어느 정도 사적인 관계를 형성하게 된다."[8]

아인슈타인은 자신의 종교적 느낌——즉 "좀 더 심오한 과학적 정신을 지닌 사람들"의 종교적 느낌——에 대해 다음과 같이 묘사한다.

"그러한 느낌은 탁월한 지성을 드러내는 자연 법칙의 조화에 대한 환희에 찬 놀라움이라는 형태로 나타난다. 그에 비하여 인간의 체계적인 사고와 활동은 그저 자연 법칙에 대한 보잘것없는 그림자에 지나지 않는다."[9]

아인슈타인은 아름다운 언어로 다음과 같이 묘사했다.

"그것은 이 세계의 아름다움과 장엄함에 대한 도취된 기쁨과 놀라움이다. 인간은 그에 대해 오직 희미한 개념만을 떠올릴 수 있을 뿐이다. 그 기쁨은 진정한 과학 연구에 영적 자양분을 제공해 준다. 그러나 한편으로 새의 지저귐에서도 그러한 느낌은 표현된다."

나는 아인슈타인이 우주적 느낌이라고 불렀던 이 느낌이 스피노자의 신에 대한 지적인 사랑과 유사한 것이라고 믿는다. 비록 두 느낌은 서로 구별되기는 하지만. 아인슈타인의 우주적 느낌은 심장이 멎을 듯한 경외와 온몸으로 세계와 소통하고자 하는 가슴 뛰는 열정이 어우러진 열광적인 느낌이다. 한편 스피노자의 사랑은 좀 더 차분한 모습을 하고 있다. 세계와의 소통은 내면적으로 이루어진다. 아인슈타인은 아마 이 둘을 혼합한 듯하다. 그는 우주적 느낌이 모든 시대에서 종교적으로 두드러진 천재들의 특징이라고 믿었다. 그러나 실제로는 그와 같은 느낌의 토대 위에 형성된 교파는 존재하지 않았다.

"그렇기 때문에 모든 시대에서 가장 높은 수준의 종교적 느낌을 가졌던 사람들은 바로 이단으로 몰렸던 자들 가운데에서 찾아볼 수 있다. 그들은 동시대 사람들에게 무신론자로 간주되기도 했고 또는 성자로 생각되기도 했다. 이러한 시각으로 볼 때 데모크리토스, 아시시의 성 프란키스쿠스, 스피노자 같은 사람들은 서로 밀접하게 닮았다."[10]

이러한 문제들에 대한 윌리엄 제임스의 생각 역시 스피노자와 상당히 유사하다. 둘을 갈라놓고 있는 시간과 장소와 역사적 배경의 깊은 심연을 고려해 볼 때 이는 놀라운 일로 보일지도 모른다. 당연히 제임스를 스피노자와 결부시키고자 하는 것은 널리 받아들여지는 생각은 아니다. 루이스(R. W. B. Lewis)의 전기에 따르면 제임스는 1888년 처음으로 스피노자를 읽었다. 하버드에서 종교 철학에 대한 새로운 강의를 맡아 준비하는 과정에서였다. 이 수업은 궁극적으로 제임스의 『종교 체험의 다양성(The Varieties of Religious Experience)』의 기초가 된다.[11] 그는 몇 가지 문제에 대해서는 스피노자와 반대되는 의견을 표명했다. 제임스는 "나는 선과 면과 입체를 분석하듯 인간의 행동과 욕구를 분석할 것이다."라는 스피노자의 도발적인 주장에 지지를 보내지 않았다. 이와 같은 '냉정한 동화(同化, assimilation)'는 케임브리지의 찬탄할 만한 천재의 취향에 맞지 않았던 것이다.[12] 그는 또한 스피노자가 갖고 있던 인생에 대한 긍정적 열정 또는 '건강한 마음가짐'을 거부했다.[13] 그 이유는 참으로 흥미롭다. 제임스는 인간을 밝은 영혼을 가진 자들과 병든 영혼을 가진 자들의 두 종류로 나누었다. 밝은 영혼을 지닌 사람들은 죽음의 비극, 먹고 먹히는 자연의 끔찍한 측면, 인간 정신의 가장 깊은 구석에 도사리고 있는 어둠을 무시해 버리는 자연적인 능력을 가지고 있다. 제임스가 보기에 스피노자는 밝은 영혼에 속하며, "체질적으로 고통 속에 오래 머물지 못하는 성격"과 "사물을 긍정적으로 바라보는 경향"을 지닌 사람이었다. 스피노자와 같은 종류의 사람들에게 "사악함(evil)은 일종의 병이고, 그 병에 대해 우려하는 것 역시 또 다른 병으로 애초의 병적 상태를 더욱 악화시키는 것"이다.[14] 그들에게는 낙관주의가 자연스러운 것이다.

반면 제임스 자신은 '병든 영혼'에 속했다. 병든 영혼을 지닌 사람은 자연을 똑바로 응시하고 즐기지 못한다. 적어도 언제나 그렇지는 못하다. 왜냐하면 자연의 광경은 종종 고질적으로 끔찍하고 불공정하기 때문이다. 꼭 우울증에 걸려야만 병든 영혼의 시각을 갖게 되는 것은 아니다. 비록 제임스는 정동 장애(mood disorder)를 가지고 있기는 했지만. 그의 위대한 저작 『종교 체험의 다양성』은 몇 차례의 우울증을 겪은 직후에 탄생한 것이다. 그런데 흥미롭게도 제임스는 병든 영혼 쪽을 '좋은 것'으로 규정했다. 비록 진짜 질병이라고 할 수 있는 형태의 병든 영혼 상태는 회피해야겠지만, 병든 영혼은 우리 인간으로 하여금 밝은 영혼이 체계적으로 이 세상 위에 드리우고 있는 거짓된 장막을 걷어치우고 삶의 현실을 직시하게 해 준다는 점에서 그 존재 가치를 갖는다는 것이다. 즉 어느 정도의 비관주의는 좋은 것이다.

인간 구원에 대한 문제에 대한 제임스의 인지적·정서적 표현은 최고 수준의 예리한 지적 통찰력을 보여 준다. 그러나 그가 스피노자의 밝은 측면을 지나치게 과장했음을 지적해야 할 것이다. 나는 스피노자가 자연의 어두운 측면을 보는 데 어떤 어려움이 있었을 것이라고 생각하지 않는다. 오히려 그 반대가 옳다. 그러나 그는 그 어두운 측면을 받아들이거나 그 어두운 열정이 개인을 지배하는 것을 거부했을 뿐이다. 그는 어둠을 존재의 한 부분으로 보았고 그 부분을 최소화할 수 있는 방법을 제시했다. 스피노자는 자연적으로 활달함을 타고났다기보다는 용기를 지녔고 스스로 고통을 극복하고 회복되고자 했다고 할 수 있다. 그는 밝은 영혼이 되기 위해 노력을 기울였던 것이다. 그는 자연이 불러일으킨 공포나 슬픔과 같은 감정을 자연을 발견하는 데에서 얻는 기쁨의 감정으로 지우기 위해 매우 힘들게 노력했다. 그런데 그 발견은 참으로 심술궂게도 자연의 잔인함과 무심함을 포함하고 있었다.

제임스의 이러한 거부감을 일단 극복하고 나면, 인간 구원에 이르는 그의 경로는 스피노자의 경로와 상당히 유사하다. 두 사람 모두에게 신에 대한 경험은 사적인 것이었다. 두 사람 모두 신의 성스러움을 경험하는 데 공적 의식이나 예배가 필요하지 않다고 보았다. 실제로 조직적 종교에 대한 제임스의 거부감은 상당히 스피노자적이다. 제임스와 스피노자 모두 종교적 경험을 순수한 느낌, 즉 인생의 완성, 의미, 열정의 원천이 되는 즐거운 느낌으로 묘사했다. 결국 두 사람의 중요한 차이는 건강한 구원의 느낌이 출발하고 측정되는 기준선에 있다고 볼 수 있다. 스피노자의 경우, 세계에 대한 이성적 추론을 통해 형성된 평정심 위에서 성스러운 느낌이 일어난다. 제임스의 경우, 성스러운 느낌은 깊이 가라앉은 기준선에서부터 출발한다. 이 느낌은 종종 자연에 대한 그의 부정적 평가에 따른 침울함에서 그를 건져 올려 주는 역할을 한다. 그 외의 경우에 제임스나 스피노자는 신이 인간 내면에 존재한다는 데 생각을 같이했다. 뿐만 아니라 제임스는 그 자신의 형성에 기여했던 19세기 말의 심리학에서 싹튼 지식을 이용해서 성스러운 느낌의 원천이 단순히 우리의 내면에 있을 뿐 아니라 우리 내면의 무의식에 기원을 두고 있다고 지적했다. 그는 종교적 경험이 (우리 존재) '이상(more)'의 것이라고 말했지만 그 체험이 우리를 이끄는 곳은 현실로부터 떨어진 '더 먼 곳'이 아니라 바로 '우리 자신'이라고 말했다.

  스피노자와 제임스는 자연스러운 영적 삶이라는 형태의 풍요로운 적응의 길로 우리를 이끌었다. 그들의 신은 고통과 번민으로 인해 상실된 항동성 균형(homeodynamic balance)을 되찾아 준다는 점에서 치유의 힘을 가지고 있다. 그러나 두 사람 모두 신이 그들의 목소리를 들을 것이라고 기대하지 않았다. 둘 다 균형의 회복은 정교한 사고와 추론이 적절한 정서와 느낌을 불러일으킴으로써 달성되는 개인적이며 내면적인 작업이라고 생각했다. 두 사람 모두 인간 존재는 이 신비스러운 우주에서 나타난 주체적 특성의 단순한 사례임을 시인함으로써 그 과정을 합리화했다. 두 사람 모두 우주의 가장 심오한 운율과 존재 이유는 해독할 수 없었다.

행복한 끝맺음?

활달하고 밝은 영혼을 지닌 사람들조차 온갖 종류의 고통—그것이 미리 막을 수 있는 것이든 피치 못할 것이든—을 그토록 빈번하게 마주할 수밖에 없는 이 우주에서 우리는 어떻게 행복한 결말에 도달할 수 있을까? 이미 그 답을 가지고 있는 사람들도 있다. 마음 깊은 곳에 자리 잡은 종교적 신념이나 어떤 슬픔도 꿰뚫고 들어올 수 없는 단단한 보호막과 같은 것이 그 답이다. 그러나 그 밖의 사람들, 그러한 자원을 지니고 있지 못한 사람들은 어떻게 해야 할까? 나의 솔직한 대답은, 당연한 이야기이겠지만, "모르겠다."이다. 사실 내가 누군가 다른 사람의 인생의 행복한 결말에 대한 처방을 제공한다는 것은 주제넘은 일일 것이다. 그러나 나 자신의 견해에 대해서는 들려줄 수 있다.

스피노자의 숙고 가운데 일부를, 우리를 둘러싼 세상에 대한 좀 더 적극적인 자세와 결합시킨 것을 나는 행복한 결말에 이르는 한 가지 경로로 제안하고자 한다. 이 경로는 즐거움의 원천으로서 열정과 어느 정도의 훈련을 통해 지혜를 추구하는 영적 삶을 포함한다. 이 이해는 과학 지식, 심미적 경험 또는 그 두 가지에서 유도된다. 이러한 삶은 우리로 하여금 인류의 비극적 조건 중 일부는 완화될 수 있으며, 인간이 처한 곤경을 극복하고 해결하기 위해 뭔가 노력을 기울이는 것이 우리의 책임이라는 신념에 근거한 전투적 자세(combative stance)를 갖게 한다. 과학의 진보가 가져다주는 이익 가운데 하나는 인간의 고통을 누그러뜨릴 수 있는 지적 활동을 계획할 수단을 마련해 준다는 것이다. 과학은 최상의 인본적 전통과 결합되어 인간의 문제에 대한 새로운 접근을 가능하게 해 주고 인류를 번영으로 이끈다.

먼저 영적 삶이 무엇을 의미하는지 명확히 짚고 넘어가야 하겠다. 나의 친구 중 한 사람은 깊은 관심을 가지고 생물학의 발달을 주시하면서 동시에 영적 삶을 열성적으로 추구하고 있다. 그는 나에게 종종 영혼(spirit)을 신경생물학적 용어로 정의할 수 있는지, 그리고 영혼이 존재하는 위치를 확인할 수 있는지 묻는다. "영혼이란 무엇인가?" "영혼은 어디에 있지?" 내가 어떻게 대답할 수 있을까? 나는 종교적 경험을 신경학적으로 설명하고자 하는 시도를 좋아하지 않는다는 사실을 고백해야 하겠다. 특히 그 시도가 신에 해당되는 뇌의 중추를 찾아낸다거나 신이나 종교를 뇌 주사 사진과 연관시켜 정당화하고자 하는 것과 관련될 경우에는 말이다.[15] 그러나 종교적인 것이든 그렇지 않은 것이든, 영적 경험은 일종의 심적 절차이다. 이러한 경험은 최고도로 복잡한 생물학적 절차이다. 영적 경험은 특정 상황에서 특정 개인의 뇌에서 일어나며, 우리가 그와 같은 절차를 신경학적 용어로 기술하는 것을 회피할 이유는 없다. 그러한 시도의 한계를 알고 있다고 하더라도 마찬가지이다. 따라서 내 친구의 질문에 대해서 나는 다음과 같은 대답을 들려주고자 한다.

첫째, 나는 영적 경험이라는 개념을, 우리가 될 수 있는 한 가장 완벽하게 기능을 한다는 점에서, 강렬한 조화의 경험과 같은 것으로 보고자 한다. 이 경험과 더불어 다른 이들에게 친절하고 관대하게 행동하고자 하는 욕망이 펼쳐지게 된다. 따라서 영적 경험을 한다는 것은 잔잔하고 고요한 형태로 나타나는, 일종의 기쁨이 지배하는 특정 종류의 지속적인 느낌을 갖는 것이다. 내가 영적인 느낌이라고 부르는 느낌의 복합체의 중심은 경험들이 교차하는 곳에 위치한다. 그 경험 가운데 하나는 순수한 아름다움이고, 또 다른 하나는 "평화로운 기질"과 "애정과 사랑의 우위"에서 우러나는 행동에 대한 예상이다.(인용된 문구는 제임스의 문구지만 그 개념은 스피노자적이라고 볼 수 있다.) 이러한 경험은 점점 확장되고 스스로를 지탱하면서 짧은 시간 동안 지속된다. 이러한 방식으로 볼 때 영적 경험이라는 것은 균형이 잘 잡히고, 잘 조율되고, 좋은 의도를 가진 삶의 이면에서 조직화되고 있는 계획의 표지라고 할 수 있다. 어떤 사람은 영적 경험이란 어떤 완벽의 상태에 있는 삶의 이면에서 진행되고 있는 충동이 부분적으로 드러난 것이라고 보기도 한다. 내가 이 책의 앞부분에서 제안한 것과 같이 느낌이 생명 절차의 상태를 증언한다면 영적 느낌은 그 증언보다 더 깊이, 삶의 실체 속으로 파고 들어간다. 영적 느낌은 생명 절차에 대한 직관의 기초를 이룬다.[16]

둘째, 영적 경험은 우리에게 자양분을 준다. 나는 기쁨이나 그와 유사한 느낌이 더욱 큰 기능적 완전성에 도달하게 한다는 스피노자의 견해는 매우 정확한 것이었다고 생각한다. 즐거움에 대한 오늘날의 과학 지식은 우리가 적극적으로 즐거움을 추구해야 한다는 생각을 뒷받침해 준다. 그와 같은 감정은 우리 생명의 번영에 일조하기 때문이다. 마찬가지로 우리는 슬픔이나 그와 관련된 감정을 피해야 한다. 왜냐하면 그러한 감정은 건강에 해롭기 때문이다. 이는 특정 범위의 사회적 기준을 준수할 것을 요구한다. 4장에 제시된, 인간의 협동적 행동은 뇌에 있는 쾌락/보상 시스템과 관련되어 있다는 최근 증거가 이러한 지혜를 뒷받침해 준다. 사회적 기준을 어기는 것은 죄의식, 부끄러움 또는 슬픔을 불러일으키는데, 이러한 감정은 모두 건강하지 못한 슬픔이라는 감정의 또 다른 형태이기 때문이다.

셋째, 우리는 영적 경험을 불러일으킬 수 있는 능력을 가지고 있다. 종교적 맥락에서 영적 경험을 불러일으키는 수단으로서 기도와 예배가 고안되었지만, 기도와 예배만이 그와 같은 경험의 원천이 되는 것은 아니다. 어떤 사람들은 오늘날의 세속적이고 조야한 상업주의가 우리가 영적 경험에 도달하는 것을 지극히 어렵게 만든다고 말한다. 영적 경험을 불러일으키는 수단이 거의 완전히 사라졌다는 것이다. 그러나 우리는 실제로는 영적 경험을 불러일으킬 수 있는 자극에 둘러싸여 있다. 물론 그 효과나 현저성은 일련의 환경적 요소로 인해 감소될 수 있고 그 자극이 효과를 발휘할 수 있는 체계적인 틀이 부족할 수는 있을 것이다. 자연을 관찰하고 감상하는 일, 과학적 발견을 숙고하고 음미하는 일, 위대한 예술을 경험하는 일 등은 적절한 배경에서 영적 경험을 효과적으로 불러일으키는 정서적으로 유효한 자극 역할을 할 수 있다. 바흐나 모차르트, 슈베르트나 말러의 음악을 듣는 것이 얼마나 쉽게 우리를 그와 같은 경험으로 이끄는지 생각해 보라. 이것은 스피노자가 권유한 바와 같이 부정적 정서가 일어날 수 있는 상황에서 긍정적 정서를 생성하는 것이다. 그러나 내가 지금 암시하는 영적 경험은 종교와 동등한 것은 아니다. 내가 제안한 영적 경험은 체계적인 틀을 갖추고 있지 못하고, 그 결과 그토록 많은 사람들을 조직적 종교로 이끄는 압도적이고 장엄한 성격이 부족하다. 의례적 의식과 여럿이 모이는 회합은 실로 개인적 차원에서의 영적 경험과 다른 종류의 경험을 창조해 낸다.

이제 영혼이 인간이라는 생명체의 어느 곳에 존재하는가 하는 미묘한 문제에 대해 생각해 보자. 나는 오래된 골상학적 전통에서 이야기하는 것과 같이 뇌에 인간의 영적 경험이나 활동에 관여하는 중추가 따로 있을 것이라고 생각하지 않는다. 그러나 우리는 영적 상태에 도달하는 절차가 어떻게 신경학적으로 수행되는지에 대한 설명을 제공할 수는 있다. 영적이라는 것은 특정 종류의 느낌 상태이기 때문에 나는 이것이 신경학적으로 볼 때 3장에서 설명한 구조와 작용, 특히 뇌의 체성 감각 영역에 의존할 것이라고 생각한다. 영적 경험이라는 것은 생명체의 특정 상태, 특정 신체 구성과 특정 심적 구성의 미묘한 조합이다. 그와 같은 상태를 지속하는 것은 자신이 처한 조건과 다른 이들이 처한 조건, 과거와 미래, 우리의 자연에 대한 구체적인 이해와 추상적 이해 등을 아우르는 풍요로운 사고에 의존한다.

나는 영적 경험을 느낌의 신경생물학과 연결 지음으로써 숭고한 것을 물질적인 것으로 축소시켜 그 위엄을 망가뜨리겠다는 의도를 가지고 있지 않다. 나의 목적은 영적 현상의 숭고함이 생물학의 숭고함에 구현되어 있으며, 우리는 그 절차를 생물학적으로 이해하기 시작했다는 사실을 주장하는 것이다. 그 절차의 결과에 대해서는 굳이 설명할 필요도 없고 그럴 가치도 없다. 영적 경험 그 자체로 충분하다.

영적 경험의 이면에 있는 생리학적 절차를 설명하기 위해서 특정 느낌과 연결된 생명 절차의 신비로움에 대해 설명할 필요는 없다. 신비로움과 연결되기는 했지만 신비로움 그 자체는 아니기 때문이다. 스피노자와 스피노자적 요소가 가미된 사상을 지닌 사상가들은 느낌의 완전한 주기, 즉 느낌의 시초가 되는 진행 중에 있는 생명에서부터 느낌의 최종 목적지인 생명의 원천에 이르는 전체 주기를 펼쳐 보였다.

나는 앞서 영적 삶을 영위하기 위해서는 전투적 자세의 보완이 필요하다고 말했다. 그것이 무슨 의미일까? 객관적으로 볼 때 자연은 잔혹하지도 않고 너그럽지도 않다. 그러나 우리의 실용적 관점은 주관적이고도 개인적이다. 그러한 관점에서 볼 때 현대 생물학은 자연이 이전에 생각했던 것보다 훨씬 더 잔인하고 무심하다는 사실을 밝혀내고 있다. 인간은 (다른 생명과 비교할 때) 자연의 우연하고 비계획적인 사악함의 희생물이 될 수 있는 동일한 가능성을 가지고 있지만, 그렇다고 해서 아무런 반응 없이 그 운명을 그대로 받아들여야 할 의무는 없다. 우리는 자연의 잔혹함과 무심함에 대처할 수 있는 수단을 찾고자 노력할 수 있다. 자연은 인간의 번영에 대한 계획을 마련해 놓지 않았다. 그러나 자연 속의 인간은 그와 같은 계획을 고안해 낼 수 있다. 스피노자의 '축복'이라는 고상한 환영에서 한 걸음 더 나아간 전투적 자세는 우리가 다른 이들의 행복에 관심을 갖는 한 우리는 결코 혼자가 아님을 약속한다.

이제 이 장의 서두에서 제기했던 질문에 대답할 수 있을 듯하다. 정서와 느낌, 그리고 그 작용을 이해하는 것이 우리가 어떻게 살아가는가 하는 문제와 어떤 관계가 있는가 하는 질문 말이다. 개인적 수준에서 그 답은 매우 분명하다. 앞으로 20년 내에, 아마도 그보다 더 빠른 시기에, 정서와 느낌에 대한 신경생물학은 생물의학 분야에서 유전자가 뇌의 특정 부위에서 어떻게 발현되며 어떻게 그 영역들이 조화롭게 협응하여 우리의 정서와 감정을 일으키는지 밝혀내고, 그 이해를 바탕으로 통증과 우울증을 치료하는 효과적인 방법을 탄생시킬 것이다. 새로운 치료 방법은 일반적 방법과 같이 단순히 그 증상을 공격하는 것이 아니라 정상적인 절차에서 손상된 특정 부분을 교정하는 데 초점을 맞추게 될 것이다. 이 새로운 치료법은 심리 치료법과 결합되어 정신의학 분야에 일대 혁명을 가져올 것이다. 그렇게 되면 오늘날 이용 가능한 치료법들은 마치 마취 없이 수술했던 예전의 방법처럼 거칠고 구식인 것으로 느껴지게 될 것이다.

　정서와 감정에 대한 새로운 지식은 사회 수준에서도 의미를 갖는다. 앞서 제시되었던 항상성과 사회적·개인적 삶의 조절 간의 관계에 대한 논의가 여기에서 도움이 될 것이다. 우리가 이용할 수 있는 조절 장치 가운데 일부는 수백만 년간의 생물학적 진화를 통해 완성되어 왔다. 욕구라든지 정서가 그 예이다. 또 다른 장치들은 고작 수천 년의 역사를 가지고 있다. 사회 정의를 실현화기 위한 사법 체계나 사회·정치적 조직 등이 그 예이다. 어떤 장치들은 도달할 수 있는 최상의 상태로서 물론 영원불변이라고는 할 수 없지만 생물학적 특성만큼이나 확고하게 뿌리를 내리고 있다. 한편 다른 장치들은 인간의 삶을 개선하기 위한 임시적 절차들이 한데 뒤섞여 부글부글 끓어오르는 가마솥과도 같은 상태이지만 모든 이에게 조화로운 균형을 가져다주는 데 필요한 안정 상태에 도달하기에는 아직 멀어 보이는 진행 상태에 있다. 그리고 우리 인류의 운명에 개입하고 개선할 수 있는 기회가 바로 여기에 놓여 있다.

　나는 우리의 뇌가 생명의 기본 현상을 조절하는 것과 같은 정도의 효율성을 가지고 우리가 사회적 사건들을 조절하고 관리할 수 있다고 주장할 생각은 없다. 그와 같은 목표는 달성될 수 없을 것이다. 우리의 목표는 좀 더 현실적이어야 한다. 게다가 과거와 현재에서 반복적으로 나타나는 그와 같은 시도의 실패 사례는 당연히 우리를 냉소주의에 물들게 한다. 사실 인간의 문제를 조절하기 위한 어떤 종류의 조화로운 노력에 대해서도 뒤로 물러나고자 하고, 우리에게 미래는 없다고 선언하고자 하는 심정은 얼마든지 이해할 수 있다. 그러나 고립된 자기 보호의 감옥 안에 꽁꽁 틀어박히는 것만큼 확실히 실패를 보장하는 것은 아무것도 없다. 너무나 순진하고 이상적인 이야기처럼 들릴지 모르지만—특히 아침 신문을 읽고 난 후라든가 저녁 뉴스를 들은 후에는—우리가 힘을 합쳐 변화를 가져올 수 있다고 믿는 것 외에 다른 대안은 없다. 그러한 신념을 고수할 만한 근거가 있다. 예를 들어서 약물 중독이라든지 폭력 같은 특정 문제를 관리하는 일에 정서와 느낌의 과학에서 출현한 생명 조절 현상에 관한 지식을 포함한 인간의 마음에 대한 새로운 과학적 이해가 제공하는 정보를 활용한다면 훨씬 더 성공 확률이 높아진다. 이는 더욱 광범위한 사회 정책에도 똑같이 적용될 수 있다. 과거의 사회공학(social engineering)적 실험들이 실패한 것은 부분적으로는 계획 자체가 우둔했고 실행 과정에서 타락했기 때문이다. 그러나 그 실패의 원인은 그와 같은 시도의 기반이 된 인간의 마음에 대한 이해가 잘못되었기 때문이다. 이러한 잘못된 이해로 인해 여러 가지 부정적 결과가 초래되었다. 그중 하나가 대부분의 사람들에게는 달성하기 어렵거나 불가능한 것인 희생을 요구한 것이다. 또한 스피노자가 코나투스라는 개념에서 직관적으로 이해했으며 오늘날 과학적으로 분명하게 드러나고 있는 생물학적 조절 측면을 무시하고 동족 의식, 인종주의, 독재, 종교적 광신 등과 같은 사회적 정서의 어두운 면에 눈을 감게 만들었다. 그러나 그것은 이미 지나간 일이다. 오늘날 우리는 이미 경고를 마음에 새긴 채로 새로운 출발선에 서 있다.

나는 새로운 지식이 인간 삶의 터전을 변화시킬 수 있을 것이라고 믿는다. 그리고 바로 이것이야말로, 모든 것을 고려할 때, 많은 슬픔과 약간의 쾌락 한가운데에서 우리가 희망을 가져야 할 이유이다. 희망이란 스피노자가 그의 모든 용기에도 불구하고 우리와 같은 범상한 인간들만큼 중요하게 여기지 않았던 감정이다. 그는 희망을 다음과 같이 묘사했다.

"희망이란 미래나 과거 속에서 끄집어 낸, 그 결과에 대해서는 어느 정도 회의하고 있는 어떤 대상에 대한 심상에 지나지 않는다."[17]

감사의 말

먼저 이 책이 완성되기까지 다양한 단계에서 원고를 읽고 검토하고—어떤 경우에는 한 번 이상—나에게 수많은 값진 비판과 조언을 준 동료들과 친구들에게 감사드린다. 어떤 말도 나의 고마움을 다 표현할 수 없으리라. 장 피에르 샹죄, 데이비드 허블 찰스 로클런드(David Hubel Charles Rockland), 스티븐 내들러(Steven Nadler), 스튜어트 햄프셔 퍼트리샤 처칠런드(Stuart Hampshire Patricia Churchland), 폴 처칠런드(Paul Charchland), 토머스 메친저(Thomas Metzinger), 올리버 색스 스테판 헥(Oliver Sacks Stefan Heck), 페르난도 질(Fernando Gil), 데이비드 러드라우프(David Rudrauf), 피터 색스(Peter Sacks), 피터 브룩(Peter Brook), 존 버넘 슈워츠(John Burnham Schwartz), 잭 프롬킨(Jack Fromkin)이 그들이다. 그러나 이 책에 이상한 부분이나 오류가 남아 있다고 하더라도 그것은 그들의 탓이 아니다.

아이오와 대학교와 솔크(Salk) 생물학 연구소에 근무하는 나의 동료들 역시 이 책을 쓰는 데 많은 협조를 아끼지 않았다. 특히 앙투안 베카라, 랠프 아돌프스, 대니얼 트래넬, 조지프 파비치는 원고를 읽고 도움이 되는 조언을 들려주었다. 나는 또한 국립 신경 질환 및 발작 연구소(National Institute of Neurological Diseases and Stroke) 및 매더스 재단(Mathers Foundation)에 언제나 감사드린다. 이 기관들의 협조가 없었더라면 아이오와 대학교 신경과의 인지신경과학 분과(Division of Cognitive Neuroscience)의 과학자들이나 환자들이나 학생들 모두 지금과 같은 독특한 업무 환경을 창조해 내지 못했을 것이다.

지난 5년 동안 이 책을 쓰는 데 필요한 엄청난 양의 문헌 검색에 도움을 주신 많은 분들에게 감사드린다. 마리아 데 소사(Maria de Sousa)와 호세 오르타(Jose Horta)는 포르투갈의 도서관에서 스피노자에 관련된 수많은 고문서들을 찾아 주었다. 스피노자 연구자인 마르가레트 굴란부르, 마리아 루이사 리베이루 페레이라, 디오구 피레스 아우렐리우(Diogo Pires Aurélio)는 이 위대한 철학자에 대한 나의 질문에 대해 참을성 있게 답변해 주었다. 마리아나 아나그노스토포울루스(Mariana Anagnostopoulus)는 스토아 학파에 대한 핵심적인 참고 문헌을 찾아 주었다. 토머스 케이시(Thomas Casey)는 보잉 777에 대한 몇 가지 의문점을 해소해 주었다. 아서 본필드(Arthur Bonfield)는 토머스 제퍼슨과 존 로크에 대하여 도움이 되는 이야기를 들려주었다.

훌륭한 전문가적 솜씨와 온화한 성품을 지닌 나의 조수인 닐 퍼덤(Neal Purdum)은 이 원고의 다양한 부분들을 조율해 주었다. 그와 베티 레더커(Betty Redeker)는 이 원고의 대부분을 입력해 주었다. 20년간 내가 손으로 휘갈겨 쓴 원고를 입력해 온 베티의 인내력은 놀라운 것이 아닐 수 없다. 이 두 사람의 헌신에 커다란 감사를 드린다. 또한 신속하게 문헌을 검색해 준 켄 맨젤(Ken Manzel)과 캐럴 디보어(Carol Devore)에게 감사드린다.

원고를 훌륭하게 편집해 준 도나 웨어스(Donna Wares)와 나의 원고를 한 권의 책으로 탄생시켜 준 데이비드 휴(David Hough)에게 감사드린다.

두 사람의 오랜 친구인 제인 아이시(Jane Isay)와 마이클 칼리슬(Michael Carlisle), 그리고 나의 동료이자 최악의 비판자, 최고의 비판자, 매일 매일의 영감과 이성의 원천인 아내 한나 다마지오의 열성과 도움이 없었더라면 이 책은 세상의 빛을 보지 못했을 것이다.

부록 I

스피노자 시대의 주요 사건

1543
태양이 지구 둘레를 도는 것이 아니라 지구가 태양 둘레를 도는 것이라고 주장했던 코페르니쿠스(1473년 탄생) 사망.

1546
1521년 가톨릭교회로부터 파문을 당하고 루터파 교회를 세웠던 마르틴 루터(1483년 탄생) 사망.

1564
갈릴레오 갈릴레이, 윌리엄 셰익스피어, 크리스토퍼 말로 탄생.
1536년 칼뱅파(오늘날의 장로교)를 창시한 장 칼뱅 사망.

1572
루이즈 데 카몽이스의 『우스 루지아다스』 출간됨.

1588
마음에 대하여 명확하게 물질적인 관점을 보였던 영국의 철학자 토머스 홉스 탄생. 그는 스피노자에게 상당한 영향을 미쳤다.

1593
크리스토퍼 말로가 사고로 사망.

1596
르네 데카르트 탄생.

1600
조르다노 브루노가 코페르니쿠스를 지지하고 범신론적 관점을 견지했다는 이유로 장작더미 위에서 화형당함.

1601
셰익스피어의 완성된 『햄릿』이 공연됨. 이로써 의심의 시대가 열리게 되었다.

1604
셰익스피어의 『리어 왕』 공연.
프랜시스 베이컨의 『학문의 진보』, 미겔 데 세르반테스의 『돈키호테』 출간됨.

1606
렘브란트 판 레인 탄생.

1610
갈릴레이가 망원경을 고안함. 별에 대한 연구는 그로 하여금 태양과 지구의 운동에 대한 코페르니쿠스의 견해를 채택하도록 만들었다.

1616
셰익스피어가 52세의 나이로 사망. 그는 사망 직전까지도 『햄릿』의 개정판 작업에 매달렸다.
세르반테스가 69세의 나이로 같은 날 사망.

1629
천문학자이자 물리학자인 크리스티안 하위헌스 탄생(1695년 사망). 그는 스피노자에게 지적 동료이자 서신 교환자였으며, 한때 이웃이자 렌즈를 구입한 고객이기도 했다.

1632
존 로크 탄생.
스피노자 탄생.
렘브란트가 「툴프 박사의 해부학 강의」 그림.

1633
갈릴레이가 유죄 판결을 받고 가택 연금됨.
데카르트는 인체의 해부학 및 생리학에 대한 자신의 연구 결과에 따른 인간 본성에 대한 자신의 견해를 출간하는 것을 보류함.

1633
윌리엄 하비가 혈액 순환 현상을 설명.

1638
1715년까지 프랑스를 통치한 루이 14세 탄생.

1640
유대인 혈통의 포르투갈 출신 철학자로 가톨릭 교육을 받으며 자랐으나 나중에 유대교로 개종한 위리엘 다 코스타가 암스테르담의 유대 교회에게 최초로 파문을 당했다가 다시 받아들여졌으나 체벌을 받음.

1642
갈릴레이 사망.
아이작 뉴턴 탄생(1727년 사망).

1650
데카르트 사망.

1652
스피노자의 아버지 미겔 데 에스피노자 사망.

1656
스피노자가 포르투갈 인들의 유대 교회로부터 파문당함. 그 결과 그의 가족과 친구를 포함한 어떤 유대인과도 접촉이 금지됨. 그 후로 그는 1670년까지 네덜란드의 여러 도시에서 혼자 살았다.

1670
스피노자가 헤이그에 정착함.

라틴 어로 씌어진 스피노자의 『신학 정치론』이 익명으로 출간됨.

1677
스피노자 사망.
라틴 어로 씌어진 스피노자의 저서 『유고집』이 거의 익명으로 출간됨.
이 작품집에 『에티카』가 포함됨.

1678
스피노자의 저서가 네덜란드와 프랑스에서 출간됨.
정부 당국과 종교 당국이 스피노자의 책을 전 유럽에서 금서로 지정.
스피노자의 저서는 불법적으로 유통됨.

1684
존 로크가 네덜란드로 망명함(~1689년).

1687
중력에 대한 뉴턴의 논문 발표됨.

1690
로크가 60세의 나이로 『인간 오성론』과 『통치 이론』을 발표함.

1704
로크가 72세의 나이로 사망.

1743
토머스 제퍼슨 탄생.

1748
몽테스키외의 『법의 정신』 출간됨.

1764
볼테르의 『철학사전』 출간됨. 『캉디드』를 출간한 지 5년째 되는 해였다.

1772
드니 디드로와 장르롱 달랑베르의 주도로 계몽 시대의 중심적 저작인 『백과전서』 완간됨.

1776
제퍼슨의 독립 선언문 작성.

1789
프랑스 혁명.

1791
미국 헌법의 수정 헌법 제정.

부록 II

뇌 해부도

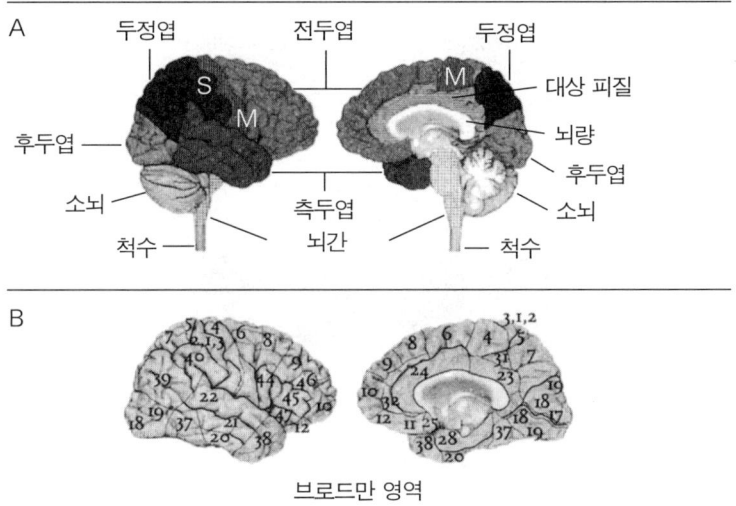

브로드만 영역

그림 1 위의 그림(A)은 중추 신경계를 겉에서 바라보았을 때 구분되는 영역들로 대뇌의 네 개의 엽(후두엽, 두정엽, 측두엽, 전두엽)과 대상 피질, 소뇌, 뇌간, 척수 등이 있다. 왼쪽의 그림은 우측 대뇌 반구를 겉에서 본(외측, lateral) 모습이고, 오른쪽 그림은 우측 대뇌 반구를 안에서 본(내측, medial) 모습이다. S: 감각 영역, M: 운동 영역

아래의 그림(B)은 우측 반구를 각각 겉과 안에서 바라본 모습이다. 대뇌 피질이 브로드만의 세포 구조적(cytoarchitectural) 영역에 따라 나뉘어 있다. 각 번호는 독특한 세포 구조에 따라 구분되는 대뇌 피질의 부분들에 대응한다. 이렇게 구조적으로 구분이 되는 이유는 각 영역에 존재하는 신경세포의 종류와 층을 이루는 형태가 각기 다르기 때문이다. 뿐만 아니라 신경세포들의 '투사

(projection)', 즉 각 영역이 뇌의 어떤 부분에서 신호를 받고 또 어떤 부분으로 신호를 보내는지 역시 모두 다르다. 다양한 구조와 놀랄 만큼 서로 다른 입력 및 출력 양상은 어떻게 각 영역이 그토록 다르게 작동하고, 전체의 조화 속에서 제각기 그토록 독특한 기능을 수행할 수 있는지를 설명해 준다.

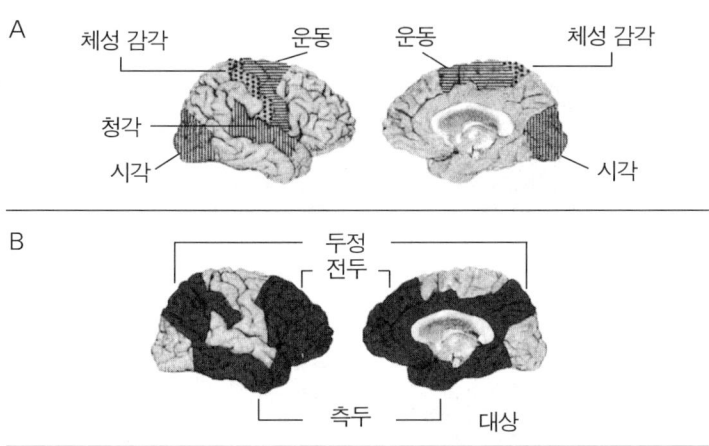

그림 2 두 가지 종류의 대뇌 피질. 위의 그림(A)은 운동 피질과 시각, 청각 및 신체 감각(체성 감각)에 대한 일차(이른바 '초기') 감각 피질을 보여 주고 있다. 역시 신체 감각과 관련되어 있는 뇌섬엽 피질은 보이지 않는다. 외측 두정엽 피질 및 전두엽 피질(그림 3 참조)에 가려져 있기 때문이다. 아래 그림(B)에서 어두운 색으로 나타낸 영역은 몇몇 엽과 대상 피질이 연합되어 있는 모습을 보여 준다. 이 피질들은 또한 '고차원적(higher-order)' 또는 '통합(integrative)' 피질로 알려져 있다.

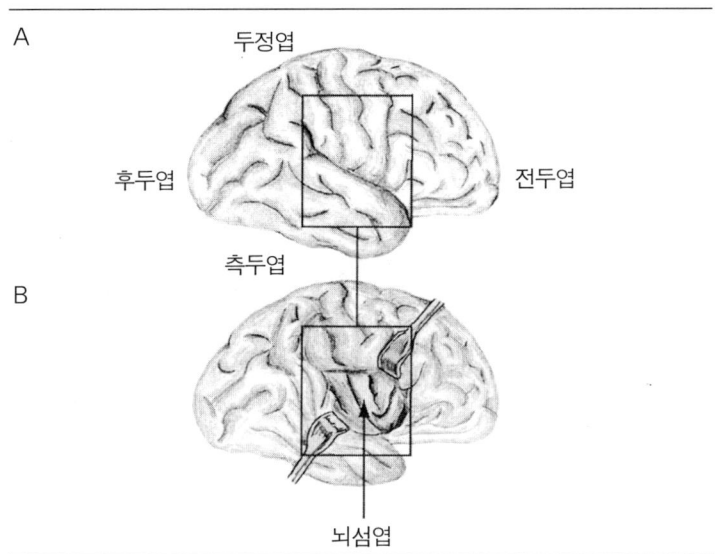

그림 3 체성 감각 피질의 매우 중요한 요소인 뇌섬엽의 모습. 뇌섬엽을 둘러싸고 있는 피질(A)을 들어 올려야만(B) 뇌섬엽이 보인다.

주(註)

1장 · 느낌 속으로

1   생물의 신경계의 구조와 작용은 생명체의 작고 간단한 수준(효소나 신경 전달 물질을 구성하는 미시적 분자 수준)에서부터 크고 복잡한 수준(거시적 뇌 영역을 구성하는 시스템과 우리의 행동과 사고의 기반이 되는 각 시스템 간의 연결 양상)에 이르기까지 다양한 수준에서 연구될 수 있다. 이 책에서 논의되는 대부분의 연구는 후자, 즉 거시적 수준에 초점을 맞추고 있다. 우리 연구의 궁극적 목표는 이 수준에서 얻은 증거를 그 아래 수준과 위의 수준에서 나타난 증거들과 연결 짓는 것이다. 아래 수준에는 뇌의 회로 및 경로, 세포와 화학적 신호 전달 등이 포함되고, 위의 수준에는 정신적·사회적 현상이 포함된다.

　이런저런 현상이 전개되는 데에서 뇌의 특정 영역의 중요성이 강조되기는 하지만 마음과 행동의 절차는 뇌의 시스템들을 구성하는 수많은 영역의 조화로운 협응에 따라 이루어진다. 지각, 학습과 기억, 정서와 느낌, 주의, 추론, 언어, 움직임 등 인간 마음의 중요한 기능 가운데 어느 것도 뇌의 단 하나의 중추에서 관장되지는 않는다. 하나의 뇌의 중추가 하나의 주요 정신 기능을 관장한다는 골상학은 이제 과거의 유물이 되어 버렸다. 그러나 한 시스템의 전반적인 기능에 기여하는 뇌의 각 부분은 고도로 특이화되어 있다는 것을 인정하는 것이 적절하다. 그러나 그 기여는 각 상황과 전반적인 영향에 따라 특수하고도 유연하다. 마치 오케스트라에서 현악기 연주자가 동료나 지휘자, 또는 자신의 기분 등에 따라서 어떤 날은 연주를 잘하고 또 어떤 날은 잘하지 못하는 것과 비슷하다.

　오늘날의 연구자들은 뇌의 해부학적 특징을 조사할 수 있도록 해 준 현대의 영상 주사 기술에 더하여 뇌를 탐구할 많은 수단을 가지고 있다. 뇌의 활동에 따라 생성되는 전기적·자기적 현상들을 연구하는 방법에서부터 뇌의 작은 영역에서의 유전자 발현을 연구하는 방법 등이 여기에 포함된다.

2   야코프는 시장에게 스피노자가 자신에게 어떤 의미를 갖는지 설명했다. Bernard Malamud, *The Fixer* (New York; Farrar, Straus and Giroux, 1966/Viking Penguin, 1993).

3   Spinoza, *The Ethics*, Part III (New York: Dover Press, 1955). *The Ethics* used in the text include Edwin Curley's in *The Collected Works of Spinoza* (Princeton University Press, 1985); Joaquim de Carvalho's *Ética* (Relogio e Água, Lisbon, 1992).

4   Spinoza, *The Ethics*, Part IV, Proposition 7(앞에서 인용).

5   위의 책, Part I.

6   위의 책, Part II.

7   장 피에르 샹죄(Jean Pierre Changeux)는 주목할 만한 예외에 속한다. 그는 1983년에 발표한 그의 저서 『신경적 인간(*L'Homme Neuronal*)』의 말미를 스피노자에 대한 인용문으로 장식했다. Jean Pierre Changeux, *Neuronal Man: The Biology of Mind* (New York: Pantheon, 1985). 그는 또한 폴 리쾨르(Paul Ricoeur)와 공동 저술한 *La Nature et La Règle* (Paris: Editions Odile Jacob, 1998)에서 스피노자와 신경과학의 연관성을 피력했다. 현대 심리학이나 생물학과 스피노자의 연관성을 언급한 다른 사상가들의 예는 다음과 같다. Stuart Hampshire, *Spinoza* (New York: Penguin Books, 1951); Errol Harris, *The Foundations of Metaphysical Science* (New York: Humanities Press, 1965); Edwin Curley, *Behind the Geometrical Method: A Reading of Spinoza's Ethics* (Princeton, N. J.: Princeton University Press, 1988).

8   조너선 이즈레일(Jonathan Israel)은 자신의 저서에서 계몽 운동의 배후에서 스피노자가 맡았던 역할에 대하여 강력한 주장을 펼쳤다. *Radical Enlightenment: Philosophy and the Making of Modernity* (New York: Oxford University Press, 2001). 스피노자가 계몽 운동에서 담당한 역할에 대해서는 또한 이 책의 6장을 참조한다.

9   Gilles Deleuze, *Spinoza: A Practical Philosophy* (San Francisco: City Lights Books, 1988); Michael Hardt, A. Negri, *Empire* (Cambridge, Mass.: Harvard University Press, 2000); Henri Atlan, *La Science est-elle*

inhumaine? (Paris: Bayard, 2002).
10 Spinoza, *A theologico-political treatise and A political treatise* (R. H. M. Elwes, *Benedict de Spinoza: A theologico-political treatise and a Political Treatise*, New York: Dover Publications, 1951).
11 Simon Schama, *An Embarrassment of Riches* (New York: Random House, 1987).
12 데카르트는 분명 살아생전에도 이 구절을 인용했던 것으로 보인다. 이 구절의 출처는 다음과 같다. Ovid's *Tristra*: "Bene qui latuit, bene vixit."

2장 · 욕구와 정서

1 William Shakespeare, *Richard II*. Act 4, Scene 1.
2 내가 '마음'과 '몸'이라는 말을 사용한다고 해서 부주의하게 데카르트의 실체 이원론(substance dualism, 몸과 마음을 두 가지 서로 독립된 실체로 보는 관점──옮긴이)으로 빠져 드는 것은 아니다. 5장에서 설명한 바와 같이 우리가 '마음'과 '몸'이라고 부르는 현상은 하나의 생물학적 '실체(substance)'에서 비롯된 것이다. 그러나 나는 마음과 몸을 각기 다른 연구 대상으로 다루고자 한다. 이것은 정서와 느낌을 구분하는 것과 같은 이유에서이다. 즉 마음과 몸, 또는 정서와 느낌이 통합되어 만들어진 전체에 대한 이해를 돕기 위한 연구 전략이다.
3 이 주제에 대해서 스피노자는 정서라는 말도 느낌이라는 말도 사용하지 않았다. 대신 두 개념을 모두 아우를 수 있는 감정(affect, 라틴어로 *affectus*)이라는 단어를 사용했다. 그는 감정에 대해서 다음과 같이 설명했다.
 "내가 사용하는 *affectus*라는 단어는 신체의 활동 능력을 증대시키거나 감소시키고, 촉진하거나 저해하는 몸의 변용인 동시에 그러한 변용의 관념으로 이해한다."(Spinoza, *The Ethics*, Part III) 스피노자가 정확한 의미를 분명히 나타내고자 할 때 그는 '감정'을 사용했으며, 이 현상의 대체로 외면적인 측면 또는 전적으로 내면적인 측면, 즉 정서와 느낌을 의미할 때는 따로 언급했다. 내가 제안한 구분에 대하여 아마도 스피노자 역시 동의할 것이다. 왜냐하면 이 구분은 '감동을 받다(being affected)'라는 절차상에 존재하는 서로 다른 각각의 사건들을 구분하는 데 기반을 두고 있기 때문이다. 이것은 서로 유사한 스피노자의 용어인 욕구(appetite)와 욕망(desire)의 경우와 마찬가지이다.

이와 관련된 사항으로서 영어로 번역된 가장 널리 알려진 스피노자의 저작(1883년 영국의 엘위스(R. H. M. Elwes)가 번역)에서 *affectus*가 '정서(emotion)'로 번역되어 있다. 그 결과 이 단어들의 오용을 부추기게 되었다. 한편 에드윈 컬리(Edwin Curley)의 현대 미국 영어 번역판에서는 *affectus*를 '감정(affect)'으로 적절하게 번역했다. 엘위스가 스피노자의 *laetitia*와 *tristitia*를 각각 '쾌락(pleasure)'과 '고통(pain)'으로 번역한 것은 문제를 더욱 복잡하게 만들었다. 그보다는 '행복/기쁨(happiness/joy)'과 '비탄/슬픔(sadness/sorrow)'이 더 적절한 번역이 될 것이다.

4   James Joyce, *Ulysses* (New York: Random House, 1986).

5   항동성(homeodynamics)이 항상성보다 더욱 적절한 용어라고 할 수 있을 것이다. 왜냐하면 항동성은 고정된 상태의 균형보다 찾고 수정하는 과정을 암시하기 때문이다. 스티븐 로즈(Steven Rose)가 같은 이유로 항동성이라는 용어를 처음 도입했다. Steven Rose, *Lifelines: Biology Beyond Determinism* (New York: Oxford University Press, 1998).

6   Ross Buck, "Prime theory: An integrated view of motivation and emotion," *Psychological Review* 92 (1985): 389-413; Ross Buck, "The biological affects: A typology," *Psychological Review*.

7   정서를 분류하는 문제에 대해서는 다음 문헌을 참조하라. Paul Griffiths, *What Emotions Really Are* (Chicago: University of Chicago Press, 1997). 협의의 정서와 다른 생명 조절 반응 간의 구분은 명확하지 않다. 일반적으로 협의의 정서는 하나의 특정 사물이나 사건보다는 공통된 특정 성격을 가진 수많은 사물과 사건 때문에 촉발되고 이 촉발 과정도 더욱 복잡하다. 또한 협의의 정서의 경우, 거의 항상 촉발 자극이 외부적 요인에 따른 것이고 다른 반응의 경우에는 내부적 요인에 따른 것이다.

8   Monica S. Moore, Jim DeZazzo, Alvin Y. Luk, Tim Tully, Carol M. Singh, Ulrike Heberlein, "Ethanol intoxication in Drosophila: Genetic and pharmacological evidence for regulation by the cAMP signaling pathway," *Cell* 93 (1998): 997-1007.

9   Ralph J. Greenspan, Giulio Tononi, Chiara Cirelli, Paul J. Shaw, "Sleep

and the fruit fly," *Trends in Neurosciences* 24 (2001): 142-145.

10   Irving Kupfermann, Vincent Castellucci, Harold Pinsker, Eric Kandel, "Neuronal correlates of habituation and dishabituation of the gill-withdrawal reflex in Aplysia," *Science* 167 (1970): 1743-1745.

11   Antonio Damasio, *Descartes' Error: Emotion, Reason, and the Human Brain* (New York: Grosset/Putnam, 1994; HarperCollins, 1995). 대니얼 스턴(Daniel Stern)의 생기 감정(vitality affects)이라는 개념은 어떤 범위 내에서는 배경 정서와 동연(同延, coextensive) 관계에 있다고 할 수 있다. Daniel N. Stern, *The Interpersonal World of the Infant* (New York: Basic Books, 1985).

12   Paul Ekman, "An argument for basic emotions," *Cognition and Emotion* 6 (1992): 169-200; Charles Darwin, *The Expression of the Emotions in Man and Animals* (New York: New York Philosophical Library, 1872).

13   Jaak Panksepp, *Affective Neuroscience: The Foundations of Human and Emotions* (New York: Oxford University Press, 1998); Richard Davidson, "Prolegomenon to emotion: Gleanings from neuropsychology," *Cognition and Emotion* 6 (1992): 245-268; Richard Davidson, William Irwin, "The functional neuroanatomy of emotion and affective style," *Trends in Cognitive Sciences* 3 (1999): 211-221; Raymond Dolan, Paul Fletcher, J. Morris, N. Kapur, J. F. Deakin, Christopher D. Frith, "Neural activation during covert processing of positive emotional facial expressions," *NeuroImage* 4 (1996): 194-200; Joseph LeDoux, *The Emotional Brain: The Mysterious Underphinnings of Emotional Life* (New York: Simon and Schuster, 1996); Michael Davis and Y. Lee, "Fear and anxiety: possible roles of the amygdala and bed nucleus of the stria terminalis," *Cognition and Emotion* 12 (1998): 277-305; Edmund Rolls, *The Brain and Emotion* (New York: Oxford University Press, 1999); Ralph Adolphs, Daniel Tranel, Antonio Damasio, "Impaired recognition of emotion in facial expressions following bilateral damage to the human amygdala," *Nature* 372 (1994):

669-672; Ralph Adolphs, Daniel Tranel, Antonio R. Damasio, "The human amygdala in social judgment," *Nature* 393 (1998): 470-474; Ralph Adolphs, "Social cognition and the human brain," *Trends in Cognitive Sciences* 3 (1999): 469-479; Ralph Adolphs, Hanna Damasio, Daniel Tranel, Gregory Cooper, Antonio Damasio, "A role for somatosensory cortices in the visual recognition of emotion as revealed by 3-D lesion mapping," *The Journal of Neuroscience* 20 (2000): 2683-2690; Ralph Adolphs, "Neural mechanisms for recognizing emotion," *Current Opinion in Neurobiology* 12 (2002): 169-178; Jean-Didier Vincent, *Biologie des Passions* (Paris: Editions Odile Jacob, 1986); Nico Frijda, *The Emotions* (Cambridge, U. K., New York: Cambridge University Press, 1986); Karl Pribram, *Languages of the Brain: Experimental Paradoxes and Principles in Neuropsychology* (Englewood Cliffs, N. J.: Prentice-Hall, 1971); Stephen W. Porges, "Emotion: An evolutionary byproduct of the neural regulation of the autonomic nervous system," *Annals of the New York Academy of Sciences* 807 (1997): 62-77.

14 Paul Rozin, L. Lower, R. Ebert, "Varieties of disgust faces and the structure of disgust," *Journal of Personality & Social Psychology* 66 (1994): 870-881.

15 Richard Davidson and W. Irwin (앞에서 인용); Raymond Dolan, et al. (앞에서 인용); Helen Mayberg, Mario Liotti, Steven K. Brannan, Scott McGinnis, Roderick K. Mahurin, Paul A. Jerabek, J. Arturo Silva, Janet L. Tekell, C. C. Martin, Jack L. Lancaster, Peter T. Fox, "Reciprocal limbic-cortical function and negative mood: Converging PET findings in depression and normal sadness," *American Journal of Psychiatry* 156 (1999): 675-682; Richard Lane, Eric M. Reiman, Geoffry L. Ahern, Gary E. Schwartz, Richard J. Davidson, "Neuroanatomical correlates of happiness, sadness, and disgust," *American Journal of Psychiatry* 154 (1997): 926-933; Wayne Drevets, Joseph L. Price, Joseph R. Simpson Jr., Richard D. Todd, Theodore Reich, Michael Vannier, Marcus E. Raichle,

"Subgenual prefrontal cortex abnormalities in mood disorders," *Nature* 386 (1997): 824-827.

16 Frans de Waal, *Good Natured* (Cambridge: Harvard University Press, 1997); Hans Kummer, *The Quest of the Sacred Baboon* (Princeton, N. J.: Princeton University Press, 1995); Berud Heinrich, *The Mind of the Raven* (New York: HarperCollins, 1999); Marc D. Hauser, *Wild Minds* (New York: Henry Holt, 2000).

17 Robert Hinde, "Relations between levels of complexity in the behavioral sciences," *Journal of Nervous & Mental Disease* 177 (1989): 655-667.

18 Cornelia Bergmann, "From the nose to the brain," *Nature* 384 (1996): 512-513.

19 감정의 세계와 감정의 진화의 상호 작용에 대한 현대적 논의는 다음 문헌에서 찾아볼 수 있다. Jaak Panksepp, *Affective Neuroscience: The Foundations of Human and Emotions* (앞에서 인용-); Mark Solms, *The Brain and the Inner World: An Introduction to the Neuroscience of Subjective Experience* (New York: Other Press, 2001).

20 Ross Buck (앞에서 인용-).

21 Antonio Damasio, "Fundamental feelings," *Nature* 413 (2001): 781. 이 임시적 정의의 목표는 내가 앞서 연구의 편의를 위해 정서와 느낌을 잠정적으로 분리하자고 제안한 것을 존중하면서도 가능한 한 특이적이고 포괄적인 정의가 되는 것이다. 이 정의에는 심적 요소(정서적으로 유효한 자극의 평가와 제시), 신경 및 신체, 생리학적 요소, 진화론적 관점, 기능적 목적에 대한 서술 등이 포함되어 있다. 이 정의는 제한적 관점, 이를테면 "보상이란 동물이 그 대상을 위해 움직이도록 하는 것"이고 "처벌이란 동물로 하여금 그 대상을 피하기 위해 움직이도록 하는 것"이라는 틀 안에서 정서를 "보상이나 처벌에 의해 유도된 상태"로 정의하는 것을 지양한다. *Behavioral and Brain Sciences* 23 (2000): 177-234에서 롤스(E. T. Rolls)의 제안.

22 나는 가늠 단계 이후에 전개되는 절차에 논의의 초점을 맞추고 있다. 왜냐하면 이 부분은 정서 반응에서 가장 잘 알려지지 않은 단계이며, 전체 주기 중 느낌 부분의 기반이 되는 신경생물학적 현상을 밝혀 줄 가능성이 있기

때문이다. 다행히도 가늠 절차는 부분적으로 조사 가능했다. 뿐만 아니라 마사 너스바움(Martha Nussbaum)이 보여 준 바와 같이 철학이나 과학뿐만 아니라 문학 작품에 기록된 풍요로운 인간의 경험에 근거하여 상세하게 연구되어 왔다. 시작 단계에서 언급한 바와 같이 나는 정서를 만들어 내는 데 좀 더 근접한 신경생물학적 메커니즘에 초점을 맞추고 있다. Martha Nussbaum, *Upheavals of Thought* (New York: Cambridge University Press, 2001).

23 편도에 초점을 맞춘 연구들에 의해서 NMDA 수용체라고 알려진 다양한 글루타메이트의 수용체, 특히 NR2B 소단위(subunit, 생체 입자를 구성하는 기본 단위——옮긴이)가 이 절차에서 핵심적 역할을 맡고 있다는 사실이 밝혀지고 있다. 예를 들어서 이 소단위의 기능이 저해되면 공포에 대한 조건 형성이 일어나지 않는다. 반면 이 소단위를 유전자 조작을 통해 변경한다면 정서적 학습을 강화할 수 있다. NMDA 수용체는 또한 cAMP 의존성 단백질 키나아제(kinase)라는 효소를 활성화하는 데도 관여한다. 다음 문헌을 참고하라. Eric Kandel, James Schwartz, Thomas Jessell, *Principles of Neural Science*, chapters on Learning and Memory (McGraw-Hill, 4th Edition, 2002); J. LeDoux, *The Synaptic Self* (Simon and Schuster, 2002).

24 Joseph LeDoux (앞에서 인용); Ralph Adolphs (앞에서 인용); Raymond Dolan (앞에서 인용); David Amaral, "The primate amygdala and the neurobiology of social behavior: implications for understanding social anxiety," *Biological Psychiatry* 51 (2002): 11-17; Lawrence Weiskrantz, "Behavioral changes associated with ablations of the amygdaloid complex in monkeys," *Journal of Comparative and Physiological Psychology* 49 (1956): 381-391.

25 Hiroyuki Oya, Hiroto Kawasaki, Matthew Howard, Ralph Adolphs, "Electrophysiological responses recorded in the human amygdala discriminate emotion categories of visual stimuli," *Journal of Neuroscience* (인쇄 중).

26 Paul J. Whalen, Scott L. Rauch, Nancy L. Etcoff, Sean C. McInerney, Michael B. Lee, Michael A. Jenike, "Masked presentations of emotional facial expressions modulate amygdala activity without explicit

knowledge," *Journal of Neuroscience* 18 (1998): 411-418.

27 Arnie Ohman, Joaquim J. Soares, "Emotional conditioning to masked stimuli: expectancies for aversive outcomes following nonrecognized fear-relevant stimuli," *Journal of Experimental Psychology: General* 127 (1998): 69-82; J. S. Morris, Arnie Ohman. Raymond J. Dolan, "Conscious and unconscious emotional learning in the human amygdala," *Nature* 393 (1998): 467-470.

28 Patrik Vuilleumier, S. Schwartz, "Modulation of visual perception by eye gaze direction in patients with spatial neglect and extinction," *NeuroReport* 12 (2001): 2101-2104; Patrik Vuilleumier, S. Schwartz, "Beware and be aware: capture of spatial attention by fear-related stimuli in neglect," *NeuroReport* 12 (2001): 1119-1122; Patrik Vuilleumier, S. Schwartz, "Emotional facial expressions capture attention," *Neurology* 56 (2001): 153-158; Beatrice de Gelder, Jean Vroomen, G. Pourtois, Lawrence Weiskrantz, "Non-conscious recognition of affect in the absence of striate cortex," *NeuroReport* 10 (1999): 3759-3763.

29 Antonio Damasio, Daniel Tranel, Hanna Damasio, "Somatic markers and the guidance of behavior: Theory and preliminary testing," in H. S. Levin, H. M. Eisenberg, and A. L. Benton, eds., *Frontal Lobe Function and Dysfunction* (New York: Oxford University Press, 1991), 217-229; Antonio Damasio, "The somatic marker hypothesis and the possible functions of the prefrontal cortex," *Transactions of the Royal Society* (London) 351 (1996): 1413-1420; Antoine Bechara, Antonio Damasio, Hanna Damasio, Steven Anderson, "Insensitivity to future consequences following damage to human prefrontal cortex," *Cognition* 50 (1994): 7-15; Antoine Bechara, Daniel Tranel, Hanna Damasio, Antonio Damasio, "Failure to respond autonomically to anticipated future outcomes following damage to prefrontal cortex," *Cerebral Cortex* 6 (1996): 215-225; Antoine Bechara, Hanna Damasio, Daniel Tranel, Antonio Damasio, "Deciding advantageously before knowing the advantageous

strategy," *Science* 275 (1997): 1293-1294.

30 Hiroto Kawasaki, Ralph Adolphs, Olaf Kaufman, Hanna Damasio, Antonio Damasio, Mark Granner, Hans Bakken, Tomokatsu Hori, Matthew A. Howard, "Single-unit responses to emotional visual stimuli recorded in human ventral prefrontal cortex," *Nature Neuroscience* 4 (2001): 15-16.

31 Jaak Panksepp, *Affective Neuroscience: The Foundations of Human and Emotions* (앞에서 인용).

32 Paul Ekman, "Facial expressions of emotion: New findings, new questions," *Psychological Science* 3 (1992): 34-38.

33 Boulos-Paul Bejjani, Philippe Damier, Isabella Arnulf, Lionel Thivard, Anne-Marie Bonnet, Didier Dormont, Philippe Cornu, Bernard Pidoux, Yves Samson, Yves Agic, "Transient acute depression induced by high-frequency deep-brain stimulation," *New England Journal of Medicine* 340 (1999): 1476-1480.

34 Itzhak Fried, Charles L. Wilson, Katherine A. MacDonald, Eric J. Behnke, "Electric current stimulates laughter," *Nature* 391 (1998): 650.

35 Antonio Damasio, *Descartes' Error: Emotion, Reason, and the Human Brain* (앞에서 인용). The original observations of these phenomenon go back to my mentor Norman Geschwind.

36 Josef Parvizi, Steven Anderson, Coleman Martin, Hanna Damasio, Antonio R. Damasio, "Pathological laughter and crying: a link to the cerebellum." *Brain* 124 (2001): 1708-1719.

37 소뇌가 특정 상황——예를 들어 웃음이나 울음이 억제되어야 할 상황——에서 웃음이나 울음 행동을 조정할 가능성도 있다. 소뇌는 특정 자극에 반응하는 유도-효과 개시(induction-effector) 장치의 문턱값을 설정함으로써 웃음이나 울음을 생성하거나 생성하지 못하도록 하는지도 모른다. 이러한 소뇌의 조절 활동은 학습의 결과로(다시 말해 특정 사회적 배경과 특정 정서 반응의 윤곽 및 수준을 짝지음으로써) 자동적으로 일어난다. 소뇌가 이러한 조절 활동을 수행하는 이유는 두 가지이다. 첫째, 소뇌는 자극의 인지적/사회적 배경에 대한 정보를 전달하는 종뇌(telencephalon, 끝뇌) 구조로

부터 신호를 받는다. 그렇기 때문에 소뇌는 그와 같은 배경을 고려해서 계산을 수행할 수 있다. 둘째, 소뇌는 뇌간과 종뇌 유도자(inductor) 및 효과기(affector) 부위에 모두 영향을 주기 때문에 웃음과 울음을 구성하는 반응을 조율할 수 있다. 그 반응에는 안면 및 인후, 그리고 횡경막의 율동적 운동 등이 포함된다. 이 사항에 관련된 소뇌의 회로 및 기능에 대한 논의는 다음 문헌을 참조한다. Jeremy D. Schmahmann, Deepak N. Pandya, "Anatomic organization of the basilar pontine projections from prefrontal cortices in rhesus monkey," *Journal of Neuroscience* 17 (1997a): 438-458; Jeremy D. Schmahmann, Deepak N. Pandya, "The cerebrocerebellar system," *International Review Neurobiology* 41 (1997b): 31-60.

3장 · 느낌

1 랭어는 자신의 다음 저서들을 통해서 느낌이라는 현상에 대한 강력한 분석을 시도했다. Suzanne Langer, *Philosophy in a New Key* (Harvard University Press, 1942); *Philosophical Sketches* (Johns Hopkins Press, 1962). 랭어와 그녀의 지적 스승인 앨프리드 노스 화이트헤드(Alfred North Whitehead)는 이 문제에 대하여 매우 유사한 입장을 보이고 있다. 철학자인 에롤 해리스(Errol Harris)도 마찬가지이다. 나는 이 책을 쓰는 마지막 단계에서 새뮤얼 아타르드(Samuel Attard)의 조언에 따라 그의 책을 접하게 되었다. Errol E. Harris, *The Foundations of Metaphysical Science* (New York: Humanities Press, 1965).

2 내 동료인 데이비드 러드라우프(David Rudrauf)는 우리가 정서를 경험하는 주된 이유는 변이(variance)에 대한 저항이라고 믿고 있다. 이러한 생각은 프란시스코 바렐라(Francisco Varela)의 전반적인 생물체에 대한 생물물리학적(biophysical) 개념과 잘 맞아떨어진다. 이 가설에 따르면 우리의 느낌 중 일부는 정서 때문에 발생한 동요에 대한 저항, 정서적 격변 상태를 조절하고자 하는 경향에 해당된다는 것이다.

3 엄청난 논쟁의 대상인 감각질(*qualia*)과 관련된 문제로 볼 수도 있다. 그러나 지금 우리의 논의에서는 이 개념에 대해 깊이 들어가지는 않을 것이다.

여기에서 제시된 광범위한 틀에서 느낌에 대해 논의한다면, 그리고 거의 어떤 개념(perception)도 '정서적' 동요를 일으키지 않고 지나치는 일이 없다는 사실을 깨닫게 된다면 감각질의 문제가 좀 더 명확해지리라고 말하는 것으로 충분하다고 본다.

4   Thomas Insel, "A neurobiological basis of social attachment," *American Journal of Psychiatry* 154 (1997): 726-736.

5   성, 애착, 낭만적 사랑에 대한 현대적이고 과학적인 구분을 위해서는 다음 문헌을 참조한다. Carol Gilligan, *The Birth of Pleasure* (Knopf, 2002); Jean-Didier Vincent, *Biologie des Passions* (Paris: Editions Odile Jacob, 1994); Alain Prochiantz, *La Biologie dans le Boudoir* (Paris: Editions Odile Jacob, 1995). 같은 주제에 대한 고전적 관점을 위해서는 구스타브 플로베르, 스탕달, 제임스 조이스, 마르셀 프루스트를 참조할 것.

6   Antonio R. Damasio, Thomas J. Grabowski, Antoine Bechara, Hanna Damasio, Laura L. B. Ponto, Josef Parvizi, Richard D. Hichwa, "Subcortical and cortical brain activity during the feeling of self-generated emotions," *Nature Neuroscience* 3 (2000): 1049-1056.

7   Hugo D. Critchley, Christopher J. Mathias, Raymond J. Dolan, "Neuroanatomical basic for first- and second-order representations of bodily states," *Nature Neuroscience* 4 (2001): 207-212. 정서/느낌에 대한 그 밖의 기능적 영상 연구에 대해서는 다음 문헌을 참조한다. Helen S. Mayberg, Mario Liotti, Steven K. Brannan, Scott McGinnis, Roderick K. Mahurin, Paul A. Jerabek, Arturo Silva, Janet L. Tekell, Clifford C. Martin, Jack L. Lancaster, Peter T. Fox, "Reciprocal limbic-cortical function and negative mood: Converging PET findings in depresstion and normal sadness," 1999 (앞에서 인용): 675-682; Richard Lane, et al., "Neuroanatomical correlates of happiness, sadness, and disgust" (앞에서 인용); Wayne Drevets, et al., "Subgenual prefrontal cortex abnormalities in mood disorders" (앞에서 인용); Hugo D. Critchley, Rebecca Elliot, Christopher J. Mathias, Raymond J. Dolan, "Neural activity relating to generation and representation of galvanic skin conductance responses: A functional magnetic resonance imaging study," *Journal of*

Neuroscience 20 (2000): 3033-3040.

8   Dana M. Small, Robert J. Zatorre, Alain Dagher, Alan C. Evans, Marilyn Jones-Gotman, "Changes in brain activity related to eating chocolate: from pleasure to aversion," *Brain* 124 (2001): 1720-1733; A. Bartels, Semir Zeki, "The neural basis of romantic love," *NeuroReport* II (2000): 3829-3834; Lisa M. Shin, Darin D. Dougherty, Scott P. Orr, Roger K. Pitman, Mark Lasko, Michael L. Macklin, Nathaniel M. Alpert, Alan J. Fischman, Scott L. Rauch, "Activation of anterior paralimbic structures during guilt-related script-driven imagery," *Society of Biological Psychiatry* 48 (2000): 43-50; Sherif Karama, André Roch Lecours, Jean-Maxime Leroux, Pierre Bourgouin, Gilles Beaudoin, Sven Joubert, Mario Beauregard, "Areas of brain activation in males and females during viewing of erotic film excerpts," *Human Brain Mapping* 16 (2002): 1-13.

9   Jaak Panksepp, "The emotional sources of chills induced by music," *Music Perception* 13 (1995): 171-207.

10   Anne J. Blood, Robert J. Zatorre, "Intensely pleasurable responses to music correlate with activity in brain regions implicated in reward and emotion," *Proceedings of the National Academy of Science* 98 (2001): 11818-11823.

11   Abraham Goldstein, "Thrills in response to music and other stimuli," *Physiological Psychology* 3 (1980): 126-169. 우리는 아편계 물질의 작용을 막는 물질인 날록손(naloxone)을 투여하면 아편계 물질이 매개하는 전율감이 중지된다는 사실을 알고 있다.

12   Kenneth L. Casey, "Concepts of pain mechanisms: the contribution of functional imaging of the human brain," *Progress in Brain Research* 129 (2000): 277-287.

13   이와 관련된 연구에서 피에르 랭빌(Pierre Rainville)은 통증과 관련된 느낌, 즉 통증이 야기하는 불쾌감과 그 느낌을 종식시키고자 하는 욕망으로 규정되는 '통증 감정(pain affect)'의 신경적 근원을 단순한 통증 감각과 구분해 냈다. 통증 감정은 대상 피질과 뇌섬엽과 관련되어 있는 반면, 통증 감각은 대부분 정서에 비교적 덜 영향을 주는 영역으로 알려진 SI 피질에서 관

장하는 것으로 나타났다. Pierre Rainville, Gary H. Duncan, Donald D. Price, Benoît Carrier, M. Catherine Bushnell, "Pain affect encoded in human anterior cingulate but not somatosensory cortex," *Science* 277 (1997): 968-971.

14   Derek Denton, Robert Shade, Frank Zamarippa, Gary Egan, John Blair-West, Michael McKinley, Jack Lancaster, Peter Fox, "Neuroimaging of genesis and satiation of thirst and an interoceptor-driven theory of origins of primary consciousness," *Proceedings of the National Academy of Sciences* 96 (1999): 5304-5309.

15   Terrence V. Sewards, Mark A. Sewards, "The awareness of thirst: proposed neural correlates," *Consciousness & Cognition: An International Journal* 9 (2000): 463-487.

16   Balwinder S. Athwal, Karen J. Berkley, Imran Hussain, Angela Brennan, Michael Craggs, Ryuji Sakakibara, Richard S. J. Frackowiak, Clare J. Fowler, "Brain responses to changes in bladder volume and urge to void in healthy men," *Brain* 124 (2001): 369-377; Bertil Blok, Antoon T. M. Willemsen, Gert Holstege, "A PET study on brain control of micturition in humans," *Brain* 120 (1997): 111-121.

17   Sherif Karama, et al., "Areas of brain activation in males and females during viewing of erotic film excerpts" (앞에서 인용).

18   David H. Hubel, *Eye, Brain and Vision* (New York: Scientific American Library, 1988).

19   존 모리스는 다음 글에서 현 상태에 대해 간략한 개요를 전하고 있다. John S. Morris, *Trends in Cognitive Sciences* 6 (2002): 317-319.

20   아서 크레이그(Arthur D. Craig)는 뇌섬엽으로 이어지는 경로가 시상핵, VMpo을 이용해서 뇌섬엽으로 신호를 전달한다고 주장했다. 뇌섬엽 안에서 이 경로를 통해 전달된 신호는 이 영역의 뒤쪽에서 앞쪽으로 이어지는 일련의 하부 영역을 차례로 거치면서 처리된다. 이것은 1차 시각 피질(VI) 너머의, 후두엽 피질(occipital cortex) 안에 있는 시각 경로의 하부 영역들이 조직화된 양상과 비슷하다. 다시 말해서 느낌은 시각과 마찬가지로 많은 하부 영역들의 상호 연결에 따른 처리 과정에 의존하는 것으로 보인다.

21   Arthur D. Craig, "How do you feel? Interoception: the sense of the physiological condition of the body," *Nature Reviews* 3 (2002): 655-666; D. Andrew, Arthur D. Craig, "Spinothalamic lamina I neurons selectively sensitive to histamine: a central neural pathway for itch," *Nature Neuroscience* 4 (2001): 72-77; Arthur D. Craig, Kewei Chen, Daniel J. Bandy, Eric M. Reiman, "Thermosensory activation of insular cortex," *Nature Neuroscience* 3 (2000): 184-190.

22   Alain Berthoz, *Le Sens du Mouvement* (Paris: Editions Odile Jacob, 1997).

23   Antoine Lutz, Jean-Philippe Lachaux, Jacques Martinerie, Francisco Varela, "Guiding the study of brain dynamics by using first-person data: synchrony patterns correlate with ongoing conscious states during a simple visual task," *Proceedings of the National Academy of Science* 99 (2002): 1586-1591.

24   Richard Bandler, Michael T. Shipley, "Columnar organization in the rat midbrain periaqueductal gray: modules for emotional expression?" *Trends in Neurosciences* 17 (1994): 379-389; Michael M. Behbehani, "Functional characteristics of the midbrain periaqueductal gray," *Progress in Neurobiology* 46 (1995): 575-605.

25   Vittorio Gallese, "The shared manifold hypothesis," *Journal of Consciousness Studies*, 8 (2001): 33-50. Giacomo Rizzolatti, Luciano Fadiga, Leonardo Fogassi, Vittorio Gallese, "Resonance behaviors and mirror neurons," *Archives Italiennes de Biologie* 137 (1999): 85-100; Giacomo Rizzolatti, Leonardo Fogassi, Vittorio Gallese, "Neurophysiological mechanisms underlying the understanding and imitation of action," *Nature Reviews Neuroscience* 2 (2001): 661-670; Giacomo Rizzolatti, Luciano Fadiga, Vittorio Gallese, Leonardo Fogassi, "Premotor cortex and the recognition of motor actions," *Cognitive Brain Research* 3 (1996): 131-141; Ritta Haari, Nina Forss, Sari Avikainen, Erika Kirveskari, Stephan Salenius, Giacomo Rizzolatti, "Activation of human primary motor cortex during action observation: a neuromagnetic

study," *Proceedings of the National Academy of Sciences* 95 (1998): 15061-15065.

26 Ralph Adolphs, et al. (앞에서 인용).

27 다음을 참조할 것. Antonio Damasio, *Descartes' Error: Emotion, Reason, and the Human Brain* (앞에서 인용), *The Feeling of What Happens: Body, Emotion, and the Making of Consciousness* (앞에서 인용).

28 Ulf Dimberg, Monika Thunberg, Kurt Elmehed, "Unconscious facial reactions to emotional facial expressions," *Psychological Science* II (2000): 86-89.

29 Taco J. DeVries, Toni S. Shippenberg, "Neural systems underlying opiate addiction," *Journal of Neuroscience* 22 (2002): 3321-3325; Jon-Kar Zubieta, Yolanda R. Smith, Joshua A. Bueller, Yanjun Xu, Michael R. Kilbourn, Douglas M. Jewett, Charles R. Meyer, Robert A. Koeppe, Christian S. Stohler, "Regional mu opioid receptor regulation of sensory and affective dimensions of pain," *Science* 293 (2001): 311-315; Jon-Kar Zubieta, Yolanda R. Smith, Joshua A. Bueller, Yanjun Xu, Michael R. Kilbourn, Douglas M. Jewett, Charles R. Meyer, Robert A. Koeppe, Christian S. Stohler, "Mu-opioid receptor-mediated antinociception differs in men and women," *Journal of Neuroscience* 22 (2002): 5100-5107.

30 Wolfram Schultz, Léon Tremblay, Jeffrey R. Hollerman, "Reward prediction in primate basal ganglia and frontal cortex," *Neuropharmacology* 37 (1998): 421-429; Ann E. Kelley and Kent C. Berridge, "The neuroscience of natural rewards: Relevance to addictive drugs," *Journal of Neuroscience* 22 (2002): 3306-3311.

31 이러한 반응들은 모든 중독자들이 참조해 볼 만한 것들이다. 약물 중독에 관련된 수많은 웹사이트들(http://www.erowid.org/index.shtml.)이 약물 경험담을 싣고 있다.

32 DeVries and Shippenberg (앞에서 인용).

33 뇌섬엽의 활성화가 아마도 느낌과 핵심적인 상관 관계를 보이는 현상일 것이다. 대상 피질의 활성화는 아마도 약물이 야기한 조절 반응과 관련되어

있는 것으로 보인다. 그렇기 때문에 자연스럽게 호흡 반응 역시 느낌의 일부로 나타난다. Alex Gamma, Alfred Buck, Thomas Berthold, Daniel Hell, Franz X. Vollenweider, "3,4-methylenedioxymethamphetamine (MDMA) modulates cortical and limbic brain activity as measured by [$H_2^{15}O$]-PET in healthy humans," *Neuropsychopharmacology* 23 (2000): 388-395; Louise A. Sell, John S. Morris, Jenney Bearn, Richard J. Frackowiak, Karl J. Friston, Raymond J. Dolan, "Neural responses associated with cue-invoked emotional states and heroin in opiate addicts," *Drug and Alcohol Dependence* 60 (2000): 207-216; Bruce Wexler, C. H. Gottschalk, Robert K. Fulbright, Isak Prohovnik, Cheryl M. Lacadie, Bruce J. Rounsaville, John C. Gore, "Functional magnetic resonance imaging of cocaine craving," *American Journal of Psychiatry* 158 (2001): 86-95; Luis C. Maas, Scott E. Lukas, Marc J. Kaufman, Roger D. Weiss, Sarah L. Daniels, Veronica W. Rogers, Thellea J. Kukes, Perry F. Renshaw, "Functional magnetic resonance imaging of human brain activation during cue-induced cocaine craving," *American Journal of Psychiatry* 155 (1998): 124-126; Anna Rose Childress, P. David Mozley, William McElgin, Josh Fitzgerald, Martin Reivich, Charles P. O'Brien, "Limbic activation during cue-induced cocaine craving," *American Journal of Psychiatry* 156 (1999): 11-18; Daniel S. O'Leary, Robert I. Block, Julie A. Koeppel, Michael Flaum, Susan K. Schultz, Nancy C. Andreasen, Laura Boles Ponto, G. Leonard Watkins, Richard R. Hurtig, Richard D. Hichwa, "Effects of smoking marijuana on brain perfusion and cognition," *Neuropsychopharmacology* 26 (2002): 802-815.

34   Gerald Edelman (앞에서 인용); Rodney A. Brooks, *Flesh and Machines* (New York: Pantheon Books, 2002).

4장 · 느낌, 그 이후

1   *laetitia*는 '기쁨' 또는 '고양된 느낌(elation)'으로 번역하는 것이 타당할 것이다. '고양된 느낌'은 아멜리 로르티(Amélie Rorty)가 제안한 것이다.

Spinoza on the Pathos of Idolatrous Love and the Hilarity of True Love, in Amélie Rorty, ed., *Explaining Emotions* (Berkeley: University of California Press, 1980). *laetitia*는 쾌락으로 번역되기도 하지만 내가 보기에 옳은 번역이 아니다. *tristitia*는 슬픔으로 번역되는 것이 가장 적절하다. 다만 실제로는 좀 더 포괄적으로 공포나 분노와 같은 부정적인 감정을 가리키기도 한다.

    스피노자가 완벽한 상태보다 못하거나 넘치는 상태를 가리킬 때 종종 '변이(transition)'라는 단어를 사용했다. 이것은 감정 절차의 역동적 본질에 주의를 환기시키는 가치 있는 표현이라고 볼 수 있다. 그러나 한편으로 이것은 변이 그 자체가 절차의 중요한 부분이라는 오해를 불러일으킬 수도 있다.

2 현대의 신경학계에서 [신경의] 작용의 특정 상태를 '조화롭다'고 표현하는 것은 흥미롭다. 심지어 '최대로 조화로운 상태'라는 표현마저도 발견된다. 조화의 정수는 생물학적 작용이나 인위적 작용에서 모두 동일하다. 편하고, 효율적이고, 빠르고, 강력한 상태를 말한다.

3 우울을 병적 행동으로 묘사한 예에 대해서는 다음 문헌을 참고한다. Bruce G. Charlton, "The malaise theory of depression: major depressive disorder is sickness behavior and antidepressants are analgesic," *Medical Hypotheses* 54 (2000): 126-130. 우울의 표현에 대한 설명으로는 다음 문헌을 참고한다. William Styron, *Darkness Visible: A Memoir of Madness* (New York: Random House, 1990); Kay Jamieson, *An Unquiet Mind* (New York: Knopf, 1995); and Andrew Solomon, *The Noonday Demon: An Anatomy of Depression* (London: Chatto & Windus, 2001).

4 Antonio Damasio, *Descartes' Error: Emotion, Reason, and the Human Brain* (앞에서 인용-); Antonio Damasio, "The somatic marker hypothesis and the possible functions of the prefrontal cortex" (앞에서 인용-).

5 Antoine Bechara, et al., "Insensitivity to future consequences following damage to human prefrontal cortex" (앞에서 인용-); Antonio Damasio, Steven Anderson, "The frontal lobes," in K. M. Heilman and E. Valenstein (eds.), *Clinical Neuropsychology, Fourth Edition* (New York: Oxford University Press, 2002); Facundo Manes, Barbara Sahakian, Luke

Clark, Robert Rogers, Nagui Antoun, Mike Aitken, Trevor Robbins, "Decision-making processes following damage to the prefrontal cortex," *Brain* 125 (2002): 624-639; Daniel Tranel, Antoine Bechara, Natalie Denburg, "Asymmetric functional roles of right and left ventromedial prefrontal cortices in social conduct, decision-making, and emotional processing," *Cortex* (인쇄 중).

6   작업 기억의 신경적·인지적 측면에 대한 자세한 내용은 다음 문헌을 참조한다. Patricia Goldman-Rakic, "Regional and cellular fractionation of working memory," *Proceedings of the National Academy of Sciences of the United States of America* 93 (1996): 13473-13480; Alan Baddeley, "Recent developments in working memory," *Current Opinion in Neurobiology* 8 (1998): 234-238. 전두엽 피질 작용의 일반적 처리 방식에 대해서는 다음 문헌을 참조한다. Joaquin Fuster, *Memory in the Cerebral Cortex* (Cambridge, Mass., London, UK: MIT Press, 1995); and Elkhonon Goldberg, *The Executive Brain: Frontal Lobes and the Civilized Mind* (New York: Oxford University Press, 2001).

7   Jeffrey Saver, Antonio Damasio, "Preserved access and processing of social knowledge in a patient with acquired sociopathy due to ventromedial frontal damage," *Neuropsychologia* 29 (1991): 1241-1249.

8   Antonio Damasio, *Descartes' Error: Emotion, Reason, and the Human Brain* (앞에서 인용).

9   약 20년 전 내가 이러한 개념을 주장하기 시작했을 때, 나의 주장을 맞이한 것은 당혹과 저항이었다. 첫째, 내가 제시한 증거가 일회적이었으며 전두엽 피질이 정서에서 일정 역할을 담당할 수 있다는 신경해부학자 월 나우타(Walle Nauta)의 논문을 제외하고는 나의 주장을 지지해 줄 만한 기존의 문헌이 전혀 없었다. Walle Nauta, "The problem of the frontal lobe: a reinterpretation," *Journal of Psychiatric Research* 8 (1971): 167-187. 지금은 점점 증거가 쌓여 감에 따라서 내가 제시한 개념도 점차로 인정을 받고 있다. 그 증거를 제시하고 있는 문헌들은 다음과 같다. Antoine Bechara, et al., "Insensitivity to future consequences following damage to human prefrontal cortex" (앞에서 인용); Antoine Bechara, et al., "Failure to

respond autonomically to anticipated future outcomes following damage to prefrontal cortex" (앞에서 인용-); Antoine Bechara, et al., "Deciding advantageously before knowing the advantageous strategy" (앞에서 인용-); Antoine Bechara, Hanna Damasio, Antonio R. Damasio, Greg P. Lee, "Different contributions of the human amygdala and ventromedial prefrontal cortex to decision-making," *Journal of Neuroscience* 19 (1999): 5473-5481; Antoine Bechara, Hanna Damasio, Antonio Damasio, "Emotion, decision-making, and the orbitofrontal cortex," *Cerebral Cortex* 10 (2000): 295-307; Shibley Rahman, Barbara J. Sahakian, Rudolph N. Cardinal, Robert D. Rogers, Trevor W. Robbins, "Decision making and neuropsychiatry," *Trends in Cognitive Sciences* 5 (2001): 271-277; Geir Overskeid, "The slave of the passions: experiencing problems and selecting solutions," *Review of General Psychology* 4 (2000): 284-309; George Loewenstein, E. U. Webber, C. K. Hsee, "Risk as feelings," *Psychological Bulletin* 127 (2001): 267-286; Jean-P. Royet, David Zald, Rémy Versace, Nicolas Costes, Frank Lavenne, Olivier Koenig, Rémi Gervais, "Emotional responses to pleasant and unpleasant olfactory, visual, and auditory stimuli: a positron emission tomography study," *Journal of Neuroscience* 20 (2000): 7752-7759.

10   Stefan P. Heck, *Reasonable Behavior: Making the Public Sensible* (University of California, San Diego, 1998); Ronald de Sousa, *The Rationality of Emotion* (Cambridge: MIT Press, 1991); Martha Nussbaum, *Upheavals of Thought* (앞에서 인용-).

11   Ralph Adolphs, et al., "Impaired recognition of emotion in facial expressions following bilateral damage to the human amygdala" (앞에서 인용-).

12   James K. Rilling, David A. Gutman, Thorsten R. Zeh, Giuseppe Pagnoni, Gregory S. Berns, Clinton D. Kilts, "A neural basis for social cooperation," *Neuron* 35 (2002): 395-405.

13   Steven Anderson, Antoine Bechara, Hanna Damasio, Daniel Tranel,

Antonio Damasio, "Impairment of social and moral behavior related to early damage in human prefrontal cortex," *Nature Neuroscience* 2 (1999): 1032-1037.

14   이러한 해석은 상황의 전제를 전전두엽 피질에 알려 주는 뇌의 영역, 즉 하측두엽(infero-temporal) 영역에 손상을 입은 다른 환자에게서 얻은 증거를 통해 더욱 강화되었다. 나의 동료인 스티븐 앤더슨과 한나 다마지오와의 공동 연구를 통해서 나는 성장기에 이 부분이 손상될 경우 적절한 사회적 행동의 성숙이 이루어지지 않는다는 사실을 발견했다. 그 실질적 결과는 성인이 된 후 전전두엽피질 영역에 손상을 입은 상태와 비슷하다.

15   Jonathan Haidt, "The Moral Emotions," in R. J. Davidson, K. Scherer, and H. H. Goldsmith (eds.), Hand*book of Affective Sciences* (Oxford University Press, in press); R. A. Shweder and J. Haidt, "The cultural psychology of the emotions: Ancient and new," in M. Lewis & J. Haviland (eds.), *Handbook of emotions*, 2nd Ed. (New York: Guilford, 2000).

16   에드워드 윌슨(Edward O. Wilson)의 '통섭(consilience)'은 생물학과 인문학을 통합함으로써 지식의 발전을 도모할 수 있다는 입장을 대변하고 있다. Edward O. Wilson, *Consilience* (New York: Knopf, 1998).

17   나는 윤리에 대한 이 모든 사항들이 윤리적 행동 및 그 생물학적 기원, 그리고 기술적(descriptive) 윤리 이면의 메커니즘에 적용된다고 본다. 나는 규범 윤리(normative ethics)나 초윤리(metaethics)에 대해서는 논의하지 않는다.

18   Frans de Waal, *Good Natured* (앞에서 인용); B. Heinrich, *The Mind of the Raven* (앞에서 인용); Hans Kummer, *The Quest of the Sacred Baboon* (앞에서 인용). 붉은원숭이를 대상으로 한 이타주의 실험은 다음 문헌에서 논의되고 있다. Marc Hauser in *Wild Minds* (New York: Holt and Company, 2000). 또한 다음 문헌에서는 이타주의 실험이 수행되었다. Robert E. Miller, J. Banks, H. Kuwhara, "The communication of affect in monkeys: Cooperative conditioning," *Journal of Genetic Psychology* 108 (1966): 124-134; R. E. Miller, "Experimental approaches to the physiological and behavioral concomitants of affective communication

in rhesus monkeys," in S. A. Altmann (ed.), *Social Communication among Primates* (Chicago: University of Chicago Press, 1967).

19 유전자는 단순히 우리가 논의한 장치들을 갖춘 특정 종류의 뇌를 구성하는 데에만 필요한 것이 아니다. 학습 및 뇌 구조의 재생과 유지를 위해서도 유전자의 발현이 필요하다. 뿐만 아니라 유전자의 발현은 성장과 성숙의 전 과정 동안 환경과의 상호 작용에 의존한다. 여기에서 논의된 사항에 대한 포괄적인 관점은 광범위하고 다양하며, 때에 따라 논쟁을 불러일으키기도 했던 진화심리학, 신경생물학, 인구유전학 문헌들의 많은 도움을 받은 것이다. 이러한 문헌 중 중요한 것들을 시대 순서에 따라 나열해 보았다. William Hamilton, "The genetical evolution of social behaviour," Parts 1 and 2, *Journal of Theoretical Biology* 7 (1964): 1–52; George Williams, *Adaptation and Natural Selection: A Critique of Some Current Evolutionary Thought* (Princeton, N. J.: Princeton University Press, 1966); Edward O. Wilson, *Sociobiology: The New Synthesis* (Cambridge, Mass.: Harvard University Press, 1975); Richard Dawkins, *The Selfish Gene* (New York: Oxford University Press, 1976); Stephen Jay Gould, *The Mismeasure of Man* (New York: Norton, 1981); Steven Rose, Richard Lewontin, Leo Kamin, *Not in Our Genes* (Harmondsworth: Penguin, 1984); Leda Cosmides, John Tooby, *The Adapted Mind: Evolutionary Psychology and the Generation of Culture* (New York: Oxford University Press, 1992); Helena Cronin, John Smith, *The Ant and the Peacock: Altruism and Sexual Selection from Darwin to Today* (Cambridge, U. K.: Cambridge University Press, 1993); Richard C. Lewontin, *Biology as Ideology: The Doctrine of DNA* (New York: HarperCollins, 1992); Carol Tavris, *The Mismeasure of Women* (New York: Simon and Schuster, 1992); Robert Wright, *The Moral Animal: Why We Are the Way We Are: The New Science of Evolutionary Psychology* (New York: Pantheon Books, 1994); Mark Ridley, *Evolution* (Oxford, England; New York: Oxford University Press, 1997); Steven Rose, *Lifeline: Biology, Freedom, Determinism* (Harmondsworth: Allen Lane, 1997); Edward O. Wilson, *Consilience* (앞에서 인용·); Steven

Pinker, *How the Mind Works* (New York: W. W. Norton & Company, 1998); Patrick Bateson and Martin Paul, *Design for a Life: How Behaviour Develops* (London: Jonathan Cape, 1999); Hilary Rose and Steven Rose, eds., *Alas, Poor Darwin* (New York: Harmony Books, 2000); Melvin Konner, *The Tangled Wing* (New York: Henry Holt and Company, 2002); Robert Trivers, *Natural Selection and Social Theory: Selected Papers of Robert L. Trivers* (New York: Oxford University Press, 2002).

20 정서가 사법 체계 전반, 그리고 그 적용에서 어떤 역할을 맡고 있는지에 대해서는 다음 문헌을 참조한다. Martha Nussbaum, *Upheavals of Thought* (Cambridge University Press, 2001).

21 윌리엄 사피어(Willam Safire)가 최근 신경과적·정신과적 질병의 새로운 치료법에 의해 제기된 윤리적 문제에 대한 논쟁을 가리키면서 '신경윤리학'이라는 용어를 사용했다. 이 책에서 제시된 논점 가운데 일부는 이 논의에 관련된 정보를 제공해 줄 수 있을 것이다. 그러나 신경윤리학의 목표와 나의 논의에는 차이가 있다. 10년 전 파스퇴르 연구소의 후원으로 파리에서 열렸던 생물학과 윤리에 대한 기념비적 심포지움에서 장 피에르 샹죄가 이 장에서 논의된 문제들을 신경윤리학이라는 용어를 사용해서 나타낸 바 있다.

22 기후 변화나 상징 체계의 발달, 농업 등과 같은 별개의 현상들 덕택에 사회 통치의 새로운 수단이 꽃피게 되었던 것으로 보인다. 이러한 중요한 요소들에 대한 논의는 다음 문헌들을 참조한다. William Calvin, *The Ascent of Mind: Ice Age Climates and the Evolution of Intelligence* (New York: Bantam Books, 1991); *A Brain for All Seasons: Human Evolution and Abrupt Climate Change* (Chicago; London: University of Chicago Press, 2002); Terrence Deacon, *The Symbolic Species: The Co-evolution of Language and the Brain* (New York: W. W. Norton & Company, 1997); Jared Diamond, *Guns, Germs, and Steel: The Fates of Human Societies* (New York: W. W. Norton & Company, 1997).

23 이러한 개념과 역사적 연관성에 대한 논의는 나의 전문적 지식의 범위를 벗어나지만, 나는 윤리 및 그와 관련된 사법 체계의 장치에 대한 확립된 견

해 가운데 두 가지와의 관련성에 대해 지적하고자 한다. 두 가지 견해는 바로 스코틀랜드 계몽주의적 입장과 칸트의 관점이다. 스코틀랜드 계몽주의적 관점에서 볼 때 정의는 정서에 뿌리를 내리고 있다. 특히 인간 행동의 중요한 부분인 공감과 같은 긍정적 도덕적 정서에 기반을 두고 있다는 것이다. 우리는 도덕적 정서를 가꾸어 나갈 수는 있지만 가르침을 통해 주입받을 필요는 없다. 도덕적 정서는 대체로 선천적인 것이며 인류의 본질적 선의 일부이다. 이러한 정서를 기반으로 해서, 그리고 지식과 추론의 도움으로 궁극적으로 윤리 법칙, 법률, 사법 체계 등이 성립되었던 것이다. 이러한 견해의 대표적 옹호자가 바로 애덤 스미스와 데이비드 흄이다. 물론 이러한 개념의 시초가 아리스토텔레스까지 거슬러 올라갈 수 있는 것은 명백하다. Adam Smith, *A Theory of Moral Sentiment* (Cambridge, U. K.: New York: Cambridge University Press, 2002); David Hume, *A Treatise of Human Nature; Enquiry Concerning the Principles of Morals* (Garden City, N. Y.: Doubleday, 1961); Aristotle, *Nichomachean Ethics*.

칸트가 제시한 또 다른 견해는 존 롤스(John Rawls)의 저서에서 그 현대적 해석을 찾아볼 수 있다. 이 견해는 정서가 사법 체계의 기반이 될 수 있다는 가능성을 거부한다. 그 대신 오직 이성만이 윤리, 법, 정의의 진정한 기반이 될 수 있다고 보았다. 칸트주의자들은 어떤 종류의 정서도 신뢰하지 않으며 정서를 변덕스럽고 심지어는 위험한 것으로 보았다. 칸트는 정서의 지혜를 거부했다. 진화의 역사를 통해 축적된, 사회적 삶을 통치하는 데 유용한 지침으로 무장된 훌륭하고 참을성 있는 정서의 지혜를 전혀 무가치한 것으로 보았다. 하지만 칸트는 정서의 장치에 나타나 있는 덜 지혜롭고 잔인한 측면 역시도 거부했다. 그의 단호한 거부는 자연의 도덕적 정서에 속지 않을 것임을 분명히 했다. 대신 그는 인간의 이성과 창조력이 인간의 의도적 노력 없이 진화가 단독적으로 이룩해 놓은 것보다 더 나은 해결책을 발견할 수 있을 것이라고 믿었다. 그런데 문제는 바로 여기에 있다. 느낌이 없는 이성은 자연적 정서만큼이나 나쁜 상담자(counselor)가 될 수 있다는 점이다. 윤리의 세계에서 자연적으로 나타나는 모든 것을 믿는 것의 위험에 대한 예리한 논의에 대해서는 다음 문헌을 참조한다. Robert Wright, *The Moral Animal: Why We Are the Way We Are: The New Science of Evolutionary Psychology* (New York: Random House, 1994). 도덕적 판단에 대한 칸트주의자 및 흄주의자의 통찰에 대해서는 다음 논문을 참조한다. Jonathan Haidt, "The Emotional Dog and Its Rational Tail," *Psychological Review* 198 (2001): 814-834. 또한 다음 문헌들을 참조한다. Paul M. Churchland, *Rules, Know-How, and the Future of Moral Cognition in Moral Epistemology Naturalized*, ed. Richmond Campbell and Bruce Hunter (Calgary: University of Calgary Press, 2000); Robert C. Solomon, *A Passion for Justice* (Boston: Addison-Wesley, 1990); John Rawls, *A Theory of Justice* (Cambridge, Mass.: Belknap Press of Harvard University Press, 1971).

스코틀랜드 계몽주의자들의 관점 역시 한계를 가지고 있다. 이들의 관점은 조금 지나치게 낙관적인 면이 있다. 이 관점은 토머스 홉스가 강조했던 인간성의 추악하고 야비한 측면보다는 장 자크 루소가 이야기하는 인간의 고귀하고 선한 측면에 기울어 있다. 그러나 루소의 견해와는 구분해야 한다. 스코틀랜드 계몽주의자들이 강조한 '긍정적' 도덕적 정서 외에도 '부정적' 도덕적 정서 역시 존재한다. 예를 들어서 분개, 복수심, 분노 등의 정서는 정의(justice)를 형성하는 데 역시 중요한 역할을 한다. 나는 진화 과정에서 물려받은 도덕적 정서 이상으로 정서와 감정이 정의에서 중요한 역할을 한다고 생각한다. 일차적 슬픔과 기쁨은 정의감을 형성하는 데 중요한 역할을 한다. 손실과 관련된 슬픔에 대한 개인적 경험이 다른 사람의 슬픔을 이해할 수 있게 해 준다. 자연적 공감이 우리로 하여금 다른 이들의 문제에 관심을 갖도록 만들지만 개인적으로 느끼는 고통은 다른 사람들이 느끼고 표현하는 고통에 대한 우리의 감각을 더욱 깊게 만들어 준다. 다시 말해서 개인적 슬픔은 우리로 하여금 공감에서 감정 이입 상태로 옮겨 가도록 만들어 준다. 개인적 슬픔은 슬픔을 유발한 상황에 대한 좀 더 효과적인 추론을 가능하게 해 주고, 미래에 그와 같은 슬픔을 예방할 수 있는 수단을 강구하도록 하는 기반이 될 수 있다. 정서와 감정이 제공한 정보는 정의에 대한 더 나은 기구로 사용될 수 있을 뿐만 아니라 정의가 좀 더 쉽게 실현될 수 있는 조건을 창조하는 데에도 사용될 수 있다.

24 Spinoza, *A theologico-political treatise*, 1670. R. H. M. Elwes translation, *Benedict de Spinoza: A theologico-political treatise and a Political Treatise* (앞에서 인용)에 수록.

25 James L. McGaugh, Larry Cahill, Benno Roozendaal, "Involvement of the amygdala in memory storage: interaction with other brain systems," (review) *Proceedings of the National Academy of Sciences of the United States of America* 93 (1996): 13508-13514; James L. McGaugh, Larry Cahill, Benno Roozendaal, "Involvement of the amygdala in memory storage: interaction with other brain systems," *Proceedings of the National Academy of Sciences of the United States of America* 93 (1996): 13508-13514; Ralph Adolphs, Larry Cahill, Rina Schul, Ralf Babinski, "Impaired memory for emotional stimuli following bilateral damage to the human amygdala," *Learning and Memory* 4 (1997): 291-300; Kevin S. LaBar, Joseph E. LeDoux, Dennis D. Spencer, Elizabeth A. Phelps, "Impaired fear conditioning following unilateral temporal lobectomy in humans," *Journal of Neuroscience* 15 (1995): 6846-6855; Antoine Bechara, Daniel Tranel, Hanna Damasio, Ralph Adolphs, Charles Rockland, Antonio Damasio, "A double dissociation of conditioning and declarative knowledge relative to the amygdala and hippocampus in humans," *Science* 269 (1995): 1115-1118.

5장 · 몸과 뇌, 마음

1 『사건에 대한 느낌』에서 나는 마음과 의식의 구분에 대해 자세히 논의했다. 나는 이 책에서 또한 중심적 자아와 확장된 자아 또는 자전적 자아의 개념에 대해서도 소개했다 Antonio Damasio, *The Feeling of What Happens: Body, Emotion, and the Making of Consciousness*, 2000 (앞에서 인용-).

2 오늘날의 마음에 대해 연구하는 철학자들은 심신 문제에 대해 매우 상세하게 고려하고 있다. 이러한 철학자들 중에는 다음과 같은 사람들이 포함된다. David Armstrong, *The Mind-Body Problem: An Opinionated Introduction* (Oxford, U. K., Boulder, Colorado: Westview Press, 1999); Paul Churchland and Patricia Churchland, *On the Contrary* (Boston: MIT Press, 1998); Patricia Churchland, *Brain-Wise* (Cambridge, Mass.: MIT Press, 2002); Patricia Churchland, Paul Churchland, "Neural worlds and

real worlds," *Nature Neuroscience Reivews*, 2002; Daniel Dennett, *Consciousness Explained* (Boston: Little Brown, 1991); David Chalmers, *The Conscious Mind* (New York: Oxford University Press, 1996); Thomas Metzinger, *Conscious Experience* (Paderborn, Germany: Imprint Academic/Schoeningh, 1995); Colin McGinn, *The Problem of Consciousness* (New York: Oxford University Press, 1991); Galen Strawson, *Mental Reality* (Cambridge, Mass.: MIT Press, 1994); Ned Block, Owen Flanagan, Güven Güzeldere, eds., *The Nature of Consciousness: Philosophical Debates* (Cambridge, Mass.: MIT Press, 1997); John Searle, *The Rediscovery of the Mind* (Boston: MIT Press, 1992). 좀 더 이전의 철학자들의 책은 다음과 같다. Herbert Feigl, *The 'Mental' and the 'Physical'* (Minneapolis: University of Minnesota Press, 1958); Edmund Husserl, *The Phenomenology of Internal Time-consciousness* (Bloomington, Ind.: Indiana University Press, 1964); Maurice Merleau-Ponty, *Phenomenology of Perception*, trans. by Colin Smith (London: Routledge and Kegan Paul, 1962). 그들 중 현대 생물학자의 저서는 다음과 같다. Jean Piaget, *Biology and Knowledge: An Essay on the Relations between Organic Regulations and Cognitive Processes* (Chicago: Universit of Chicago Press, 1971); Jean Pierre Changeux, *Neuronal Man: The Biology of Mind* (New York: Pantheon, 1985); Francis Crick, *The Astonishing Hypothesis: The Search for the Soul* (New York: Scribner, 1994); Gerald Edelman, *Remembered Present* (New York: Basic Books, 1989), and *Bright Air, Brilliant Fire: On the Matter of the Mind* (New York: Basic Books, 1992); Francisco Varela, "Neurophenomenology: A methodological remedy to the hard problem," *Journal of Consciousness Studies* 3 (1996): 330–350; Francisco Varela and Jonathan Shear, "First-person methodologies: why, when and how," *Journal of Consciousness Studies* 6 (1999): 1-14.

3   뉴처치는 네덜란드에서 건축된 최초의 신교 교회 가운데 하나이다 (1649~1656). 확실히 새로운 건축물인 뉴처지는 그 기초부터 개혁파 교회 (Reformed Church)를 찬양하기 위해 설계된 건물이었다. 단순히 가톨릭

성당의 장식을 벗겨 낸 형태의 교회가 아니었다. 오늘날 이 건물은 헤이그의 주요 문화 행사의 주최 장소가 되고 있다. 건축물 곳곳에 서로 상반된 두 요소의 충돌이 명백하게 드러나 있다. 이 충돌은 그 시대의 전형이었다. 개혁파 교회의 미학에 따라 일체의 겉치레나 허식은 거부되어야 했다. 하지만 개혁파 교회의 결단력을 보여 줄 수 있도록 지나치게 소박하다거나 수수해서도 안 되었다. 이와 비슷한 충돌은 북동쪽으로 50킬로미터 정도 떨어진 곳에 위치한 암스테르담의 포르투갈계 유대인들의 교회(synagogue)에서도 찾아볼 수 있다. 이 예배당 역시 같은 시기에 지어진(1675년에 완공) 또 다른 건축물로 절제와 자부심 사이에서 갈등한 흔적이 엿보인다. 그러한 충돌의 예상할만한 결과로서 뉴처치는 휑뎅그레하면서도 위압적인 모습을 하고 있다. 연단으로 사용되는 위로 솟은 제단 위에 서면 널찍한 공간이 한눈에 들어온다.

4 데카르트가 보헤미아의 엘리자베트 공주와 나눈 서신 참조. *OEuvres et lettres* (Bruges: Librarie Gallimard, 1952): *Meditations and Other Metaphysical Writings* (London: Penguin Books, 1998).

5 Gilbert Keith Chesterton, *The Innocence of Father Brown* (New York: Dodd, Mead, 1911).

6 신경과 의사인 와일더 펜필드(Wilder Penfield)가 자신이 치료하던 간질 환자 몇 명을 상대로 이러한 증상을 연구했다. 이 절차는 아마도 뇌섬엽에서 시작되어 결국에는 체성 감각 복합체(somatosensing complex) 전체로 퍼져 나가는 것으로 보인다. 이것은 3장에서 논의한 나의 발견과 일맥상통하는 내용이다. Wilder Penfield, Herbert Jasper, *Epilepsy and the Functional Anatomy of the Human Brain* (Boston: Little, Brown, 1954).

7 의식을 잃는 현상에 대해서 다른 해석 역시 가능하다. 어떤 환자는 몸에 대한 감각의 변화와 관계없이 어쨌든 의식을 잃게 된다는 것이다. 두 가지 해석 가운데 어느 한쪽을 우세하게 만들어 줄 만한 증거가 아직까지는 부족한 형편이다. 실제로 다양한 종류의 발작에서 신체적 전조 현상 없이 의식을 잃는 경우가 있다. 그러나 이런 발작의 경우도 환자가 의식을 잃게 되는 것은 경련과 같은 기타 증상을 일으키는 발작의 다른 메커니즘이 나타나기 전에 몸이 보내는 신호의 입력이 불활성화되기 때문이라는 해석과 양립 가능하다.

8   사지 감각의 변형에 대해서는 다음의 책에 자세히 묘사되어 있다. Oliver Sacks, *A Leg to Stand On* (London: Duckworth, 1984); Vilayanur Ramachandran, *Phantoms in the Brain* (New York: HarperCollins, 1999).

9   그러나 삭스의 환자 가운데 자신의 근육에서 중추 신경계로 전달되는 신호의 경로로 인해 나타나는 고유 수용 감각(proprioceptive sense)이 손실된 경우가 있었다. Oliver Sacks, in *The Man Who Mistook His Wife for a Hat* (New York: Summit Books, 1985). 뿐만 아니라 우뇌의 체성 감각 피질, 특히 각회(angular gyrus, 모이랑) 영역에 직접 전기 자극을 가함으로써 유체 이탈(out-of-body) 현상을 경험할 수 있다는 흥미롭고 새로운 증거가 나타났다. 자극을 받은 환자는 자신의 몸에 대한 체험과 다른 정신 현상이 분리되는 느낌을 보고했다. 전기 자극이 가해지는 동안 환자는 자신이 방의 천장으로 붕 떠올라 자신의 몸의 부분을 내려다볼 수 있는 듯했다고 말했다. 이 발견은 신체에 대한 우리의 감각이 여러 요소로 구성된 특정 시스템 내에 만들어지는 신경 지도에 의존한다는 이론을 뒷받침해 준다. 이러한 시스템의 일부는 오른쪽 대뇌 피질에 존재하고 다른 일부는 피질하 영역에 존재하는 것으로 보인다. 이 시스템의 대부분, 즉 피질 수준에서 일어나는 기능 장애는 우리 몸에 대한 감각을 정지시키고 마음의 활동 역시 중단시킨다. 한편 한 구획에 국한된 기능 장애는 신체 인식 장애와 같은 부분적 증상이나 유체 이탈 상태와 같은 특이한 경험을 야기할 수 있다. 뇌간 피개에 일어난 광범위한 손상과 같이 피질하 기능 장애가 심하게 일어난 경우가 이 시스템을 가장 심하게 훼손하는 경향이 있다. 다음 문헌을 참조하라. Olaf Blanke, et al., "Leaving your body behind," *Neture* (2002, 인쇄 중).

10   Antonio Damasio, Hanna Damasio, "Cortical systems for retrieval of concrete knowledge: the convergence zone framework," *Large-Scale Neuronal Theories of the Brain*, Christof Koch (ed.) (Cambridge: MIT Press, 1994): 61-74; Antonio Damasio, "Time-locked multiregional retroactivation: A systems level proposal for the neural substrates of recall and recognition," *Cognition* 33 (1989): 25-62; Antonio Damasio, "The brain binds entities and events by multiregional activation from convergence zones," *Neural Computation* 1 (1989): 123-132.

11 이 문제에 대해서는 다음 문헌을 참조하라. Francis Crick, *The Astonishing Hypothesis: The Search for the Soul* (앞에서 인용); Giulio Tononi and Gerald Edelman, "Consciousness and complexity," *Science* 282 (1998): 1846-1851; and Jean Pierre Changeux, Paul Ricoeur, *Ce qui nous fait penser, La nature et la règle* (Paris: Editions Odile Jacob, 1998). 의식에 대한 신경생물학적 연구가 당면한 문제점에 대한 논의는 앞서 인용된 다음 문헌을 참조한다. Antonio Damasio, *The Feeling of What Happens: Body, Emotion, and the Making of Consciousness.*

12 학습 절차나 인지 절차가 이미 존재하고 있는 신경 요소의 '선택'에 따라 이루어진다는 것은 비교적 새로운 개념이다. Jean Pierre Changuex, *Neuronal Man: The Biology of Mind* (앞에서 인용); Gerald Edelman, *Neural Darwinism: The Theory of Neuronal Group Selection* (New York: Basic Books, 1987).

13 David Hubel, *Eye, Brain and Vision* (앞에서 인용).

14 Roger B. Tootell, Eugene Switkes, Michael S. Silverman, Susan L. Hamilton, "Functional anatomy of macaque striate cortex. II. Retinotopic organization," *The Journal of Neuroscience* 8 (1988): 1531-1568.

15 Joanna Aizenberg, Alexei Tkachenko, Steve Weiner, Lia Addadi, Gordon Hendler, "Calcitic microlenses as part of the photoreceptor system in brittlestars," *Nature* 412 (2001): 819-822; Roy Sambles, "Armed for light sensing," *Neture* 412 (2001): 783.

16 Samer Hattar, Hsi-Wen Liao, Motoharu Takao, David M. Berson, King-Wai Yau, "Melanopsin-containing retinal ganglion cells: architecture projections, and intrinsic photosensitivity," *Science* 295 (2002): 1065-1070; David M. Berson, Felice Dunn, Motoharu Takao, "Phototransduction by retinal ganglion cells that set the circadian clock," *Science* 295 (2002): 1070-1073.

17 Nicholas Humphrey, *A History of the Mind* (New York: Simon and Schuster, 1992).

18 David Hubel, Margaret Livingstone, "Segregation of form, color, and stereopsis in primate area 18," *The Journal of Neuroscience* 7 (1987):

3378–3415; Semir Zeki (*Vision of the Brain*); R. Wurtz; R. Desimone.

19   George Lakoff, Mark Johnson, *Metaphors We Live By* (Chicago: University of Chicago Press, 1980); George Lakoff, Mark Johnson, *Philosophy in the Flesh* (New York: Basic Books, 1999); Mark Johnson, *The Body in the Mind* (Chicago: University of Chicago Press, 1987).

20   Hubel (앞에서 인용).

21   이러한 관점은 또한 우리가 이 연구에서 사용하고 있는 일종의 환원주의에 대한 제한점을 언급할 필요성을 대두시킨다. 생물학적 현상의 심적 수준은 신경 지도 수준에서 존재하지 않는 추가적인 특징을 가지고 있다. 나는 환원주의적 연구 전략이 궁극적으로 우리가 어떻게 '신경 지도' 수준에서 '심적' 수준으로 도달하게 되는지를 설명해 줄 수 있기를 희망한다. 그러나 심적 수준은 신경 지도 수준으로 '환원'되지는 않을 것이다. 왜냐하면 심적 수준은 신경 지도 수준에서 비롯된 '창발적(emergent)' 속성을 지니고 있기 때문이다. 이러한 창발적 속성은 마술이 아니다. 그러나 그 속성들이 무엇과 관여되어 있는지에 대한 우리의 엄청난 무지를 고려해 볼 때 상당 부분이 신비에 싸여 있다고 할 수 있다.

22   Spinoza, *The Ethics* (앞에서 인용).

23   Antonio Damasio, *The Feeling of What Happens: Body, Emotion, and the Making of Consciousness* (앞에서 인용).

24   Spinoza, *The Ethics*, Part III (앞에서 인용).

25   컬리는 이러한 관점과 일맥상통하는 스피노자에 대한 해석을 내놓았다. Edwin Curley, *Behind the Geometric Method: A Reading of Spinoza's Ethics* (앞에서 인용). 다음 문헌 역시 마찬가지이다. Gilles Deleuze, in *Spinoza: A Practical Philosophy* (앞에서 인용).

26   마음의 불멸성은 유대인의 사상의 역사에서 기묘하고 평탄하지 않은 역할을 맡고 있다. 스피노자의 시대에 마음의 불멸성을 부정하는 것은 실제로 랍비나 속세의 공동체 지도자들에게 모두 이단으로 받아들여졌다. 그리고 유대인들이 네덜란드에 들어오는 것을 환영했던 그리스도교인들에게도 커다란 물의를 빚는 일이었다. 이 문제에 대한 상세한 논의에 대해서는 다음 문헌을 참조한다. Steven Nadler, *Spinoza's Heresy* (New York: Oxford University Press, 2002).

27 Simon Schama, *Rembrandt's Eyes* (New York: Knopf, 1999).

28 이 그림 속의 상황에서 어떤 일이 일어났는지에 대한 색다르고 매혹적인 해석을 제시한 자료로서 세발트(W. G. Sebald)의 『토성의 고리(*The Rings of Saturn*)』가 있다. 세발트는 렘브란트가 고의로 툴프 박사와 동료들을 폄훼했다고——시신을 모욕한다는 인상을 줌으로써——주장했다. 몇 시간 전 교수형을 당한 불운한 도둑의 얼굴에 애정이 담긴 빛을 비추어 환히 밝힌 것을 그 예로 들었다. 그러나 렘브란트가 도둑의 왼손을 묘사하면서 일부러 실수를 저질렀다는 세발트의 주장은 틀렸다. 손의 모양은 완전히 바르게 묘사되었다. Winfried Georg Sebald, *The Rings of Saturn* (New York: New Directions Publishing Corporation, 1998).

6장 · 스피노자를 방문하다

1 Albert Einstein, *The World as I See It* (New York: Covici Friede Publishers, 1934).

2 Alfred North Whitehead, *Science and the Modern World* (New York: Macmillan, 1967).

3 다음 책에서 이러한 관점이 설득력 있게 제시되어 있다. Diogo Aurélio, *Imaginação e Poder* (Lisbon: Colibri, 2000). 또한 다음 문헌을 참고하라. Carl Gebhardt, "Rembrandt y Spinoza," *Revista de Occidente*.

4 Simon Schama, *An Embarrassment of Riches* (앞에서 인용).

5 아나 데보라는 미겔 데 에스피노자의 두 번째 아내였고, [결혼할 당시] 남편 나이의 절반에 지나지 않았다. 그녀는 의사, 철학가, 신학자 등을 배출한 좋은 가문에서 태어나 포르투에서 자랐다. 그러고는 암스테르담으로 와서 아내를 잃은 스피노자의 아버지와 결혼해 그의 아이들을 낳았다.

6 다음 책에서 묘사된 16세기 포르투에서의 삶의 모습이 이러한 가상의 상황을 떠오르게 했다. *Um Bicho da Terra* (Lisbon: Guimāres Editores, 1984)에서 Agustina Bessa Luís.

7 Steven Nadler, *Spinoza: A Life* (Cambridge, U. K.; New York: Cambridge University Press, 1999).

8 Marilena Chaui, *A Nervura do Real* (São Paulo: Companhia das Letras,

1999).

9   A. H. de Oliveira Marques, *History of Portugal,* Vol. I (New York: Columbia University Press, 1972); Francisco Bettencourt, *Historia das Inquisicões Portugal, Espanha e Italia XV-XIX* (São Paulo: Companhia das Letras, 1994); Cecil Roth, *A History of the Marranos* (New York: Meridian Books, 1959).

10 Marques, 같은 책; Bettencourt, 같은 책; Roth, 같은 책.

11 Bettencourt, 같은 책; Antonio José Saraiva; Marques, 같은 책.

12 Léon Poliakov, *Histoire de l'Antisémistisme,* 3rd ed. (Paris: Calmann-Lévy, 1955).

13 알비아크의 인용. C. Gebhardt, *La Synagogue Vide* (Paris: Presses Universitaires de France, 1994).

14 Frederick Pollock, *Spinoza: His Life and Philosophy* (London: C. Kegan Paul & Co., 1880).

15 스피노자의 전기 작가 가운데 가장 신뢰할 수 없는 루카스의 주장에 따르면 스피노자가 실제로 파문에 대응하는 글을 썼다고 한다. 그러나 그 흔적은 어디에서도 찾아볼 수 없다. 아마도 그러한 대응의 글은 존재하지 않았을 것이다.

16 Luís Machado de Abreu, *A Recepção de Spinoza em Portugal.* In *Sob O Olher de Spinoza* (Aveiro, Portugal: Universidade de Aveiro, 1999).

17 Maria Luisa Ribeiro Ferreira, *A Dinâmica da Ranão na Filosofia de Espinosa* (Lisbon: Gulbenkian Foundation, 1997).

18 Jonathan I. Israel, *Radical Enlightenment: Philosophy and the Making of Modernity* 1650-1750 (Oxford University Press, 2001).

19 로크는 종교적 급진주의자가 아니었다. 그는 경건한 신자였으며 스피노자의 일부 급진적 사상에 대하여 안전하고 논쟁을 불러일으키지 않는 방식으로 반론을 내놓기도 했다. 그러나 한편으로 그가 스피노자의 영향을 전혀 받지 않았다고 보기는 어렵다. 그는 1683년에서 1689년까지 암스테르담의 망명지에서 살았다. 이것은 스피노자가 죽은 후 얼마 되지 않았을 무렵이었다. 그 당시는 스피노자의 사상에 가장 가열찬 논의와 비난이 쏟아지던 때였다. 이 시기는 로크 자신의 저서를 발표하기 전이다.(『인간 오성론』과 『통

치 이론』 1690년 후에나 발표되었다.) John Locke, *An Essay Considering Human Understanding* (Oxford: Clarendon Press, 1975); *Two Treatises of Government* (London: Cambridge University Press, 1970).

20 Voltaire, *Les Systèmes*, OEuvres (Paris: Moland, 1993), 170. 원 문장은 아래와 같다.

> Alors un petit juif, au long nez, au teint blême,
> Pauvre, mais satisfait, pensif et retiré,
> Esprit subtil et creux, moins lu que célébré
> Caché sous le manteau de Descartes, son maître,
> Marchant à pas comptés, s'approche du grand être:
> Pardonnez-moi, dit-il, en lui parlant tout bas,
> Mais je pense, entre nous, que vous n'existez pas.

21 Gabriel Albiac, *La Synagogue Vide* (앞에서 인용).

22 Johann von Goethe, *The Auto-Biography of Goethe: Truth and Poetry: From My Life*, Parke Godwin, ed. (London: H. G. Bohn, 1848).

23 Georg W. F. Hegel, *Spinoza*. E. S. Haldane, F. H. Simson, Spinoza (London: Kegan Paul, 1892)의 독일어 재판본의 번역.

24 1876년 스피노자 조상 건립을 위한 스피노자 위원회의 회람. Frederick Pollock, *Spinoza: His Life and Philosophy* (London: C. Kegan Paul & Co., 1880), Appendix D.

25 Michael Hagner and Bettina Wahrig-Schmidt, eds., *Johannes Müller und die Philosophie* (Berlin: Akademie Verlag, 1992).

26 Frederick Pollock (앞에서 인용).

27 Siegfried Hessing, "Freud et Spinoza," *Revue Philosophique* 2 (1977): 168 (저자의 번역).

28 Hessing (앞에서 인용), 169 (저자의 번역).

29 Jacques Lacan, *Les Quatre Concepts Fondamentaux de la Psychanalyse* (Paris: Edition Le Seuil, 1973).

30 Albert Einstein, *Out of My Later Years* (New York: Wings Books, 1956).

31 Margaret Gullan-Whur, *Within Reason: A Life of Spinoza* (New York: St. Martin's Press, 2000). 그리고 햄프셔 (*Spinoza*, 앞에서 인용)와 내들러

(*Spinoza: A Life*, 앞에서 인용) 역시 유리 가루가 스피노자의 질병의 원인이었을 것이라고 주장했다.

32 Hampshire, 같은 책.
33 스피노자의 주요 전기 작가(코렐루스, 폴락, 내들러, 굴란부르)들과 마찬가지로 나 역시 마이클 피츠제럴드(Michael Fitzgerald)가 주장하듯 스피노자가 자폐증, 특히 아스퍼거 증후군(Asperger syndrome, 오스트리아의 의사 아스퍼거가 발견한 신경정신과적 질환으로, 사회적인 관계 형성의 어려움과 흥미와 활동의 제한은 자폐증과 비슷하지만, 인지나 언어 발달에는 지연이 나타나지 않는 질환 ─ 옮긴이)에 걸린 것으로 보이지는 않았을 것이라고 생각한다. 정신과 의사인 피츠제럴드는 최근 「스피노자는 자폐증 환자였을까(*Was Spinoza Autistic?*)」(*The Philosophers' Magazine*, 14, 2001 봄호)라는 글에서 이와 같은 주장을 편 일이 있다. 자폐증 환자는 다른 사람들과 공감하는 능력이 떨어지며 심각한 정도로 사회성이 부족하다. 그 결과 친구 없이 고독한 삶을 사는 경우가 많다. 그러나 스피노자가 사회적 어려움을 겪었다는 증거는 찾아보기 어렵다. 단지 유대인 사회나 정치적·종교적 세계에서 그의 지적 성취가 두드러졌다는 사실을 제외하고는 말이다. 스피노자는 다른 철학자들, 이를테면 데카르트보다 더 사회적으로 고립된 삶을 살았다고 보기 어렵다. 가까운 친구가 있었으며 판 데르 스페이크의 가정에 무리 없이 섞여 들어갔고, 매일 무수히 많은 방문객들을 만나곤 했다. 젊은 시절에는 친구들과 어울리는 것을 즐겼던 것으로 보이고, 그가 남긴 글 중 많은 부분이 그가 암스테르담 시절 상당한 정도로 성적 경험을 했음을 암시한다. 무엇보다 중요한 사실로서 인간 존재와 인간 사회에 대한 스피노자의 깊은 이해는 자폐증이라는 진단을 무색하게 한다. 그가 다른 사람에 대한 공감이 결여되어 있다는 증거는 전혀 찾아볼 수 없으며, 심지어 젊은 시절의 거만함과 우월감 역시도 그가 처한 상황과 그 자신의 재능을 염두에 둘 때 그다지 놀라운 것이 아니다. 또한 이러한 측면은 세월이 흐름에 따라 점차로 수그러졌다.

7장 · 거기 누구인가

1 이 표현은 신과 자연이 하나의 동일한 실체임을 암시한다. 그러나 정확히

그런 뜻만은 아니다. 스피노자는 자연의 부분 가운데 생식 능력을 지닌 부분, 즉 전통적 의미에서의 창조자에 가까운 자연인 Natura naturans와 그 창조의 결과물에 해당되는 자연인 Natura naturata 사이의 미묘한 차이를 구분했다. 이 문제에 대해서 다음을 참조할 것. Steven Nadler, *Spinoza's Heresy* (앞에서 인용).

2 스피노자에게 구원은 개인적이고 사적인 수준에서 이루어진다. 그러나 사회의 다른 구성원들이 개인을 도울 수 있다. 또한 국가는 개인과 사회의 노력을 더욱 촉진할 수 있다. 국가는 반드시 민주적이어야 하고 국가의 법률은 공정해야 하며 국민들이 공포 없이 살 수 있도록 해야 한다. 정치를 인간 구원의 문제에 대한 부차적인 것으로 봄으로써 스피노자는 그보다 좀 더 윗세대에 속하는 홉스와 구분된다. 스피노자와 홉스의 구분에 대해서는 다음을 참조한다. Maria Luisa Ribeiro Ferreira, *A Dinâmica da Razão na Filosofia de Espinosa* (앞에서 인용). 홉스에게 국가가 적절히 기능하는 것을 가능하게 하는 시스템이 훌륭한 정치 시스템이고 국민은 국가에 종속된 존재이다. 한편 스피노자의 경우에는 자유로운 시민이 구원에 도달하도록 돕는 시스템이 훌륭한 정치 시스템이다.

3 스피노자의 서신. Letter XLIX in Robert Harvey Monro Elwes, *Improvement of the Understanding, Ethics and Correspondence of Benedict de Spinoza* (Washington: Dunne, 1901).

4 스피노자는 이에 대해 『신학 정치론』에서 다음과 같이 말하고 있다.

"더 나아가기 전에 (이전에도 언급한 일이 있지만) 나는 성경의 효용성과 필요성이 매우 크다고 생각한다는 점을 분명히 밝히고자 한다. 단순한 복종(obedience)이 구원에 이르는 길이라는 사실을 우리가 이성의 자연스러운 빛에 의해 깨닫지 못하기 때문에, 그리고 오직 우리의 이성으로 이를 수 없는, 신의 특별한 은총에 의해서 복종을 통해 구원에 이를 수 있다고 성경에서 가르치고 있기 때문에 성경은 인류에게 매우 커다란 위안을 가져다주어 왔다. 복종은 누구나 할 수 있는 일이다. 그러나 다른 도움 없이 이성의 안내만으로 덕이 있는 습관을 붙일 수 있는 사람은 극히 적다. 따라서 만일 우리에게 성경의 말씀이 없었더라면 거의 모든 사람들이 구원에 이르기 어렵다고 보아야 할 것이다."

마음 깊은 곳에서 우러난 이러한 태도는 스피노자를 악마의 화신으로 보는 시각이 거짓된 것임을 밝히고 있다. 말년의 스피노자는 대부분 그리스도교 신자였던 주위 사람들에게 교회——대부분 신교 교회——에 계속 다닐 것을 권고했다. 그는 아이들에게 예배에 참석하라고 촉구했고 그 자신도 루터교회의 목사인 코렐루스의 설교를 듣기도 했다. 코렐루스는 스피노자가 스틸레베르카데에 셋방을 얻었을 때 그곳으로 이사해서 살았던 사람으로, 처음에는 스피노자의 친구가 되었고 나중에는 스피노자의 전기 작가가 되었다. 스피노자는 전능한 신이라든가 영생과 같은 개념을 믿지 않았다. 그러나 그는 다른 사람들의 신앙을 조롱하지는 않았다. 실제로 스피노자는 학식이 없는 사람들의 신앙에 대해 극도의 조심성을 보였다. 그는 오직 그의 지적인 동료들과만 종교에 대해 토의했다. 앞서 언급한 바와 같이 그는 자신의 저작물을 네덜란드 어로 번역하는 것을 허락하지 않았다. 그의 사상이 가져올 결과에 대하여 충분히 준비되지 않은 사람들 속으로 그 사상이 급속히 전파되는 것을 우려했기 때문이다. 실제로 그의 저서를 라틴 어로 읽은 적은 수의 사람들은 마음의 평정을 가지고 그의 주장을 대할 만한 준비가 된 사람들이었다. 아무튼 스피노자는 그의 사상이 들불처럼 퍼지는 것을 두려워하고 또 막으려고 했다. 그는 마음만 먹으면 이룰 수 있는 일이었겠지만, 당시 새로운 지적 운동의 선도자가 되기를 거부했다. 만일 그가 그렇게 되기를 원했다면, 대중적 역할을 떠맡을 수 있었다면 과연 그가 자유로운 것은 고사하고 살아남을 수나 있었을까? 피에르 벨(Pierre Bayle)은 스피노자에 대한 글(*Dictionnaire Historique et Critique*, Rotterdam, 1702)에서 스피노자가 스스로 원했다면 대중의 지도자가 될 수 있었을 것이라고 주장한다. 그러나 내가 상상하는 스피노자의 성격으로 보아 그런 가능성은 희박했으리라고 생각한다. 적어도 헤이그에서 보냈던 시절의 스피노자는 더 이상 그와 같은 야망을 마음속에 품고 있지 않았다.

5 *Modos de Evidência* (Lisbon: Imprensa Nacional, 1986)에서 페르난도 질(Fernando Gil)은 이와 같은 형태의 지적 작용과 그것이 미치는 정서적 결과에 대하여 논의하고 있다.

스피노자의 해법은 많은 영향의 흔적을 내포하고 있다. 무엇보다 중요한 영향을 준 것은 수전 제임스(Susan James)가 설득력 있게 주장하는 바와 같이 그리스와 로마의 스토아 학파 철학자들이다. Susan James, *The Rise of Modern Philosophy*, Tom Sorrell, ed. (Oxford, U.K.: Clarendon Press,

1993). 한편 영생의 삶보다 지상에서의 삶에 더 무게를 두는 태도와 윤리적 행동의 강조, 윤리적 덕과 정치·사회적 조직의 결합, 지속적으로 나타나는 구약 성경의 인용 등은 유대교의 영향으로 볼 수 있다. 또는 카발라 (Kabbalah)의 영향도 찾아볼 수 있다. 스피노자는 카발라의 미신적 측면을 비판했지만 스피노자의 시스템은 확실히 페레이라가 표현한 카발라의 '얼굴 없는 진실'에 대한 경외를 채택하고 있다. *A Dinâmica da Ranzão na Filosofia de Espinosa* (앞에서 인용).

그리스도교의 영향 역시 명백하게 드러나고 있다. 스피노자의 시스템에서 '신에 대한 지적인 사랑'은 오직 그리스도의 본을 받아 행동하는 개인에게서 가장 잘 나타날 수 있다. 무조건적으로 신을 존경하고, 타인을 사랑하며, 모든 사람들에게 관대하고, 경건하게 행동하며, 우주의 거대한 규모와 활동에 비교할 때 각 개인의 중요성은 덧없는 것이라는 사실을 인식하는 사람 말이다. 스피노자는 그리스도교를 건너뛰고 지나갔지만 그리스도는 자신의 시스템에 포함시켰다. 실제로 그는 그리스도를 자신의 말년의 삶의 모델로 삼았을지도 모른다. 그의 모습은 마치 그리스도의 모습과 금욕적 마라노 전통을 한데 녹여 낸 듯했다. 그는 수많은 작은 즐거움들을 부정함으로써 궁극적인 즐거움에 도달하게 되었던 것이다.

철학자인 퍼스(C. S. Peirce)는 이러한 관계를 분명하게 밝히고 있다.

"스피노자의 관념은 분명하게 인간의 행동에 영향을 주는 관념이다. 예수의 가르침에 따라 우리는 윤리적 원리와 철학 일반을 그 실질적인 결과에 따라 판단하게 된다. 그 경우 우리는 스피노자에게 매우 큰 권위를 부여하지 않을 수 없다. 왜냐하면 현대의 사상가 가운데 고양된 삶의 양식에 대하여 그와 같이 굳은 결의를 보여 준 사람은 다시 없었기 때문이다. 비록 그의 원리가 비그리스도교적인 많은 요소들을 포함하고 있지만 그러한 요소들은 실질적으로 그리스도교적 원리와 어긋난다기보다는 지적인 측면에서 그리스도교적 원리와 차이를 보인다. 스피노자의 철학은 적어도 부분적으로는 그리스도교 정신이 특수하게 발달된 형태라고 볼 수 있다. 그리고 스피노자 철학의 중요한 결론은 현재의 어떤 신학 시스템보다 더 그리스도교적이라고 할 수 있다." Charles Sanders Peirce, "Spinoza's Ethic," *The Nation*, Vol. LIX[1894]: 344-345.

6 Jonathan Bennett, *A Study of Spinoza's Ethics* (Indianapolis, Ind.:

Hackett Publishing Company, 1984).

7   다음을 참조할 것. Barbara Stafford, *Devices of Wonder: From the World in a Box to Images on a Screen* (Los Angeles: Getty Research Institute, 2001).

8   Albert Einstein, *The World as I See It* (앞에서 인용).

9   위의 책, Lecture VI.

10 위의 책, Lecture VI.

11 Richard Warrington Baldwin Lewis, *The Jameses* (New York: Farrar, Straus and Giroux, 1991).

12 William James, *The Varieties of Religious Experience* (Cambridge, Mass.: Harvard University Press, 1985), Lecture I: *The Varieties of Religious Experience.*

13 William James, 위의 책, Lecture VI.

14 William James, 위의 책, Lecture VI.

15 그와 같은 시도의 문제점에 대한 명확한 진술은 다음 문헌을 참조한다. Jerome Groopman, "God on the Brain," *The New Yorker*, Spetember 17 (2001): 165-168.

16 첨언해야 할 것은 그 밖에도 다른 많은 종류의 영적 경험이 존재하며, 나는 그러한 사실을 제한할 생각이 없다. 영적 경험 가운데 일부는 느낌이라기보다는 정신적 명징성, 또는 어느 한곳에 초점을 맞춘, 무아지경의 집중 상태에 가깝다. 마음과 몸의 관계에 대한 우리의 논의에 비추어 생각해 볼 때 영적 경험의 대부분의 형태는 특정 신체 구성을 필요로 하며, 실제로 신체가 능동적으로 특정 형태에 놓여 있을 것을 조건으로 한다.

17 Spinoza, *The Ethics* (앞에서 인용).

용어 사전

경로(pathway)
중추 신경계의 한 영역에서 다른 영역으로 신호를 전달하는 축삭돌기들이 나란히 배열되어 있는 것을 말한다. 이러한 경로는 말초 신경계에서의 신경에 해당되며 '투사(projection)'라고도 한다.

뇌간(brain stem)
간뇌(diencephalon, 시상과 시상하부의 집합체)와 척수 사이에 있는 작은 핵들과 백색질로 이루어진 경로. 뇌간의 핵들은 대사 조절과 같은 생명 조절 기능에 관여한다. 정서의 실행은 수많은 뇌간 핵에 의존한다. 뇌간의 윗부분과 뒷부분에 상당한 정도의 손상을 입으면 의식을 잃을 수 있다. 뇌간은 뇌에서 몸으로 향하는 경로(운동에 관련된 신호 전달) 및 몸에서 뇌로 향하는 경로(뇌의 신체 지도 형성에 필요한 정보 전달)의 도관 역할을 한다.

뇌량(corpus callosum)
양쪽 대뇌 반구를 가로질러 각 반구에 있는 신경세포들을 연결하는, 양쪽 방향으로 향하는 축삭돌기들의 두꺼운 다발.

대뇌(cerebrum)
사실상 우리가 말하는 뇌와 동의어라고 할 수 있다. 대뇌는 대뇌 반구라고 하는, 두개내(頭蓋內) 공간 대부분을 차지하는 두 개의 커다란 구조물로 이루어져 있다. 각 대뇌 반구 전체를 대뇌 피질이 덮고 있다.

대뇌 피질(cerebral cortex)
대뇌(왼쪽과 오른쪽 대뇌 반구의 조합) 전체를 감싸고 있는 덮개. 피질은 목 쪽에 위치한 부분까지 포함하여 대뇌 전체의 표면을 덮고 있으며 구(sulcus)나 열(fissure)이라고 하는 특유의 형태로 접혀 있다. 대뇌 피질은 서로, 그리고 뇌의 표면에 평행한 여러 층으로 이루어져 있다. 신경세포로 이루어져 있는 이 층들은 마치 케이크 층과 비슷하다. 대뇌 피질의 신경세포는 다른 신경세포(대뇌 피질의 다른 영역에 있거나 아니면 뇌의 다른 부분에 있는 신경세포)로부터 신호를 받고 다른 많은 영역(대뇌 피질의 안쪽과 바깥쪽, 기타 다른 부위)에 있는 신경세포들에게 보내는 신호를 개시한다. 대뇌 피질은 진화상 오래된 부분(대상 피질을 포함한 변연계 피질)과 진화 단계상 현대적인 부분(신피질)로 이루어져 있다. 피질의 세포 수준의 구조는 영역에 따라 다르며 브로드만의 지도의 번호에 따라 쉽게 식별할 수 있다(부록 II, 그림 1 참조).

말초 신경계(peripheral nervous system)
중추 신경계에서 밖으로 나와 있는, 또는 중추 신경계로 들어가는 모든 신경들의 합.

(뇌의) 병소(lesion)
중추 신경계 또는 말초 신경계의 손상 부위. 이는 대개 허혈 상태(혈액 공급의 감소 및 중단) 또는 물리적 외상으로 인해 생성된다. 이러한 손상 부위에서는 정상적 신경해부학적 조직이 파괴된다.

소뇌(cerebellum)
커다란 뇌(대뇌)의 후방 아래쪽에 자리잡은 일종의 작은 뇌. 대뇌의 경우와 마찬가지로 소뇌 역시 두 개의 반구로 이루어져 있으며, 오른쪽 반구와 왼쪽 반구는 각각 피질로 덮여 있다. 소뇌는 운동의 계획 및 실행에 관여한다. 정확한 운동을 위해서 소뇌는 필수 불가결하다. 그러나 한편 소뇌가 인지 절차에도 관여하는 것으로 보인다. 또한 소뇌가 정서 반응의 실행과 조절에도 일익을 담당한다는 사실 역시 분명하다.

수도관 주위 회색질(periaqueductal gray)
뇌간 윗부분에 모여 있는 핵들을 가리키며 정서의 실행에 관여한다.

시냅스(synapse)
한 신경세포의 축삭돌기가 다른 신경세포와 접합하는 미세한 영역, 예를 들어 한 신경세포의 축삭돌기가 다른 신경세포의 수상돌기와 만나는 부위를 말한다. 사실상 시냅스 연결 부위는 다리처럼 이어진 것이 아니라 일종의 빈 공간이라고 할 수 있다. 한 신경세포의 축삭돌기를 타고 내려온 전기 자극이 축삭돌기 끝에서 신경 전달 물질을 방출시키면 이 물질이 인접한 신경세포의 수용체에 흡수되어 그 신경세포를 활성화하는 식으로 연결이 이루어진다.

CT

computed tomography의 약자로, X선 컴퓨터 단층 촬영을 일컫는다. CT는 최초의 현대적인 뇌 영상 촬영 기술이고(1973년에 도입), 비록 오늘날 MRI나 PET로 대치되는 경향이 있기는 하지만 여전히 뇌졸중과 같은 신경학적 질병의 임상 평가에서 중심적으로 사용되는 기술이다.

신경세포(또는 신경 단위, neuron)

신경세포는 다양한 크기와 모양을 가지고 있지만 일반적으로 세포체(회색질의 좀 어두운 색깔을 만들어 내는 신경세포의 일부분)과 축삭돌기라고 하는 신호 출력 섬유로 이루어져 있다. 일반적으로 뉴런의 입력 섬유는 수상돌기이다. 수상돌기는 세포체에서 나무 모양 또는 수지상으로 뻗어 있는 섬유이다. 세포체, 축삭돌기, 수상돌기 외에도 교세포(glial cell, 아교세포)라고 하는 세포들이 중추 신경계를 구성하고 있다. 교세포는 신경세포의 지지대 역할을 하며, 다양한 방식으로 신경세포의 대사를 지원한다. 교세포가 추가적인 신호 전달 기능을 수행하는지 여부에 대해서는 아직 확실하게 밝혀지지 않았다.

신경 전달 물질, 신경 조절 물질

한 신경세포에서 방출된 분자들은 다른 신경세포의 활동을 활성화하거나 억제하기도 하고(글루타메이트나 GABA 등), 신경세포 전체의 활동을 조절하기도 한다(도파민, 세로토닌, 노르에피네프린, 아세틸콜린 등).

MRI

자기 공명 영상(magnetic resonance imaging)의 약자로, MR이라고 부르기도 한다. 뇌 영상 분야의 가장 중요한 기술 중 하나로, 뇌 구조에 대한 매우 정제된 이미지를 제공할 뿐만 아니라 PET가 제공하는 종류의 기능적 영상 역시 제공한다. 기능적 영상 촬영 목적으로 사용될 때에는 보통 fMRI나 fMR이라고 부른다.

전뇌 기저부(basal forebrain)

기저핵(basal ganglia)의 사이 및 앞부분에 자리 잡은 작은 핵들을 말한다. 이 핵들은 정서를 포함한 조절 행동의 실행에 관여하며 학습과 기억 절차에도 일정 역할을 담당한다.

중추 신경계(central nerve system)
대뇌 반구, 소뇌, 간뇌(시상 및 시상하부로 이루어짐), 뇌간, 척수의 집합체를 말한다. 부록 II의 그림 1 참조.

체성 감각(somatosensory)
모든 신체 부분(soma)에서 중추 신경계로 향하는 신호 전달에 의한 감각을 말한다. 체내 수용기성(interoceptive)이란 용어(그림 3.5a 참조)는 신체 내부에서 시작되는 신체 신호를 일컫는다.

축삭돌기(axon)
신경세포에서 밖으로 신호를 내보내는 한 가닥의 섬유를 말하며, 축삭돌기 하나는 다수의 다른 신경세포의 수상돌기와 접촉할 수 있기 때문에(시냅스 형성) 광범위하게 신호를 전달할 수 있다.

투사(projection)
경로 참조

PET
PET는 양전자 방출 단층 촬영(positron emission tomography)의 약자이다. 이것은 기능적 영상화의 주요 기법 중 하나이며, 뇌가 특정 과제를 수행할 때 뇌의 어느 영역의 활성이 증가하거나 감소하는지 밝혀 준다.

핵(nuclei)
층이 아닌 형태로 신경세포가 모여 있는 곳(회색질 참조). 크기가 큰 핵도 있고 작은 핵도 있다. 큰 핵에는 미상핵(caudate), 조가비핵(putamen), 창백핵(pallidum) 등이 있는데, 이들을 합쳐서 기저핵(basal ganglia)이라고 한다. 작은 핵에는 시상, 시상하부, 뇌간 등이 있다. 편도는 측두엽 안에 숨겨진 작은 핵들로 이루어진 비교적 크기가 큰 집합체이다.

활동 전위(action potential)

신경의 축삭돌기를 따라 세포체(cell body)에서 축삭돌기 끝에 있는 다수의 가지들을 향해 전달되는 전기 자극으로, 실무율(悉無律, 생물의 반응은 자극이 어떤 일정한 수치 이하일 때는 나타나지 않고 일정한 정도에 이르면 최대를 나타내며, 그 이상은 자극을 가해도 변화가 없다는 법칙―옮긴이)을 따른다.

회색질(gray matter)

중추 신경계 가운데에서 좀 더 어두운 부분을 '회색질'이라고 하며, 색이 더 엷은 부분을 '백색질(white matter)'이라고 한다. 회색질은 신경세포의 세포체가 밀집한 부위에 해당되는 반면 백색질은 대부분 신경세포의 세포체에서 외부로 신호를 전달하는 한 가닥의 섬유인 축삭돌기로 이루어져 있다. 회색질은 크게 두 종류로 나뉜다. 대뇌 피질에서 발견되는 층상의 회색질과 마치 포도알처럼 보이는 핵을 형성하는 회색질로 구분된다.

효소(enzyme)

생화학 반응의 촉매 역할을 하는 커다란 단백질 분자.

흑색질(substantia nigra)

뇌간의 작은 핵 중 하나로, 도파민을 생성해서 그 위에 있는 뇌 구조에 전달한다. 도파민은 정상적 운동 기능에 필수적이며 보상과 관련된 화학 물질이다.

추천의 글

우리 기준에서 볼 때 백인들은 대체로 키가 크다. 따라서 백인의 뒤를 이어 키가 작은 동양인이 강의를 하러 나오면 탁자 위에 놓인 마이크를 한껏 아래로 꺾어야 한다. 물론 백인이라도 키가 작다면 그렇게 해야 하는데 안토니오 다마지오가 바로 그런 예에 속한다. 심지어 연단이 높은 경우에는 아예 얼굴이 보이지도 않는다. 하지만 보이지 않는 곳에서 들려오는 그의 조곤조곤한 강의는 언제 들어도 설득력이 있다. 그리고 행동신경학(Behavioral Neurology) 분야에서 다마지오가 이룬 업적은 그 누구보다도 높다.

행동신경학이란 신경과(Neurology)의 한 세부 전공으로 인간의 고등한 뇌 기능, 예컨대 언어, 계산, 추리, 사고, 감정 등을 이루어 내는 뇌의 작용을 연구하는 분야이다. 감정이나 판단을 우리의 뇌가 담당한다는 사실은 이미 로마 시대 때부터 잘 알려져 있었다. 하지만 기나긴 중세 암흑기를 거치는 동안 우리의 마음에 대한 과학적 성찰은 선과 악, 속세와 천상이라는 종교적 구도에 갇혀 진보하지 못했고 오히려 뒷걸음질 쳤다. 르네상스 시대에 이르러 다시 뇌에 대한 과학적인 연구가 시작되었지만 골상학 등 이상한 방향으로 흐르기 일쑤였다. 뇌과학은 18~19세기에 이르러서야 비로소 자리가 잡혔다.

당시 학자들은 질병이나 사고 등으로 뇌 손상을 당한 환자를 통해 거꾸로 뇌의 기능을 유추하려 하였다. 예컨대 어떤 사람이 전쟁 중에 총상을 입었는데 갑자기 말을 못 알아듣는 증세가 생겼다고 가정하

자. 병사가 사망한 후 부검을 해 보면 총알로 인해 손상된 뇌의 부위를 알 수 있고, 바로 그 부위가 다른 이의 말을 알아듣는 데에 중요한 역할을 한다는 것을 짐작할 수 있다. 이러한 증거들을 수집하여 인간의 왼쪽 뇌에 언어 중추가 존재한다는 사실, 그리고 손상된 뇌의 위치에 따라 여러 다양한 실어증이 나타날 수 있음을 밝힌 사람은 유명한 프랑스의 브로카, 그리고 독일의 베르니케였다.

1970년대에 이르러 CT(Computed Tomography, 컴퓨터 단층 촬영)가, 1980년대에 이르러 MRI(Magnetic Resonance Imaging, 자기 공명 영상법)가 개발되면서 뇌과학은 비약적으로 발전한다. 이제는 환자가 사망하지 않은 상태에서도 얼마든지 손상된 뇌 부위를 알아낼 수 있게 된 것이다. 이러한 영상 촬영의 시대를 맞아 수많은 뛰어난 행동 신경학자들이 나타났는데 바로 다마지오가 그 대표적인 학자라 할 수 있다. 1944년 포르투갈의 리스본에서 태어난 다마지오는 리스본 의과 대학을 졸업하고 이곳에서 신경과 전공의 수련을 마친다. 그 후 미국으로 유학을 간 그는 보스턴의 실어증 연구소에서 저명한 노먼 게시윈드(Norman Geschwind)의 지도로 행동신경학을 배운다. 이후 다마지오는 1976년부터 2005년까지 무려 30년 동안 아이오와 대학교 교수로 근무하면서 이곳에서 수많은 연구 논문을 썼다. 다마지오가 관심을 가지고 주로 연구한 분야는 인간의 기억, 언어, 정서의 형성, 그리고 판단이었다.

한편 1990년대 이후에 개발된 기능적 MRI와 PET(Positron Emission Tomography, 양전자 방출 단층 촬영)는 행동신경학에 또 다른 지평을 열어 주었다. 뇌가 손상된 환자를 통해 뇌의 기능을 추론하는 것이 아니라 아예 정상인에게 여러 가지 인지 상태를 유발시킨 후 활성화되는 뇌의 모습을 볼 수 있게 된 것이다. 예를 들자면, 어떤 사람에게 자신의 일생에 일어났던 가장 슬픈 사건을 회상하라고 시키면서 PET를 찍으면, 뇌의 어느 부위가 슬픈 마음을 일으키는지 알 수 있는 것이다. 다마지오 역시 최근에는 이러한 기법을 이용해 많은 연구를 하고 있다.

『스피노자의 뇌』는 다마지오가 자신의 연구 결과를 통해 파악한 인간의 정서와 판단에 대한 생각을 정리한 책이다. 인간의 근원적인 정서는 다른 동물과 마찬가지로 편도체라는 조직에서 시작된다. 편도체는 시각, 촉각, 미각 등 여러 감각 기관과 연결되어 우리에게 주어지는 감각을 두렵거나 혹은 즐거운 감정으로 인식한다. 예컨대 뱀을 보면 느끼게 되는 공포감은 편도체의 활성화에 기인한다. 하지만 이러한 단순한 정서의 형성은 우리에게 좀 더 오래 지속되는 느낌, 즉 웬일인지 기분 좋은 느낌, 혹은 언짢은 느낌과는 차원이 다르다는 것이 그의 주장이다. 정서가 발생한 후 뇌에서는 약간의 시간적 차이를 두고 느낌이 형성되는데, 이때 우리 신체의 전반적인 상태가 뇌의 감각 지도에 표상되고 이에 따라 우리가 받는 느낌이 달라진다는 것이다. 이처럼 원시적인 정서가 느낌으로 구체화되면서 정서는 어느 정도 의식 수준에 머물게 되고 우리의 행동 결정에 중요한 영향을 미칠 수 있다는 것이 그의 주장이다.

이제껏 우리는 정서나 느낌을 신체와 분리해서 생각해 왔지만, 우리 몸의 모든 세포의 향상성이 뇌의 감각 지도에 표상되는 것이 느낌 및 인식 형성의 기본 원리라면 어쩌면 몸과 정신은 분리된 것으로 볼 수 없을지도 모른다. 이러한 자신의 이론을 증명하기 위해 다마지오는 임상에서 관찰한 여러 증상의 환자들을 예로 든다. 예를 들어, 뇌의 특정 부위를 자극하면 까닭 없이 슬픔, 절망을 느끼거나, 반대로 웃음을 터뜨리는 환자들이다. 또한 PET 같은 장비를 사용해, 사랑이나 미움 같은 상황을 설정한 후 신체 감각 기관이 활성화되는 것을 보임으로써 자신의 이론을 설득한다.

다마지오는 또한 우리가 매일 내리는 판단 행위는 그동안 형성된 느낌, 그리고 이와 연관된 정서적 기억의 영향을 강하게 받는다고 생각한다. 즉 흔히 우리는 '이성적' 판단이라는 말을 사용하지만 전적으로 이성적인 판단이란 있을 수 없다는 것이다. 판단은 언제나 과거의 기억과 연관된 정서의 영향을 받고 있기 때문이다. 예를 들어 면접시험을 치를 때 면접관은 객관적으로 우수하고 성실한 사람을 선택하려 노력하지만, 실은 자신의 경험과 밀접하게 연관된 느낌에 의해 많은 영향을 받는다. 우리가 좋은 인상, 나쁜 인상이라 말하는 것이 바로 이것이다. 이를 설명하기 위해 다마지오는 어릴 적 뇌 손상으로 뇌의 일부가 망가진 환자를 예로 들었다. 전두엽이 손상된 이 환자는 다른 기능은 모두 정상이지만, 정서적으로 아둔하고, 호기심이 없으며, 다른 사람에 대한 동정심이 없었다. 또한 종합적인 판단력에도 문제가 있었다. 다마지오에 따르면 이 환자에게 부족한 것은 이성적인 판단 기능이 아니다. 경험을 통해 형성된 정서적 기억이 느낌으로 형성되지 못하여 올바른 판단을 내리는 데에 긍정적인 영향을 미치지 못하는 것이었다.

더 나아가 다마지오는 인간의 윤리에도 이러한 방식의 접근을 시도했다. 윤리적인 행동은 감성, 부끄러움, 긍지, 복종 등 정서적인 요소를 많이 가지고 있다. 즉 윤리란 개개인이 가지고 있는 사회적 정서의 구체적인 기록이다. 이런 사회적 정서의 형성에는 물론 전두엽의 역할이 중요하다. 종교 역시 이러한 윤리적 기준을 비준하고 실행할 수 있는 권위에 대한 우리들의 욕구에 의해 생겼다고 할 수 있다. 다마지오는 이런 점에서 윤리나 종교 역시 진화론과 뇌과학으로 접근할 수 있는 문제라고 본 것이다. 또한 원숭이나 늑대 같은 동물들도 우리와 비슷한 윤리적인 행동을 한다는 점을 눈여겨 살펴야 한다. 다만 인간은 이를 기록하여 법률과 정의의 규범을 만든다는 점이 다르다. 윤리나 종교를 신성시하는 사람들에게 이러한 과학적 이론은 암담하게 들릴 수도 있다. 하지만 다마지오는 그와 반대로 매우 긍정적으로 내다보았다. 우리가 뇌의 기작을 제대로 이해한다면 약물이나 행동 요법을 통해 인간의 우울증이나 권태를 치료할 수 있고 궁극적으로 호기심에 찬, 선한, 혹은 윤리적인 인간으로 계도할 수 있다고 그는 믿는다.

이 책은 다마지오가 스피노자의 생가를 방문하는 것으로 시작한다. 그리고 새롭게 밝혀진 현대 뇌과학적 지식과 다마지오 자신이 세운 이론을 설명하다 마지막에는 다시 스피노자의 이야기로 돌아가 끝을 맺는다. 무려 책의 3분의 1가량이 스피노자의 이야기로 채워져 있는 것이다. 왜 스피노자일까? 그것은 바로 스피노자야말로 감정과 정서, 그리고 윤리를 엮어 함께 이야기한 철학자이기 때문이다. 스피노자의 저서 『에티카』에는 덕의 일차적 기반은 자기 자신을 보존하고자 하는 노력에서 출발하며, 행복은 자신의 존재를 유지할 수 있는 능력에 있다고 적혀 있다. 현대의 진화론이나 뇌과학과 상응하는 논리라고 볼 수 있다. 이렇게 몇 세기 전에 이미 현대의 뇌과학을 예측한 스피노자에게 다마지오는 흠뻑 빠져 버린 것이다. 물론 포르투갈계 유대인이라는 동질감도 어느 정도는 작용했을 것이다.

이 책은 인간의 정서, 느낌, 윤리, 지적인 판단 등에 관한 다마지오의 유장한 달변으로 이루어져 있다. 하지만 모든 뇌과학자들이, 그리고 나 역시 다마지오의 견해에 전적으로 동의하는 것은 아니다. 우선 PET에 나타나는 영상 사진은 활성화되는 뇌의 부위를 알려 줄 뿐, 그 의미까지 알려 주는 것은 아니다. 즉 나타난 검사 결과의 해석은 매우 주관적일 수 있으므로, 지나친 해석이나 가설로 빠지지 않게 늘 조심해야 한다.

예컨대 다마지오가 주장한 대로 섬엽 혹은 SII 영역이 체성 감각 중추인 것은 사실이다. 참고로 동물에서 신체 감각을 느끼는 부분은 두정엽(마루엽)의 앞쪽에 위치한 SI 감각 중추와 섬엽과 그 주변을 포함한 SII로 나뉜다. 그런데 인간에 있어 SII 영역의 역할은 아직도 비밀에 싸여 있다. 내가 최근 뇌졸중 환자를 대상으로 연구한 바에 의하면, SII가 손상되면 반대편 신체에 통각이나 온도 감각 기능이 사라지며 나중에 만성적 통증 증세가 발생하는 반면, SI이 손상되면 위치 감각이 사라질 뿐(손가락이 위아래로 움직이는 느낌을 가질 수 없다.) 통증 감각이 변하는 경우는 거의 없다. 이런 점으로 보아 인간에서도 SII 부위는 신체의 통증 및 온도 감각을 매개하는 것 같다. 게다가 이 부분은 뇌의 여러 부위와 연결되어 이보다 더 복잡한 작용을 한다. 그리고 섬엽 손상의 증세가 항상 일치하는 것도 아니다. 예컨대 섬엽의 손상에 의해 반대편 감각에 장애가 생길 수 있지만 그렇지 않을 수도 있고, 미각을 잃어버릴 수도 있지만 그렇지 않을 수도 있다. 분명 섬엽이 손상되었는데도 아무런 증세가 생기지 않는 사람도 있다. 그만큼 섬엽은 우리에게 이해하기 힘든 부위이다. 따라서 어떤 실험에 의해 인간의 섬엽이 활성화되었을 때, 물론 다마지오처럼 체성 감각 중추가 활성화된 것으로 해석할 수도 있지만, 실은 수십 가지의 다른 해석도 가능하다. 따라서 개인적으로는 섬엽의 활성화가 체성 감각의 변화이며, 이것이 느낌의 형성에 반드시 필요한 것이라는 다마지오의 논리에 전적으로 찬성하지는 않는다.

그럼에도 불구하고 정서와 느낌, 판단, 윤리 같은 형이상학의 영역을 뇌과학을 사용해 줄기차게 탐구해 나가는 다마지오의 글은 내게 매혹적이다. 물론 의학 용어와 철학 용어가 종종 튀어나오는 이 책은 일반 독자들에게는 다소 어렵게 느껴질 수도 있을 것이다. 그러나 뇌과학에 대한 상식이 있거나 평소 독서량이 많은 독자라면 철학과 뇌과학을 넘나들면서 거침없는 의견을 쏟아 내는 다마지오의 달변에 한껏 지적 유희를 만끽할 수 있을 것이다. 그렇지 않은 독자라 하더라도 꼼꼼히 읽어 나가다 보면, 시간을 두고 솔솔 배어 나오는 이 책의 참맛을 느낄 수 있을 것이다.

최근 미국 서던캘리포니아 대학교의 뇌과학 연구소장으로 자리를 옮긴 다마지오는 여전히 사회적인 감정, 판단, 그리고 창조적 행위를 가능케 하는 인간 뇌의 작용에 대해 왕성한 연구 활동을 펴고 있다. 리스본 대학교 시절부터 그림자처럼 그를 따라다니는 동료이자 아내인 한나 다마지오와 함께 말이다.

김종성(서울 아산 병원 신경과 교수)

옮긴이의 글

　마음이니 의식이니 주관적 느낌이니 하는 것들은 우리를 끝없이 감질나고 애타게 만드는 주제들이다. 몸과 마음은 어떤 관계일까? 둘은 서로 다른 실체에서 비롯되었을까? 아니면, 동일한 실체에서 비롯되었을까? 객관적이고 물리적인 실체인 몸, 또는 뇌에서 어떻게 주관적이고 형이상학적인 마음이 출현했을까? 동물에게는 마음이, 의식이 있을까? 어떤 동물에게 있으며, 있다면 어떤 것일까? 그렇다면 인공 지능 기계가 마음을 가질 가능성은? 생물과 무생물을 가르는 특별한 속성, 물리적으로 환원될 수 없는 어떤 속성(vital force)이 존재하는 것일까? 이처럼 한번 발을 디디면, 마치 그 바닥을 알 수 없는 늪으로 빠져드는 것과도 같이, 꼬리에 꼬리를 무는, 답을 찾을 수 없는 질문들 속으로 점점 더 깊숙이 빠져들게 된다. 그러면서도 이 문제들은 사이렌의 목소리처럼 거부할 수 없는 매력을 가지고 있다. 개인적으로 이러한 문제를 처음 대면했던 것은 우연히도 꿈과 관련된 주제의 책을 번역하면서였다. 아주 막연하게, 단순히 꿈이라는 주제에 흥미를 느껴서 선택했던 책이었다. 그런데 꿈을 둘러싼 신경 과학적 연구를 다룬 그 책의 저자는 이 매혹적인 질문들의 세계로 나를 안내했고 또한 신경 과학적 접근이 이 질문들의 답을 찾을 수 있게 될 것이라고 자신감 넘치는 어조로 예언했다. 그때 발동되었던 호기심에 이런저런 우연이 더해져서 이 책을 만나 번역하게 되었다.
　다마지오는 신경과 의사이자 정서와 느낌에 대한 신경생물학 분야의 선도적 연구가이다. 뇌의 특정 부위에 손상을 입은 환자들의 독특한 행동 양식을 마주하는 의사라는 위치는 그로 하여금 인간의 심적 작용, 특히 정서와 느낌과 같은 매우 미묘하고 주관적인 영역에 과학이라는 메스를 들이대 해부하고 분석하고 고찰할 수 있는 특권을 주었다. 그 연구를 바탕으로 그는『데카르트의 오류』,『사건에 대한 느낌』, 그리고 이 책『스피노자의 뇌』를 썼다. 저자가 밝히듯 두 전작이 각각 정서와 느낌이 의사 결정에 미치는 영향과 자아 형성에 기여한 역할에 초점을 맞추었다면『스피노자의 뇌』에 이르러서는 느낌 그 자체에 대해 더욱 자세히 고찰했다. 다마지오는 뇌의 특정 부위에 전류를 흘려주었을 때 먼저 울음이나 웃음을 터뜨리고 그 뒤를 이어 슬픔이나 기쁨을 느끼는 환자들의 사례를 통해 정서와 느낌이 서로 구분되는 절차이며 정서에 뒤이어 느낌이 나타난다는 것을 실증적으로 보여 주었다.

그 의미는 무엇일까? 정서는 명백하게 신체의 상태를 반영하는 것, 또는 변화하는 신체의 상태 그 자체이며 느낌은 시간적으로나 인과적으로 그 다음에 일어나는 현상이라는 것이다. 이러한 주장과 사례를 통해 다마지오는 종래에 주로 마음과 뇌에 맞추어져 있던 심신 문제의 초점을 몸 쪽으로 끌어당겼다. 그는 대사 작용, 기본 반사, 면역계에서 시작해서 쾌락 또는 통증 행동, 충동과 동기 등 우리 신체의 항상성 기구의 가장 높은 수준에 위치한 것이 바로 정서라고 설명한다. 정서의 존재 의미는 결국 생명 상태를 원활하고 완벽한 상태로 유지하고자 하는 생물학적 노력의 일부라는 것이다. 이 개념이 바로 스피노자의 코나투스와 일맥상통한다. 그렇다면 느낌은? 정서를 자각하는 과정인 느낌은 아무런 기능이 없는 부수 현상(epiphenomenon)일까? 저자는 그렇지 않다고 말한다. 이 부분이 사실은 가장 복잡 미묘하고 어려운 부분일 것이다. 느낌과 의식은 그 출현에서부터 서로 겹쳐지고 서로를 지탱해 주면서 함께 발달해 왔기 때문에 그것을 제각기 분리해서 따로따로 분석하기 어렵지만, 아무튼 복잡한 환경 속에서 복잡한 행동 반응이 요구되는 인간과 같은 생물의 경우 과거를 염두에 두고 미래를 예측하는 자전적 자아와 추론 능력, 복잡한 의사 결정 능력을 가진 의식의 발달이 요구되었고 그 의식 절차의 일부로서 느낌 역시 출현했을 것이라고 저자는 주장한다. 비록 신경 패턴이 어떻게 심적 이미지 내지는 심적 활동으로 전환되는지, 바로 그 연결 고리에 대해 답을 주지는 못하고 있지만 가장 하부에서 시작해서 한 층, 한 층 위로 올라가면서 생명 조절 활동을 정밀하게 고찰하는 다마지오의 접근 방식은 가장 단순한 생물체에서 시작해서 인간에 이르기까지 느낌, 나아가 마음, 나아가 의식이 진화되어 온 과정과 그들의 존재 의미를 자연스럽게 깨닫게 해 준다.

띄엄띄엄 읽은 몇 안 되는 책에서 얻은 지식이 전부인 문외한인 옮긴이의 눈으로 볼 때 많은 철학자와 과학자들이 제각기 다른 전제, 다른 언어, 다른 접근 방법으로 심신 문제나 의식에 관한 문제를 다루고 있다는 인상을 받곤 한다. 마치 코끼리를 더듬어 만지면서 제각기 코끼리의 형태는 이렇다고 설명하는 장님들처럼, 아니면 거대한 퍼즐의 각기 다른 부분에 매달려 전체를 보지 못하는 사람들처럼 말이다. 그런데 이런 주장들이 어딘가에서 서로 만나고 서로 영향을 주고받아 코끼리의 모습이, 또는 퍼즐의 그림이 조금씩이나마 이치에 닿는 형상을 띠어 가는 것을 보면 감탄하게 된다. 한때 인공 지능 분야의 연구자들은 인간의 마음을 추상적인 표상과 계산 시스템으로 접근했으며 그에 따른 신경의 대응물을 찾고자 노력했다. 그러나 오늘날 마음이 단순히 뇌만의 작용으로 환원될 수 없으며 뇌 이외의 신체와 환경을 모두 아우르는 시스템으로 보아야 한다는 주장이 힘을 얻으면서 인공 지능, 로봇 공학 연구에도 근본적인 변화가 일어나고 있다. 다마지오의 연구와 저작들이 이러한 패러다임의 전환에 적지 않은 기여를 했다고 할 수 있을 것이다.

다마지오는 '정서-느낌'에 대한 그의 삼부작을, 대표적인 심신 이원론 철학자 데카르트를 반박하는 책으로 시작해서 데카르트와 동시대인이었던 또 다른 철학자, 스피노자에 대한 오마주로 마감한다. 여기에는 어떤 깊은 뜻이 숨어 있을까? 다마지오의 서술 방식은 어떤 주제를 풀어 나가는 소재로서——마치 액자 소설과 같이——존경하는 인물의 전기를 끼워 넣은 또 다른 과학책, 로버트 라이트의 『도덕적 동물』(이 책에는 찰스 다윈의 삶이 삽입되어 있다.)의 구성을 연상케 했다. 심신 이원론, 인격화된 신, 불멸하는 영혼, 천국과 지옥과 같은 개념, 무겁게 드리운 조직화된 종교의 권위의 분위기 속에서 몇 세기를 앞서 가는 생명 이론을 내놓은 철학자에게 저자가 느꼈을 찬탄과 애정의 마음에 충분히 공감이 갔다. (그렇지만 덕분에 옮긴이는 포르투갈 어와 히브리 어와 라틴 어와 네덜란드 어와 우리말로 번역된 스피노자의 철학 용어(그 어떤 외국어보다 더 힘든 도전이었다!)의 지뢰밭 속에서 절망의 눈물을 흘려야 했음을 고백한다.) 한 시대의 가치관에 정면으로 도전한 철학자의 생명의 원리에 대한 이야기는 필연적으로 좀 더 근본적인 문제, 즉 윤리적 문제와 영적인 문제로 연결되었다. 과연 삼부작의 마무리로 어울리는 결말이 아닐 수 없다! 기독교적 신이나 천국의 개념을 부정한 스피노자는 어떤 윤리와 구원을 제시했을까? 그 윤리와 구원이 오늘날을 사는 우리에게도 유효한 지침이 될 수 있을까? 그 답은 이 책을 읽는 독자 각자의 몫이리라 생각한다.

독자들에게 용어에 대해 약간의 변명을 드리고 싶다. 다마지오는 주요 핵심 용어를 비롯하여 많은 용어와 단어들을 다소 자의적인 방식으로 사용하는 경향이 있기 때문에 우리말로 옮기기가 쉽지 않았다. 사전적 의미로 번역하면 번역문 자체가 암호문처럼 읽힐 수 있고 지나친 의역은 주제넘다는 말을 듣기 십상이기 때문이다.

몇몇 핵심 용어들을 짚고 넘어가자면, 많은 고심 끝에 emotion과 feeling, 그리고 이 두 단어와 관련 있는 affect를 각각 정서, 느낌, 감정으로 정했다. 일단 emotion은 어근을 추적해 보면 e(out)와 motion(move)이 합쳐져서 만들어진 단어인데 '정서(情緖)' 역시 한자어로 '정(情)의 실마리'라는 의미로, 이 책에서 다마지오가 정의하는 emotion의 개념, 즉 '신체 수준에서 일어나는 현상 내지는 변화'라는 의미에 부합한다고 보았다. 한편 feeling은 emotion과 달리 라틴어 어근이 합성되어 만들어진 단어가 아니라는 점, 그리고 동사의 명사형이라는 점에서 '느낌'과 잘 맞아떨어진다고 생각했다. 또한 저자가 본문의 서두에 주를 달아 명시한 제한점(느낌(feeling)이라는 말은 일차적으로 정서 또는 관련 현상 속에서 다양한 형태로 변형되어 나타나는 통증이나 쾌락의 경험을 의미한다. 한편 느낌은 우리가 어떤 사물의 모양이나 질감을 감상할 때의 촉감이라는 의미로도 자주 사용된다. 이 책에서는 특별하게 명시되지 않은 한 느낌은 언제나 전자의 의미로 사용된다.)에도 역시 잘 맞아 들어간다. 마지막으로 이 책에서 emotion과 feeling을 동시에 아우르는 affect를 '감정'으로 옮겼다. 한자의 의미를 되새겨 볼 때에도 feel(感)과 emotion(情)이 합쳐진 단어라고 볼 수 있고 또 질 들뢰즈의 『스피노자의 철학』에서도 affect(라틴어 affectus)를 감정으로 옮기고 있다. 그리하여 'emotion-feeling-affect'의 트라이앵글을 각각 '정서-느낌-감정'으로 정해서 번역했는데 여기에도 또 다른 측면의 고민이 따랐다. 각 단어가 실생활에서 쓰이는 빈도 및 사람들 인식 속에서의 각 단어에 대한 친근하고 익숙한 정도와 이 책에서 쓰이는 빈도 및 중요성 등등이 일치하느냐 하는 문제였다. 이를테면 '감정'은 느낌이나 정서 못지않게 일상 언어에서 자주, 흔히, 친숙하게 사용되는 단어인데 감정(정서, 정동)이라는 의미로 쓰이는 affect는 emotion이나 feeling에 비해 덜 일상적이고 훨씬 전문적인 느낌을 준다. 뿐만 아니라 이 책에서는 emotion-feeling의 쌍이 주인공이고 affect는 고작 몇 번 나오는 데 그친다. 서로 다른 언어 사이에서 정의, 뉘앙스, 어원, 쓰임새 등등 모든 측면에서 완벽하게 대응하는 단어의 짝을 짓기 어려운 상황이 종종 나타나고 결국 이처럼 상충하는 조건들 사이에서 어떤 것을 취하고 어떤 것을 버릴지는 옮긴이의 주관적인 판단에 맡겨질 수밖에 없다. 이 '정서-느낌-감정'의 트리오뿐만 아니라 독자가 보기에 이 책의 많은 부분에서 옮긴이의 판단이 최선이 아니라 느껴지는 부분들이 있을 수도 있을 것이다. 그 부분에 대해 너그러운 양해를 부탁드린다.

마지막으로 포르투갈 어와 히브리 어와 라틴 어와 네덜란드 어의 번역에 이루 말할 수 없을 만큼 커다란 도움을 주신 고마운 지인 신견식 선생님, 귀한 시간을 내서 신경해부학 용어와 신경학적 내용 부분을 감수해 주신 서울 아산 병원 신경과 김종성 교수님, 스피노자의 철학 관련 부분의 용어 및 내용을 살펴봐 주신 박기순 교수님과 박기순 교수님을 소개해 주신 서동욱 교수님, 어려운 책을 믿고 맡겨 주시고, 다듬어 주시고, 좋은 의논 상대가 되어 주신 사이언스북스 편집부에 감사의 말씀을 전한다.

찾아보기

가

갈릴레이 32, 260, 261
감각(의) 지도 65, 107, 110
감정적인 느낌 112
거울 신경세포 139
계몽 운동 21, 300~303
광의의 정서 47
괴테 21, 302, 324
그린스펀, 랠프 55

나

너스바움, 마사 176
노발리스, 프리드리히 폰 하르덴베르크 302, 327
뇌 손상 177~181
뇌 지도 132, 228
뇌간 피개 핵 78, 117~119
뇌간 핵 85
뇌간 91~97, 136, 151
뇌섬엽 117~119, 124~127, 130, 140, 142, 147
뇌의 신체 지도 104~107, 148
뇌졸중 95, 219
뇌하수체 78
뉴턴, 아이작 261

다

다 코스타, 위리엘 279~285, 305
다마지오, 한나 77, 117, 179
다윈, 찰스 20, 63, 189
달랑베르 300
대상 피질 74, 147
더빗, 얀 30, 31, 35
데 프라도, 후안 277
데이비드슨, 리처드 78
데카르트 25, 31, 32, 215, 217~219, 240~243, 253, 261, 272, 308
데프리스, 시몬 265, 266, 273, 277
돈키호테 259
돌런, 레이먼드 75

돌런 76
두정엽 76, 167
드 발, 프란스 190
드 소사, 로널드 176
디드로 300

라

라이프니츠, 고트프리트 27, 31, 35, 266, 301
라캉, 자크 305
래코프, 조지 237
레싱, 고트홀트 302
렘브란트 15, 24, 214, 252, 253, 255, 269, 270, 307
로크, 존 300, 301
르두, 조지프 75
『리어 왕』 259
리우어르츠 297
『리처드 2세』 37, 40, 41

마

마르크스주의 197
마키아벨리 307
말로, 크리스토퍼 308
맬러머드, 버나드 17
멘데스, 아브라함 284
모르테이라 272

모방 신체 고리 138, 139, 176
모어, 토머스 307
몽테스키외 299, 300
무동성 무언증 140
무시 증후군 140
뮐러, 요하네스 304
밀, 존 스튜어트 23
밀러, 로버트 189

바

바를레우스, 카스퍼 254, 255
배경 느낌 151
배경 정서 56, 57
『백과전서』 300
『법의 정신』 299
베르나르, 클로드 20, 304
베살리우스 253
베이컨, 프랜시스 259, 260, 275
베카라, 앙투안 77, 117
벨, 피에르 299
「벨사살의 향연」 269
보노보 190
보조 운동 영역 74
복내측 전두엽 177, 178
복내측 전전두엽 피질 74, 77, 167, 173, 194
볼테르 301
분트, 빌헬름 303

브로드만 영역 232
블러드, 앤 123
비셀, 토르스텐 126
빈 서판 237

사

「사울과 다윗」 270
사회적 느낌 52
사회적 정서 56, 59, 60, 62, 77, 172, 173, 177, 182, 187, 191, 340
사회적 조절 62
사회적 행동 61, 77, 165~167, 177, 178, 183, 188, 195, 207
세르반테스, 미겔 데 259, 308
셰익스피어 37, 40, 41, 259, 308
송과선 217
수도관 주위 회색질 91, 92, 136
스미스, 애덤 176
스페이크, 판 데르 26~31, 34, 35
스피노자 13~35, 157, 162, 163
코나투스 163
스피노자 45, 48, 66, 72, 98, 176, 199~206, 213~216, 218, 242~252, 255, 257~314, 319~333, 337, 340, 341
스피노자주의 299, 301, 303, 328
시상하부 78, 117~119, 126, 150,

151
신경 지도 12, 120, 161, 207, 209, 227, 238~240
신경의 지도화 117
신체 고리 175
신체 상태 141~143, 145, 207, 208, 241
신체 이미지 226~228, 236
신체 인식 장애 223
신체 중심적 사고 238
신체 지도 135~140, 142, 145, 163
신체 표지 가설 174
신체에 대한 관념 107
신체(의) 상태 104~108, 111, 117, 120, 131~135, 139
신체형 정신 장애 138
『신학 정치론』 16, 29, 30, 251, 309, 319
실체 이원론 216, 217, 242
심신 문제 12, 23, 211~213, 216~221, 224~226, 242
심적 표상 103, 170

아

아돌프스, 랠프 75, 77, 139
아드레날린 러시 137
아리스토텔레스 23, 176, 202,

314, 326
아인슈타인 260, 305, 328, 329
아지드, 이브 83
알비아크, 가브리엘 302
앤더슨, 스티븐 95, 179
야코비, 프리드리히 하인리히 302
양상 이원론 242
S I 124, 125, 127, 140, 224
S II 117~119, 124, 125, 127, 140, 224
에델먼, 제럴드 154
에우클레이데스 260
에크먼, 폴 88
『에티카』 16, 17, 24, 29, 48, 72, 200, 203, 206, 242~251, 262, 297, 302, 309, 319, 324
『역사 비평 사전』 299
오먼, 아르니 76
올덴버그, 헨리 27
『완전 대백과사전』 301
워즈워스, 윌리엄 21, 103, 303
원시 자아 132
『유고집』 297
윤리적 감정 192
윤리적 행동 188~195, 202, 207, 314
이스라엘, 므나세 벤 269, 272
이종 동형성 246
이즈레일, 조너선 300

이타적인 행동 189
이타주의 185, 191
『인간 삶의 전형』 282, 284, 285
인간론 32
일차적 정서 56, 58, 59

자

자연 무통증 135
자유 의지 205
자토레, 로버트 123
전뇌 기저부 78
전전두엽 피질 181, 182
전환 장애 137
정서 실행 부위 78
정서 촉발 기구 76
정서 촉발 부위 74, 77
정서-느낌 절차 118
정서-느낌 주기 110, 111
정서의 기구 89, 98
『정치론』 29
제임스, 윌리엄 20, 108, 127, 134, 329~333
존슨, 마크 237
『종교 체험의 다양성』 330, 331
죄수의 딜레마 178
지각의 기원 106
지각의 내용 106
『지성 개선론』 29

진화 41, 42, 50, 52, 70, 132, 135, 137, 165, 172, 190~192, 199, 203, 221
질병 인식 불능증 140

차

체성 감각 기관 126
체성 감각 영역 81, 122, 123, 127, 130, 133~135, 138, 139, 147, 148, 224, 227
체성 감각 지도 145, 146, 158
체성 감각 피질 117~119, 124, 127, 140, 142
체스터턴 220

카

칸트 262, 263, 303
칼뱅 307
케이시, 케네스 124
케플러, 요하네스 261
코나투스 48, 98, 157, 158, 203, 340
코페르니쿠스 189
콜리지, 새뮤얼 테일러 303
크레이그 127

타

투텔, 로저 232
툴리, 팀 54
「툴프 박사의 해부학 강의」 24, 252~255
트래넬, 대니얼 77
「틴턴 사원」 103

파

파비치, 조지프 95
파스칼, 블레즈 261
파킨슨병 82~84
판 데르 스페이크 306
팬세프, 자크 79
페레이라, 마리아 루이사 리베이루 299
편도 74, 75, 76
프로이트, 지그문트 20, 63, 189, 304, 305
프리드, 이츠하크 92

하

하비, 윌리엄 253, 261
하우저, 마크 189
하위헌스, 크리스티안 25, 35, 213~216, 252, 261
『학문의 진보』 259

항동성 균형 332

항동성 316

항상성 기구 42, 43, 195, 196

항상성 도구 205

항상성 절차 47

항상성 조절 43, 51, 198

항상성 41, 42, 63, 104, 157, 164, 195, 318

『햄릿』 85, 259, 260, 327

허벌라인, 얼라이크 54

허블, 데이비드 126

헤겔, 게오르크 303

헥, 스테판 177

헬름홀츠, 헤르만 폰 303

협의의 정서 46, 47, 50, 51, 56, 63, 64, 67, 112

호레이쇼 89

홉스, 토머스 261, 275, 307

화이트헤드, 앨프리드 노스 261

후두엽 76

훼런, 폴 76

흄, 데이비드 176, 303

『히브리어 문법』 29

히치콕, 앨프리드 59

히포크라테스 220

힌데, 로버트 61

옮긴이 임지원

서울 대학교에서 식품영양학을 전공하고 동 대학원을 졸업했다. 현재 전문 번역가로 활동하며 다양한 과학서를 번역하고 있다. 번역한 책으로는 『섹스의 진화』, 『사랑의 발견』, 『이브의 몸』, 『자연과학자의 인문학적 이성 죽이기』, 『빵의 역사』, 『에덴의 용』 등이 있다.

사이언스 클래식 9

스피노자의 뇌
기쁨, 슬픔, 느낌의 뇌과학

1판 1쇄 펴냄 2007년 5월 7일
1판 21쇄 펴냄 2025년 9월 15일

지은이 안토니오 다마지오
옮긴이 임지원
펴낸이 박상준
펴낸곳 (주)사이언스북스

출판등록 1997. 3. 24.(제16-1444호)
(우)06027 서울특별시 강남구 도산대로1길 62
대표전화 515-2000, 팩시밀리 515-2007
편집부 517-4263, 팩시밀리 514-2329
www.sciencebooks.co.kr

한국어판 ⓒ (주)사이언스북스, 2007. Printed in Seoul, Korea.

ISBN 978-89-8371-204-2 03400